陕西省通用安装工程消耗量定额

（2025）

第十册 给排水、采暖、燃气安装工程

批准部门：陕西省住房和城乡建设厅
主编单位：陕西省建设工程造价服务中心
参编单位：陕西建工安装集团有限公司
软件支持：广联达西安科技有限公司
实施日期：2025年7月1日

中国计划出版社
北京

本书编委会

总　　　编： 李卫军

副　总　编： 张　丹　陈永兵　崔建明　原　波　杜产阳

本册编写人员名单

主　　　编： 赵启哲　贺渤伦

副　主　编： 赵玉兰　曹　方　庄智斌

编 写 人 员： 许泽梅　商　艳　武　波　周　红　雷安明　程　丹　尤兴东　徐　谦　牛正清　刘　旻　邓　欣　杜献翠　吴惠敏

软 件 操 作： 郭继庆　路燚桓

总 说 明

一、《陕西省通用安装工程消耗量定额（2025）》共分十二册，包括：

第一册　机械设备安装工程

第二册　热力设备安装工程

第三册　静置设备与工艺金属结构制作安装工程

第四册　电气设备与线缆安装工程

第五册　建筑智能化安装工程

第六册　自动化控制仪表安装工程

第七册　通风空调安装工程

第八册　工业管道安装工程

第九册　消防安装工程

第十册　给排水、采暖、燃气安装工程

第十一册　信息通信设备与线缆安装工程

第十二册　防腐蚀、绝热工程

二、《陕西省通用安装工程消耗量定额（2025）》（以下简称“本定额”）是完成规定计量单位分部分项工程所需的人工、材料、施工机械台班、仪器仪表台班的消耗量标准。

三、本定额适用于工业与民用新建、扩建和改建工程项目中的通用安装工程。

四、本定额是在2021年《陕西省安装工程消耗量定额》基础上，以国家和有关行业发布的现行设计规程或规范、施工及验收规范、技术操作规程、质量评定标准、产品标准和安全操作规程、绿色建造规定等，并结合我省实际进行编制。

五、本定额是按照正常施工组织和施工条件，国内大多数施工企业采用的施工方法、机械装备水平、合理的劳动组织及工期进行编制。

1. 设备、材料、成品、半成品、构配件完整无损，符合质量标准和设计要求，附有合格证书和检验、试验合格记录。

2. 安装工程和土建工程之间的交叉作业合理、正常。

3. 安装地点、建筑物实体、设备基础、预留孔洞、预埋件等均符合安装设计要求。

4. 正常的气候、地理条件和施工环境。

5. 水、电供应均满足安装工程正常使用。

六、本定额未包括的项目，可按其他专业相应消耗量定额执行。

七、关于人工：

1. 人工以综合工日表示。

2. 人工消耗量包括基本用工、辅助用工和人工幅度差。

3. 人工每工日按照8小时工作制计算。

八、关于材料：

1. 材料泛指原材料、成品、半成品。包括施工中主要材料、辅助材料、周转材料和其他材料。在项目中以“（×××）”表示的材料为主要材料。

2. 材料用量：

（1）材料用量包括净用量和损耗量。

（2）材料损耗量包括从工地仓库运至安装堆放地点或现场加工地点运至安装地点的搬运损耗、安装操作损耗、安装地点堆放损耗。

（3）材料损耗量不包括场外的运输损失、仓库（含露天堆场）地点或现场加工地点保管损耗、由于材料规格和质量不符合要求而报废的数量；不包括规范、设计文件规定的预留量、搭接量、冗余量。

3. 项目中列出的周转性材料用量是按照不同施工方法、考虑不同工程项目类别、选取不同材料规格综合计算出的摊销量。

4. 对于用量少、低值易耗的零星材料，列为其他材料。按照消耗性材料费用比例计算。

九、关于机械：

1. 施工机械是按照常用机械、合理配备考虑，同时结合施工企业的机械化能力与水平等情况综合确定。

2. 施工机械台班消耗量是按照机械正常施工效率并考虑机械施工适当幅度差综合取定。

3. 原单位价值在 2000 元以内、使用年限在一年以内不构成固定资产的施工机械，不列入机械台班消耗量，其消耗的燃料动力等综合在其他材料费中。

4. 机械台班按每台班 8 小时工作制计算。

十、关于仪器仪表：

1. 仪器仪表是按照正常施工组织、施工技术水平考虑，同时结合市场实际情况综合确定。

2. 仪器仪表台班消耗量是按照仪器仪表正常使用率，并考虑必要的检验检测及适当幅度差综合取定。

3. 原单位价值在 2000 元以内、使用年限在一年以内不构成固定资产的仪器仪表，不列入仪器仪表台班消耗量，其消耗的燃料动力等综合在其他材料费中。

十一、关于水平运输和垂直运输：

1. 水平运输：

（1）水平运输距离是指由施工单位现场仓库或指定堆放地点运至安装地点或垂直运输点的距离。设备水平运距按照 200m、材料（含成品、半成品）水平运距按照 300m 综合取定，执行时不做调整。

（2）项目中未考虑场外运输和场内二次搬运。工程实际发生时应根据有关规定另行计算。

2. 垂直运输：

（1）垂直运输基准面为室外地坪。

（2）垂直运输是按照建筑物层数 6 层以下、建筑高度 20m 以下、地下深度 10m 以内考虑，工程实际超过时，应计算建筑物超高（深）增加费。

十二、关于安装操作高度：

1. 安装操作基准面一般是指室外地坪或室内各层楼地面地坪。

2. 安装操作高度是指安装操作基准面至安装点的垂直高度。除各册另有规定者外，安装操作高度综合取定为 6m 以内。工程实际超过时，应计算安装操作高度增加费。

十三、关于建筑超高（深）增加费：

1. 建筑超高（深）增加费是指在建筑物层数 6 层以上、建筑高度 20m 以上、地下深度 10m 以上的建筑施工时，应计算建筑超高（深）需要增加的安装费。各册另有规定者除外。

2. 建筑超高（深）增加费包括人工降效、使用机械（含仪器仪表、工具用具）降效、延长垂直运输时间等费用。

3. 建筑超高（深）增加费，以单位工程（群体建筑以车间或单栋楼设计为准）全部工程量（含地下、地上部分）为基数，按照系数法计算。系数详见各册说明。

4. 单位工程（群体建筑以车间或单栋楼设计为准）满足建筑高度、建筑物层数、地下深度之一者，均应计算建筑超高（深）增加费。

十四、关于脚手架搭拆：

1. 脚手架搭拆是根据施工组织设计、满足安装需要所采取的安装措施。脚手架搭拆除满足自身安全外，不包括工程项目安全、环保、文明等工作内容。

2. 脚手架搭拆综合考虑了不同的结构形式、材质、规模、占用时间等要素，执行时不做调整。

3. 在同一个单位工程内有若干专业安装时，凡符合脚手架搭拆计算规定者，应分别计算脚手架搭拆费用。

十五、本定额中没有考虑施工与生产同时进行、在有害身体健康（防腐工程、检测项目除外）条件下施工时的降效，工程实际发生时按各册相关规定另行计算。

十六、本定额适用于海拔 2000m 以下地区。

十七、本定额中注有“××以内”或“××以下”者，均包括××本身；注有“××以外”或“××以上”者，则不包括××本身。

十八、凡本说明未尽事宜，详见各册说明。

十九、本定额的解释和日常管理，由陕西省建设工程造价服务中心负责。

目　录

第三章　空调水管道

第四章　燃气管道

第五章　管道附件

第六章　卫生器具

第七章　供暖器具

第八章 燃气器具及其他

第九章 采暖、给排水设备

第十章 支架及其他

附录

册 说 明

一、第十册《给排水、采暖、燃气安装工程》适用于工业与民用建筑生活给排水、采暖、室内空调水、燃气管道等安装工程。包括：给排水管道、采暖管道、空调水管道、燃气管道、管道附件、卫生器具、供暖器具、燃气器具、采暖设备、给排水设备、管道及设备支架等安装。

二、本册定额主要依据的规范标准有：

1.《室外给水设计标准》GB 50013—2018；

2.《室外排水设计标准》GB 50014—2021；

3.《建筑给水排水设计标准》GB 50015—2019；

4.《工业建筑供暖通风与空气调节设计规范》GB 50019—2015；

5.《城镇燃气设计规范》GB 50028—2006（2020 年版）；

6.《给水排水工程基本术语标准》GB/T 50125—2010；

7.《建筑给水排水及采暖工程施工质量验收规范》GB 50242—2002；

8.《通风与空调工程施工质量验收规范》GB 50243—2016；

9.《给水排水管道工程施工及验收规范》GB 50268—2008；

10.《建筑中水设计标准》GB 50336—2018；

11.《建筑给水塑料管道工程技术规程》CJJ/T 98—2014；

12.《民用建筑太阳能热水系统应用技术标准》GB 50364—2018；

13.《民用建筑供暖通风与空气调节设计规范》GB 50736—2012；

14.《燃气工程项目规范》GB 55009—2021；

15.《太阳能供热采暖工程技术标准》GB 50495—2019；

16.《城市给水工程项目规范》GB 55026—2022；

17.《城镇供热管网工程施工及验收规范》CJJ 28—2014；

18.《城镇燃气输配工程施工及验收标准》GB/T 51455—2023；

19.《城镇供热管网设计标准》CJJ/T 34—2022；

20.《聚乙烯燃气管道工程技术标准》CJJ 63—2018；

21.《城镇供热直埋热水管道技术规程》CJJ/T 81—2013；

22.《城镇燃气室内工程施工与质量验收规范》CJJ 94—2009；

23.《建筑给水排水薄壁不锈钢管连接技术规程》T/CECS 277—2021；

24. 现行国家建筑设计标准图集、协会标准、产品标准等其他资料。

三、本册定额除各章另有说明外，均包括下列工作内容：施工准备，材料及工机具场内运输，管道、器具、设备安装，管件调平找正、固定，临时移动水源与电源，配合检查验收等。

四、本册定额不包括下列内容，发生时应另行计算：

1. 随设备成套供货的本体管道、附件安装。

2. 系统试运所需的水、电、蒸汽、燃气等。

3. 防腐蚀、绝热。

4. 工业管道、生产与生活共用管道、消防管道。

5. 管道焊缝热处理、无损检测。

五、相关说明：

1. 在净高小于 1.60m 楼层以及断面小于 $5m^2$ 且大于 $2.50m^2$ 的管廊、地沟、隧道、洞内、管道间进行施工时，其安装项目人工乘以系数 1.12。

2. 在管井内、竖井内、封闭吊顶天棚内、断面小于或等于 2.50m² 隧道或洞内或管道间进行施工时，其安装项目人工乘以系数 1.16。

3. 采暖、给排水转动设备（水泵、风机等）安装，应执行第一册《机械设备安装工程》相应项目。

4. 水暖设备、器具需要电气检查、接线时，应执行第四册《电气设备与线缆安装工程》相应项目。

5. 防腐蚀、绝热工程，应执行第十二册《防腐蚀、绝热工程》相应项目。

6. 室内、外管道沟土方及管道基础、井室砌筑等，应执行《陕西省房屋建筑与装饰工程消耗量定额（2025）》。

六、下列费用可按系数分别计算：

1. 采暖工程系统调试费，应按安装工程人工费的 10%计算。其中：人工费为 40%，材料费为 10%，机械费为 50%。

2. 空调水系统调整费，应按照安装工程（含冷凝水管）人工费的 10%计算。其中：人工费为 40%，材料费为 10%，机械费为 50%。

3. 脚手架搭拆费，应按安装工程人工费的 7%计算，其中：人工费为 40%，材料费为 50%、机械费为 10%，单独承担的室外埋地管道不计取脚手架搭拆费。

4. 安装高度超过安装操作基准面 6m 时，安装操作高度增加费，应按照相应安装项目人工费乘以下表规定系数计算。

系数表

安装高度距离安装操作基准面（m）	≤ 10	≤ 30	≤ 50	＞ 50
系数	0.10	0.30	0.50	0.75

5. 建筑超高、超深增加费，应按下表规定系数计算。其中：人工费为 36.50%，机械费为 63.50%。

建筑超高、超深增加费表

建筑物高度（m 以内）	40	60	80	100	120	140	160	180	200
建筑物层数（层以内）	12	18	24	30	36	42	48	54	60
地下深度（m 以内）	20	30	40						
按人工费计算（%）	3	6	10	16	22	28	34	40	46

注：建筑物层数大于 60 层时，以 60 层为基础，按每增加一层增加 1%计算。

6. 安装与生产同时进行增加的费用，应按安装工程人工费的 6%计算。

7. 在有害身体健康的环境中施工降效增加的费用，应按安装工程人工费的 6%计算。

8. 拆除费用（现场变更等因素需要拆除的项目），应按相应安装项目人工费、机械费的 40%，材料费的 8%计算。

第一章

给排水管道

第一章

说　　明

一、本章适用于室内外生活用给排水管道的安装，包括镀锌钢管、钢管、不锈钢管、铜管、铸铁管、塑料管、复合管等不同材质的管道安装及室外管道碰头等安装项目。

二、管道的界线划分：

1. 室内外给水管道以建筑物外墙皮 1.50m 为界，建筑物入口处设阀门者以阀门为界。

2. 室外给水管道与市政管道界限以与市政管道碰头井为界。

3. 室内外排水管道以出户第一个排水检查井为界。

4. 室外排水管道与市政管道界限以与市政管道碰头井为界。

5. 给水管道与工业管道界线以与工业管道碰头点为界。

6. 给水管道与建筑物内的水泵房（间）管道界线以泵房（间）外墙皮为界。

三、室外管道安装不分地上与地下，均执行同一安装项目。

四、管道的适用范围：

1. 给水管道适用于生活饮用水、热水、中水及压力排水等管道的安装。

2. 塑料管安装适用于 UPVC、PVC、PP-C、PP-R、PE、PB 管等塑料管安装。应按设计选用的管道及管件材质另行计算材料费。

3. 镀锌钢管（螺纹连接）项目适用于室内外焊接钢管、钢塑复合管、不锈钢管的螺纹连接。应按设计选用的管道及管件材质另行计算材料费。

4. 钢管沟槽连接适用于镀锌钢管、焊接钢管及无缝钢管等沟槽连接的管道安装。不锈钢管、铜管、复合管的沟槽连接，可参照执行。应按设计选用的管道及管件材质另行计算材料费。

五、相关说明：

1. 管道安装项目中，均包括相应管件安装、水压试验及水冲洗工作内容。各种管件数量系综合取定，管道安装项目中的管件含量，不包含与螺纹阀门配套的活接、对丝，其用量含在螺纹阀门安装项目中。

2. 钢管焊接安装项目中均综合考虑了成品管件和现场煨制弯管、摔制大小头、挖眼三通。

3. 管道安装项目中，除室内直埋塑料给水管项目中已包括管卡安装外，均不包括管道支架、管卡、托钩等制作安装以及管道穿墙、楼板套管制作安装、预留孔洞、堵洞、打洞、凿槽等工作内容，发生时，应按本册第十章相应项目另行计算。

4. 给水管道安装项目中，包括水压试验及水冲洗内容，管道的消毒冲洗应按本册第十章相应项目另行计算。排（雨）水管道包括灌水（闭水）及通球试验工作内容；排水管道安装项目中不包括止水环、透气帽、消声器本体材料，发生时按实际数量另计材料费。

5. 室内柔性铸铁排水管（机械接口）按带法兰承口的承插式管材考虑。

6. 塑铝稳态管、孔网钢带复合管、钢骨架塑料复合管、HDPE 管、虹吸雨水塑料管执行塑料管安装相应项目，人工乘以系数 1.15。应按设计选用的管道及管件材质另行计算材料费。

7. 室内直埋塑料管道是指敷设于室内地坪下或墙内的塑料给水管段。包括充压隐蔽、水压试验、水冲洗以及地面划线标示等工作内容。

8. 安装带保温层的管道时，可执行相应材质及连接形式的管道安装项目，其人工乘以系数 1.10；管道接头保温，应执行第十二册《防腐蚀、绝热工程》相应项目，其人工、机械乘以系数 2.00。

9. 不锈钢包覆管（卡压、卡套连接）执行室内薄壁不锈钢管（卡压、卡套连接）安装相应项目，人工乘以系数 1.15。

10. 室外 HDPE、MPVE 双壁波纹管（胶圈连接）执行室外塑料排水管（胶圈接口）安装相应项目，人工乘以系数 1.15。

11. 室外钢管（沟槽连接），应执行室内钢管（沟槽连接）相应项目，项目中的人工费、材料费、机械费应乘以系数 0.65，各种沟槽式管件，刚性、挠性卡箍件应按实际用量另计材料费。

12. 室内铝塑复合管（卡压、卡套连接）执行室内铝塑复合管（管件连接）安装相应项目，人工乘以系数 1.10，其管件应按设计选用材质另行计算主材费。

13. 圆弧形管道安装应执行管道安装相应项目，但项目中的人工费、机械费应乘以系数 1.30。

14. 镀锌钢管采用焊接、焊接法兰连接时，二次镀锌费用另计。

15. 两种不同材质管道连接时，其转换接头应按实际用量加 1%的损耗另计材料费。

16. 室外管道碰头项目适用于新建管道与已有水源管道的碰头连接，如已有水源管道已做预留接口时，不得另行计算。

工程量计算规则

一、各类管道安装工程量，应按室内外、区分材质、连接形式、规格分别列项，按设计图示管道中心线长度，以“10m”为计量单位，不扣除阀门、管件、附件（包括器具组成）所占长度。

二、管道安装项目中的铜管、塑料管、复合管（除钢塑复合管外）其规格应以公称外径表示，其他管道规格均以公称直径表示。

三、室内给排水管道与卫生器具连接的分界线：

1. 给水管道工程量计算至卫生器具（含附件）前与管道系统连接的第一个连接件（角阀、三通、弯头、管箍等）。

2. 排水管道工程量自卫生器具出口处的地面或墙面的设计尺寸算起；与地漏连接的排水管道自地面设计尺寸算起，不扣除地漏所占长度。

3. 室外排水管道计算工程量时，均不扣除排水井所占长度。

一、镀锌钢管安装

1. 室外镀锌钢管（螺纹连接）

工作内容：调直、切管、套丝、组对、连接，管道及管件安装，水压试验及水冲洗等。 **计量单位：**10m

编　　号				10-1-1	10-1-2	10-1-3	10-1-4
项　　目				公称直径（mm 以内）			
				15	20	25	32
名　　称			单位	消　耗　量			
人工	000203000	综合二类工	工日	0.430	0.439	0.477	0.490
材料	170300002	镀锌钢管（综合）	m	（10.200）	（10.200）	（10.200）	（10.200）
	181315002	镀锌钢管螺纹管件	个	（2.800）	（2.960）	（2.830）	（2.140）
	031101012	尼龙砂轮片 ϕ400	片	0.010	0.012	0.013	0.018
	140303001	机油（综合）	kg	0.024	0.030	0.032	0.037
	340203008	聚四氟乙烯生料带 宽 20	m	2.240	2.930	3.180	3.570
	031507018	镀锌铁丝 ϕ2.8～4.0	kg	0.040	0.045	0.068	0.075
	092705004	碎布	kg	0.080	0.090	0.150	0.167
	012903010	热轧中厚钢板 δ8～15	kg	0.030	0.032	0.034	0.037
	142909001	氧气	m^3	0.003	0.003	0.003	0.006
	142907002	乙炔气	kg	0.001	0.001	0.001	0.002
	031301009	低碳钢焊条 J427（综合）	kg	0.002	0.002	0.002	0.002
	341101001	水	m^3	0.008	0.014	0.023	0.040
	020101002	橡胶板 δ1～3	kg	0.007	0.008	0.008	0.009
	190003004	螺纹阀门 *DN*20	个	0.004	0.004	0.004	0.005
	170101003	焊接钢管 *DN*20	m	0.013	0.014	0.015	0.016
	172707010	橡胶软管 *DN*20	m	0.006	0.007	0.007	0.007
	860113019	弹簧压力表 Y-100 0～1.6MPa	块	0.002	0.002	0.002	0.002
	860113022	压力表表弯 *DN*15	个	0.002	0.002	0.002	0.002
	850103006	其他材料费（占材料费）	%	1.000	1.000	1.000	1.000
机械	990785030	砂轮切割机 ϕ400	台班	0.002	0.004	0.004	0.005
	990748010	管子切断套丝机 159mm	台班	0.034	0.048	0.058	0.060
	990900010	电焊机（综合）	台班	0.001	0.001	0.001	0.001
	990813010	试压泵 3MPa	台班	0.001	0.001	0.001	0.002
	990801020	电动单级离心清水泵 100mm	台班	0.001	0.001	0.001	0.001

工作内容：调直、切管、套丝、组对、连接，管道及管件安装，水压试验及水冲洗等。　**计量单位：**10m

编　号				10-1-5	10-1-6	10-1-7	10-1-8
项　目				公称直径（mm 以内）			
				40	50	65	80
名　称			单位	消　耗　量			
人工	000203000	综合二类工	工日	0.503	0.566	0.624	0.699
材料	170300002	镀锌钢管（综合）	m	（10.200）	（10.200）	（10.130）	（10.130）
	181315002	镀锌钢管螺纹管件	个	（2.120）	（2.050）	（2.030）	（1.920）
	031101012	尼龙砂轮片 ϕ400	片	0.021	0.026	0.033	0.038
	140303001	机油（综合）	kg	0.041	0.057	0.076	0.078
	340203008	聚四氟乙烯生料带 宽 20	m	3.730	4.470	7.500	7.950
	031507018	镀锌铁丝 ϕ2.8～4.0	kg	0.079	0.083	0.085	0.089
	092705004	碎布	kg	0.187	0.213	0.238	0.255
	012903010	热轧中厚钢板 δ8～15	kg	0.039	0.042	0.044	0.047
	142909001	氧气	m^3	0.006	0.006	0.006	0.006
	142907002	乙炔气	kg	0.002	0.002	0.002	0.002
	031301009	低碳钢焊条 J427（综合）	kg	0.002	0.002	0.002	0.003
	341101001	水	m^3	0.053	0.088	0.145	0.204
	020101002	橡胶板 δ1～3	kg	0.010	0.010	0.011	0.011
	190003004	螺纹阀门 *DN*20	个	0.005	0.005	0.005	0.006
	170101003	焊接钢管 *DN*20	m	0.016	0.017	0.019	0.020
	172707010	橡胶软管 *DN*20	m	0.008	0.008	0.008	0.008
	860113019	弹簧压力表 Y-100 0～1.6MPa	块	0.002	0.003	0.003	0.003
	860113022	压力表表弯 *DN*15	个	0.002	0.003	0.003	0.003
	850103006	其他材料费（占材料费）	%	1.000	1.000	1.000	1.000
机械	990401020	载重汽车 5t	台班	—	0.003	0.004	0.006
	990304004	汽车式起重机 8t	台班	—	0.003	0.004	0.006
	990785030	砂轮切割机 ϕ400	台班	0.006	0.006	0.007	0.008
	990748010	管子切断套丝机 159mm	台班	0.068	0.080	0.105	0.118
	990900010	电焊机（综合）	台班	0.002	0.002	0.002	0.002
	990813010	试压泵 3MPa	台班	0.002	0.002	0.002	0.002
	990801020	电动单级离心清水泵 100mm	台班	0.001	0.001	0.001	0.002

工作内容：调直、切管、套丝、组对、连接，管道及管件安装，水压试验及水冲洗等。 **计量单位：**10m

编号				10-1-9	10-1-10	10-1-11
项目				公称直径（mm 以内）		
				100	125	150
名称			单位	消耗量		
人工	000203000	综合二类工	工日	0.825	0.958	1.031
材料	170300002	镀锌钢管（综合）	m	（10.130）	（10.130）	（10.130）
	181315002	镀锌钢管螺纹管件	个	（1.820）	（1.820）	（1.820）
	031101012	尼龙砂轮片 ϕ400	片	0.046	—	—
	140303001	机油（综合）	kg	0.091	0.106	0.121
	340203008	聚四氟乙烯生料带 宽 20	m	10.060	12.350	14.560
	031507018	镀锌铁丝 ϕ2.8～4.0	kg	0.101	0.107	0.112
	092705004	碎布	kg	0.298	0.323	0.340
	012903010	热轧中厚钢板 δ8～15	kg	0.049	0.073	0.110
	142909001	氧气	m^3	0.006	0.006	0.006
	142907002	乙炔气	kg	0.002	0.002	0.002
	031301009	低碳钢焊条 J427（综合）	kg	0.003	0.003	0.003
	341101001	水	m^3	0.353	0.547	0.764
	020101002	橡胶板 δ1～3	kg	0.012	0.014	0.016
	190003004	螺纹阀门 *DN*20	个	0.006	0.006	0.006
	170101003	焊接钢管 *DN*20	m	0.021	0.022	0.023
	172707010	橡胶软管 *DN*20	m	0.009	0.009	0.010
	860113019	弹簧压力表 Y-100 0～1.6MPa	块	0.003	0.003	0.003
	860113022	压力表表弯 *DN*15	个	0.003	0.003	0.003
	850103006	其他材料费（占材料费）	%	1.000	1.000	1.000
机械	990401020	载重汽车 5t	台班	0.013	0.016	0.022
	990304004	汽车式起重机 8t	台班	0.077	0.083	0.099
	990747020	管子切断机 150mm	台班	—	0.018	0.022
	990785030	砂轮切割机 ϕ400	台班	0.009	—	—
	990748010	管子切断套丝机 159mm	台班	0.143	0.170	0.201
	990900010	电焊机（综合）	台班	0.002	0.002	0.002
	990813010	试压泵 3MPa	台班	0.002	0.003	0.003
	990801020	电动单级离心清水泵 100mm	台班	0.002	0.003	0.005

2. 室内镀锌钢管（螺纹连接）

工作内容：调直、切管、套丝、组对、连接，管道及管件安装，水压试验及水冲洗等。　**计量单位**：10m

编　号				10-1-12	10-1-13	10-1-14	10-1-15
项　目				公称直径（mm 以内）			
				15	20	25	32
名　称			单位	消　耗　量			
人工	000203000	综合二类工	工日	1.184	1.211	1.521	1.645
材料	170300002	镀锌钢管（综合）	m	（9.910）	（9.910）	（9.910）	（9.910）
	181315002	镀锌钢管螺纹管件	个	（14.490）	（12.100）	（11.400）	（9.830）
	031101012	尼龙砂轮片 ϕ400	片	0.066	0.070	0.108	0.146
	140303001	机油（综合）	kg	0.158	0.170	0.203	0.206
	340203008	聚四氟乙烯生料带 宽 20	m	10.980	13.040	15.500	16.020
	031507018	镀锌铁丝 ϕ2.8～4.0	kg	0.040	0.045	0.068	0.075
	092705004	碎布	kg	0.080	0.090	0.150	0.167
	012903010	热轧中厚钢板 δ8～15	kg	0.030	0.032	0.034	0.037
	142909001	氧气	m^3	0.003	0.003	0.003	0.006
	142907002	乙炔气	kg	0.001	0.001	0.001	0.002
	031301009	低碳钢焊条 J427（综合）	kg	0.002	0.002	0.002	0.002
	341101001	水	m^3	0.008	0.014	0.023	0.040
	020101002	橡胶板 δ1～3	kg	0.007	0.008	0.008	0.009
	190003004	螺纹阀门 *DN*20	个	0.004	0.004	0.005	0.005
	170101003	焊接钢管 *DN*20	m	0.013	0.014	0.015	0.016
	172707010	橡胶软管 *DN*20	m	0.006	0.006	0.007	0.007
	860113019	弹簧压力表 Y-100 0～1.6MPa	块	0.002	0.002	0.002	0.002
	860113022	压力表表弯 *DN*15	个	0.002	0.002	0.002	0.002
	850103006	其他材料费（占材料费）	%	1.000	1.000	1.000	1.000
机械	990515010	吊装机械（综合）	台班	0.002	0.002	0.003	0.004
	990785030	砂轮切割机 ϕ400	台班	0.016	0.020	0.028	0.033
	990748010	管子切断套丝机 159mm	台班	0.134	0.158	0.245	0.261
	990900010	电焊机（综合）	台班	0.001	0.001	0.001	0.001
	990813010	试压泵 3MPa	台班	0.001	0.001	0.001	0.002
	990801020	电动单级离心清水泵 100mm	台班	0.001	0.001	0.001	0.001

工作内容：调直、切管、套丝、组对、连接，管道及管件安装，水压试验及水冲洗等。 **计量单位：**10m

编号				10-1-16	10-1-17	10-1-18	10-1-19
项目				公称直径（mm 以内）			
				40	50	65	80
名称			单位	消耗量			
人工	000203000	综合二类工	工日	1.679	1.841	1.960	2.052
材料	170300002	镀锌钢管（综合）	m	（10.020）	（10.020）	（10.020）	（10.020）
	181315002	镀锌钢管螺纹管件	个	（7.860）	（6.610）	（5.260）	（4.630）
	031101012	尼龙砂轮片 ϕ400	片	0.150	0.156	0.141	0.146
	140303001	机油（综合）	kg	0.209	0.213	0.215	0.219
	340203008	聚四氟乙烯生料带 宽 20	m	16.190	16.580	17.950	19.310
	031507018	镀锌铁丝 ϕ2.8～4.0	kg	0.079	0.083	0.085	0.089
	092705004	碎布	kg	0.187	0.213	0.238	0.255
	012903010	热轧中厚钢板 δ8～15	kg	0.039	0.042	0.044	0.047
	142909001	氧气	m^3	0.006	0.006	0.006	0.006
	142907002	乙炔气	kg	0.002	0.002	0.002	0.002
	031301009	低碳钢焊条 J427（综合）	kg	0.002	0.002	0.002	0.003
	341101001	水	m^3	0.053	0.088	0.145	0.204
	020101002	橡胶板 δ1～3	kg	0.010	0.010	0.011	0.011
	190003004	螺纹阀门 *DN*20	个	0.005	0.005	0.005	0.006
	170101003	焊接钢管 *DN*20	m	0.016	0.017	0.019	0.020
	172707010	橡胶软管 *DN*20	m	0.007	0.008	0.008	0.008
	860113019	弹簧压力表 Y-100 0～1.6MPa	块	0.002	0.003	0.003	0.003
	860113022	压力表表弯 *DN*15	个	0.002	0.003	0.003	0.003
	850103006	其他材料费（占材料费）	%	1.000	1.000	1.000	1.000
机械	990401020	载重汽车 5t	台班	—	0.003	0.004	0.006
	990515010	吊装机械（综合）	台班	0.005	0.007	0.009	0.012
	990785030	砂轮切割机 ϕ400	台班	0.035	0.038	0.031	0.032
	990748010	管子切断套丝机 159mm	台班	0.284	0.293	0.294	0.317
	990900010	电焊机（综合）	台班	0.002	0.002	0.002	0.002
	990813010	试压泵 3MPa	台班	0.002	0.002	0.002	0.002
	990801020	电动单级离心清水泵 100mm	台班	0.001	0.001	0.001	0.002

工作内容：调直、切管、套丝、组对、连接，管道及管件安装，水压试验及水冲洗等。 **计量单位：**10m

编号				10-1-20	10-1-21	10-1-22
项目				公称直径（mm 以内）		
				100	125	150
名称			单位	消耗量		
人工	000203000	综合二类工	工日	2.345	2.600	2.893
材料	170300002	镀锌钢管（综合）	m	（10.020）	（10.020）	（10.020）
	181315002	镀锌钢管螺纹管件	个	（4.150）	（3.520）	（3.410）
	031101012	尼龙砂轮片 ϕ400	片	0.158	—	—
	140303001	机油（综合）	kg	0.225	0.241	0.269
	340203008	聚四氟乙烯生料带 宽 20	m	20.880	21.020	21.240
	031507018	镀锌铁丝 ϕ2.8～4.0	kg	0.101	0.107	0.112
	092705004	碎布	kg	0.298	0.323	0.340
	012903010	热轧中厚钢板 δ8～15	kg	0.049	0.073	0.110
	142909001	氧气	m^3	0.006	0.006	0.006
	142907002	乙炔气	kg	0.002	0.002	0.002
	031301009	低碳钢焊条 J427（综合）	kg	0.003	0.003	0.003
	341101001	水	m^3	0.353	0.547	0.764
	020101002	橡胶板 δ1～3	kg	0.012	0.014	0.016
	190003004	螺纹阀门 *DN*20	个	0.006	0.006	0.006
	170101003	焊接钢管 *DN*20	m	0.021	0.022	0.023
	172707010	橡胶软管 *DN*20	m	0.009	0.009	0.010
	860113019	弹簧压力表 Y-100 0～1.6MPa	块	0.003	0.003	0.003
	860113022	压力表表弯 *DN*15	个	0.003	0.003	0.003
	850103006	其他材料费（占材料费）	%	1.000	1.000	1.000
机械	990401020	载重汽车 5t	台班	0.013	0.016	0.022
	990747020	管子切断机 150mm	台班	—	0.065	0.074
	990515010	吊装机械（综合）	台班	0.084	0.117	0.123
	990785030	砂轮切割机 ϕ400	台班	0.034	—	—
	990748010	管子切断套丝机 159mm	台班	0.320	0.384	0.449
	990900010	电焊机（综合）	台班	0.002	0.002	0.002
	990813010	试压泵 3MPa	台班	0.002	0.003	0.003
	990801020	电动单级离心清水泵 100mm	台班	0.002	0.003	0.005

二、钢管安装

1. 室外钢管（焊接）

工作内容：调直、切管、坡口、煨弯、挖眼接管、异径管制作，组对、焊接，管道及管件安装，水压试验及水冲洗等。

计量单位：10m

编号				10-1-23	10-1-24	10-1-25	10-1-26
项目				公称直径（mm 以内）			
				32	40	50	65
名称			单位	消耗量			
人工	000203000	综合二类工	工日	0.465	0.532	0.605	0.738
材料	170100002	钢管（综合）	m	（10.180）	（10.180）	（10.180）	（10.150）
	180300004	钢管焊接管件	个	（0.290）	（0.280）	（0.410）	（0.410）
	031101012	尼龙砂轮片 ϕ400	片	0.024	0.028	0.029	0.030
	031101009	尼龙砂轮片 ϕ100	片	0.011	0.018	0.324	0.328
	031507018	镀锌铁丝 ϕ2.8～4.0	kg	0.075	0.079	0.083	0.085
	092705004	碎布	kg	0.167	0.187	0.213	0.238
	140303001	机油（综合）	kg	0.040	0.050	0.060	0.080
	142909001	氧气	m^3	0.024	0.033	0.036	0.078
	142907002	乙炔气	kg	0.009	0.013	0.014	0.030
	031301009	低碳钢焊条 J427（综合）	kg	0.096	0.142	0.246	0.323
	341101001	水	m^3	0.040	0.053	0.088	0.145
	012903010	热轧中厚钢板 δ8～15	kg	0.037	0.039	0.042	0.044
	020101002	橡胶板 δ1～3	kg	0.009	0.010	0.010	0.011
	190003004	螺纹阀门 *DN*20	个	0.005	0.005	0.005	0.005
	170101003	焊接钢管 *DN*20	m	0.016	0.016	0.017	0.019
	172707010	橡胶软管 *DN*20	m	0.007	0.007	0.008	0.008
	860113019	弹簧压力表 Y-100 0～1.6MPa	块	0.002	0.002	0.003	0.003
	860113022	压力表表弯 *DN*15	个	0.002	0.002	0.003	0.003
	850103006	其他材料费（占材料费）	%	1.000	1.000	1.000	1.000
机械	990401020	载重汽车 5t	台班	—	—	0.003	0.004
	990304004	汽车式起重机 8t	台班	—	—	0.003	0.004
	990785030	砂轮切割机 ϕ400	台班	0.007	0.008	0.009	0.010
	990758030	电动弯管机 108mm	台班	0.012	0.013	0.014	0.014
	990900010	电焊机（综合）	台班	0.060	0.089	0.147	0.191
	990919030	电焊条烘干箱 60×50×75cm^3	台班	0.006	0.009	0.015	0.019
	990920010	电焊条恒温箱	台班	0.006	0.009	0.015	0.019
	990813010	试压泵 3MPa	台班	0.002	0.002	0.002	0.002
	990801020	电动单级离心清水泵 100mm	台班	0.001	0.001	0.001	0.001

工作内容：调直、切管、坡口、煨弯、挖眼接管、异径管制作，组对、焊接，管道及管件安装，水压试验及水冲洗等。

计量单位：10m

编　号				10-1-27	10-1-28	10-1-29	10-1-30
项　目				公称直径（mm 以内）			
				80	100	125	150
名　称			单位	消　耗　量			
人工	000203000	综合二类工	工日	0.897	0.997	1.156	1.303
材料	170100002	钢管（综合）	m	（10.150）	（10.150）	（10.000）	（10.000）
	180300004	钢管焊接管件	个	（0.350）	（0.350）	（0.670）	（0.670）
	031101012	尼龙砂轮片 ϕ400	片	0.031	0.032	—	—
	031101009	尼龙砂轮片 ϕ100	片	0.373	0.483	0.590	0.890
	031507018	镀锌铁丝 ϕ2.8～4.0	kg	0.089	0.101	0.107	0.112
	092705004	碎布	kg	0.255	0.298	0.323	0.340
	140303001	机油（综合）	kg	0.090	0.090	0.110	0.150
	142909001	氧气	m^3	0.420	0.543	0.684	0.996
	142907002	乙炔气	kg	0.162	0.209	0.263	0.383
	031301009	低碳钢焊条 J427（综合）	kg	0.335	0.445	0.763	1.213
	341101001	水	m^3	0.204	0.353	0.547	0.764
	012903010	热轧中厚钢板 δ8～15	kg	0.047	0.049	0.073	0.110
	020101002	橡胶板 δ1～3	kg	0.011	0.012	0.014	0.016
	190003004	螺纹阀门 *DN*20	个	0.006	0.006	0.006	0.006
	170101003	焊接钢管 *DN*20	m	0.020	0.021	0.022	0.023
	172707010	橡胶软管 *DN*20	m	0.008	0.009	0.009	0.010
	860113019	弹簧压力表 Y-100 0～1.6MPa	块	0.003	0.003	0.003	0.003
	860113022	压力表表弯 *DN*15	个	0.003	0.003	0.003	0.003
	850103006	其他材料费（占材料费）	%	1.000	1.000	1.000	1.000
机械	990401020	载重汽车 5t	台班	0.006	0.013	0.016	0.022
	990304004	汽车式起重机 8t	台班	0.006	0.077	0.083	0.099
	990785030	砂轮切割机 ϕ400	台班	0.010	0.011	—	—
	990758030	电动弯管机 108mm	台班	0.015	0.015	—	—
	990900010	电焊机（综合）	台班	0.193	0.261	0.352	0.442
	990919030	电焊条烘干箱 60×50×75cm^3	台班	0.019	0.026	0.035	0.044
	990920010	电焊条恒温箱	台班	0.019	0.026	0.035	0.044
	990813010	试压泵 3MPa	台班	0.002	0.002	0.003	0.003
	990801020	电动单级离心清水泵 100mm	台班	0.002	0.002	0.003	0.005

工作内容：调直、切管、坡口、煨弯、挖眼接管、异径管制作，组对、焊接，管道及管件安装，水压试验及水冲洗等。

计量单位：10m

编号				10-1-31	10-1-32	10-1-33	10-1-34
项目				公称直径（mm 以内）			
				200	250	300	350
名称			单位	消耗量			
人工	000203000	综合二类工	工日	1.549	1.742	2.161	2.461
材料	170100002	钢管（综合）	m	（10.000）	（9.850）	（9.850）	（9.750）
	180300004	钢管焊接管件	个	（0.670）	（0.630）	（0.630）	（0.630）
	031101009	尼龙砂轮片 ϕ100	片	1.227	2.018	2.335	3.312
	031507018	镀锌铁丝 ϕ2.8～4.0	kg	0.131	0.140	0.144	0.148
	092705004	碎布	kg	0.408	0.451	0.468	0.493
	140303001	机油（综合）	kg	0.200	0.200	0.200	0.200
	142909001	氧气	m^3	1.248	1.815	2.259	3.191
	142907002	乙炔气	kg	0.480	0.698	0.869	1.227
	031301009	低碳钢焊条 J427（综合）	kg	1.763	3.044	3.594	5.794
	341101001	水	m^3	1.346	2.139	3.037	4.047
	012903010	热轧中厚钢板 δ8～15	kg	0.148	0.231	0.333	0.800
	020101002	橡胶板 δ1～3	kg	0.018	0.021	0.024	0.038
	190003004	螺纹阀门 *DN*20	个	0.007	0.007	0.007	0.008
	170101003	焊接钢管 *DN*20	m	0.024	0.025	0.026	0.027
	172707010	橡胶软管 *DN*20	m	0.010	0.011	0.011	0.011
	860113019	弹簧压力表 Y-100 0～1.6MPa	块	0.003	0.003	0.004	0.004
	860113022	压力表表弯 *DN*15	个	0.003	0.003	0.004	0.004
	012100002	角钢（综合）	kg	0.192	0.197	0.232	0.238
	850103006	其他材料费（占材料费）	%	1.000	1.000	1.000	1.000
机械	990304016	汽车式起重机 16t	台班	—	0.184	0.223	0.255
	990401020	载重汽车 5t	台班	0.040	0.058	0.076	0.101
	990304004	汽车式起重机 8t	台班	0.138	—	—	—
	990900010	电焊机（综合）	台班	0.592	0.902	1.052	1.472
	990919030	电焊条烘干箱 60×50×75cm³	台班	0.059	0.090	0.105	0.147
	990920010	电焊条恒温箱	台班	0.059	0.090	0.105	0.147
	990813010	试压泵 3MPa	台班	0.003	0.004	0.004	0.005
	990801020	电动单级离心清水泵 100mm	台班	0.007	0.009	0.012	0.014

工作内容：调直、切管、坡口、煨弯、挖眼接管、异径管制作，组对、焊接，管道及管件安装，水压试验及水冲洗等。

计量单位：10m

编　号				10-1-35	10-1-36	10-1-37
项　目				公称直径（mm 以内）		
				400	450	500
名　称			单位	消　耗　量		
人工	000203000	综合二类工	工日	2.647	3.960	4.472
材料	170100002	钢管（综合）	m	（9.750）	（9.750）	（9.750）
	180300004	钢管焊接管件	个	（0.580）	（0.580）	（0.580）
	012100002	角钢（综合）	kg	0.256	0.273	0.298
	031101009	尼龙砂轮片 ϕ100	片	3.682	3.726	3.841
	031507018	镀锌铁丝 ϕ2.8～4.0	kg	0.153	0.185	0.163
	092705004	碎布	kg	0.510	0.527	0.544
	140303001	机油（综合）	kg	0.200	0.200	0.200
	142909001	氧气	m^3	3.612	6.381	7.233
	142907002	乙炔气	kg	1.389	2.454	2.782
	031301009	低碳钢焊条 J427（综合）	kg	6.764	8.284	9.155
	341101001	水	m^3	5.227	6.359	7.850
	012903010	热轧中厚钢板 δ8～15	kg	0.426	0.593	0.666
	020101002	橡胶板 δ1～3	kg	0.042	0.051	0.060
	190003004	螺纹阀门 *DN*20	个	0.008	0.008	0.008
	170101003	焊接钢管 *DN*20	m	0.028	0.029	0.030
	172707010	橡胶软管 *DN*20	m	0.012	0.012	0.012
	860113019	弹簧压力表 Y-100 0～1.6MPa	块	0.004	0.004	0.004
	860113022	压力表表弯 *DN*15	个	0.004	0.004	0.004
	850103006	其他材料费（占材料费）	%	1.000	1.000	1.000
机械	990401020	载重汽车 5t	台班	0.103	0.105	0.108
	990304016	汽车式起重机 16t	台班	0.269	0.276	0.284
	990900010	电焊机（综合）	台班	1.632	1.862	1.992
	990919030	电焊条烘干箱 60×50×75cm³	台班	0.163	0.186	0.199
	990920010	电焊条恒温箱	台班	0.163	0.186	0.199
	990813010	试压泵 3MPa	台班	0.006	0.006	0.007
	990801020	电动单级离心清水泵 100mm	台班	0.016	0.018	0.020

2. 室内钢管（焊接）

工作内容： 调直、切管、坡口、煨弯、挖眼接管、异径管制作，组对、焊接，管道及管件安装，水压试验及水冲洗等。

计量单位： 10m

编号				10-1-38	10-1-39	10-1-40	10-1-41
项目				公称直径（mm 以内）			
				32	40	50	65
名称			单位	消耗量			
人工	000203000	综合二类工	工日	1.299	1.490	1.755	1.977
材料	170100002	钢管（综合）	m	（10.250）	（10.250）	（10.120）	（10.120）
	180300004	钢管焊接管件	个	（1.050）	（1.070）	（1.560）	（1.170）
	031101009	尼龙砂轮片 ϕ100	片	0.176	0.234	0.643	0.766
	031101012	尼龙砂轮片 ϕ400	片	0.065	0.079	0.082	0.089
	142909001	氧气	m^3	0.171	0.282	0.407	0.639
	142907002	乙炔气	kg	0.066	0.108	0.157	0.246
	031301009	低碳钢焊条 J427（综合）	kg	0.238	0.319	0.568	0.727
	031507018	镀锌铁丝 ϕ2.8～4.0	kg	0.075	0.079	0.083	0.085
	092705004	碎布	kg	0.167	0.187	0.213	0.238
	140303001	机油（综合）	kg	0.040	0.050	0.060	0.080
	012903010	热轧中厚钢板 δ8～15	kg	0.037	0.039	0.042	0.044
	341101001	水	m^3	0.040	0.053	0.088	0.145
	020101002	橡胶板 δ1～3	kg	0.009	0.010	0.010	0.011
	190003004	螺纹阀门 *DN*20	个	0.005	0.005	0.005	0.005
	170101003	焊接钢管 *DN*20	m	0.016	0.016	0.017	0.019
	172707010	橡胶软管 *DN*20	m	0.007	0.007	0.008	0.008
	860113019	弹簧压力表 Y-100 0～1.6MPa	块	0.002	0.002	0.003	0.003
	860113022	压力表表弯 *DN*15	个	0.002	0.002	0.003	0.003
	850103006	其他材料费（占材料费）	%	1.000	1.000	1.000	1.000
机械	990515010	吊装机械（综合）	台班	0.004	0.005	0.007	0.009
	990785030	砂轮切割机 ϕ400	台班	0.021	0.022	0.023	0.023
	990758030	电动弯管机 108mm	台班	0.033	0.035	0.036	0.038
	990900010	电焊机（综合）	台班	0.142	0.198	0.341	0.428
	990919030	电焊条烘干箱 60×50×75cm^3	台班	0.014	0.020	0.034	0.043
	990920010	电焊条恒温箱	台班	0.014	0.020	0.034	0.043
	990813010	试压泵 3MPa	台班	0.002	0.002	0.002	0.002
	990801020	电动单级离心清水泵 100mm	台班	0.001	0.001	0.001	0.001
	990401020	载重汽车 5t	台班	—	—	0.003	0.004

工作内容：调直、切管、坡口、煨弯、挖眼接管、异径管制作，组对、焊接，管道及管件安装，水压试验及水冲洗等。　　**计量单位：**10m

编号				10-1-42	10-1-43	10-1-44	10-1-45
项目				公称直径（mm 以内）			
				80	100	125	150
名称			单位	消耗量			
人工	000203000	综合二类工	工日	2.174	2.509	2.599	2.881
材料	170100002	钢管（综合）	m	（10.100）	（10.100）	（9.870）	（9.870）
	180300004	钢管焊接管件	个	（1.110）	（1.020）	（1.410）	（1.120）
	031101009	尼龙砂轮片 ϕ100	片	0.782	0.857	0.836	1.076
	031101012	尼龙砂轮片 ϕ400	片	0.106	0.122	—	—
	142909001	氧气	m^3	0.810	0.960	1.035	1.269
	142907002	乙炔气	kg	0.312	0.369	0.398	0.488
	031301009	低碳钢焊条 J427（综合）	kg	0.817	0.978	1.217	1.573
	031507018	镀锌铁丝 ϕ2.8～4.0	kg	0.089	0.101	0.107	0.112
	092705004	碎布	kg	0.255	0.298	0.323	0.340
	140303001	机油（综合）	kg	0.100	0.100	0.150	0.150
	012903010	热轧中厚钢板 δ8～15	kg	0.047	0.049	0.073	0.110
	341101001	水	m^3	0.204	0.353	0.547	0.764
	020101002	橡胶板 δ1～3	kg	0.011	0.012	0.014	0.016
	190003004	螺纹阀门 *DN*20	个	0.006	0.006	0.006	0.006
	170101003	焊接钢管 *DN*20	m	0.020	0.021	0.022	0.023
	172707010	橡胶软管 *DN*20	m	0.008	0.009	0.009	0.010
	860113019	弹簧压力表 Y-100 0～1.6MPa	块	0.003	0.003	0.003	0.003
	860113022	压力表表弯 *DN*15	个	0.003	0.003	0.003	0.003
	850103006	其他材料费（占材料费）	%	1.000	1.000	1.000	1.000
机械	990785030	砂轮切割机 ϕ400	台班	0.024	0.025	—	—
	990758030	电动弯管机 108mm	台班	0.039	0.041	—	—
	990401020	载重汽车 5t	台班	0.006	0.013	0.016	0.022
	990515010	吊装机械（综合）	台班	0.012	0.084	0.117	0.123
	990900010	电焊机（综合）	台班	0.478	0.529	0.576	0.606
	990919030	电焊条烘干箱 60×50×75cm^3	台班	0.048	0.053	0.058	0.061
	990920010	电焊条恒温箱	台班	0.048	0.053	0.058	0.061
	990813010	试压泵 3MPa	台班	0.002	0.002	0.003	0.003
	990801020	电动单级离心清水泵 100mm	台班	0.002	0.002	0.003	0.005

工作内容：调直、切管、坡口、煨弯、挖眼接管、异径管制作，组对、焊接，管道及管件安装，水压试验及水冲洗等。

计量单位：10m

编号				10-1-46	10-1-47	10-1-48	10-1-49	10-1-50
项目				公称直径（mm 以内）				
				200	250	300	350	400
名称			单位	消耗量				
人工	000203000	综合二类工	工日	3.511	4.043	4.810	5.153	5.503
材料	170100002	钢管（综合）	m	（9.870）	（9.700）	（9.700）	（9.500）	（9.500）
	180300004	钢管焊接管件	个	（1.030）	（1.000）	（1.000）	（0.970）	（0.970）
	031101009	尼龙砂轮片 ϕ100	片	1.413	2.230	2.889	3.307	3.778
	142909001	氧气	m^3	1.536	2.127	2.520	2.697	2.886
	142907002	乙炔气	kg	0.591	0.818	0.969	1.037	1.110
	031301009	低碳钢焊条 J427（综合）	kg	2.005	3.734	4.534	6.251	7.191
	031507018	镀锌铁丝 ϕ2.8～4.0	kg	0.131	0.140	0.144	0.148	0.153
	092705004	碎布	kg	0.408	0.451	0.468	0.493	0.510
	140303001	机油（综合）	kg	0.170	0.200	0.200	0.200	0.200
	012903010	热轧中厚钢板 δ8～15	kg	0.148	0.231	0.333	0.380	0.426
	341101001	水	m^3	1.346	2.139	3.037	4.047	5.227
	020101002	橡胶板 δ1～3	kg	0.018	0.021	0.024	0.038	0.042
	190003004	螺纹阀门 *DN*20	个	0.007	0.007	0.007	0.008	0.008
	170101003	焊接钢管 *DN*20	m	0.024	0.025	0.026	0.027	0.028
	172707010	橡胶软管 *DN*20	m	0.010	0.011	0.011	0.011	0.012
	860113019	弹簧压力表 Y-100 0～1.6MPa	块	0.003	0.003	0.004	0.004	0.004
	860113022	压力表表弯 *DN*15	个	0.003	0.003	0.004	0.004	0.004
	850103006	其他材料费（占材料费）	%	1.000	1.000	1.000	1.000	1.000
机械	990401020	载重汽车 5t	台班	0.040	0.058	0.076	0.093	0.103
	990515010	吊装机械（综合）	台班	0.169	0.239	0.271	0.298	0.327
	990900010	电焊机（综合）	台班	0.779	1.037	1.260	1.548	1.743
	990919030	电焊条烘干箱 60×50×75cm^3	台班	0.078	0.104	0.126	0.155	0.174
	990920010	电焊条恒温箱	台班	0.078	0.104	0.126	0.155	0.174
	990813010	试压泵 3MPa	台班	0.003	0.004	0.004	0.005	0.006
	990801020	电动单级离心清水泵 100mm	台班	0.007	0.009	0.012	0.014	0.016

3. 室内钢管（沟槽连接）

计量单位：10m

编号				10-1-51	10-1-52	10-1-53	10-1-54	10-1-55
项目				公称直径（mm 以内）				
				65	80	100	125	150
名称			单位	消耗量				
人工	000203000	综合二类工	工日	1.619	1.800	2.013	2.424	2.481
材料	170100002	钢管（综合）	m	（9.680）	（9.680）	（9.680）	（9.780）	（9.780）
	181501002	钢管沟槽管件	个	（4.260）	（4.140）	（3.600）	（2.400）	（1.880）
	182525004	卡箍连接件（含胶圈）	套	（10.038）	（9.810）	（8.656）	（6.056）	（4.904）
	031507018	镀锌铁丝 ϕ2.8～4.0	kg	0.085	0.089	0.101	0.107	0.107
	092705004	碎布	kg	0.238	0.255	0.298	0.323	0.340
	140700001	润滑剂	kg	0.044	0.047	0.050	0.054	0.059
	012903010	热轧中厚钢板 δ8～15	kg	0.044	0.047	0.049	0.073	0.110
	142909001	氧气	m^3	0.006	0.006	0.006	0.006	0.006
	142907002	乙炔气	kg	0.002	0.002	0.002	0.002	0.002
	031301009	低碳钢焊条 J427（综合）	kg	0.002	0.003	0.003	0.003	0.003
	341101001	水	m^3	0.145	0.204	0.353	0.547	0.764
	020101002	橡胶板 δ1～3	kg	0.011	0.011	0.012	0.014	0.016
	190003004	螺纹阀门 *DN*20	个	0.005	0.006	0.006	0.006	0.006
	170101003	焊接钢管 *DN*20	m	0.019	0.020	0.021	0.022	0.023
	172707010	橡胶软管 *DN*20	m	0.008	0.008	0.009	0.009	0.010
	860113019	弹簧压力表 Y-100 0～1.6MPa	块	0.003	0.003	0.003	0.003	0.003
	860113022	压力表表弯 *DN*15	个	0.003	0.003	0.003	0.003	0.003
	850103006	其他材料费（占材料费）	%	1.000	1.000	1.000	1.000	1.000
机械	990742010	开孔机 200mm	台班	0.007	0.008	0.009	0.010	0.011
	990747020	管子切断机 150mm	台班	0.036	0.040	0.046	0.052	0.060
	990401020	载重汽车 5t	台班	0.004	0.006	0.013	0.016	0.022
	990515010	吊装机械（综合）	台班	0.009	0.012	0.084	0.117	0.123
	990796010	滚槽机	台班	0.221	0.238	0.259	0.284	0.317
	990900010	电焊机（综合）	台班	0.002	0.002	0.002	0.002	0.002
	990813010	试压泵 3MPa	台班	0.002	0.002	0.002	0.003	0.003
	990801020	电动单级离心清水泵 100mm	台班	0.001	0.002	0.002	0.003	0.005

计量单位：10m

编号				10-1-56	10-1-57	10-1-58	10-1-59	10-1-60
项目				公称直径（mm 以内）				
				200	250	300	350	400
名称			单位	消耗量				
人工	000203000	综合二类工	工日	2.777	3.704	4.057	4.583	4.997
材料	170100002	钢管（综合）	m	（9.780）	（9.780）	（9.780）	（9.450）	（9.450）
	181501002	钢管沟槽管件	个	（1.670）	（1.610）	（1.610）	（1.610）	（1.610）
	182525004	卡箍连接件（含胶圈）	套	（4.438）	（4.258）	（4.258）	（4.258）	（4.258）
	031507018	镀锌铁丝 ϕ2.8～4.0	kg	0.112	0.140	0.144	0.148	0.153
	092705004	碎布	kg	0.408	0.451	0.468	0.493	0.510
	140700001	润滑剂	kg	0.064	0.069	0.074	0.079	0.085
	012903010	热轧中厚钢板 δ8～15	kg	0.148	0.232	0.232	0.284	0.284
	142909001	氧气	m^3	0.009	0.009	0.009	0.012	0.012
	142907002	乙炔气	kg	0.003	0.003	0.003	0.005	0.005
	031301009	低碳钢焊条 J427（综合）	kg	0.003	0.004	0.004	0.004	0.004
	341101001	水	m^3	1.346	2.139	3.037	4.047	5.227
	020101002	橡胶板 δ1～3	kg	0.018	0.021	0.024	0.038	0.042
	190003004	螺纹阀门 *DN*20	个	0.007	0.007	0.007	0.008	0.008
	170101003	焊接钢管 *DN*20	m	0.024	0.025	0.026	0.027	0.028
	172707010	橡胶软管 *DN*20	m	0.010	0.011	0.011	0.011	0.012
	860113019	弹簧压力表 Y-100 0～1.6MPa	块	0.003	0.003	0.004	0.004	0.004
	860113022	压力表表弯 *DN*15	个	0.003	0.003	0.004	0.004	0.004
	850103006	其他材料费（占材料费）	%	1.000	1.000	1.000	1.000	1.000
机械	990740010	坡口机 2.2kW	台班	—	0.072	0.081	—	—
	990747030	管子切断机 250mm	台班	0.066	—	—	—	—
	990742010	开孔机 200mm	台班	0.012	—	—	—	—
	990401020	载重汽车 5t	台班	0.040	0.058	0.076	0.101	0.103
	990515010	吊装机械（综合）	台班	0.169	0.239	0.271	0.298	0.327
	990740020	坡口机 2.8kW	台班	—	—	—	0.092	0.103
	990742020	开孔机 400mm	台班	—	0.006	0.006	0.006	0.006
	990796010	滚槽机	台班	0.334	0.349	0.376	0.395	0.415
	990900010	电焊机（综合）	台班	0.002	0.002	0.002	0.002	0.002
	990813010	试压泵 3MPa	台班	0.003	0.004	0.004	0.005	0.006
	990801020	电动单级离心清水泵 100mm	台班	0.007	0.009	0.012	0.014	0.016

4. 室内雨水钢管（焊接）

工作内容： 调直、切管、坡口、挖眼接管、异径管制作，组对、焊接，管道及管件安装，灌水试验等。

计量单位： 10m

编号				10-1-61	10-1-62	10-1-63	10-1-64
项目				公称直径（mm 以内）			
				80	100	125	150
名称			单位	消耗量			
人工	000203000	综合二类工	工日	1.730	2.194	2.209	2.340
材料	170100002	钢管（综合）	m	（10.150）	（10.150）	（10.150）	（9.830）
	180300004	钢管焊接管件	个	（0.740）	（0.950）	（1.380）	（2.050）
	031101009	尼龙砂轮片 ϕ100	片	0.712	0.734	0.749	1.015
	031101012	尼龙砂轮片 ϕ400	片	0.093	0.108	—	—
	142909001	氧气	m^3	1.209	1.407	1.614	2.061
	142907002	乙炔气	kg	0.465	0.541	0.621	0.793
	031301009	低碳钢焊条 J427（综合）	kg	0.772	0.922	1.149	1.487
	140303001	机油（综合）	kg	0.100	0.100	0.150	0.150
	341101001	水	m^3	0.076	0.132	0.205	0.287
	031507018	镀锌铁丝 ϕ2.8～4.0	kg	0.089	0.101	0.107	0.112
	092705004	碎布	kg	0.255	0.298	0.323	0.340
	850103006	其他材料费（占材料费）	%	2.000	2.000	2.000	2.000
机械	990785030	砂轮切割机 ϕ400	台班	0.024	0.025	—	—
	990401020	载重汽车 5t	台班	0.006	0.013	0.016	0.022
	990515010	吊装机械（综合）	台班	0.012	0.084	0.117	0.123
	990900010	电焊机（综合）	台班	0.455	0.509	0.545	0.572
	990919030	电焊条烘干箱 $60\times50\times75cm^3$	台班	0.045	0.051	0.055	0.057
	990920010	电焊条恒温箱	台班	0.045	0.051	0.055	0.057
	990801020	电动单级离心清水泵 100mm	台班	0.001	0.002	0.003	0.005

工作内容：调直、切管、坡口、挖眼接管、异径管制作，组对、焊接，管道及管件安装，灌水试验等。

计量单位：10m

编 号				10-1-65	10-1-66	10-1-67
项 目				公称直径（mm 以内）		
				200	250	300
名 称			单位	消 耗 量		
人工	000203000	综合二类工	工日	3.384	3.926	4.578
材料	170100002	钢管（综合）	m	（9.830）	（9.830）	（9.830）
	180300004	钢管焊接管件	个	（1.230）	（1.230）	（1.230）
	031101009	尼龙砂轮片 ϕ100	片	1.413	2.228	2.689
	142909001	氧气	m^3	1.533	2.127	2.520
	142907002	乙炔气	kg	0.590	0.818	0.969
	031301009	低碳钢焊条 J427（综合）	kg	2.003	3.734	4.535
	140303001	机油（综合）	kg	0.170	0.200	0.200
	341101001	水	m^3	0.505	0.802	1.139
	031507018	镀锌铁丝 ϕ2.8～4.0	kg	0.131	0.140	0.144
	092705004	碎布	kg	0.408	0.451	0.468
	850103006	其他材料费（占材料费）	%	2.000	2.000	2.000
机械	990401020	载重汽车 5t	台班	0.040	0.058	0.076
	990515010	吊装机械（综合）	台班	0.169	0.239	0.271
	990900010	电焊机（综合）	台班	0.772	1.037	1.258
	990919030	电焊条烘干箱 60×50×75cm^3	台班	0.077	0.104	0.126
	990920010	电焊条恒温箱	台班	0.077	0.104	0.126
	990801020	电动单级离心清水泵 100mm	台班	0.006	0.009	0.011

5. 室内雨水钢管（沟槽连接）

工作内容：调直、切管、压槽、对口、涂润滑剂、上胶圈、安装卡箍件，管道及管件安装，灌水试验等。

计量单位：10m

编 号				10-1-68	10-1-69	10-1-70	10-1-71
项 目				公称直径（mm 以内）			
				80	100	125	150
名 称			单位	消 耗 量			
人工	000203000	综合二类工	工日	1.448	1.772	1.918	2.031
材料	170100002	钢管（综合）	m	（10.150）	（10.150）	（10.150）	（9.830）
	181501002	钢管沟槽管件	个	（1.230）	（1.600）	（2.060）	（2.650）
	182525004	卡箍连接件（含胶圈）	套	（4.040）	（4.700）	（5.440）	（6.370）
	031507018	镀锌铁丝 ϕ2.8～4.0	kg	0.089	0.101	0.107	0.112
	092705004	碎布	kg	0.255	0.298	0.323	0.340
	140700001	润滑剂	kg	0.014	0.022	0.046	0.083
	341101001	水	m^3	0.076	0.132	0.205	0.287
	850103006	其他材料费（占材料费）	%	2.000	2.000	2.000	2.000

续前

编　号				10-1-68	10-1-69	10-1-70	10-1-71
项　目				公称直径（mm 以内）			
				80	100	125	150
名　称			单位	消　耗　量			
机械	990747020	管子切断机 150mm	台班	0.014	0.023	0.046	0.087
	990401020	载重汽车 5t	台班	0.006	0.013	0.016	0.022
	990515010	吊装机械（综合）	台班	0.012	0.084	0.117	0.123
	990742010	开孔机 200mm	台班	—	0.002	0.007	0.012
	990796010	滚槽机	台班	0.128	0.173	0.284	0.414
	990801020	电动单级离心清水泵 100mm	台班	0.001	0.002	0.003	0.005

工作内容：调直、切管、压槽、对口、涂润滑剂、上胶圈、安装卡箍件，管道及管件安装，灌水试验等。

计量单位：10m

编　号				10-1-72	10-1-73	10-1-74
项　目				公称直径（mm 以内）		
				200	250	300
名　称			单位	消　耗　量		
人工	000203000	综合二类工	工日	2.689	3.443	3.867
材料	170100002	钢管（综合）	m	（9.830）	（9.830）	（9.830）
	181501002	钢管沟槽管件	个	（2.610）	（2.530）	（2.530）
	182525004	卡箍连接件（含胶圈）	套	（6.210）	（6.120）	（6.120）
	031507018	镀锌铁丝 ϕ2.8～4.0	kg	0.131	0.140	0.144
	092705004	碎布	kg	0.408	0.451	0.468
	140700001	润滑剂	kg	0.100	0.108	0.116
	341101001	水	m^3	0.505	0.802	1.139
	850103006	其他材料费（占材料费）	%	2.000	2.000	2.000
机械	990401020	载重汽车 5t	台班	0.040	0.058	0.076
	990515010	吊装机械（综合）	台班	0.169	0.239	0.271
	990747030	管子切断机 250mm	台班	0.095	—	—
	990742010	开孔机 200mm	台班	0.013	0.014	0.014
	990796010	滚槽机	台班	0.448	0.458	0.496
	990801020	电动单级离心清水泵 100mm	台班	0.006	0.009	0.011
	990740010	坡口机 2.2kW	台班	—	0.072	0.081

三、不锈钢管安装

1. 室内薄壁不锈钢管（卡压、卡套连接）

计量单位：10m

编号				10-1-75	10-1-76	10-1-77	10-1-78	10-1-79
项目				公称直径（mm 以内）				
				15	20	25	32	40
名称			单位	消耗量				
人工	000203000	综合二类工	工日	1.058	1.108	1.210	1.317	1.416
材料	170703002	薄壁不锈钢管	m	（9.860）	（9.860）	（9.860）	（9.860）	（9.940）
	180509002	不锈钢管卡套管件	个	（13.410）	（11.160）	（10.750）	（9.370）	（7.520）
	031101008	树脂砂轮切割片 ϕ400	片	0.038	0.045	0.075	0.089	0.101
	031507018	镀锌铁丝 ϕ2.8～4.0	kg	0.040	0.045	0.068	0.075	0.079
	092705004	碎布	kg	0.080	0.090	0.150	0.167	0.187
	012903010	热轧中厚钢板 δ8～15	kg	0.030	0.032	0.034	0.037	0.039
	142909001	氧气	m^3	0.003	0.003	0.003	0.006	0.006
	142907002	乙炔气	kg	0.001	0.001	0.001	0.002	0.002
	031301009	低碳钢焊条 J427（综合）	kg	0.002	0.002	0.002	0.002	0.002
	341101001	水	m^3	0.008	0.014	0.023	0.040	0.053
	020101002	橡胶板 δ1～3	kg	0.007	0.008	0.008	0.009	0.010
	190003004	螺纹阀门 *DN*20	个	0.004	0.004	0.004	0.005	0.005
	170101003	焊接钢管 *DN*20	m	0.013	0.014	0.015	0.016	0.016
	172707010	橡胶软管 *DN*20	m	0.006	0.006	0.007	0.007	0.007
	860113019	弹簧压力表 Y-100 0～1.6MPa	块	0.002	0.002	0.002	0.002	0.002
	860113022	压力表表弯 *DN*15	个	0.002	0.002	0.002	0.002	0.002
	850103006	其他材料费（占材料费）	%	1.000	1.000	1.000	1.000	1.000
机械	990515010	吊装机械（综合）	台班	0.002	0.002	0.003	0.005	0.005
	990785030	砂轮切割机 ϕ400	台班	0.017	0.018	0.021	0.024	0.026
	990900010	电焊机（综合）	台班	0.001	0.001	0.001	0.001	0.002
	990813010	试压泵 3MPa	台班	0.001	0.001	0.001	0.002	0.002
	990801020	电动单级离心清水泵 100mm	台班	0.001	0.001	0.001	0.001	0.001

计量单位：10m

编号				10-1-80	10-1-81	10-1-82	10-1-83
项目				公称直径（mm 以内）			
				50	65	80	100
名称			单位	消耗量			
人工	000203000	综合二类工	工日	1.569	1.618	1.665	1.942
材料	170703002	薄壁不锈钢管	m	（9.870）	（9.870）	（9.870）	（9.870）
	180509002	不锈钢管卡套管件	个	（6.330）	（5.260）	（4.630）	（4.150）
	031101008	树脂砂轮切割片 ϕ400	片	0.120	0.137	0.145	0.158
	031507018	镀锌铁丝 ϕ2.8～4.0	kg	0.083	0.085	0.089	0.101
	092705004	碎布	kg	0.213	0.238	0.255	0.298
	012903010	热轧中厚钢板 δ8～15	kg	0.042	0.044	0.047	0.049
	142909001	氧气	m^3	0.006	0.006	0.006	0.006
	142907002	乙炔气	kg	0.002	0.002	0.002	0.002
	031301009	低碳钢焊条 J427（综合）	kg	0.002	0.002	0.003	0.003
	341101001	水	m^3	0.088	0.145	0.204	0.353
	020101002	橡胶板 δ1～3	kg	0.010	0.011	0.011	0.012
	190003004	螺纹阀门 *DN*20	个	0.005	0.005	0.006	0.006
	170101003	焊接钢管 *DN*20	m	0.017	0.019	0.020	0.021
	172707010	橡胶软管 *DN*20	m	0.008	0.008	0.008	0.009
	860113019	弹簧压力表 Y-100 0～1.6MPa	块	0.003	0.003	0.003	0.003
	860113022	压力表表弯 *DN*15	个	0.003	0.003	0.003	0.003
	850103006	其他材料费（占材料费）	%	1.000	1.000	1.000	1.000
机械	990401020	载重汽车 5t	台班	0.003	0.004	0.006	0.009
	990515010	吊装机械（综合）	台班	0.007	0.009	0.012	0.020
	990785030	砂轮切割机 ϕ400	台班	0.030	0.030	0.032	0.034
	990900010	电焊机（综合）	台班	0.002	0.002	0.002	0.002
	990813010	试压泵 3MPa	台班	0.002	0.002	0.002	0.002
	990801020	电动单级离心清水泵 100mm	台班	0.001	0.001	0.002	0.002

2. 室内薄壁不锈钢管（承插氩弧焊）

工作内容：调直、切管、组对、焊接，管道及管件安装，水压试验及水冲洗等。 **计量单位：**10m

编号				10-1-84	10-1-85	10-1-86	10-1-87	10-1-88
项目				公称直径（mm 以内）				
				15	20	25	32	40
名称			单位	消耗量				
人工	000203000	综合二类工	工日	1.105	1.206	1.355	1.435	1.669
材料	170703002	薄壁不锈钢管	m	（9.860）	（9.860）	（9.860）	（9.860）	（9.940）
	180525003	薄壁不锈钢管承插氩弧焊管件	个	（13.410）	（11.160）	（10.750）	（9.370）	（7.520）
	031101008	树脂砂轮切割片 ϕ400	片	0.072	0.073	0.075	0.089	0.101
	031101009	尼龙砂轮片 ϕ100	片	0.188	0.263	0.283	0.315	0.334
	142911001	氩气	m^3	0.165	0.230	0.243	0.251	0.258
	340101003	铈钨棒	g	0.330	0.460	0.486	0.502	0.516
	031507018	镀锌铁丝 ϕ2.8～4.0	kg	0.040	0.045	0.068	0.075	0.079
	092705004	碎布	kg	0.080	0.090	0.150	0.167	0.187
	143315001	丙酮	kg	0.108	0.129	0.157	0.188	0.218
	012903010	热轧中厚钢板 δ8～15	kg	0.030	0.032	0.034	0.037	0.039
	142909001	氧气	m^3	0.003	0.003	0.003	0.006	0.006
	142907002	乙炔气	kg	0.001	0.001	0.001	0.002	0.002
	031301009	低碳钢焊条 J427（综合）	kg	0.002	0.002	0.002	0.002	0.002
	341101001	水	m^3	0.008	0.014	0.023	0.040	0.053
	020101002	橡胶板 δ1～3	kg	0.007	0.008	0.008	0.009	0.010
	190003004	螺纹阀门 *DN*20	个	0.004	0.004	0.004	0.005	0.005
	170101003	焊接钢管 *DN*20	m	0.013	0.014	0.015	0.016	0.016
	172707010	橡胶软管 *DN*20	m	0.006	0.006	0.007	0.007	0.007
	860113019	弹簧压力表 Y-100 0～1.6MPa	块	0.002	0.002	0.002	0.002	0.002
	860113022	压力表表弯 *DN*15	个	0.002	0.002	0.002	0.002	0.002
	850103006	其他材料费（占材料费）	%	1.000	1.000	1.000	1.000	1.000
机械	990515010	吊装机械（综合）	台班	0.002	0.002	0.003	0.004	0.005
	990785030	砂轮切割机 ϕ400	台班	0.017	0.018	0.021	0.024	0.026
	990912010	氩弧焊机 500A	台班	0.159	0.211	0.227	0.235	0.241
	990900010	电焊机（综合）	台班	0.011	0.011	0.011	0.011	0.012
	990813010	试压泵 3MPa	台班	0.001	0.001	0.001	0.002	0.002
	990801020	电动单级离心清水泵 100mm	台班	0.001	0.001	0.001	0.001	0.001

工作内容：调直、切管、组对、焊接，管道及管件安装，水压试验及水冲洗等。 **计量单位**：10m

编号				10-1-89	10-1-90	10-1-91	10-1-92
项目				公称直径（mm 以内）			
				50	65	80	100
名称			单位	消耗量			
人工	000203000	综合二类工	工日	1.763	1.827	1.973	2.195
材料	170703002	薄壁不锈钢管	m	（9.870）	（9.870）	（9.870）	（9.870）
	180525003	薄壁不锈钢管承插氩弧焊管件	个	（6.330）	（5.260）	（4.630）	（4.150）
	031101008	树脂砂轮切割片 $\phi400$	片	0.120	0.131	0.138	0.144
	031101009	尼龙砂轮片 $\phi100$	片	0.375	0.437	0.462	0.495
	142911001	氩气	m^3	0.262	0.284	0.315	0.338
	340101003	铈钨棒	g	0.524	0.568	0.630	0.676
	031507018	镀锌铁丝 $\phi2.8$～4.0	kg	0.083	0.085	0.089	0.101
	092705004	碎布	kg	0.213	0.238	0.255	0.298
	143315001	丙酮	kg	0.241	0.285	0.318	0.377
	012903010	热轧中厚钢板 $\delta8$～15	kg	0.042	0.044	0.047	0.049
	142909001	氧气	m^3	0.006	0.006	0.006	0.006
	142907002	乙炔气	kg	0.002	0.002	0.002	0.002
	031301009	低碳钢焊条 J427（综合）	kg	0.002	0.002	0.003	0.003
	341101001	水	m^3	0.088	0.145	0.204	0.353
	020101002	橡胶板 $\delta1$～3	kg	0.010	0.011	0.011	0.012
	190003004	螺纹阀门 *DN*20	个	0.005	0.005	0.006	0.006
	170101003	焊接钢管 *DN*20	m	0.017	0.019	0.020	0.021
	172707010	橡胶软管 *DN*20	m	0.008	0.008	0.008	0.009
	860113019	弹簧压力表 Y-100 0～1.6MPa	块	0.003	0.003	0.003	0.003
	860113022	压力表表弯 *DN*15	个	0.003	0.003	0.003	0.003
	850103006	其他材料费（占材料费）	%	1.000	1.000	1.000	1.000
机械	990401020	载重汽车 5t	台班	0.003	0.004	0.006	0.013
	990515010	吊装机械（综合）	台班	0.007	0.009	0.012	0.020
	990785030	砂轮切割机 $\phi400$	台班	0.030	0.030	0.032	0.034
	990912010	氩弧焊机 500A	台班	0.262	0.284	0.316	0.330
	990900010	电焊机（综合）	台班	0.012	0.020	0.020	0.020
	990813010	试压泵 3MPa	台班	0.002	0.002	0.002	0.002
	990801020	电动单级离心清水泵 100mm	台班	0.001	0.001	0.002	0.002

四、铜 管 安 装

1. 室内铜管（卡压、卡套连接）

工作内容：调直、切管、管道及管件安装，水压试验及水冲洗等。 **计量单位：**10m

编号				10-1-93	10-1-94	10-1-95	10-1-96	10-1-97
项目				公称外径（mm 以内）				
				18	22	28	35	42
名称			单位	消耗量				
人工	000203000	综合二类工	工日	1.018	1.098	1.180	1.227	1.274
材料	171500002	铜管	m	（9.860）	（9.860）	（9.860）	（9.860）	（9.940）
	180725004	铜管卡压管件	个	（13.410）	（11.160）	（10.750）	（9.370）	（7.520）
	031527005	割管刀片	片	0.500	0.450	0.400	0.350	0.350
	031507018	镀锌铁丝 ϕ2.8～4.0	kg	0.040	0.045	0.068	0.075	0.079
	092705004	碎布	kg	0.080	0.090	0.150	0.167	0.187
	012903010	热轧中厚钢板 δ8～15	kg	0.030	0.032	0.034	0.037	0.039
	142909001	氧气	m^3	0.003	0.003	0.003	0.006	0.006
	142907002	乙炔气	kg	0.001	0.001	0.001	0.002	0.002
	031301009	低碳钢焊条 J427（综合）	kg	0.002	0.002	0.002	0.002	0.002
	341101001	水	m^3	0.008	0.014	0.023	0.040	0.053
	020101002	橡胶板 δ1～3	kg	0.007	0.008	0.008	0.009	0.010
	190003004	螺纹阀门 *DN*20	个	0.004	0.004	0.004	0.005	0.005
	170101003	焊接钢管 *DN*20	m	0.013	0.014	0.015	0.016	0.016
	172707010	橡胶软管 *DN*20	m	0.006	0.006	0.007	0.007	0.007
	860113019	弹簧压力表 Y-100 0～1.6MPa	块	0.002	0.002	0.002	0.002	0.002
	860113022	压力表表弯 *DN*15	个	0.002	0.002	0.002	0.002	0.002
	850103006	其他材料费（占材料费）	%	1.000	1.000	1.000	1.000	1.000
机械	990515010	吊装机械（综合）	台班	0.002	0.002	0.003	0.004	0.005
	990900010	电焊机（综合）	台班	0.001	0.001	0.001	0.001	0.002
	990813010	试压泵 3MPa	台班	0.001	0.001	0.001	0.002	0.002
	990801020	电动单级离心清水泵 100mm	台班	0.001	0.001	0.001	0.001	0.001

工作内容：调直、切管、管道及管件安装，水压试验及水冲洗等。　　　　**计量单位**：10m

编　号				10-1-98	10-1-99	10-1-100	10-1-101
项　目				公称外径（mm 以内）			
				54	76	89	108
名　称			单位	消　耗　量			
人工	000203000	综合二类工	工日	1.331	1.410	1.483	1.726
材料	171500002	铜管	m	（9.870）	（9.870）	（9.870）	（9.870）
	180725004	铜管卡压管件	个	（6.330）	（5.260）	（4.630）	（4.150）
	031527005	割管刀片	片	0.300	0.320	0.350	0.380
	031507018	镀锌铁丝 ϕ2.8～4.0	kg	0.083	0.085	0.089	0.101
	092705004	碎布	kg	0.213	0.238	0.255	0.298
	012903010	热轧中厚钢板 δ8～15	kg	0.042	0.044	0.047	0.049
	142909001	氧气	m^3	0.006	0.006	0.006	0.006
	142907002	乙炔气	kg	0.002	0.002	0.002	0.002
	031301009	低碳钢焊条 J427（综合）	kg	0.002	0.002	0.003	0.003
	341101001	水	m^3	0.088	0.145	0.204	0.353
	020101002	橡胶板 δ1～3	kg	0.010	0.011	0.011	0.012
	190003004	螺纹阀门 *DN*20	个	0.005	0.005	0.006	0.006
	170101003	焊接钢管 *DN*20	m	0.017	0.019	0.020	0.021
	172707010	橡胶软管 *DN*20	m	0.008	0.008	0.008	0.009
	860113019	弹簧压力表 Y-100 0～1.6MPa	块	0.003	0.003	0.003	0.003
	860113022	压力表表弯 *DN*15	个	0.003	0.003	0.003	0.003
	850103006	其他材料费（占材料费）	%	1.000	1.000	1.000	1.000
机械	990401020	载重汽车 5t	台班	0.003	0.004	0.006	0.013
	990515010	吊装机械（综合）	台班	0.007	0.009	0.012	0.020
	990900010	电焊机（综合）	台班	0.002	0.002	0.002	0.002
	990813010	试压泵 3MPa	台班	0.002	0.002	0.002	0.002
	990801020	电动单级离心清水泵 100mm	台班	0.001	0.001	0.002	0.002

2. 室内铜管（氧乙炔焊）

工作内容：调直、切管、坡口、焊接、管道及管件安装、水压试验及水冲洗等。 **计量单位：**10m

编号				10-1-102	10-1-103	10-1-104	10-1-105	10-1-106
项目				公称外径（mm 以内）				
				18	22	28	35	42
名称			单位	消耗量				
人工	000203000	综合二类工	工日	1.628	1.751	1.829	2.162	2.458
材料	171500002	铜管	m	（9.500）	（9.500）	（9.500）	（9.500）	（9.650）
	180725002	铜管焊接管件	个	（12.340）	（10.070）	（9.730）	（8.340）	（6.240）
	031541002	锯条（综合）	根	0.082	0.126	0.145	0.164	0.192
	031101009	尼龙砂轮片 ϕ100	片	0.019	0.024	0.024	0.025	0.038
	031101012	尼龙砂轮片 ϕ400	片	0.020	0.023	0.023	0.035	0.040
	031307002	铜焊粉	kg	0.030	0.040	0.050	0.060	0.080
	031303009	铜焊丝（综合）	kg	0.174	0.192	0.226	0.250	0.288
	031507018	镀锌铁丝 ϕ2.8～4.0	kg	0.040	0.045	0.068	0.075	0.079
	092705004	碎布	kg	0.080	0.090	0.150	0.167	0.187
	012903010	热轧中厚钢板 δ8～15	kg	0.030	0.032	0.034	0.037	0.039
	142909001	氧气	m^3	0.464	0.544	0.684	0.935	1.314
	142907002	乙炔气	kg	0.172	0.191	0.243	0.332	0.465
	031301009	低碳钢焊条 J427（综合）	kg	0.002	0.002	0.002	0.002	0.002
	341101001	水	m^3	0.008	0.014	0.023	0.040	0.053
	020101002	橡胶板 δ1～3	kg	0.007	0.008	0.008	0.009	0.010
	190003004	螺纹阀门 *DN*20	个	0.004	0.004	0.004	0.005	0.005
	170101003	焊接钢管 *DN*20	m	0.013	0.014	0.015	0.016	0.016
	172707010	橡胶软管 *DN*20	m	0.006	0.006	0.007	0.007	0.007
	860113019	弹簧压力表 Y-100 0～1.6MPa	块	0.002	0.002	0.002	0.002	0.002
	860113022	压力表表弯 *DN*15	个	0.002	0.002	0.002	0.002	0.002
	850103006	其他材料费（占材料费）	%	1.000	1.000	1.000	1.000	1.000
机械	990515010	吊装机械（综合）	台班	0.002	0.002	0.003	0.004	0.005
	990900010	电焊机（综合）	台班	0.001	0.001	0.001	0.001	0.002
	990785030	砂轮切割机 ϕ400	台班	0.004	0.004	0.008	0.010	0.012
	990813010	试压泵 3MPa	台班	0.001	0.001	0.001	0.002	0.002
	990801020	电动单级离心清水泵 100mm	台班	0.001	0.001	0.001	0.001	0.001

工作内容：调直、切管、坡口、焊接、管道及管件安装、水压试验及水冲洗等。 **计量单位**：10m

编号				10-1-107	10-1-108	10-1-109	10-1-110
项目				公称外径（mm 以内）			
				54	76	89	108
名称			单位	消耗量			
人工	000203000	综合二类工	工日	2.710	3.016	3.314	3.489
材料	171500002	铜管	m	（9.650）	（9.650）	（9.650）	（9.650）
	180725002	铜管焊接管件	个	（5.180）	（4.000）	（3.390）	（2.990）
	031541002	锯条（综合）	根	0.198	—	—	—
	031101009	尼龙砂轮片 $\phi100$	片	0.046	0.096	0.102	0.115
	031101012	尼龙砂轮片 $\phi400$	片	0.048	0.123	0.128	0.140
	031307002	铜焊粉	kg	0.085	0.097	0.110	0.130
	031303009	铜焊丝（综合）	kg	0.380	0.520	0.680	0.840
	031507018	镀锌铁丝 $\phi2.8$～4.0	kg	0.083	0.085	0.089	0.101
	092705004	碎布	kg	0.213	0.238	0.255	0.298
	012903010	热轧中厚钢板 $\delta8$～15	kg	0.042	0.044	0.047	0.049
	142909001	氧气	m^3	1.414	1.763	2.316	2.620
	142907002	乙炔气	kg	0.515	0.678	0.840	0.960
	341101001	水	m^3	0.088	0.145	0.204	0.353
	031301009	低碳钢焊条 J427（综合）	kg	0.002	0.002	0.003	0.003
	020101002	橡胶板 $\delta1$～3	kg	0.010	0.011	0.011	0.012
	190003004	螺纹阀门 *DN*20	个	0.005	0.005	0.006	0.006
	170101003	焊接钢管 *DN*20	m	0.017	0.019	0.020	0.021
	172707010	橡胶软管 *DN*20	m	0.008	0.008	0.008	0.009
	860113019	弹簧压力表 Y-100 0～1.6MPa	块	0.003	0.003	0.003	0.003
	860113022	压力表表弯 *DN*15	个	0.003	0.003	0.003	0.003
	850103006	其他材料费（占材料费）	%	1.000	1.000	1.000	1.000
机械	990401020	载重汽车 5t	台班	0.003	0.004	0.006	0.013
	990515010	吊装机械（综合）	台班	0.007	0.009	0.012	0.020
	990900010	电焊机（综合）	台班	0.002	0.002	0.002	0.002
	990785030	砂轮切割机 $\phi400$	台班	0.016	0.028	0.029	0.031
	990813010	试压泵 3MPa	台班	0.002	0.002	0.002	0.002
	990801020	电动单级离心清水泵 100mm	台班	0.001	0.001	0.002	0.002

3. 室内铜管（钎焊）

工作内容：调直、切管、焊接、管道及管件安装、水压试验及水冲洗等。 **计量单位：**10m

编号				10-1-111	10-1-112	10-1-113	10-1-114	10-1-115
项目				公称外径（mm 以内）				
				18	22	28	35	42
	名称		单位	消耗量				
人工	000203000	综合二类工	工日	1.119	1.209	1.297	1.350	1.403
材料	171500002	铜管	m	（9.860）	（9.860）	（9.860）	（9.860）	（9.940）
	180725006	铜管钎焊管件	个	（13.410）	（11.160）	（10.750）	（9.370）	（7.520）
	031309001	低银铜磷钎料 BCu91PAg	kg	0.024	0.026	0.039	0.056	0.077
	031101009	尼龙砂轮片 ϕ100	片	0.019	0.024	0.024	0.025	0.038
	031101012	尼龙砂轮片 ϕ400	片	0.020	0.023	0.023	0.035	0.040
	031507018	镀锌铁丝 ϕ2.8～4.0	kg	0.004	0.045	0.068	0.075	0.079
	092705004	碎布	kg	0.080	0.090	0.150	0.168	0.187
	031102004	铁砂布（综合）	张	0.116	0.118	0.125	0.143	0.236
	012903010	热轧中厚钢板 δ8～15	kg	0.030	0.032	0.034	0.037	0.039
	142909001	氧气	m^3	0.421	0.459	0.467	0.515	0.635
	142907002	乙炔气	kg	0.162	0.171	0.179	0.198	0.244
	031301009	低碳钢焊条 J427（综合）	kg	0.002	0.002	0.002	0.002	0.002
	341101001	水	m^3	0.008	0.014	0.023	0.040	0.053
	020101002	橡胶板 δ1～3	kg	0.007	0.008	0.008	0.009	0.010
	190003004	螺纹阀门 *DN*20	个	0.004	0.004	0.004	0.005	0.005
	170101003	焊接钢管 *DN*20	m	0.013	0.014	0.015	0.016	0.016
	172707010	橡胶软管 *DN*20	m	0.006	0.006	0.007	0.007	0.007
	860113019	弹簧压力表 Y-100 0～1.6MPa	块	0.002	0.002	0.002	0.002	0.002
	860113022	压力表表弯 *DN*15	个	0.002	0.002	0.002	0.002	0.002
	850103006	其他材料费（占材料费）	%	1.000	1.000	1.000	1.000	1.000
机械	990515010	吊装机械（综合）	台班	0.002	0.002	0.003	0.004	0.005
	990785030	砂轮切割机 ϕ400	台班	0.040	0.040	0.008	0.010	0.012
	990900010	电焊机（综合）	台班	0.001	0.001	0.001	0.001	0.002
	990813010	试压泵 3MPa	台班	0.001	0.001	0.001	0.002	0.002
	990801020	电动单级离心清水泵 100mm	台班	0.001	0.001	0.001	0.001	0.001

工作内容： 调直、切管、焊接、管道及管件安装、水压试验及水冲洗等。 **计量单位：** 10m

编号				10-1-116	10-1-117	10-1-118	10-1-119
项目				公称外径（mm 以内）			
				54	76	89	108
名称			单位	消耗量			
人工	000203000	综合二类工	工日	1.465	1.551	1.631	1.898
材料	171500002	铜管	m	（9.870）	（9.870）	（9.870）	（9.870）
	180725006	铜管钎焊管件	个	（6.330）	（5.260）	（4.630）	（4.150）
	031309001	低银铜磷钎料 BCu91PAg	kg	0.104	0.131	0.185	0.212
	031101009	尼龙砂轮片 ϕ100	片	0.046	0.096	0.102	0.115
	031101012	尼龙砂轮片 ϕ400	片	0.048	0.123	0.128	0.140
	031507018	镀锌铁丝 ϕ2.8～4.0	kg	0.083	0.085	0.089	0.101
	092705004	碎布	kg	0.213	0.238	0.255	0.298
	031102004	铁砂布（综合）	张	0.274	0.312	0.350	0.388
	012903010	热轧中厚钢板 δ8～15	kg	0.042	0.044	0.047	0.049
	142909001	氧气	m^3	0.723	1.019	1.156	1.313
	142907002	乙炔气	kg	0.274	0.340	0.388	0.439
	031301009	低碳钢焊条 J427（综合）	kg	0.002	0.002	0.003	0.003
	341101001	水	m^3	0.088	0.145	0.204	0.353
	020101002	橡胶板 δ1～3	kg	0.010	0.011	0.011	0.012
	190003004	螺纹阀门 *DN*20	个	0.005	0.005	0.006	0.006
	170101003	焊接钢管 *DN*20	m	0.017	0.019	0.020	0.021
	172707010	橡胶软管 *DN*20	m	0.008	0.008	0.008	0.009
	860113019	弹簧压力表 Y-100 0～1.6MPa	块	0.003	0.003	0.003	0.003
	860113022	压力表表弯 *DN*15	个	0.003	0.003	0.003	0.003
	850103006	其他材料费（占材料费）	%	1.000	1.000	1.000	1.000
机械	990401020	载重汽车 5t	台班	0.003	0.004	0.006	0.013
	990515010	吊装机械（综合）	台班	0.007	0.009	0.012	0.020
	990785030	砂轮切割机 ϕ400	台班	0.016	0.028	0.029	0.031
	990900010	电焊机（综合）	台班	0.002	0.002	0.002	0.002
	990813010	试压泵 3MPa	台班	0.002	0.002	0.002	0.002
	990801020	电动单级离心清水泵 100mm	台班	0.001	0.001	0.002	0.002

五、铸铁管安装

1. 室外铸铁给水管（胶圈接口）

工作内容： 切管、上胶圈、接口、管道及管件安装、水压试验及水冲洗等。 **计量单位：** 10m

编号				10-1-120	10-1-121	10-1-122	10-1-123	10-1-124
项目				公称直径（mm 以内）				
				100	150	200	250	300
名称			单位	消耗量				
人工	000203000	综合二类工	工日	1.305	1.605	1.872	2.045	2.124
材料	173118003	承插铸铁给水管	m	（10.100）	（10.050）	（10.050）	（9.900）	（9.900）
	180100004	承插铸铁给水管件	个	（1.070）	（1.010）	（0.980）	（0.920）	（0.880）
	020501007	橡胶圈（给水） *DN*300	个	—	—	—	—	2.033
	031507018	镀锌铁丝 ϕ2.8～4.0	kg	0.101	0.112	0.131	0.140	0.144
	092705004	碎布	kg	0.298	0.340	0.408	0.451	0.468
	012903010	热轧中厚钢板 δ8～15	kg	0.049	0.110	0.148	0.231	0.333
	142909001	氧气	m^3	0.006	0.006	0.009	0.009	0.009
	142907002	乙炔气	kg	0.002	0.002	0.003	0.003	0.003
	031301009	低碳钢焊条 J427（综合）	kg	0.003	0.003	0.003	0.004	0.004
	341101001	水	m^3	0.353	0.764	1.346	2.139	3.037
	020101002	橡胶板 δ1～3	kg	0.012	0.016	0.018	0.021	0.024
	190003004	螺纹阀门 *DN*20	个	0.006	0.006	0.007	0.007	0.007
	170101003	焊接钢管 *DN*20	m	0.021	0.023	0.024	0.025	0.026
	172707010	橡胶软管 *DN*20	m	0.009	0.010	0.010	0.011	0.011
	860113019	弹簧压力表 Y-100 0～1.6MPa	块	0.003	0.003	0.003	0.003	0.004
	860113022	压力表表弯 *DN*15	个	0.003	0.003	0.003	0.003	0.004
	020501003	橡胶圈（给水） *DN*100	个	2.445	—	—	—	—
	020501004	橡胶圈（给水） *DN*150	个	—	2.305	—	—	—
	020501005	橡胶圈（给水） *DN*200	个	—	—	2.245	—	—
	020501006	橡胶圈（给水） *DN*250	个	—	—	—	2.122	—
	850103006	其他材料费（占材料费）	%	1.000	1.000	1.000	1.000	1.000
机械	990304004	汽车式起重机 8t	台班	0.073	0.094	0.131	—	—
	990401020	载重汽车 5t	台班	0.012	0.020	0.040	0.058	0.076
	990304016	汽车式起重机 16t	台班	—	—	—	0.193	0.234
	990795010	液压断管机 500mm	台班	0.011	0.013	0.019	0.023	0.028
	990900010	电焊机（综合）	台班	0.002	0.002	0.002	0.002	0.002
	990813010	试压泵 3MPa	台班	0.002	0.003	0.003	0.004	0.004
	990801020	电动单级离心清水泵 100mm	台班	0.002	0.005	0.007	0.009	0.012

工作内容：切管、上胶圈、接口、管道及管件安装、水压试验及水冲洗等。　　　　计量单位：10m

编号				10-1-125	10-1-126	10-1-127	10-1-128
项目				公称直径（mm 以内）			
				350	400	450	500
名称			单位	消耗量			
人工	000203000	综合二类工	工日	2.281	2.534	2.989	3.272
材料	173118003	承插铸铁给水管	m	（9.900）	（9.900）	（9.850）	（9.850）
	180100004	承插铸铁给水管件	个	（0.830）	（0.810）	（0.770）	（0.760）
	020501008	橡胶圈（给水） *DN*350	个	1.922	—	—	—
	020501009	橡胶圈（给水） *DN*400	个	—	1.881	—	—
	020501010	橡胶圈（给水） *DN*450	个	—	—	1.798	—
	020501011	橡胶圈（给水） *DN*500	个	—	—	—	1.770
	031507018	镀锌铁丝 ϕ2.8～4.0	kg	0.148	0.153	0.158	0.163
	092705004	碎布	kg	0.493	0.510	0.527	0.544
	012903010	热轧中厚钢板 δ8～15	kg	0.380	0.426	0.472	0.472
	142909001	氧气	m^3	0.012	0.012	0.012	0.012
	142907002	乙炔气	kg	0.005	0.005	0.005	0.005
	031301009	低碳钢焊条 J427（综合）	kg	0.004	0.004	0.004	0.004
	341101001	水	m^3	4.047	5.227	6.359	7.850
	020101002	橡胶板 δ1～3	kg	0.038	0.042	0.051	0.060
	190003004	螺纹阀门 *DN*20	个	0.008	0.008	0.008	0.008
	170101003	焊接钢管 *DN*20	m	0.027	0.028	0.029	0.030
	172707010	橡胶软管 *DN*20	m	0.011	0.012	0.012	0.012
	860113019	弹簧压力表 Y-100 0～1.6MPa	块	0.004	0.004	0.004	0.004
	860113022	压力表表弯 *DN*15	个	0.004	0.004	0.004	0.004
	850103006	其他材料费（占材料费）	%	1.000	1.000	1.000	1.000
机械	990401020	载重汽车 5t	台班	0.101	0.103	0.105	0.108
	990304016	汽车式起重机 16t	台班	0.268	0.282	0.290	0.298
	990795010	液压断管机 500mm	台班	0.029	0.032	0.038	0.046
	990900010	电焊机（综合）	台班	0.002	0.002	0.002	0.002
	990813010	试压泵 3MPa	台班	0.005	0.006	0.006	0.007
	990801020	电动单级离心清水泵 100mm	台班	0.014	0.016	0.018	0.020

2. 室内柔性铸铁排水管（机械接口）

工作内容：切管、上胶圈、管道及管件安装、紧固螺栓、灌水试验、通球试验等。 **计量单位**：10m

编 号				10-1-129	10-1-130	10-1-131
项 目				公称直径（mm 以内）		
				50	75	100
名 称			单位	消 耗 量		
人工	000203000	综合二类工	工日	1.809	2.165	2.793
材料	171101004	柔性铸铁排水管	m	（9.780）	（9.550）	（9.050）
	180100009	柔性排水铸铁管管件（机械接口）	个	（6.640）	（6.780）	（9.640）
	340205021	橡胶密封圈（排水）	个	（14.370）	（15.260）	（21.690）
	202103002	法兰压盖	个	（14.370）	（15.260）	（21.690）
	031507018	镀锌铁丝 ϕ2.8～4.0	kg	0.083	0.089	0.101
	092705004	碎布	kg	0.213	0.255	0.298
	341101001	水	m^3	0.033	0.054	0.132
	850103006	其他材料费（占材料费）	%	2.000	2.000	2.000
机械	990401020	载重汽车 5t	台班	0.004	0.009	0.011
	990515010	吊装机械（综合）	台班	0.004	0.009	0.076
	990795010	液压断管机 500mm	台班	0.033	0.047	0.096
	990801020	电动单级离心清水泵 100mm	台班	0.001	0.001	0.002

工作内容：切管、上胶圈、管道及管件安装、紧固螺栓、灌水试验、通球试验等。 **计量单位**：10m

编 号				10-1-132	10-1-133	10-1-134
项 目				公称直径（mm 以内）		
				150	200	250
名 称			单位	消 耗 量		
人工	000203000	综合二类工	工日	2.964	3.137	3.440
材料	171101004	柔性铸铁排水管	m	（9.450）	（9.450）	（9.790）
	180100009	柔性排水铸铁管管件（机械接口）	个	（4.460）	（4.190）	（2.350）
	340205021	橡胶密封圈（排水）	个	（10.670）	（9.830）	（4.920）
	202103002	法兰压盖	个	（10.670）	（9.830）	（4.920）
	031507018	镀锌铁丝 ϕ2.8～4.0	kg	0.112	0.131	0.140
	092705004	碎布	kg	0.340	0.408	0.451
	341101001	水	m^3	0.287	0.505	0.802
	850103006	其他材料费（占材料费）	%	2.000	2.000	2.000
机械	990401020	载重汽车 5t	台班	0.018	0.040	0.058
	990515010	吊装机械（综合）	台班	0.123	0.169	0.239
	990795010	液压断管机 500mm	台班	0.058	0.079	0.059
	990801020	电动单级离心清水泵 100mm	台班	0.005	0.006	0.009

3. 室内无承口柔性铸铁排水管（卡箍连接）

工作内容：切管、管道及管件安装、紧卡箍、灌水试验、通球试验等。　　**计量单位：**10m

编　号				10-1-135	10-1-136	10-1-137
项　目				公称直径（mm 以内）		
				50	75	100
名　称			单位	消　耗　量		
人工	000203000	综合二类工	工日	1.737	2.099	2.710
材料	171101007	无承口柔性排水铸铁管	m	（9.780）	（9.550）	（9.050）
	180100012	无承口柔性排水铸铁管管件（卡箍连接）	个	（6.570）	（6.620）	（9.510）
	182519003	不锈钢卡箍（含胶圈）	个	（14.300）	（15.100）	（21.690）
	031507018	镀锌铁丝 ϕ2.8～4.0	kg	0.083	0.089	0.101
	092705004	碎布	kg	0.213	0.255	0.298
	031102004	铁砂布（综合）	张	0.280	0.280	0.310
	341101001	水	m^3	0.033	0.054	0.132
	850103006	其他材料费（占材料费）	%	2.000	2.000	2.000
机械	990401020	载重汽车 5t	台班	0.004	0.009	0.011
	990515010	吊装机械（综合）	台班	0.004	0.009	0.076
	990795010	液压断管机 500mm	台班	0.033	0.047	0.096
	990801020	电动单级离心清水泵 100mm	台班	0.001	0.001	0.002

工作内容：切管、管道及管件安装、紧卡箍、灌水试验、通球试验等。　　**计量单位：**10m

编　号				10-1-138	10-1-139	10-1-140
项　目				公称直径（mm 以内）		
				150	200	250
名　称			单位	消　耗　量		
人工	000203000	综合二类工	工日	2.872	3.048	3.336
材料	171101007	无承口柔性排水铸铁管	m	（9.450）	（9.450）	（9.790）
	180100012	无承口柔性排水铸铁管管件（卡箍连接）	个	（4.350）	（4.110）	（2.300）
	182519003	不锈钢卡箍（含胶圈）	个	（10.560）	（9.750）	（4.870）
	031507018	镀锌铁丝 ϕ2.8～4.0	kg	0.112	0.131	0.140
	092705004	碎布	kg	0.340	0.408	0.451
	031102004	铁砂布（综合）	张	0.380	0.470	0.570
	341101001	水	m^3	0.287	0.505	0.802
	850103006	其他材料费（占材料费）	%	2.000	2.000	2.000
机械	990401020	载重汽车 5t	台班	0.018	0.040	0.058
	990515010	吊装机械（综合）	台班	0.123	0.169	0.239
	990795010	液压断管机 500mm	台班	0.058	0.079	0.059
	990801020	电动单级离心清水泵 100mm	台班	0.005	0.006	0.009

4. 室内柔性铸铁雨水管（机械接口）

工作内容：切管、上胶圈、管道及管件安装、紧固螺栓、灌水试验等。 **计量单位：**10m

编 号				10-1-141	10-1-142	10-1-143
项 目				公称直径（mm 以内）		
				75	100	150
名 称			单位	消 耗 量		
人工	000203000	综合二类工	工日	0.959	1.378	1.643
材料	171101005	柔性铸铁雨水管	m	（10.130）	（10.030）	（9.850）
	180100010	柔性铸铁雨水管管件（机械接口）	个	（1.300）	（1.670）	（2.730）
	340205021	橡胶密封圈（排水）	个	（2.850）	（3.568）	（6.408）
	202103002	法兰压盖	个	（2.850）	（3.568）	（6.408）
	031507018	镀锌铁丝 ϕ2.8～4.0	kg	0.089	0.101	0.112
	092705004	碎布	kg	0.255	0.298	0.340
	341101001	水	m^3	0.054	0.132	0.287
	850103006	其他材料费（占材料费）	%	2.000	2.000	2.000
机械	990401020	载重汽车 5t	台班	0.009	0.014	0.018
	990515010	吊装机械（综合）	台班	0.009	0.076	0.123
	990795010	液压断管机 500mm	台班	0.013	0.017	0.035
	990801020	电动单级离心清水泵 100mm	台班	0.001	0.002	0.005

工作内容：切管、上胶圈、管道及管件安装、紧固螺栓、灌水试验等。 **计量单位：**10m

编 号				10-1-144	10-1-145	10-1-146
项 目				公称直径（mm 以内）		
				200	250	300
名 称			单位	消 耗 量		
人工	000203000	综合二类工	工日	1.996	2.394	2.650
材料	171101005	柔性铸铁雨水管	m	（9.750）	（9.750）	（9.630）
	180100010	柔性铸铁雨水管管件（机械接口）	个	（2.690）	（2.610）	（2.610）
	340205021	橡胶密封圈（排水）	个	（6.692）	（6.468）	（6.468）
	202103002	法兰压盖	个	（6.692）	（6.468）	（6.468）
	031507018	镀锌铁丝 ϕ2.8～4.0	kg	0.131	0.140	0.144
	092705004	碎布	kg	0.408	0.451	0.468
	341101001	水	m^3	0.505	0.802	1.139
	850103006	其他材料费（占材料费）	%	2.000	2.000	2.000
机械	990401020	载重汽车 5t	台班	0.040	0.058	0.076
	990515010	吊装机械（综合）	台班	0.169	0.239	0.271
	990795010	液压断管机 500mm	台班	0.051	0.065	0.084
	990801020	电动单级离心清水泵 100mm	台班	0.006	0.009	0.011

六、塑料管安装

1. 室外塑料给水管（热熔连接）

工作内容：切管、组对、预热、熔接，管道及管件安装，水压试验及水冲洗等。　　**计量单位：**10m

编号				10-1-147	10-1-148	10-1-149	10-1-150
项目				外径（mm 以内）			
				32	40	50	63
名称			单位	消耗量			
人工	000203000	综合二类工	工日	0.467	0.514	0.560	0.615
材料	173118001	塑料给水管	m	（10.200）	（10.200）	（10.200）	（10.200）
	180999011	塑料给水管热熔管件	个	（2.830）	（2.960）	（2.860）	（2.810）
	031102004	铁砂布（综合）	张	0.027	0.038	0.050	0.057
	012903010	热轧中厚钢板 δ8～15	kg	0.034	0.037	0.039	0.042
	341101001	水	m^3	0.023	0.040	0.053	0.088
	020101002	橡胶板 δ1～3	kg	0.008	0.009	0.010	0.010
	190003004	螺纹阀门 *DN*20	个	0.004	0.005	0.005	0.005
	170101003	焊接钢管 *DN*20	m	0.015	0.016	0.016	0.017
	172707010	橡胶软管 *DN*20	m	0.007	0.007	0.007	0.008
	860113019	弹簧压力表 Y-100 0～1.6MPa	块	0.002	0.002	0.002	0.003
	860113022	压力表表弯 *DN*15	个	0.002	0.002	0.002	0.003
	850103006	其他材料费（占材料费）	%	1.000	1.000	1.000	1.000
机械	990813010	试压泵 3MPa	台班	0.001	0.002	0.002	0.002
	990801020	电动单级离心清水泵 100mm	台班	0.001	0.001	0.001	0.001

工作内容：切管、组对、预热、熔接，管道及管件安装，水压试验及水冲洗等。　　**计量单位：**10m

编号				10-1-151	10-1-152	10-1-153	10-1-154
项目				外径（mm 以内）			
				75	90	110	125
名称			单位	消耗量			
人工	000203000	综合二类工	工日	0.640	0.683	0.769	0.859
材料	173118001	塑料给水管	m	（10.150）	（10.150）	（10.150）	（10.150）
	180999011	塑料给水管热熔管件	个	（2.810）	（2.730）	（2.730）	（0.810）
	031102004	铁砂布（综合）	张	0.070	0.075	0.076	0.079
	012903010	热轧中厚钢板 δ8～15	kg	0.044	0.047	0.049	0.073
	341101001	水	m^3	0.145	0.204	0.353	0.547
	020101002	橡胶板 δ1～3	kg	0.011	0.011	0.012	0.014
	190003004	螺纹阀门 *DN*20	个	0.005	0.006	0.006	0.006
	170101003	焊接钢管 *DN*20	m	0.019	0.020	0.021	0.022
	172707010	橡胶软管 *DN*20	m	0.008	0.008	0.009	0.009

续前

编号				10-1-151	10-1-152	10-1-153	10-1-154
项目				外径（mm 以内）			
				75	90	110	125
名称			单位	消耗量			
材料	860113019	弹簧压力表 Y-100 0～1.6MPa	块	0.003	0.003	0.003	0.003
	860113022	压力表表弯 *DN*15	个	0.003	0.003	0.003	0.003
	850103006	其他材料费（占材料费）	%	1.000	1.000	1.000	1.000
机械	990401020	载重汽车 5t	台班	—	—	—	0.004
	990304004	汽车式起重机 8t	台班	—	—	—	0.049
	990911010	热熔对接焊机 160mm	台班	—	—	—	0.120
	990706010	木工圆锯机 500mm	台班	—	—	—	0.010
	990813010	试压泵 3MPa	台班	0.002	0.002	0.002	0.003
	990801020	电动单级离心清水泵 100mm	台班	0.002	0.002	0.002	0.003

工作内容：切管、组对、预热、熔接，管道及管件安装，水压试验及水冲洗等。 **计量单位：**10m

编号				10-1-155	10-1-156	10-1-157	10-1-158
项目				外径（mm 以内）			
				160	200	250	315
名称			单位	消耗量			
人工	000203000	综合二类工	工日	0.879	1.086	1.306	1.482
材料	173118001	塑料给水管	m	（10.150）	（10.220）	（10.220）	（10.220）
	180999011	塑料给水管热熔管件	个	（0.790）	（0.740）	（0.720）	（0.720）
	031102004	铁砂布（综合）	张	0.081	0.086	0.093	0.098
	012903010	热轧中厚钢板 δ8～15	kg	0.110	0.148	0.231	0.330
	341101001	水	m^3	0.764	1.346	2.139	3.037
	020101002	橡胶板 δ1～3	kg	0.016	0.018	0.021	0.024
	190003004	螺纹阀门 *DN*20	个	0.006	0.007	0.007	0.007
	170101003	焊接钢管 *DN*20	m	0.023	0.024	0.025	0.026
	172707010	橡胶软管 *DN*20	m	0.010	0.010	0.011	0.011
	860113019	弹簧压力表 Y-100 0～1.6MPa	块	0.003	0.003	0.003	0.004
	860113022	压力表表弯 *DN*15	个	0.003	0.003	0.003	0.004
	850103006	其他材料费（占材料费）	%	1.000	1.000	1.000	1.000
机械	990401020	载重汽车 5t	台班	0.005	0.012	0.021	0.027
	990304004	汽车式起重机 8t	台班	0.051	0.057	0.085	0.102
	990911010	热熔对接焊机 160mm	台班	0.150	—	—	—
	990706010	木工圆锯机 500mm	台班	0.011	0.014	0.016	0.018
	990911020	热熔对接焊机 250mm	台班	—	0.260	0.320	—
	990911030	热熔对接焊机 630mm	台班	—	—	—	0.400
	990813010	试压泵 3MPa	台班	0.003	0.003	0.004	0.004
	990801020	电动单级离心清水泵 100mm	台班	0.005	0.007	0.009	0.012

2. 室外塑料给水管（电熔连接）

工作内容：切管、组对、熔接，管道及管件安装，水压试验及水冲洗等。　　**计量单位**：10m

编　号				10-1-159	10-1-160	10-1-161	10-1-162
项　目				外径（mm 以内）			
				32	40	50	63
名　称			单位	消　耗　量			
人工	000203000	综合二类工	工日	0.488	0.540	0.587	0.644
材料	173118001	塑料给水管	m	（10.200）	（10.200）	（10.200）	（10.200）
	180999010	塑料给水管电熔管件	个	（2.830）	（2.960）	（2.860）	（2.810）
	031102004	铁砂布（综合）	张	0.027	0.038	0.050	0.057
	012903010	热轧中厚钢板 δ8～15	kg	0.034	0.037	0.039	0.042
	341101001	水	m^3	0.023	0.040	0.053	0.088
	020101002	橡胶板 δ1～3	kg	0.008	0.009	0.010	0.010
	190003004	螺纹阀门 *DN*20	个	0.004	0.005	0.005	0.005
	170101003	焊接钢管 *DN*20	m	0.015	0.016	0.016	0.017
	172707010	橡胶软管 *DN*20	m	0.007	0.007	0.007	0.008
	860113019	弹簧压力表 Y-100 0～1.6MPa	块	0.002	0.002	0.002	0.003
	860113022	压力表表弯 *DN*15	个	0.002	0.002	0.002	0.003
	850103006	其他材料费（占材料费）	%	1.000	1.000	1.000	1.000
机械	990921010	电熔焊接机 3.5kW	台班	0.056	0.074	0.080	0.087
	990813010	试压泵 3MPa	台班	0.001	0.002	0.002	0.002
	990801020	电动单级离心清水泵 100mm	台班	0.001	0.001	0.001	0.001

工作内容：切管、组对、熔接，管道及管件安装，水压试验及水冲洗等。　　**计量单位**：10m

编　号				10-1-163	10-1-164	10-1-165	10-1-166
项　目				外径（mm 以内）			
				75	90	110	125
名　称			单位	消　耗　量			
人工	000203000	综合二类工	工日	0.665	0.714	0.795	0.898
材料	173118001	塑料给水管	m	（10.150）	（10.150）	（10.150）	（10.150）
	180999010	塑料给水管电熔管件	个	（2.810）	（2.730）	（2.730）	（1.860）
	031102004	铁砂布（综合）	张	0.070	0.075	0.075	0.079
	012903010	热轧中厚钢板 δ8～15	kg	0.044	0.047	0.049	0.073
	341101001	水	m^3	0.145	0.204	0.353	0.547
	020101002	橡胶板 δ1～3	kg	0.011	0.011	0.012	0.014
	190003004	螺纹阀门 *DN*20	个	0.005	0.006	0.006	0.006
	170101003	焊接钢管 *DN*20	m	0.019	0.020	0.021	0.022
	172707010	橡胶软管 *DN*20	m	0.008	0.008	0.009	0.009

续前

编号				10-1-163	10-1-164	10-1-165	10-1-166
项目				外径（mm 以内）			
				75	90	110	125
名称			单位	消耗量			
材料	860113019	弹簧压力表 Y-100 0～1.6MPa	块	0.003	0.003	0.003	0.003
	860113022	压力表表弯 *DN*15	个	0.003	0.003	0.003	0.003
	850103006	其他材料费（占材料费）	%	1.000	1.000	1.000	1.000
机械	990401020	载重汽车 5t	台班	—	—	—	0.004
	990304004	汽车式起重机 8t	台班	—	—	—	0.049
	990706010	木工圆锯机 500mm	台班	—	—	—	0.010
	990921010	电熔焊接机 3.5kW	台班	0.098	0.106	0.110	0.120
	990813010	试压泵 3MPa	台班	0.002	0.002	0.002	0.003
	990801020	电动单级离心清水泵 100mm	台班	0.001	0.002	0.002	0.003

工作内容：切管、组对、熔接，管道及管件安装，水压试验及水冲洗等。 **计量单位：**10m

编号				10-1-167	10-1-168	10-1-169	10-1-170
项目				外径（mm 以内）			
				160	200	250	315
名称			单位	消耗量			
人工	000203000	综合二类工	工日	0.921	1.141	1.387	1.556
材料	173118001	塑料给水管	m	（10.150）	（10.170）	（10.170）	（10.170）
	180999010	塑料给水管电熔管件	个	（1.740）	（1.710）	（1.690）	（1.690）
	031102004	铁砂布（综合）	张	0.081	0.086	0.093	0.098
	012903010	热轧中厚钢板 δ8～15	kg	0.110	0.148	0.231	0.333
	341101001	水	m^3	0.764	1.346	2.139	3.037
	020101002	橡胶板 δ1～3	kg	0.016	0.018	0.021	0.024
	190003004	螺纹阀门 *DN*20	个	0.006	0.007	0.007	0.007
	170101003	焊接钢管 *DN*20	m	0.023	0.024	0.025	0.026
	172707010	橡胶软管 *DN*20	m	0.010	0.010	0.011	0.011
	860113019	弹簧压力表 Y-100 0～1.6MPa	块	0.003	0.003	0.003	0.004
	860113022	压力表表弯 *DN*15	个	0.003	0.003	0.010	0.004
	850103006	其他材料费（占材料费）	%	1.000	1.000	1.000	1.000
机械	990401020	载重汽车 5t	台班	0.005	0.012	0.021	0.027
	990304004	汽车式起重机 8t	台班	0.051	0.057	0.085	0.102
	990706010	木工圆锯机 500mm	台班	0.011	0.014	0.016	0.018
	990921010	电熔焊接机 3.5kW	台班	0.150	0.260	0.320	0.400
	990813010	试压泵 3MPa	台班	0.003	0.003	0.004	0.004
	990801020	电动单级离心清水泵 100mm	台班	0.005	0.007	0.009	0.012

3. 室外塑料给水管（粘接）

工作内容：切管、组对、粘接，管道及管件安装，水压试验及水冲洗等。 **计量单位**：10m

编号				10-1-171	10-1-172	10-1-173	10-1-174
项目				外径（mm 以内）			
				32	40	50	63
名称			单位	消耗量			
人工	000203000	综合二类工	工日	0.434	0.478	0.561	0.569
材料	173118001	塑料给水管	m	（10.200）	（10.200）	（10.200）	（10.200）
	180999012	塑料给水管粘接管件	个	（2.830）	（2.960）	（2.860）	（2.810）
	144135024	粘接剂	kg	0.067	0.070	0.075	0.077
	031102004	铁砂布（综合）	张	0.027	0.038	0.050	0.057
	143315001	丙酮	kg	0.026	0.029	0.030	0.033
	012903010	热轧中厚钢板 δ8～15	kg	0.034	0.037	0.039	0.042
	341101001	水	m^3	0.023	0.040	0.053	0.088
	020101002	橡胶板 δ1～3	kg	0.008	0.009	0.010	0.010
	190003004	螺纹阀门 *DN*20	个	0.004	0.005	0.005	0.005
	170101003	焊接钢管 *DN*20	m	0.015	0.016	0.016	0.017
	172707010	橡胶软管 *DN*20	m	0.007	0.007	0.007	0.008
	860113019	弹簧压力表 Y-100 0～1.6MPa	块	0.002	0.002	0.002	0.003
	860113022	压力表表弯 *DN*15	个	0.002	0.002	0.002	0.003
	850103006	其他材料费（占材料费）	%	1.000	1.000	1.000	1.000
机械	990813010	试压泵 3MPa	台班	0.001	0.002	0.002	0.002
	990801020	电动单级离心清水泵 100mm	台班	0.001	0.001	0.001	0.001

工作内容：切管、组对、粘接，管道及管件安装，水压试验及水冲洗等。　　　　**计量单位**：10m

编号				10-1-175	10-1-176	10-1-177	10-1-178
项目				外径（mm 以内）			
				75	90	110	125
名称			单位	消耗量			
人工	000203000	综合二类工	工日	0.597	0.635	0.712	0.794
材料	173118001	塑料给水管	m	（10.150）	（10.150）	（10.150）	（10.150）
	180999012	塑料给水管粘接管件	个	（2.810）	（2.730）	（2.730）	（1.860）
	031102004	铁砂布（综合）	张	0.070	0.075	0.076	0.078
	144135024	粘接剂	kg	0.079	0.086	0.115	0.137
	143315001	丙酮	kg	0.036	0.039	0.045	0.051
	012903010	热轧中厚钢板 δ8～15	kg	0.044	0.047	0.049	0.073
	341101001	水	m^3	0.145	0.207	0.353	0.547
	020101002	橡胶板 δ1～3	kg	0.011	0.011	0.012	0.014
	190003004	螺纹阀门 *DN*20	个	0.005	0.006	0.006	0.006
	172707010	橡胶软管 *DN*20	m	0.008	0.008	0.009	0.009
	170101003	焊接钢管 *DN*20	m	0.019	0.020	0.021	0.022
	860113019	弹簧压力表 Y-100 0～1.6MPa	块	0.003	0.003	0.003	0.003
	860113022	压力表表弯 *DN*15	个	0.003	0.003	0.003	0.003
	850103006	其他材料费（占材料费）	%	1.000	1.000	1.000	1.000
机械	990813010	试压泵 3MPa	台班	0.002	0.002	0.002	0.003
	990801020	电动单级离心清水泵 100mm	台班	0.001	0.002	0.002	0.003
	990401020	载重汽车 5t	台班	—	—	—	0.004
	990304004	汽车式起重机 8t	台班	—	—	—	0.049
	990706010	木工圆锯机 500mm	台班	—	—	—	0.010

工作内容：切管、组对、粘接，管道及管件安装，水压试验及水冲洗等。　　**计量单位**：10m

编号				10-1-179	10-1-180	10-1-181	10-1-182
项目				外径（mm 以内）			
				160	200	250	315
名称			单位	消耗量			
人工	000203000	综合二类工	工日	0.821	1.008	1.195	1.372
材料	173118001	塑料给水管	m	（10.150）	（10.170）	（10.170）	（10.170）
	180999012	塑料给水管粘接管件	个	（1.740）	（1.710）	（1.690）	（1.690）
	031102004	铁砂布（综合）	张	0.081	0.086	0.093	0.098
	144135024	粘接剂	kg	0.158	0.159	0.162	0.166
	143315001	丙酮	kg	0.056	0.059	0.067	0.075
	012903010	热轧中厚钢板 δ8～15	kg	0.110	0.148	0.231	0.333
	341101001	水	m^3	0.764	1.346	2.139	3.037
	020101002	橡胶板 δ1～3	kg	0.016	0.018	0.021	0.024
	190003004	螺纹阀门 *DN*20	个	0.006	0.007	0.007	0.007
	172707010	橡胶软管 *DN*20	m	0.010	0.010	0.011	0.011
	170101003	焊接钢管 *DN*20	m	0.023	0.024	0.025	0.026
	860113019	弹簧压力表 Y-100 0～1.6MPa	块	0.003	0.003	0.003	0.004
	860113022	压力表表弯 *DN*15	个	0.003	0.003	0.003	0.004
	850103006	其他材料费（占材料费）	%	1.000	1.000	1.000	1.000
机械	990813010	试压泵 3MPa	台班	0.003	0.003	0.004	0.004
	990801020	电动单级离心清水泵 100mm	台班	0.005	0.007	0.009	0.012
	990401020	载重汽车 5t	台班	0.005	0.012	0.021	0.027
	990304004	汽车式起重机 8t	台班	0.051	0.057	0.085	0.102
	990706010	木工圆锯机 500mm	台班	0.011	0.014	0.016	0.018

4. 室外塑料排水管（热熔连接）

工作内容：切管、组对、预热、熔接，管道及管件安装，灌水试验等。 **计量单位：**10m

编号				10-1-183	10-1-184	10-1-185	10-1-186
项目				外径（mm 以内）			
				50	75	110	160
名称			单位	消耗量			
人工	000203000	综合二类工	工日	0.517	0.592	0.688	0.862
材料	173117004	塑料排水管	m	（9.930）	（9.930）	（9.930）	（9.930）
	173117007	塑料排水管热熔直接	个	（2.680）	（2.650）	（2.580）	—
	031102004	铁砂布（综合）	张	0.050	0.075	0.076	0.081
	341101001	水	m^3	0.033	0.054	0.132	0.287
	850103006	其他材料费（占材料费）	%	2.000	2.000	2.000	2.000
机械	990801020	电动单级离心清水泵 100mm	台班	0.001	0.001	0.002	0.005
	990401020	载重汽车 5t	台班	—	—	—	0.005
	990304004	汽车式起重机 8t	台班	—	—	—	0.051
	990706010	木工圆锯机 500mm	台班	—	—	—	0.011
	990911010	热熔对接焊机 160mm	台班	—	—	—	0.150

工作内容：切管、组对、预热、熔接，管道及管件安装，灌水试验等。 **计量单位：**10m

编号				10-1-187	10-1-188	10-1-189	10-1-190
项目				外径（mm 以内）			
				200	250	315	400
名称			单位	消耗量			
人工	000203000	综合二类工	工日	1.039	1.306	1.401	1.692
材料	173117004	塑料排水管	m	（9.930）	（9.930）	（9.930）	（9.930）
	031102004	铁砂布（综合）	张	0.086	0.235	0.254	0.287
	341101001	水	m^3	0.505	0.802	1.139	1.960
	850103006	其他材料费（占材料费）	%	2.000	2.000	2.000	2.000
机械	990911030	热熔对接焊机 630mm	台班	—	—	0.400	0.450
	990401020	载重汽车 5t	台班	0.012	0.021	0.027	0.036
	990304004	汽车式起重机 8t	台班	0.057	0.085	0.102	0.114
	990706010	木工圆锯机 500mm	台班	0.014	0.016	0.018	0.022
	990911020	热熔对接焊机 250mm	台班	0.260	0.320	—	—
	990801020	电动单级离心清水泵 100mm	台班	0.006	0.009	0.011	0.014

5. 室外塑料排水管（电熔连接）

工作内容：切管、组对、熔接，管道及管件安装，灌水试验等。　　**计量单位：**10m

编号				10-1-191	10-1-192	10-1-193	10-1-194
项目				外径（mm 以内）			
				50	75	110	160
名称			单位	消耗量			
人工	000203000	综合二类工	工日	0.550	0.622	0.723	0.906
材料	173117004	塑料排水管	m	（9.930）	（9.930）	（9.930）	（9.930）
	173117006	塑料排水管电熔直接	个	（2.680）	（2.650）	（2.580）	（1.730）
	031102004	铁砂布（综合）	张	0.050	0.075	0.076	0.081
	341101001	水	m^3	0.033	0.054	0.132	0.287
	850103006	其他材料费（占材料费）	%	2.000	2.000	2.000	2.000
机械	990921010	电熔焊接机 3.5kW	台班	0.080	0.106	0.110	0.150
	990801020	电动单级离心清水泵 100mm	台班	0.001	0.001	0.002	0.005
	990401020	载重汽车 5t	台班	—	—	—	0.005
	990304004	汽车式起重机 8t	台班	—	—	—	0.051
	990706010	木工圆锯机 500mm	台班	—	—	—	0.011

工作内容：切管、组对、熔接，管道及管件安装，灌水试验等。　　**计量单位：**10m

编号				10-1-195	10-1-196	10-1-197	10-1-198
项目				外径（mm 以内）			
				200	250	315	400
名称			单位	消耗量			
人工	000203000	综合二类工	工日	1.092	1.436	1.532	1.828
材料	173117004	塑料排水管	m	（9.930）	（9.930）	（9.930）	（9.930）
	173117006	塑料排水管电熔直接	个	（1.680）	（1.550）	（1.550）	（1.450）
	031102004	铁砂布（综合）	张	0.086	0.235	0.254	0.287
	341101001	水	m^3	0.505	0.802	1.139	1.960
	850103006	其他材料费（占材料费）	%	2.000	2.000	2.000	2.000
机械	990401020	载重汽车 5t	台班	0.012	0.021	0.027	0.036
	990304004	汽车式起重机 8t	台班	0.057	0.085	0.102	0.114
	990706010	木工圆锯机 500mm	台班	0.014	0.016	0.018	0.022
	990921010	电熔焊接机 3.5kW	台班	0.260	0.320	0.400	0.450
	990801020	电动单级离心清水泵 100mm	台班	0.006	0.009	0.011	0.014

6. 室外塑料排水管（粘接）

工作内容：切管、组对、粘接，管道及管件安装，灌水试验等。 计量单位：10m

编号				10-1-199	10-1-200	10-1-201	10-1-202	10-1-203
项目				外径（mm 以内）				
				50	75	110	160	200
名称			单位	消耗量				
人工	000203000	综合二类工	工日	0.434	0.485	0.584	0.734	0.833
材料	173117004	塑料排水管	m	（9.930）	（9.930）	（9.930）	（9.930）	（9.930）
	182519034	硬聚氯乙烯塑料管箍	个	（0.680）	（0.650）	（0.580）	（0.530）	（0.480）
	031102004	铁砂布（综合）	张	0.113	0.135	0.157	0.174	0.188
	144135024	粘接剂	kg	0.045	0.057	0.073	0.099	0.132
	143315001	丙酮	kg	0.068	0.089	0.110	0.149	0.198
	341101001	水	m^3	0.033	0.054	0.132	0.287	0.505
	850103006	其他材料费（占材料费）	%	2.000	2.000	2.000	2.000	2.000
机械	990801020	电动单级离心清水泵 100mm	台班	0.001	0.001	0.002	0.005	0.006
	990401020	载重汽车 5t	台班	—	—	—	0.005	0.012
	990304004	汽车式起重机 8t	台班	—	—	—	0.051	0.057
	990706010	木工圆锯机 500mm	台班	—	—	—	0.011	0.014

计量单位：10m

编号				10-1-204	10-1-205	10-1-206	10-1-207
项目				外径（mm 以内）			
				250	315	350	400
名称			单位	消耗量			
人工	000203000	综合二类工	工日	0.991	1.066	1.182	1.421
材料	173117004	塑料排水管	m	（9.930）	（9.930）	（9.930）	（9.930）
	182519034	硬聚氯乙烯塑料管箍	个	（0.460）	（0.440）	（0.440）	（1.680）
	031102004	铁砂布（综合）	张	0.197	0.235	0.254	0.287
	144135024	粘接剂	kg	0.163	0.198	0.680	0.750
	143315001	丙酮	kg	0.245	0.207	0.341	0.395
	341101001	水	m^3	0.802	1.139	1.518	1.960
	850103006	其他材料费（占材料费）	%	2.000	2.000	2.000	2.000
机械	990401020	载重汽车 5t	台班	0.021	0.027	0.031	0.036
	990304004	汽车式起重机 8t	台班	0.085	0.102	0.110	0.114
	990706010	木工圆锯机 500mm	台班	0.016	0.018	0.020	0.022
	990801020	电动单级离心清水泵 100mm	台班	0.009	0.011	0.013	0.014

7. 室外塑料排水管（胶圈接口）

工作内容：切管、组对、上胶圈，管道及管件安装，灌水试验等。　　　**计量单位**：10m

编号				10-1-208	10-1-209	10-1-210	10-1-211	10-1-212
项目				外径（mm 以内）				
				200	250	315	400	500
名称			单位	消耗量				
人工	000203000	综合二类工	工日	0.893	1.064	1.149	1.502	1.891
材料	173117004	塑料排水管	m	（9.930）	（9.930）	（9.930）	（9.930）	（9.930）
	340205026	橡胶密封圈（排水）*DN*500	个	—	—	—	—	1.680
	140700001	润滑剂	kg	0.260	0.300	0.320	0.390	0.470
	341101001	水	m^3	0.505	0.802	1.139	1.960	2.826
	340205022	橡胶密封圈（排水）*DN*200	个	1.680	—	—	—	—
	340205023	橡胶密封圈（排水）*DN*250	个	—	1.680	—	—	—
	340205024	橡胶密封圈（排水）*DN*300	个	—	—	1.680	—	—
	340205025	橡胶密封圈（排水）*DN*400	个	—	—	—	1.680	—
	850103006	其他材料费（占材料费）	%	2.000	2.000	2.000	2.000	2.000
机械	990401020	载重汽车 5t	台班	0.012	0.021	0.027	0.036	0.042
	990304004	汽车式起重机 8t	台班	0.057	0.085	0.102	0.114	0.116
	990706010	木工圆锯机 500mm	台班	0.014	0.016	0.018	0.022	0.027
	990801020	电动单级离心清水泵 100mm	台班	0.006	0.009	0.011	0.014	0.017

8. 室内塑料给水管（热熔连接）

工作内容：切管、组对、预热、熔接，管道及管件安装，水压试验及水冲洗等。　　　**计量单位**：10m

编号				10-1-213	10-1-214	10-1-215	10-1-216	10-1-217	10-1-218
项目				外径（mm 以内）					
				20	25	32	40	50	63
名称			单位	消耗量					
人工	000203000	综合二类工	工日	0.863	0.958	1.034	1.163	1.353	1.479
材料	173118001	塑料给水管	m	（10.160）	（10.160）	（10.160）	（10.160）	（10.160）	（10.160）
	180999011	塑料给水管热熔管件	个	（15.200）	（12.250）	（10.810）	（8.870）	（7.420）	（6.590）
	012903010	热轧中厚钢板 δ8～15	kg	0.030	0.032	0.034	0.037	0.039	0.042
	031102004	铁砂布（综合）	张	0.053	0.066	0.070	0.116	0.151	0.203
	020101002	橡胶板 δ1～3	kg	0.007	0.008	0.008	0.010	0.010	0.010
	190003004	螺纹阀门 *DN*20	个	0.004	0.004	0.004	0.005	0.005	0.005
	170101003	焊接钢管 *DN*20	m	0.013	0.014	0.015	0.016	0.016	0.017
	172707010	橡胶软管 *DN*20	m	0.006	0.006	0.007	0.007	0.007	0.008
	860113019	弹簧压力表 Y-100 0～1.6MPa	块	0.002	0.002	0.002	0.002	0.002	0.003

续前

编号				10-1-213	10-1-214	10-1-215	10-1-216	10-1-217	10-1-218
项目				外径（mm 以内）					
				20	25	32	40	50	63
名称			单位	消耗量					
材料	860113022	压力表表弯 *DN*15	个	0.002	0.002	0.002	0.002	0.003	0.003
	341101001	水	m^3	0.008	0.014	0.023	0.040	0.053	0.088
	850103006	其他材料费（占材料费）	%	1.000	1.000	1.000	1.000	1.000	1.000
机械	990813010	试压泵 3MPa	台班	0.001	0.001	0.001	0.002	0.002	0.002
	990801020	电动单级离心清水泵 100mm	台班	0.001	0.001	0.001	0.001	0.001	0.001

工作内容：切管、组对、预热、熔接，管道及管件安装，水压试验及水冲洗等。 **计量单位：**10m

编号				10-1-219	10-1-220	10-1-221	10-1-222	10-1-223
项目				外径（mm 以内）				
				75	90	110	125	160
名称			单位	消耗量				
人工	000203000	综合二类工	工日	1.520	1.658	1.730	1.835	1.933
材料	173118001	塑料给水管	m	（10.160）	（10.160）	（10.160）	（10.160）	（10.160）
	180999011	塑料给水管热熔管件	个	（6.030）	（3.950）	（3.080）	（1.580）	（1.340）
	012903010	热轧中厚钢板 δ8～15	kg	0.044	0.047	0.049	0.073	0.110
	031102004	铁砂布（综合）	张	0.210	0.226	0.229	0.240	0.254
	020101002	橡胶板 δ1～3	kg	0.011	0.011	0.012	0.014	0.016
	190003004	螺纹阀门 *DN*20	个	0.005	0.006	0.006	0.006	0.006
	170101003	焊接钢管 *DN*20	m	0.019	0.020	0.021	0.022	0.023
	172707010	橡胶软管 *DN*20	m	0.008	0.008	0.009	0.009	0.010
	860113019	弹簧压力表 Y-100 0～1.6MPa	块	0.003	0.003	0.003	0.003	0.003
	860113022	压力表表弯 *DN*15	个	0.003	0.003	0.003	0.003	0.003
	341101001	水	m^3	0.145	0.204	0.353	0.547	0.764
	850103006	其他材料费（占材料费）	%	1.000	1.000	1.000	1.000	1.000
机械	990401020	载重汽车 5t	台班	—	—	—	0.004	0.005
	990515010	吊装机械（综合）	台班	—	—	—	0.012	0.017
	990706010	木工圆锯机 500mm	台班	—	—	—	0.028	0.031
	990911010	热熔对接焊机 160mm	台班	—	—	—	0.279	0.283
	990813010	试压泵 3MPa	台班	0.002	0.002	0.002	0.003	0.003
	990801020	电动单级离心清水泵 100mm	台班	0.001	0.002	0.002	0.003	0.005

9. 室内直埋塑料给水管（热熔连接）

工作内容：切管、组对、预热、熔接，管道及管件安装，管卡固定、临时封堵、配合隐蔽、水压试验及水冲洗、划线标示等。 **计量单位：**10m

编 号				10-1-224	10-1-225	10-1-226
项 目				外径（mm 以内）		
				20	25	32
名 称			单位	消 耗 量		
人工	000203000	综合二类工	工日	0.862	0.947	0.993
材料	173118001	塑料给水管	m	（10.160）	（10.160）	（10.160）
	180999022	直埋塑料给水管热熔管件	个	（10.890）	（11.760）	（9.820）
	180913003	塑料丝堵 *DN*15	个	0.100	—	—
	290645050	塑料管卡子 20mm	个	16.837	—	—
	020905001	塑料布	m^2	0.010	0.010	0.010
	031102004	铁砂布（综合）	张	0.068	0.085	0.088
	131103003	热熔标线涂料	kg	0.079	0.079	0.079
	012903010	热轧中厚钢板 δ8～15	kg	0.030	0.032	0.034
	341101001	水	m^3	0.008	0.014	0.023
	020101002	橡胶板 δ1～3	kg	0.007	0.008	0.008
	190003004	螺纹阀门 *DN*20	个	0.004	0.004	0.004
	170101003	焊接钢管 *DN*20	m	0.013	0.014	0.015
	172707010	橡胶软管 *DN*20	m	0.006	0.006	0.007
	860113019	弹簧压力表 Y-100 0～1.6MPa	块	0.002	0.002	0.002
	860113022	压力表表弯 *DN*15	个	0.002	0.002	0.002
	180913004	塑料丝堵 *DN*20	个	—	0.100	—
	290645051	塑料管卡子 25mm	个	—	14.433	—
	180913005	塑料丝堵 *DN*25	个	—	—	0.100
	290645052	塑料管卡子 32mm	个	—	—	12.625
	850103006	其他材料费（占材料费）	%	1.000	1.000	1.000
机械	990813010	试压泵 3MPa	台班	0.001	0.001	0.001
	990801020	电动单级离心清水泵 100mm	台班	0.001	0.001	0.001

10. 室内塑料给水管（电熔连接）

工作内容：切管、组对、熔接，管道及管件安装，水压试验及水冲洗等。 计量单位：10m

编号				10-1-227	10-1-228	10-1-229	10-1-230	10-1-231	10-1-232
项目				外径（mm 以内）					
				20	25	32	40	50	63
名称			单位	消耗量					
人工	000203000	综合二类工	工日	0.910	1.006	1.088	1.269	1.408	1.567
材料	173118001	塑料给水管	m	（10.160）	（10.160）	（10.160）	（10.160）	（10.160）	（10.160）
	180999010	塑料给水管电熔管件	个	（15.200）	（12.250）	（10.810）	（8.870）	（7.420）	（6.590）
	031102004	铁砂布（综合）	张	0.053	0.066	0.070	0.116	0.151	0.203
	012903010	热轧中厚钢板 δ8～15	kg	0.030	0.032	0.034	0.037	0.039	0.042
	341101001	水	m^3	0.008	0.014	0.023	0.040	0.053	0.088
	020101002	橡胶板 δ1～3	kg	0.007	0.008	0.008	0.009	0.010	0.010
	190003004	螺纹阀门 *DN*20	个	0.004	0.004	0.004	0.005	0.005	0.005
	170101003	焊接钢管 *DN*20	m	0.013	0.014	0.015	0.016	0.016	0.017
	172707010	橡胶软管 *DN*20	m	0.006	0.006	0.007	0.007	0.007	0.008
	860113019	弹簧压力表 Y-100 0～1.6MPa	块	0.002	0.002	0.002	0.002	0.002	0.003
	860113022	压力表表弯 *DN*15	个	0.002	0.002	0.002	0.002	0.002	0.003
	850103006	其他材料费（占材料费）	%	1.000	1.000	1.000	1.000	1.000	1.000
机械	990900010	电焊机（综合）	台班	—	—	—	—	0.002	0.002
	990921010	电熔焊接机 3.5kW	台班	0.133	0.185	0.224	0.249	—	—
	990813010	试压泵 3MPa	台班	0.001	0.001	0.001	0.002	0.002	0.002
	990801020	电动单级离心清水泵 100mm	台班	0.001	0.001	0.001	0.001	0.001	0.001

工作内容：切管、组对、熔接，管道及管件安装，水压试验及水冲洗等。　　　　**计量单位：**10m

编　号				10-1-233	10-1-234	10-1-235	10-1-236	10-1-237
项　目				外径（mm 以内）				
				75	90	110	125	160
名　称			单位	消　耗　量				
人工	000203000	综合二类工	工日	1.609	1.752	1.832	1.947	2.049
材料	173118001	塑料给水管	m	（10.160）	（10.160）	（10.160）	（10.160）	（10.160）
	180999010	塑料给水管电熔管件	个	（6.030）	（3.950）	（3.080）	（2.680）	（2.320）
	031102004	铁砂布（综合）	张	0.210	0.226	0.229	0.240	0.254
	012903010	热轧中厚钢板 δ8～15	kg	0.044	0.047	0.049	0.073	0.110
	341101001	水	m^3	0.145	0.204	0.353	0.547	0.764
	020101002	橡胶板 δ1～3	kg	0.011	0.011	0.012	0.014	0.016
	190003004	螺纹阀门 *DN*20	个	0.005	0.006	0.006	0.006	0.006
	170101003	焊接钢管 *DN*20	m	0.019	0.020	0.021	0.022	0.023
	172707010	橡胶软管 *DN*20	m	0.008	0.008	0.009	0.009	0.010
	860113019	弹簧压力表 Y-100 0～1.6MPa	块	0.003	0.003	0.003	0.003	0.003
	860113022	压力表表弯 *DN*15	个	0.003	0.003	0.003	0.003	0.003
	850103006	其他材料费（占材料费）	%	1.000	1.000	1.000	1.000	1.000
机械	990900010	电焊机（综合）	台班	0.002	0.002	—	—	—
	990401020	载重汽车 5t	台班	—	—	—	0.004	0.005
	990515010	吊装机械（综合）	台班	—	—	—	0.012	0.017
	990706010	木工圆锯机 500mm	台班	—	—	—	0.028	0.031
	990921010	电熔焊接机 3.5kW	台班	—	—	0.274	0.279	0.283
	990813010	试压泵 3MPa	台班	0.002	0.002	0.002	0.003	0.003
	990801020	电动单级离心清水泵 100mm	台班	0.001	0.002	0.002	0.003	0.005

11. 室内塑料给水管（粘接）

工作内容：切管、组对、粘接，管道及管件安装，水压试验及水冲洗等。 **计量单位：**10m

编号				10-1-238	10-1-239	10-1-240	10-1-241	10-1-242	10-1-243
项目				外径（mm以内）					
				20	25	32	40	50	63
名称			单位	消耗量					
人工	000203000	综合二类工	工日	0.730	0.775	0.829	0.874	0.989	1.079
材料	173118001	塑料给水管	m	（10.160）	（10.160）	（10.160）	（10.160）	（10.160）	（10.160）
	180999012	塑料给水管粘接管件	个	（15.200）	（12.250）	（10.810）	（8.870）	（7.420）	（6.590）
	031102004	铁砂布（综合）	张	0.053	0.066	0.070	0.116	0.151	0.203
	144135024	粘接剂	kg	0.043	0.046	0.049	0.055	0.063	0.066
	143315001	丙酮	kg	0.065	0.069	0.074	0.083	0.095	0.099
	012903010	热轧中厚钢板 δ8～15	kg	0.030	0.032	0.034	0.037	0.039	0.042
	341101001	水	m^3	0.008	0.014	0.023	0.040	0.053	0.088
	020101002	橡胶板 δ1～3	kg	0.007	0.008	0.008	0.009	0.010	0.010
	190003004	螺纹阀门 *DN*20	个	0.004	0.004	0.004	0.005	0.005	0.005
	170101003	焊接钢管 *DN*20	m	0.013	0.014	0.015	0.016	0.016	0.017
	172707010	橡胶软管 *DN*20	m	0.006	0.006	0.007	0.007	0.007	0.008
	860113019	弹簧压力表 Y-100 0～1.6MPa	块	0.002	0.002	0.002	0.002	0.002	0.003
	860113022	压力表表弯 *DN*15	个	0.002	0.002	0.002	0.002	0.002	0.003
	850103006	其他材料费（占材料费）	%	1.000	1.000	1.000	1.000	1.000	1.000
机械	990813010	试压泵 3MPa	台班	0.001	0.001	0.001	0.002	0.002	0.002
	990801020	电动单级离心清水泵 100mm	台班	0.001	0.001	0.001	0.001	0.001	0.001

工作内容：切管、组对、粘接，管道及管件安装，水压试验及水冲洗等。　　　　**计量单位**：10m

编　号				10-1-244	10-1-245	10-1-246	10-1-247	10-1-248
项　目				外径（mm 以内）				
				75	90	110	125	160
名　称			单位	消　耗　量				
人工	000203000	综合二类工	工日	1.201	1.326	1.451	1.509	1.581
材料	173118001	塑料给水管	m	（10.160）	（10.160）	（10.160）	（10.160）	（10.160）
	180999012	塑料给水管粘接管件	个	（6.030）	（3.950）	（3.080）	（2.680）	（2.320）
	031102004	铁砂布（综合）	张	0.210	0.226	0.229	0.240	0.254
	144135024	粘接剂	kg	0.069	0.077	0.100	0.109	0.122
	143315001	丙酮	kg	0.104	0.116	0.150	0.162	0.183
	012903010	热轧中厚钢板 δ8～15	kg	0.044	0.047	0.049	0.073	0.110
	341101001	水	m^3	0.145	0.204	0.353	0.547	0.764
	020101002	橡胶板 δ1～3	kg	0.011	0.011	0.012	0.014	0.016
	190003004	螺纹阀门 *DN*20	个	0.005	0.006	0.006	0.006	0.006
	170101003	焊接钢管 *DN*20	m	0.019	0.020	0.021	0.022	0.023
	172707010	橡胶软管 *DN*20	m	0.008	0.008	0.009	0.009	0.010
	860113019	弹簧压力表 Y-100 0～1.6MPa	块	0.003	0.003	0.003	0.003	0.003
	860113022	压力表表弯 *DN*15	个	0.003	0.003	0.003	0.003	0.003
	850103006	其他材料费（占材料费）	%	1.000	1.000	1.000	1.000	1.000
机械	990401020	载重汽车 5t	台班	—	—	—	0.004	0.005
	990515010	吊装机械（综合）	台班	—	—	—	0.012	0.017
	990706010	木工圆锯机 500mm	台班	—	—	—	0.028	0.031
	990813010	试压泵 3MPa	台班	0.002	0.002	0.002	0.003	0.003
	990801020	电动单级离心清水泵 100mm	台班	0.001	0.002	0.002	0.005	0.005

12. 室内铝塑复合管（管件连接）

工作内容：调直、切管、对口、紧丝口，管道及管件连接，水压试验及水冲洗等。 计量单位：10m

编号				10-1-249	10-1-250	10-1-251	10-1-252	10-1-253	10-1-254
项目				公称外径（mm 以内）					
				20	25	32	40	50	63
名称			单位	消耗量					
人工	000203000	综合二类工	工日	0.780	0.880	0.994	1.099	1.199	1.376
材料	172800002	复合管	m	（9.960）	（9.960）	（9.960）	（9.960）	（9.960）	（9.960）
	181201002	铝塑复合管管件	个	（14.710）	（12.250）	（10.810）	（8.870）	（7.420）	（6.590）
	012903010	热轧中厚钢板 δ8～15	kg	0.030	0.032	0.034	0.037	0.039	0.042
	341101001	水	m^3	0.008	0.014	0.023	0.040	0.053	0.088
	020101002	橡胶板 δ1～3	kg	0.007	0.008	0.008	0.009	0.010	0.010
	190003004	螺纹阀门 *DN*20	个	0.004	0.004	0.004	0.005	0.005	0.005
	170101003	焊接钢管 *DN*20	m	0.013	0.014	0.015	0.016	0.016	0.017
	172707010	橡胶软管 *DN*20	m	0.006	0.006	0.007	0.007	0.007	0.008
	860113019	弹簧压力表 Y-100 0～1.6MPa	块	0.002	0.002	0.002	0.002	0.002	0.003
	860113022	压力表表弯 *DN*15	个	0.002	0.002	0.002	0.002	0.002	0.003
	850103006	其他材料费（占材料费）	%	1.000	1.000	1.000	1.000	1.000	1.000
机械	990813010	试压泵 3MPa	台班	0.001	0.001	0.001	0.002	0.002	0.002
	990801020	电动单级离心清水泵 100mm	台班	0.001	0.001	0.001	0.001	0.001	0.001

13. 室内塑料排水管（热熔连接）

工作内容：切管、组对、预热、熔接，管道及管件安装，灌水试验、通球试验等。 计量单位：10m

编号				10-1-255	10-1-256	10-1-257	10-1-258	10-1-259	10-1-260
项目				外径（mm 以内）					
				50	75	110	160	200	250
名称			单位	消耗量					
人工	000203000	综合二类工	工日	1.376	1.842	2.068	2.888	3.961	4.367
材料	173117004	塑料排水管	m	（10.120）	（9.800）	（9.500）	（9.500）	（9.500）	（10.050）
	180999017	排水管热熔管件	个	（6.900）	（8.850）	（11.560）	（5.950）	（5.110）	（2.350）
	031102004	铁砂布（综合）	张	0.145	0.208	0.227	0.242	0.267	0.288
	341101001	水	m^3	0.033	0.054	0.132	0.587	0.505	0.802
	850103006	其他材料费（占材料费）	%	1.000	1.000	1.000	1.000	1.000	1.000
机械	990401020	载重汽车 5t	台班	—	—	—	0.005	0.012	0.021
	990515010	吊装机械（综合）	台班	—	—	—	0.017	0.026	0.044
	990706010	木工圆锯机 500mm	台班	—	—	—	0.040	0.047	0.052
	990911010	热熔对接焊机 160mm	台班	—	—	—	0.313	—	—
	990911020	热熔对接焊机 250mm	台班	—	—	—	—	0.337	0.341
	990801020	电动单级离心清水泵 100mm	台班	0.001	0.001	0.002	0.005	0.006	0.009

14. 室内塑料排水管（粘接）

工作内容： 切管、组对、粘接，管道及管件安装，灌水试验、通球试验等。 **计量单位：** 10m

编号				10-1-261	10-1-262	10-1-263	10-1-264	10-1-265	10-1-266
项目				外径（mm 以内）					
				50	75	110	160	200	250
名称			单位	消耗量					
人工	000203000	综合二类工	工日	1.253	1.678	1.870	2.637	3.695	4.050
材料	173117004	塑料排水管	m	（10.120）	（9.800）	（9.500）	（9.500）	（9.500）	（10.050）
	180999019	排水管粘接管件	个	（6.900）	（8.850）	（11.560）	（5.950）	（5.110）	（2.350）
	031102004	铁砂布（综合）	张	0.145	0.208	0.227	0.242	0.267	0.288
	144135024	粘接剂	kg	0.084	0.149	0.209	0.233	0.242	0.256
	143315001	丙酮	kg	0.126	0.224	0.318	0.352	0.371	0.393
	341101001	水	m^3	0.033	0.054	0.132	0.587	0.505	0.802
	850103006	其他材料费（占材料费）	%	2.000	2.000	2.000	2.000	2.000	2.000
机械	990401020	载重汽车 5t	台班	—	—	—	0.005	0.012	0.021
	990515010	吊装机械（综合）	台班	—	—	—	0.017	0.026	0.044
	990706010	木工圆锯机 500mm	台班	—	—	—	0.040	0.047	0.052
	990801020	电动单级离心清水泵 100mm	台班	0.001	0.001	0.002	0.005	0.006	0.009

15. 室内塑料排水管（沟槽连接）

工作内容： 切管、切沟槽、对口、涂润滑剂、上胶圈、安装卡箍件，管道及管件安装，灌水试验、通球试验等。 **计量单位：** 10m

编号				10-1-267	10-1-268	10-1-269	10-1-270	10-1-271	10-1-272
项目				外径（mm 以内）					
				50	75	110	160	200	250
名称			单位	消耗量					
人工	000203000	综合二类工	工日	1.302	1.645	1.861	2.393	2.533	2.788
材料	173117004	塑料排水管	m	（10.120）	（9.800）	（9.500）	（9.500）	（9.500）	（10.050）
	181503001	塑料排水管沟槽连接管件	个	（6.900）	（8.850）	（11.560）	（5.950）	（5.110）	（2.350）
	031102004	铁砂布（综合）	张	0.145	0.208	0.227	0.242	0.267	0.288
	341101001	水	m^3	0.033	0.054	0.132	0.587	0.505	0.802
	850103006	其他材料费（占材料费）	%	2.000	2.000	2.000	2.000	2.000	2.000
机械	990801020	电动单级离心清水泵 100mm	台班	0.001	0.001	0.002	0.005	0.006	0.009
	990401020	载重汽车 5t	台班	—	—	—	0.005	0.012	0.021
	990515010	吊装机械（综合）	台班	—	—	—	0.017	0.026	0.044
	990706010	木工圆锯机 500mm	台班	—	—	—	0.040	0.047	0.052

16. 室内塑料排水管（法兰式连接）

工作内容：切管、上胶圈、管道及管件安装、紧固螺栓、灌水试验、通球试验等。 **计量单位：**10m

编 号				10-1-273	10-1-274	10-1-275	10-1-276	10-1-277	10-1-278
项 目				外径（mm 以内）					
				50	75	110	160	200	250
名 称			单位	消 耗 量					
人工	000203000	综合二类工	工日	1.445	1.732	2.234	2.520	2.666	2.924
材料	173117004	塑料排水管	m	（9.780）	（9.610）	（9.180）	（9.650）	（9.780）	（9.780）
	180999015	塑料排水管法兰式连接管件	个	（6.640）	（6.780）	（9.640）	（4.460）	（4.190）	（2.350）
	340205021	橡胶密封圈（排水）	个	（14.370）	（15.260）	（21.690）	（10.670）	（9.830）	（4.920）
	202103003	塑料法兰压盖	个	（14.370）	（15.260）	（21.690）	（10.670）	（9.830）	（4.920）
	031102004	铁砂布（综合）	张	0.145	0.208	0.227	0.242	0.267	0.288
	341101001	水	m^3	0.033	0.054	0.132	0.287	0.505	0.802
	850103006	其他材料费（占材料费）	%	2.000	2.000	2.000	2.000	2.000	2.000
机械	990801020	电动单级离心清水泵 100mm	台班	0.001	0.001	0.002	0.005	0.006	0.009
	990401020	载重汽车 5t	台班	—	—	—	0.005	0.012	0.021
	990515010	吊装机械（综合）	台班	—	—	—	0.017	0.026	0.044
	990706010	木工圆锯机 500mm	台班	—	—	—	0.040	0.047	0.052

17. 室内塑料排水管（螺母密封圈连接）

工作内容：切管、组对、紧密封圈，管道及管件安装，灌水试验、通球试验等。 **计量单位：**10m

编 号				10-1-279	10-1-280	10-1-281	10-1-282	10-1-283	10-1-284
项 目				外径（mm 以内）					
				50	75	110	160	200	250
名 称			单位	消 耗 量					
人工	000203000	综合二类工	工日	1.187	1.591	1.779	2.500	3.259	3.857
材料	172505008	硬聚氯乙烯螺旋排水管	m	（10.120）	（9.800）	（9.500）	（9.500）	（9.500）	（10.050）
	180999014	塑料排水管件（螺母密封圈连接）	个	（6.640）	（6.780）	（9.640）	（4.460）	（4.190）	（2.350）
	340205021	橡胶密封圈（排水）	个	（14.370）	（15.260）	（21.690）	（10.670）	（9.830）	（4.920）
	031102004	铁砂布（综合）	张	0.145	0.208	0.227	0.242	0.267	0.288
	341101001	水	m^3	0.033	0.054	0.132	0.287	0.505	0.802
	850103006	其他材料费（占材料费）	%	2.000	2.000	2.000	2.000	2.000	2.000
机械	990401020	载重汽车 5t	台班	—	—	—	0.005	0.012	0.021
	990515010	吊装机械（综合）	台班	—	—	—	0.017	0.026	0.044
	990706010	木工圆锯机 500mm	台班	—	—	—	0.040	0.047	0.052
	990801020	电动单级离心清水泵 100mm	台班	0.001	0.001	0.002	0.005	0.006	0.009

18. 室内塑料雨水管（粘接）

工作内容：切管、组对、粘接，管道及管件安装，灌水试验等。 **计量单位**：10m

编号				10-1-285	10-1-286	10-1-287	10-1-288	10-1-289
项目				外径（mm 以内）				
				75	110	160	200	250
名称			单位	消耗量				
人工	000203000	综合二类工	工日	1.549	1.736	2.555	3.234	4.119
材料	173117004	塑料排水管	m	（10.070）	（9.940）	（9.760）	（9.660）	（9.470）
	180999021	雨水管粘接管件	个	（3.790）	（4.160）	（4.850）	（4.310）	（4.180）
	031102004	铁砂布（综合）	张	0.160	0.223	0.235	0.256	0.279
	144135024	粘接剂	kg	0.108	0.173	0.226	0.236	0.362
	143315001	丙酮	kg	0.172	0.260	0.338	0.359	0.488
	341101001	水	m^3	0.054	0.132	0.287	0.505	0.802
	850103006	其他材料费（占材料费）	%	2.000	2.000	2.000	2.000	2.000
机械	990401020	载重汽车 5t	台班	—	—	0.005	0.012	0.021
	990515010	吊装机械（综合）	台班	—	—	0.017	0.026	0.044
	990706010	木工圆锯机 500mm	台班	—	—	0.032	0.038	0.043
	990801020	电动单级离心清水泵 100mm	台班	0.001	0.002	0.005	0.006	0.009

19. 室内塑料雨水管（热熔连接）

工作内容：切管、对口、熔接、冷却，管道及管件安装，灌水试验等。 **计量单位**：10m

编号				10-1-290	10-1-291	10-1-292	10-1-293	10-1-294
项目				外径（mm 以内）				
				75	110	160	200	250
名称			单位	消耗量				
人工	000203000	综合二类工	工日	1.634	1.831	2.715	3.369	4.353
材料	173117004	塑料排水管	m	（10.070）	（9.940）	（9.760）	（9.660）	（9.470）
	180999020	塑料雨水管热熔管件	个	（3.790）	（4.160）	（4.020）	（3.870）	（3.680）
	031102004	铁砂布（综合）	张	0.160	0.223	0.235	0.256	0.279
	341101001	水	m^3	0.054	0.132	0.287	0.505	0.802
	850103006	其他材料费（占材料费）	%	2.000	2.000	2.000	2.000	2.000
机械	990801020	电动单级离心清水泵 100mm	台班	0.001	0.002	0.005	0.006	0.009
	990401020	载重汽车 5t	台班	—	—	0.005	0.012	0.021
	990515010	吊装机械（综合）	台班	—	—	0.017	0.026	0.044
	990706010	木工圆锯机 500mm	台班	—	—	0.032	0.038	0.043
	990911010	热熔对接焊机 160mm	台班	—	—	0.265	—	—
	990911020	热熔对接焊机 250mm	台班	—	—	—	0.286	0.352

七、室外管道碰头

1. 钢管碰头（焊接）

工作内容：定位、排水、挖眼、接管、通水检查等。 **计量单位：**处

编号				10-1-295	10-1-296	10-1-297	10-1-298	10-1-299
项目				支管公称直径（mm 以内）				
				50	65	80	100	125
名称			单位	消耗量				
人工	000203000	综合二类工	工日	1.250	1.355	1.468	1.597	1.903
材料	031301009	低碳钢焊条 J427（综合）	kg	0.107	0.138	0.161	0.361	0.398
	142909001	氧气	m^3	0.132	0.180	0.468	0.717	0.867
	142907002	乙炔气	kg	0.051	0.069	0.180	0.276	0.334
	031101009	尼龙砂轮片 ϕ100	片	0.205	0.274	0.189	0.475	0.512
	340907006	钢丝刷子	把	0.002	0.003	0.004	0.005	0.006
	850103006	其他材料费（占材料费）	%	1.000	1.000	1.000	1.000	1.000
机械	990401020	载重汽车 5t	台班	0.002	0.003	0.004	0.005	0.006
	990304004	汽车式起重机 8t	台班	0.002	0.003	0.004	0.009	0.012
	990900010	电焊机（综合）	台班	0.063	0.081	0.095	0.160	0.190
	990919030	电焊条烘干箱 60×50×75cm^3	台班	0.006	0.008	0.009	0.016	0.019
	990920010	电焊条恒温箱	台班	0.006	0.008	0.009	0.016	0.019

工作内容：定位、排水、挖眼、接管、通水检查等。 **计量单位：**处

编号				10-1-300	10-1-301	10-1-302	10-1-303
项目				支管公称直径（mm 以内）			
				150	200	250	300
名称			单位	消耗量			
人工	000203000	综合二类工	工日	2.099	2.337	2.628	3.019
材料	031301009	低碳钢焊条 J427（综合）	kg	0.547	0.757	1.238	1.587
	142909001	氧气	m^3	0.989	1.560	1.865	2.181
	142907002	乙炔气	kg	0.381	0.600	0.718	0.839
	031101009	尼龙砂轮片 ϕ100	片	0.681	1.219	1.711	2.074
	340907006	钢丝刷子	把	0.007	0.007	0.008	0.008
	012100002	角钢（综合）	kg	—	0.037	0.053	0.066
	850103006	其他材料费（占材料费）	%	1.000	1.000	1.000	1.000
机械	990401020	载重汽车 5t	台班	0.019	0.024	0.039	0.046
	990304004	汽车式起重机 8t	台班	0.019	0.083	—	—
	990900010	电焊机（综合）	台班	0.210	0.291	0.344	0.441
	990919030	电焊条烘干箱 60×50×75cm^3	台班	0.021	0.029	0.034	0.044
	990920010	电焊条恒温箱	台班	0.021	0.029	0.034	0.044
	990304016	汽车式起重机 16t	台班	—	—	0.109	0.134

工作内容： 定位、排水、挖眼、接管、通水检查等。 **计量单位：** 处

编号				10-1-304	10-1-305	10-1-306	10-1-307
项目				支管公称直径（mm 以内）			
				350	400	450	500
名称			单位	消耗量			
人工	000203000	综合二类工	工日	3.315	3.463	3.719	3.981
材料	031301009	低碳钢焊条 J427（综合）	kg	2.061	2.333	3.606	5.243
	142909001	氧气	m^3	2.748	3.029	3.433	4.056
	142907002	乙炔气	kg	1.057	1.166	1.321	1.560
	031101009	尼龙砂轮片 $\phi100$	片	2.845	3.092	3.624	4.616
	340907006	钢丝刷子	把	0.009	0.009	0.010	0.010
	012100002	角钢（综合）	kg	0.100	0.100	0.100	0.100
	850103006	其他材料费（占材料费）	%	1.000	1.000	1.000	1.000
机械	990401020	载重汽车 5t	台班	0.058	0.064	0.071	0.088
	990900010	电焊机（综合）	台班	0.573	0.648	0.784	0.904
	990919030	电焊条烘干箱 $60 \times 50 \times 75cm^3$	台班	0.057	0.065	0.078	0.090
	990920010	电焊条恒温箱	台班	0.057	0.065	0.078	0.090
	990304016	汽车式起重机 16t	台班	0.154	0.168	0.199	0.229

2. 铸铁管碰头（石棉水泥接口）

工作内容： 刷管口、断管、调制接口材料、管道及管件连接、接口养护、通水检查等。 **计量单位：** 处

编号				10-1-308	10-1-309	10-1-310	10-1-311	10-1-312
项目				公称直径（mm 以内）				
				100	150	200	250	300
名称			单位	消耗量				
人工	000203000	综合二类工	工日	1.801	2.668	2.903	3.218	3.689
材料	173118003	承插铸铁给水管	m	（0.500）	（0.500）	（0.500）	（0.500）	（0.500）
	182913002	铸铁套管	个	（1.000）	（1.000）	（1.000）	（1.000）	（1.000）
	180103011	铸铁三通	个	（1.000）	（1.000）	（1.000）	（1.000）	（1.000）
	040100003	水泥 32.5	kg	2.203	3.264	4.195	5.986	7.070
	140105002	油麻	kg	0.576	0.816	1.056	1.440	1.728
	023503022	物流无石棉绒	kg	0.590	0.874	1.123	1.603	1.896
	142909001	氧气	m^3	0.165	0.276	0.444	0.555	0.666
	142907002	乙炔气	kg	0.064	0.106	0.171	0.213	0.256
	340907006	钢丝刷子	把	0.010	0.012	0.030	0.080	0.090
	850103006	其他材料费（占材料费）	%	1.000	1.000	1.000	1.000	1.000
机械	990401020	载重汽车 5t	台班	0.002	0.002	0.003	0.004	0.005
	990304004	汽车式起重机 8t	台班	0.015	0.026	—	—	—
	990304016	汽车式起重机 16t	台班	—	—	0.031	0.063	0.063

工作内容：刷管口、断管、调制接口材料、管道及管件连接、接口养护、通水检查等。 **计量单位：**处

编号				10-1-313	10-1-314	10-1-315	10-1-316
项目				公称直径（mm 以内）			
				350	400	450	500
名称			单位	消耗量			
人工	000203000	综合二类工	工日	4.038	5.351	5.792	6.137
材料	173118003	承插铸铁给水管	m	（0.500）	（0.500）	（0.500）	（0.500）
	182913002	铸铁套管	个	（1.000）	（1.000）	（1.000）	（1.000）
	180103011	铸铁三通	个	（1.000）	（1.000）	（1.000）	（1.000）
	040100003	水泥 32.5	kg	9.339	9.734	11.174	13.790
	140105002	油麻	kg	2.112	2.352	2.784	3.360
	023503022	物流无石棉绒	kg	2.501	2.563	3.058	3.696
	142909001	氧气	m^3	0.978	1.275	1.440	1.551
	142907002	乙炔气	kg	0.326	0.490	0.554	0.597
	340907006	钢丝刷子	把	0.110	0.120	0.140	0.160
	850103006	其他材料费（占材料费）	%	1.000	1.000	1.000	1.000
机械	990401020	载重汽车 5t	台班	0.007	0.008	0.011	0.014
	990304016	汽车式起重机 16t	台班	0.075	0.075	0.090	0.090

3. 铸铁管碰头（胶圈接口）

工作内容：刷管口、断管、上胶圈、管道及管件连接、通水检查等。 **计量单位：**处

编号				10-1-317	10-1-318	10-1-319	10-1-320	10-1-321
项目				公称直径（mm 以内）				
				100	150	200	250	300
名称			单位	消耗量				
人工	000203000	综合二类工	工日	1.684	2.258	2.427	2.821	3.199
材料	173118003	承插铸铁给水管	m	（0.500）	（0.500）	（0.500）	（0.500）	（0.500）
	182913002	铸铁套管	个	（1.000）	（1.000）	（1.000）	（1.000）	（1.000）
	180103011	铸铁三通	个	（1.000）	（1.000）	（1.000）	（1.000）	（1.000）
	340907006	钢丝刷子	把	0.010	0.012	0.030	0.080	0.090
	020501003	橡胶圈（给水） *DN*100	个	4.944	—	—	—	—
	020501004	橡胶圈（给水） *DN*150	个	—	4.944	—	—	—
	020501005	橡胶圈（给水） *DN*200	个	—	—	4.944	—	—
	020501006	橡胶圈（给水） *DN*250	个	—	—	—	4.944	—
	020501007	橡胶圈（给水） *DN*300	个	—	—	—	—	4.944
	850103006	其他材料费（占材料费）	%	1.000	1.000	1.000	1.000	1.000
机械	990304004	汽车式起重机 8t	台班	0.001	0.001	—	—	—
	990304016	汽车式起重机 16t	台班	—	—	0.031	0.063	0.063
	990401020	载重汽车 5t	台班	0.001	0.001	0.002	0.002	0.005

工作内容：刷管口、断管、上胶圈、管道及管件连接、通水检查等。　　**计量单位：**处

编　号				10-1-322	10-1-323	10-1-324	10-1-325
项　目				公称直径（mm 以内）			
				350	400	450	500
名　称			单位	消　耗　量			
人工	000203000	综合二类工	工日	3.453	3.701	4.311	5.044
材料	173118003	承插铸铁给水管	m	（0.500）	（0.500）	（0.500）	（0.500）
	182913002	铸铁套管	个	（1.000）	（1.000）	（1.000）	（1.000）
	180103011	铸铁三通	个	（1.000）	（1.000）	（1.000）	（1.000）
	020501008	橡胶圈（给水）*DN*350	个	4.944	—	—	—
	020501009	橡胶圈（给水）*DN*400	个	—	4.944	—	—
	020501010	橡胶圈（给水）*DN*450	个	—	—	4.944	—
	020501011	橡胶圈（给水）*DN*500	个	—	—	—	4.944
	340907006	钢丝刷子	把	0.110	0.120	0.140	0.160
	850103006	其他材料费（占材料费）	%	1.000	1.000	1.000	1.000
机械	990401020	载重汽车 5t	台班	0.007	0.008	0.011	0.014
	990304016	汽车式起重机 16t	台班	0.075	0.075	0.090	0.090

八、补 充 项 目

1. 室外承插铸铁给水管管件（青铅接口）

工作内容：准备工作，管子切口，管口处理，管件安装，化铅，接口。　　**计量单位：**10 个

编　号				10-1-326	10-1-327	10-1-328	10-1-329	10-1-330
项　目				公称直径（mm 以内）				
				75	100	150	200	300
名　称			单位	消　耗　量				
人工	000203000	综合二类工	工日	3.879	4.007	5.367	6.933	8.035
材料	180100001	铸铁管件	个	（10.000）	（10.000）	（10.000）	（10.000）	（10.000）
	015303001	青铅（综合）	kg	49.720	61.880	91.040	117.120	196.170
	142909001	氧气	m^3	0.440	0.750	1.010	1.830	2.640
	142907002	乙炔气	kg	0.180	0.310	0.420	0.750	1.100
	140105002	油麻	kg	1.830	2.270	3.340	4.310	7.200
	341109001	焦炭	kg	21.000	24.780	35.490	45.570	70.980
	341111001	木柴	kg	1.760	2.200	4.400	4.400	8.800
	140305002	柴油	kg	—	0.639	0.639	0.639	0.767
	850103006	其他材料费（占材料费）	%	1.000	1.000	1.000	1.000	1.000
机械	990304004	汽车式起重机 8t	台班	—	0.010	0.010	0.010	0.012
	990401030	载重汽车 8t	台班	—	0.010	0.010	0.010	0.012

工作内容：准备工作，管子切口，管口处理，管件安装，化铅，接口。 计量单位：10 个

编号				10-1-331	10-1-332	10-1-333	10-1-334	10-1-335
项目				公称直径（mm 以内）				
				400	500	600	700	800
名称			单位	消耗量				
人工	000203000	综合二类工	工日	11.862	17.159	21.456	34.382	35.928
材料	180100001	铸铁管件	个	（10.000）	（10.000）	（10.000）	（10.000）	（10.000）
	015303001	青铅（综合）	kg	268.920	379.230	471.100	568.770	673.270
	142909001	氧气	m^3	4.950	6.270	7.590	8.910	9.900
	142907002	乙炔气	kg	2.070	2.640	3.190	3.740	4.070
	022305003	碳精棒（综合）	kg	0.940	1.180	1.410	2.060	2.360
	140105002	油麻	kg	9.870	13.920	17.300	20.900	24.740
	341109001	焦炭	kg	97.440	126.630	154.140	189.000	223.650
	341111001	木柴	kg	11.000	13.200	13.200	15.400	15.400
	140305002	柴油	kg	1.854	2.812	4.091	5.369	7.031
	850103006	其他材料费（占材料费）	%	1.000	1.000	1.000	1.000	1.000
机械	990304004	汽车式起重机 8t	台班	0.029	0.044	0.064	0.084	0.110
	990401030	载重汽车 8t	台班	0.029	0.044	0.064	0.084	0.110

工作内容：准备工作，管子切口，管口处理，管件安装，化铅，接口。 计量单位：10 个

编号				10-1-336	10-1-337	10-1-338	10-1-339	10-1-340
项目				公称直径（mm 以内）				
				900	1000	1200	1400	1600
名称			单位	消耗量				
人工	000203000	综合二类工	工日	50.265	51.651	69.698	97.179	136.309
材料	180100001	铸铁管件	个	（10.000）	（10.000）	（10.000）	（10.000）	（10.000）
	015303001	青铅（综合）	kg	784.080	976.210	1249.500	1664.390	2010.740
	142909001	氧气	m^3	11.000	12.320	13.420	14.520	15.840
	142907002	乙炔气	kg	4.620	5.170	5.610	6.050	6.600
	022305003	碳精棒（综合）	kg	3.180	3.530	3.880	4.230	4.580
	140105002	油麻	kg	28.790	35.850	45.890	61.130	73.860
	341109001	焦炭	kg	245.070	278.880	317.310	361.200	410.970
	341111001	木柴	kg	19.800	19.800	25.520	25.520	32.780
	140305002	柴油	kg	11.058	13.679	19.623	31.960	43.466
	850103006	其他材料费（占材料费）	%	1.000	1.000	1.000	1.000	1.000
机械	990304004	汽车式起重机 8t	台班	0.173	0.214	0.307	0.500	0.680
	990401030	载重汽车 8t	台班	0.173	0.214	0.307	0.500	0.680

2. 室内铸铁给水管（青铅接口）

工作内容：准备工作，检查及清扫管材，切管，管道安装，化铅，打麻，打铅口。　　**计量单位：**10m

编　号				10-1-341	10-1-342	10-1-343	10-1-344
项　目				公称直径（mm 以内）			
				75	100	150	200
名　称			单位	消　耗　量			
人工	000203000	综合二类工	工日	0.863	1.325	1.588	1.850
材料	173118003	承插铸铁给水管	m	（9.900）	（9.900）	（9.300）	（9.300）
	180100004	承插铸铁给水管件	个	（3.100）	（3.600）	（4.100）	（4.100）
	015303001	青铅（综合）	kg	5.270	7.160	11.130	14.300
	140105002	油麻	kg	0.690	0.930	1.450	1.870
	031507018	镀锌铁丝 ϕ2.8～4.0	kg	0.089	0.101	0.112	0.131
	092705001	破布	kg	0.255	0.298	0.340	0.408
	012903010	热轧中厚钢板 δ8～15	kg	0.044	0.049	0.110	0.148
	142909001	氧气	m^3	0.006	0.006	0.006	0.009
	142907002	乙炔气	kg	0.002	0.002	0.002	0.003
	341101001	水	m^3	0.145	0.353	0.764	1.346
	190003004	螺纹阀门 *DN*20	个	0.005	0.006	0.006	0.007
	170101003	焊接钢管 *DN*20	m	0.019	0.021	0.023	0.024
	140305002	柴油	kg	0.814	4.915	6.698	9.606
	341103001	电	kW · h	1.080	1.270	1.913	2.774
	850103006	其他材料费（占材料费）	%	2.000	2.000	2.000	2.000
机械	990401020	载重汽车 5t	台班	0.010	0.012	0.020	0.040
	990515010	吊装机械（综合）	台班	0.010	0.092	0.123	0.169
	990795010	液压断管机 500mm	台班	0.031	0.036	0.053	0.078
	990900010	电焊机（综合）	台班	0.002	0.002	0.002	0.002
	990813010	试压泵 3MPa	台班	0.002	0.002	0.003	0.003
	990801020	电动单级离心清水泵 100mm	台班	0.001	0.002	0.005	0.007

工作内容：准备工作，检查及清扫管材，切管，管道安装，化铅，打麻，打铅口。 计量单位：10m

编号				10-1-345	10-1-346	10-1-347
项目				公称直径（mm 以内）		
				250	300	400
名称			单位	消耗量		
人工	000203000	综合二类工	工日	2.062	2.250	2.594
材料	173118003	承插铸铁给水管	m	（8.900）	（8.900）	（8.550）
	180100004	承插铸铁给水管件	个	（4.030）	（3.930）	（3.810）
	015303001	青铅（综合）	kg	20.260	23.940	38.485
	140105002	油麻	kg	2.650	3.130	5.025
	031507018	镀锌铁丝 ϕ2.8～4.0	kg	0.140	0.144	0.153
	092705001	破布	kg	0.451	0.468	0.510
	012903010	热轧中厚钢板 δ8～15	kg	0.231	0.333	0.426
	142909001	氧气	m^3	0.009	0.009	0.012
	142907002	乙炔气	kg	0.003	0.003	0.004
	341101001	水	m^3	2.139	3.037	5.227
	190003004	螺纹阀门 *DN*20	个	0.007	0.007	0.008
	170101003	焊接钢管 *DN*20	m	0.025	0.026	0.028
	140305002	柴油	kg	13.631	15.785	19.411
	341103001	电	kW · h	3.710	4.471	5.347
	850103006	其他材料费（占材料费）	%	2.000	2.000	2.000
机械	990401020	载重汽车 5t	台班	0.058	0.076	0.103
	990515010	吊装机械（综合）	台班	0.239	0.271	0.327
	990795010	液压断管机 500mm	台班	0.105	0.126	0.149
	990900010	电焊机（综合）	台班	0.002	0.002	0.002
	990813010	试压泵 3MPa	台班	0.004	0.004	0.006
	990801020	电动单级离心清水泵 100mm	台班	0.009	0.012	0.016

3. 室内铸铁给水管（胶圈接口）

工作内容：切管、上胶圈、接口、管道及管件安装、水压试验及水冲洗。　　**计量单位：**10m

编　号				10-1-348	10-1-349	10-1-350	10-1-351
项　目				公称直径（mm 以内）			
				100	150	200	250
名　称			单位	消　耗　量			
人工	000203000	综合二类工	工日	1.219	1.461	1.702	1.897
材料	173118003	承插铸铁给水管	m	（9.900）	（9.300）	（9.300）	（8.900）
	180100004	承插铸铁给水管件	个	（3.600）	（4.100）	（4.100）	（4.030）
	020501023	给水橡胶圈 *DN*100	个	8.230	—	—	—
	020501024	给水橡胶圈 *DN*150	个	—	8.700	—	—
	020501025	给水橡胶圈 *DN*200	个	—	—	8.700	—
	020501026	给水橡胶圈 *DN*250	个	—	—	—	8.700
	031507018	镀锌铁丝 ϕ2.8～4.0	kg	0.101	0.112	0.131	0.140
	092705001	破布	kg	0.298	0.340	0.408	0.451
	012903010	热轧中厚钢板 δ8～15	kg	0.049	0.110	0.148	0.231
	142909001	氧气	m^3	0.006	0.006	0.009	0.009
	142907002	乙炔气	kg	0.002	0.002	0.003	0.003
	341101001	水	m^3	0.353	0.764	1.346	2.139
	190003004	螺纹阀门 *DN*20	个	0.006	0.006	0.007	0.007
	170101003	焊接钢管 *DN*20	m	0.021	0.023	0.024	0.025
	140305002	柴油	kg	4.915	6.698	9.606	13.631
	341103001	电	kW · h	1.270	1.913	2.774	3.710
	850103006	其他材料费（占材料费）	%	2.000	2.000	2.000	2.000
机械	990401020	载重汽车 5t	台班	0.012	0.020	0.040	0.058
	990515010	吊装机械（综合）	台班	0.092	0.123	0.169	0.239
	990795010	液压断管机 500mm	台班	0.036	0.053	0.078	0.105
	990813010	试压泵 3MPa	台班	0.002	0.003	0.003	0.004

工作内容：切管、上胶圈、接口、管道及管件安装、水压试验及水冲洗。 **计量单位：**10m

编号				10-1-352	10-1-353	10-1-354
项目				公称直径（mm 以内）		
				300	350	400
名称			单位	消耗量		
人工	000203000	综合二类工	工日	2.070	2.228	2.386
材料	173118003	承插铸铁给水管	m	（8.900）	（8.550）	（8.550）
	180100004	承插铸铁给水管件	个	（3.930）	（3.850）	（3.810）
	020501027	给水橡胶圈 *DN*300	个	8.700	—	—
	020501028	给水橡胶圈 *DN*350	个	—	8.700	—
	020501029	给水橡胶圈 *DN*400	个	—	—	8.700
	031507018	镀锌铁丝 ϕ2.8～4.0	kg	0.144	0.148	0.153
	092705001	破布	kg	0.468	0.493	0.510
	012903010	热轧中厚钢板 δ8～15	kg	0.333	0.380	0.426
	142909001	氧气	m^3	0.009	0.012	0.012
	142907002	乙炔气	kg	0.003	0.004	0.004
	341101001	水	m^3	3.037	4.047	5.227
	190003004	螺纹阀门 *DN*20	个	0.007	0.008	0.008
	170101003	焊接钢管 *DN*20	m	0.026	0.027	0.028
	140305002	柴油	kg	15.785	17.919	19.411
	341103001	电	kW·h	4.471	4.893	5.347
	850103006	其他材料费（占材料费）	%	2.000	2.000	2.000
机械	990401020	载重汽车 5t	台班	0.076	0.101	0.103
	990515010	吊装机械（综合）	台班	0.271	0.298	0.327
	990795010	液压断管机 500mm	台班	0.126	0.137	0.149
	990813010	试压泵 3MPa	台班	0.004	0.005	0.006

4. 室内柔性抗震铸铁排水管（法兰接口）

工作内容：切管、上胶圈、管道及管件安装、紧固螺栓、灌水试验。　　　　**计量单位：**10m

编　号				10-1-355	10-1-356	10-1-357	10-1-358	10-1-359	10-1-360
项　目				公称直径（mm 以内）					
				50	75	100	150	200	250
名　称			单位	消　耗　量					
人工	000203000	综合二类工	工日	1.323	1.583	2.042	2.167	2.293	2.515
材料	171101004	柔性铸铁排水管	m	（9.780）	（9.550）	（9.050）	（9.450）	（9.450）	（9.790）
	180100002	法兰铸铁管件	个	（6.640）	（6.780）	（9.640）	（4.460）	（4.190）	（2.350）
	340205028	排水橡胶密封圈	个	（14.370）	（15.260）	（21.690）	（10.670）	（9.830）	（4.920）
	202103002	法兰压盖	个	（14.370）	（15.260）	（21.690）	（10.670）	（9.830）	（4.920）
	030105112	六角螺栓带螺母、垫圈 M8×14～75	套	44.400	—	—	—	—	—
	030105113	六角螺栓带螺母、垫圈 M10×30～75	套	—	47.150	—	—	—	—
	030105114	六角螺栓带螺母、垫圈 M12×14～75	套	—	—	67.020	—	—	—
	030105127	六角螺栓带螺母、垫圈 M14×90	套	—	—	—	32.970	30.370	15.200
	031507018	镀锌铁丝 ϕ2.8～4.0	kg	0.083	0.089	0.101	0.112	0.131	0.140
	092705001	破布	kg	0.213	0.255	0.298	0.340	0.408	0.451
	341101001	水	m^3	0.033	0.054	0.132	0.287	0.505	0.802
	341103001	电	kW·h	1.089	1.538	3.141	2.007	2.711	2.155
	140305002	柴油	kg	0.326	0.733	4.095	6.633	9.606	13.631
	850103006	其他材料费（占材料费）	%	2.000	2.000	2.000	2.000	2.000	2.000
机械	990401020	载重汽车 5t	台班	0.004	0.009	0.011	0.018	0.040	0.058
	990515010	吊装机械（综合）	台班	0.004	0.009	0.076	0.123	0.169	0.239
	990795010	液压断管机 500mm	台班	0.033	0.047	0.096	0.058	0.079	0.059
	990801020	电动单级离心清水泵 100mm	台班	0.001	0.001	0.002	0.005	0.006	0.009

第二章

采 暖 管 道

说　明

一、本章适用于室内外采暖管道的安装，包括镀锌钢管、钢管、塑料管、预制保温管安装以及与原有热源管道碰头等安装项目。

二、管道的界线划分：

1. 室内外采暖管道以建筑物外墙皮 1.50m 为界；建筑物入口处设阀门者以阀门为界，室外设有采暖入口装置者以入口装置循环管三通为界。

2. 室外采暖管道与工业管道界限以锅炉房或热力站外墙皮 1.50m 为界。

3. 室内采暖管道与建筑物内的换热站管道界线以站房外墙皮为界。

三、室外管道安装不分地上与地下，均执行同一相应安装项目。

四、相关说明：

1. 管道安装项目中，均包括相应管件安装、水压试验及水冲洗工作内容。各种管件数量系综合取定，管道安装项目中的管件含量，不包含与螺纹阀门配套的活接、对丝，其用量含在螺纹阀门安装项目中。

2. 钢管焊接安装项目中，均综合考虑了成品管件和现场煨制弯管、摔制大小头、挖眼三通。

3. 管道安装项目中，除室内直埋塑料管道中已包括管卡安装外，其他管道项目均不包括管道支架、管卡、托钩等制作安装以及管道穿墙、楼板套管制作安装、预留孔洞、堵洞、打洞、凿槽等工作内容，发生时，应按本册第十章相应项目另行计算。

4. 镀锌钢管（螺纹连接）项目适用于室内外焊接钢管的螺纹连接。

5. 采暖室内直埋塑料管道是指敷设于室内地坪下或墙内的由采暖分/集水器连接散热器及管井内立管的塑料采暖管段。直埋塑料管分别设置了热熔管件连接和无接口敷设两项定额项目，不适用于地板辐射采暖系统管道。地板辐射采暖系统管道安装，应执行第七章相应项目。

6. 室内直埋塑料管包括充压隐蔽、水压试验、水冲洗以及地面划线标示工作内容。

7. 室内外采暖管道在过路口或跨绕梁、柱等障碍时，如发生类似于方形补偿器的管道安装形式，执行方形补偿器制作安装项目。

8. 采暖铝塑稳态复合管安装按相应塑料管安装项目人工乘以系数 1.10，管道及管件应按实际选用材质计算，其他不变。

9. 塑套钢预制直埋保温管安装项目是按照行业标准《高密度聚乙烯外护管聚氨酯预制直埋保温管》CJ 114—2000 要求供应的成品保温管道、管件编制的，如实际材质规格与该标准规定不同时，不做调整。

10. 塑套钢预制直埋保温管安装项目中已包括管件安装，但不包括接口保温，发生时应另行套用接口保温安装项目。

11. 安装带保温层的管道时，可执行相应材质及连接形式的管道安装项目，其人工乘以系数 1.10；管道接头保温，应执行第十二册《防腐蚀、绝热工程》相应项目，其人工、机械乘以系数 2.00。

12. 两种不同材质管道连接时，其转换接头应按实际用量加 1%的损耗另计材料费。

13. 室外管道碰头项目适用于新建管道与已有热源管道的碰头连接，如已有热源管道已做预留接口时，不得另行计算。

14. 与原有管道碰头安装项目不包括与供热部门的配合协调工作以及通水试验的用水量，发生时应另行计算。

工程量计算规则

一、各类管道安装工程量按室内外、区分材质、连接形式、规格分别列项，按设计图示管道中心线长度，以“10m”为计量单位，不扣除阀门、管件、附件所占长度。

二、管道安装项目中的塑料管规格以公称外径表示，其他管道规格均以公称直径表示。

三、方形补偿器所占长度应计入管道安装工程量。方形补偿器制作安装应执行第五章相应项目。

四、分/集水器进出口连接的管道工程量，应计算至分/集水器中心线位置。

五、直埋保温管保温层补口应区分管径，按设计图示数量，分别以“个”为计量单位。

六、新安装与原有采暖热源钢管碰头，区分带介质、不带介质两种情况，按设计图示数量，分别以“处”为计量单位。每处含有供、回水两条管道碰头连接，按新接支管公称管径计算。

一、镀锌钢管安装

1. 室外镀锌钢管（螺纹连接）

工作内容：调直、切管、套丝、组对、连接，管道及管件安装，水压试验及水冲洗等。 **计量单位**：10m

编号				10-2-1	10-2-2	10-2-3	10-2-4	10-2-5	10-2-6
项目				公称直径（mm）					
				15	20	25	32	40	50
名称			单位	消耗量					
人工	000203000	综合二类工	工日	0.395	0.403	0.421	0.428	0.464	0.525
材料	170300002	镀锌钢管（综合）	m	（10.060）	（10.060）	（10.060）	（10.180）	（10.180）	（10.180）
	181315002	镀锌钢管螺纹管件	个	（2.790）	（2.900）	（2.780）	（2.010）	（2.080）	（1.980）
	031101012	尼龙砂轮片 ϕ400	片	0.010	0.012	0.015	0.018	0.020	0.021
	140303001	机油（综合）	kg	0.035	0.042	0.046	0.049	0.051	0.057
	140505001	铅油（厚漆）	kg	0.022	0.029	0.034	0.038	0.040	0.040
	022907003	线麻	kg	0.002	0.003	0.003	0.003	0.004	0.005
	031507018	镀锌铁丝 ϕ2.8～4.0	kg	0.040	0.045	0.068	0.075	0.079	0.083
	092705004	碎布	kg	0.080	0.090	0.150	0.167	0.187	0.213
	012903010	热轧中厚钢板 δ8～15	kg	0.030	0.032	0.034	0.037	0.039	0.042
	142909001	氧气	m^3	0.003	0.003	0.003	0.006	0.006	0.006
	142907002	乙炔气	kg	0.001	0.001	0.001	0.002	0.002	0.002
	031301009	低碳钢焊条 J427（综合）	kg	0.002	0.002	0.002	0.002	0.002	0.002
	341101001	水	m^3	0.008	0.014	0.023	0.040	0.053	0.088
	020101002	橡胶板 δ1～3	kg	0.007	0.008	0.008	0.009	0.010	0.010
	190003004	螺纹阀门 *DN*20	个	0.004	0.004	0.004	0.005	0.005	0.005
	170101003	焊接钢管 *DN*20	m	0.013	0.014	0.015	0.016	0.016	0.017
	172707010	橡胶软管 *DN*20	m	0.006	0.006	0.007	0.007	0.007	0.008
	860113019	弹簧压力表 Y-100 0～1.6MPa	块	0.002	0.002	0.002	0.002	0.002	0.003
	860113022	压力表表弯 *DN*15	个	0.002	0.002	0.002	0.002	0.002	0.0032007
	850103006	其他材料费（占材料费）	%	1.000	1.000	1.000	1.000	1.000	1.000
机械	990401020	载重汽车 5t	台班	—	—	—	—	—	0.003
	990304004	汽车式起重机 8t	台班	—	—	—	—	—	0.003
	990785030	砂轮切割机 ϕ400	台班	0.002	0.004	0.004	0.005	0.006	0.005
	990748010	管子切断套丝机 159mm	台班	0.034	0.048	0.058	0.060	0.068	0.080
机械	990900010	电焊机（综合）	台班	0.001	0.001	0.001	0.001	0.002	0.002
	990813010	试压泵 3MPa	台班	0.001	0.001	0.001	0.002	0.002	0.002
	990801020	电动单级离心清水泵 100mm	台班	0.001	0.001	0.001	0.001	0.001	0.001

工作内容：调直、切管、套丝、组对、连接，管道及管件安装，水压试验及水冲洗等。 **计量单位：**10m

编号				10-2-7	10-2-8	10-2-9	10-2-10	10-2-11
项目				公称直径（mm）				
				65	80	100	125	150
名称			单位	消耗量				
人工	000203000	综合二类工	工日	0.585	0.643	0.745	0.897	0.942
材料	170300002	镀锌钢管（综合）	m	（10.120）	（10.120）	（10.120）	（10.120）	（10.120）
	181315002	镀锌钢管螺纹管件	个	（1.970）	（1.780）	（1.750）	（1.700）	（1.700）
	140303001	机油（综合）	kg	0.076	0.078	0.091	0.106	0.121
	140505001	铅油（厚漆）	kg	0.048	0.050	0.064	0.083	0.114
	022907003	线麻	kg	0.006	0.007	0.011	0.014	0.017
	031507018	镀锌铁丝 ϕ2.8～4.0	kg	0.085	0.089	0.101	0.107	0.112
	092705004	碎布	kg	0.238	0.255	0.298	0.323	0.340
	012903010	热轧中厚钢板 δ8～15	kg	0.044	0.047	0.049	0.073	0.110
	142909001	氧气	m^3	0.006	0.006	0.006	0.006	0.006
	142907002	乙炔气	kg	0.002	0.002	0.002	0.002	0.002
	031301009	低碳钢焊条 J427（综合）	kg	0.002	0.003	0.003	0.003	0.003
	341101001	水	m^3	0.145	0.204	0.353	0.547	0.764
	020101002	橡胶板 δ1～3	kg	0.011	0.011	0.012	0.014	0.016
	190003004	螺纹阀门 *DN*20	个	0.005	0.006	0.006	0.006	0.006
	170101003	焊接钢管 *DN*20	m	0.019	0.020	0.021	0.022	0.023
	172707010	橡胶软管 *DN*20	m	0.008	0.008	0.009	0.009	0.010
	860113019	弹簧压力表 Y-100 0～1.6MPa	块	0.003	0.003	0.003	0.003	0.003
	860113022	压力表表弯 *DN*15	个	0.003	0.003	0.003	0.003	0.003
	031101012	尼龙砂轮片 ϕ400	片	0.033	0.038	0.046	—	—
	850103006	其他材料费（占材料费）	%	1.000	1.000	1.000	1.000	1.000
机械	990785030	砂轮切割机 ϕ400	台班	0.007	0.007	0.009	—	—
	990401020	载重汽车 5t	台班	0.004	0.006	0.013	0.016	0.022
	990304004	汽车式起重机 8t	台班	0.004	0.006	0.077	0.083	0.099
	990747020	管子切断机 150mm	台班	—	—	—	0.010	0.011
	990748010	管子切断套丝机 159mm	台班	0.104	0.114	0.139	0.169	0.201
	990900010	电焊机（综合）	台班	0.002	0.002	0.002	0.002	0.002
	990813010	试压泵 3MPa	台班	0.002	0.002	0.002	0.003	0.003
	990801020	电动单级离心清水泵 100mm	台班	0.001	0.002	0.002	0.003	0.005

2. 室内镀锌钢管（螺纹连接）

工作内容： 调直、切管、套丝、组对、连接，管道及管件安装，水压试验及水冲洗等。　　**计量单位：** 10m

编号				10-2-12	10-2-13	10-2-14	10-2-15	10-2-16	10-2-17
项目				公称直径（mm）					
				15	20	25	32	40	50
名称			单位	消耗量					
人工	000203000	综合二类工	工日	1.119	1.149	1.407	1.490	1.542	1.595
材料	170300002	镀锌钢管（综合）	m	（9.700）	（9.700）	（9.700）	（9.970）	（9.970）	（9.970）
	181315002	镀锌钢管螺纹管件	个	（12.880）	（12.540）	（12.310）	（10.930）	（6.670）	（5.680）
	031101012	尼龙砂轮片 ϕ400	片	0.062	0.066	0.105	0.143	0.145	0.151
	140303001	机油（综合）	kg	0.137	0.163	0.201	0.204	0.206	0.209
	140505001	铅油（厚漆）	kg	0.091	0.125	0.151	0.162	0.130	0.131
	022907003	线麻	kg	0.009	0.011	0.015	0.019	0.013	0.012
	031507018	镀锌铁丝 ϕ2.8～4.0	kg	0.040	0.045	0.068	0.075	0.079	0.083
	092705004	碎布	kg	0.080	0.090	0.150	0.167	0.187	0.213
	012903010	热轧中厚钢板 δ8～15	kg	0.030	0.032	0.034	0.037	0.039	0.042
	142909001	氧气	m^3	0.003	0.003	0.003	0.006	0.006	0.006
	142907002	乙炔气	kg	0.001	0.001	0.001	0.002	0.002	0.002
	031301009	低碳钢焊条 J427（综合）	kg	0.002	0.002	0.002	0.002	0.002	0.002
	341101001	水	m^3	0.008	0.014	0.023	0.040	0.053	0.088
	020101002	橡胶板 δ1～3	kg	0.007	0.008	0.008	0.009	0.010	0.010
	190003004	螺纹阀门 *DN*20	个	0.004	0.004	0.004	0.005	0.005	0.005
	170101003	焊接钢管 *DN*20	m	0.013	0.014	0.015	0.016	0.016	0.017
	172707010	橡胶软管 *DN*20	m	0.006	0.006	0.007	0.007	0.007	0.008
	860113019	弹簧压力表 Y-100 0～1.6MPa	块	0.002	0.002	0.002	0.002	0.002	0.003
	860113022	压力表表弯 *DN*15	个	0.002	0.002	0.002	0.002	0.002	0.003
	850103006	其他材料费（占材料费）	%	1.000	1.000	1.000	1.000	1.000	1.000
机械	990401020	载重汽车 5t	台班	—	—	—	—	—	0.003
	990515010	吊装机械（综合）	台班	0.002	0.002	0.003	0.004	0.005	0.007
	990785030	砂轮切割机 ϕ400	台班	0.016	0.016	0.028	0.033	0.035	0.029
	990748010	管子切断套丝机 159mm	台班	0.130	0.152	0.245	0.279	0.282	0.286
	990900010	电焊机（综合）	台班	0.001	0.001	0.001	0.001	0.002	0.002
	990813010	试压泵 3MPa	台班	0.001	0.001	0.001	0.002	0.002	0.002
	990801020	电动单级离心清水泵 100mm	台班	0.001	0.001	0.001	0.001	0.001	0.001

工作内容：调直、切管、套丝、组对、连接，管道及管件安装，水压试验及水冲洗等。 **计量单位：**10m

编号				10-2-18	10-2-19	10-2-20	10-2-21	10-2-22
项目				公称直径（mm）				
				65	80	100	125	150
名称			单位	消耗量				
人工	000203000	综合二类工	工日	1.730	1.862	2.161	2.241	2.544
材料	170300002	镀锌钢管（综合）	m	（10.020）	（10.020）	（10.020）	（10.020）	（10.020）
	181315002	镀锌钢管螺纹管件	个	（4.930）	（4.370）	（3.570）	（3.510）	（3.440）
	031101012	尼龙砂轮片 $\phi400$	片	0.137	0.142	0.155	—	—
	140303001	机油（综合）	kg	0.211	0.218	0.225	0.239	0.269
	140505001	铅油（厚漆）	kg	0.132	0.138	0.143	0.187	0.252
	022907003	线麻	kg	0.016	0.020	0.024	0.031	0.038
	031507018	镀锌铁丝 $\phi2.8$～4.0	kg	0.085	0.089	0.101	0.107	0.112
	092705004	碎布	kg	0.238	0.255	0.298	0.323	0.340
	012903010	热轧中厚钢板 $\delta8$～15	kg	0.044	0.047	0.049	0.073	0.110
	142909001	氧气	m^3	0.006	0.006	0.006	0.006	0.006
	142907002	乙炔气	kg	0.002	0.002	0.002	0.002	0.002
	031301009	低碳钢焊条 J427（综合）	kg	0.002	0.003	0.003	0.003	0.003
	341101001	水	m^3	0.145	0.204	0.353	0.547	0.764
	020101002	橡胶板 $\delta1$～3	kg	0.011	0.011	0.012	0.014	0.016
	190003004	螺纹阀门 *DN*20	个	0.005	0.006	0.006	0.006	0.006
	170101003	焊接钢管 *DN*20	m	0.019	0.020	0.021	0.022	0.023
	172707010	橡胶软管 *DN*20	m	0.008	0.008	0.009	0.009	0.010
	860113019	弹簧压力表 Y-100 0～1.6MPa	块	0.003	0.003	0.003	0.003	0.003
	860113022	压力表表弯 *DN*15	个	0.003	0.003	0.003	0.003	0.003
	850103006	其他材料费（占材料费）	%	1.000	1.000	1.000	1.000	1.000
机械	990747020	管子切断机 150mm	台班	—	—	—	0.035	0.037
	990401020	载重汽车 5t	台班	0.004	0.006	0.013	0.016	0.022
	990515010	吊装机械（综合）	台班	0.009	0.012	0.084	0.117	0.123
	990785030	砂轮切割机 $\phi400$	台班	0.031	0.032	0.034	—	—
	990748010	管子切断套丝机 159mm	台班	0.293	0.314	0.316	0.382	0.446
	990900010	电焊机（综合）	台班	0.002	0.002	0.002	0.002	0.002
	990813010	试压泵 3MPa	台班	0.002	0.002	0.002	0.003	0.003
	990801020	电动单级离心清水泵 100mm	台班	0.001	0.002	0.002	0.003	0.005

二、钢 管 安 装

1. 室外钢管（电弧焊）

计量单位：10m

编　号				10-2-23	10-2-24	10-2-25	10-2-26	10-2-27
项　目				公称直径（mm 以内）				
				32	40	50	65	80
名　称			单位	消　耗　量				
人工	000203000	综合二类工	工日	0.453	0.479	0.539	0.638	0.805
材料	170100002	钢管（综合）	m	（10.200）	（10.200）	（10.200）	（10.140）	（10.140）
	180300004	钢管焊接管件	个	（0.270）	（0.300）	（0.400）	（0.400）	（0.300）
	031101009	尼龙砂轮片 $\phi100$	片	0.010	0.016	0.321	0.324	0.368
	142909001	氧气	m^3	0.024	0.033	0.036	0.075	0.414
	142907002	乙炔气	kg	0.009	0.013	0.014	0.029	0.159
	031301009	低碳钢焊条 J427（综合）	kg	0.096	0.142	0.242	0.317	0.325
	031507018	镀锌铁丝 $\phi2.8$～4.0	kg	0.075	0.079	0.083	0.085	0.089
	092705004	碎布	kg	0.167	0.187	0.213	0.238	0.255
	140303001	机油（综合）	kg	0.050	0.050	0.060	0.080	0.090
	012903010	热轧中厚钢板 $\delta8$～15	kg	0.037	0.039	0.042	0.044	0.047
	341101001	水	m^3	0.040	0.053	0.088	0.145	0.204
	020101002	橡胶板 $\delta1$～3	kg	0.009	0.010	0.010	0.011	0.011
	190003004	螺纹阀门 *DN*20	个	0.005	0.005	0.005	0.005	0.006
	170101003	焊接钢管 *DN*20	m	0.016	0.016	0.017	0.019	0.020
	172707010	橡胶软管 *DN*20	m	0.007	0.007	0.008	0.008	0.008
	860113019	弹簧压力表 Y-100 0～1.6MPa	块	0.002	0.002	0.003	0.003	0.003
	860113022	压力表表弯 *DN*15	个	0.002	0.002	0.003	0.003	0.003
	031101012	尼龙砂轮片 $\phi400$	片	0.023	0.027	0.028	0.029	0.031
	850103006	其他材料费（占材料费）	%	1.000	1.000	1.000	1.000	1.000
机械	990304004	汽车式起重机 8t	台班	—	—	0.003	0.004	0.006
	990785030	砂轮切割机 $\phi400$	台班	0.007	0.008	0.009	0.009	0.010
	990758030	电动弯管机 108mm	台班	0.012	0.013	0.014	0.014	0.015
	990401020	载重汽车 5t	台班	—	—	0.003	0.004	0.006
	990900010	电焊机（综合）	台班	0.060	0.089	0.144	0.187	0.192
	990919030	电焊条烘干箱 $60\times50\times75cm^3$	台班	0.006	0.009	0.014	0.019	0.019
	990920010	电焊条恒温箱	台班	0.006	0.009	0.014	0.019	0.019
	990813010	试压泵 3MPa	台班	0.002	0.002	0.002	0.002	0.002
	990801020	电动单级离心清水泵 100mm	台班	0.001	0.001	0.001	0.001	0.002

计量单位：10m

编号				10-2-28	10-2-29	10-2-30	10-2-31
项目				公称直径（mm 以内）			
				100	125	150	200
名称			单位	消耗量			
人工	000203000	综合二类工	工日	0.865	1.037	1.156	1.323
材料	170100002	钢管（综合）	m	（10.140）	（10.000）	（10.000）	（10.000）
	180300004	钢管焊接管件	个	（0.340）	（0.610）	（0.600）	（0.580）
	031101009	尼龙砂轮片 $\phi100$	片	0.483	0.587	0.870	1.224
	142909001	氧气	m^3	0.528	0.624	0.888	1.140
	142907002	乙炔气	kg	0.203	0.240	0.342	0.439
	031301009	低碳钢焊条 J427（综合）	kg	0.436	0.715	1.112	1.530
	031507018	镀锌铁丝 $\phi2.8$～4.0	kg	0.101	0.107	0.112	0.131
	092705004	碎布	kg	0.298	0.323	0.340	0.408
	140303001	机油（综合）	kg	0.090	0.110	0.150	0.200
	012903010	热轧中厚钢板 $\delta8$～15	kg	0.049	0.073	0.110	0.148
	341101001	水	m^3	0.353	0.547	0.764	1.346
	020101002	橡胶板 $\delta1$～3	kg	0.012	0.014	0.016	0.018
	190003004	螺纹阀门 *DN*20	个	0.006	0.006	0.006	0.007
	170101003	焊接钢管 *DN*20	m	0.021	0.022	0.023	0.024
	172707010	橡胶软管 *DN*20	m	0.009	0.009	0.010	0.010
	860113019	弹簧压力表 Y-100 0～1.6MPa	块	0.003	0.003	0.003	0.003
	860113022	压力表表弯 *DN*15	个	0.003	0.003	0.003	0.003
	031101012	尼龙砂轮片 $\phi400$	片	0.041	—	—	—
	012100002	角钢（综合）	kg	—	—	—	0.180
	850103006	其他材料费（占材料费）	%	1.000	1.000	1.000	1.000
机械	990304004	汽车式起重机 8t	台班	0.077	0.083	0.099	0.138
	990785030	砂轮切割机 $\phi400$	台班	0.011	—	—	—
	990758030	电动弯管机 108mm	台班	0.015	—	—	—
	990401020	载重汽车 5t	台班	0.013	0.016	0.022	0.040
	990900010	电焊机（综合）	台班	0.253	0.341	0.429	0.589
	990919030	电焊条烘干箱 60×50×75cm^3	台班	0.025	0.034	0.043	0.059
	990920010	电焊条恒温箱	台班	0.025	0.034	0.043	0.059
	990813010	试压泵 3MPa	台班	0.002	0.003	0.003	0.003
	990801020	电动单级离心清水泵 100mm	台班	0.002	0.003	0.005	0.007

计量单位：10m

编号				10-2-32	10-2-33	10-2-34	10-2-35
项目				公称直径（mm 以内）			
				250	300	350	400
名称			单位	消耗量			
人工	000203000	综合二类工	工日	1.663	1.882	2.214	2.461
材料	170100002	钢管（综合）	m	（9.850）	（9.850）	（9.780）	（9.780）
	180300004	钢管焊接管件	个	（0.570）	（0.510）	（0.490）	（0.470）
	031101009	尼龙砂轮片 $\phi100$	片	2.014	2.327	3.293	3.678
	142909001	氧气	m^3	1.653	1.923	2.496	2.757
	142907002	乙炔气	kg	0.636	0.740	0.960	1.061
	031301009	低碳钢焊条 J427（综合）	kg	2.965	3.477	4.017	4.481
	012100002	角钢（综合）	kg	0.185	0.212	0.228	0.244
	031507018	镀锌铁丝 $\phi2.8\sim4.0$	kg	0.140	0.144	0.148	0.153
	092705004	碎布	kg	0.451	0.468	0.493	0.510
	140303001	机油（综合）	kg	0.200	0.200	0.200	0.200
	012903010	热轧中厚钢板 $\delta8\sim15$	kg	0.231	0.333	0.380	0.426
	341101001	水	m^3	2.139	3.037	4.047	5.227
	020101002	橡胶板 $\delta1\sim3$	kg	0.021	0.024	0.033	0.042
	190003004	螺纹阀门 *DN*20	个	0.007	0.007	0.008	0.008
	170101003	焊接钢管 *DN*20	m	0.025	0.026	0.027	0.028
	172707010	橡胶软管 *DN*20	m	0.011	0.011	0.011	0.012
	860113019	弹簧压力表 Y-100 0～1.6MPa	块	0.003	0.004	0.004	0.004
	860113022	压力表表弯 *DN*15	个	0.003	0.004	0.004	0.004
	850103006	其他材料费（占材料费）	%	1.000	1.000	1.000	1.000
机械	990401020	载重汽车 5t	台班	0.058	0.076	0.101	0.103
	990304016	汽车式起重机 16t	台班	0.184	0.223	0.255	0.269
	990900010	电焊机（综合）	台班	0.824	0.967	1.117	1.246
	990919030	电焊条烘干箱 $60\times50\times75cm^3$	台班	0.082	0.097	0.112	0.125
	990920010	电焊条恒温箱	台班	0.082	0.097	0.112	0.125
	990813010	试压泵 3MPa	台班	0.004	0.004	0.005	0.006
	990801020	电动单级离心清水泵 100mm	台班	0.009	0.012	0.014	0.016

2. 室内钢管（电弧焊）

计量单位：10m

编号				10-2-36	10-2-37	10-2-38	10-2-39	10-2-40	10-2-41
项目				公称直径（mm 以内）					
				32	40	50	65	80	100
名称			单位	消耗量					
人工	000203000	综合二类工	工日	1.071	1.251	1.464	1.649	1.809	2.088
材料	170100002	钢管（综合）	m	（10.150）	（10.150）	（10.150）	（10.060）	（10.060）	（10.060）
	180300004	钢管焊接管件	个	（0.840）	（0.850）	（1.300）	（1.110）	（1.100）	（0.980）
	031101009	尼龙砂轮片 $\phi100$	片	0.164	0.230	0.638	0.759	0.765	0.777
	142909001	氧气	m^3	0.163	0.264	0.388	0.609	1.158	1.180
	142907002	乙炔气	kg	0.065	0.106	0.150	0.234	0.445	0.409
	031301009	低碳钢焊条 J427（综合）	kg	0.230	0.311	0.541	0.692	0.778	0.931
	031507018	镀锌铁丝 $\phi2.8\sim4.0$	kg	0.075	0.079	0.083	0.085	0.089	0.101
	092705004	碎布	kg	0.167	0.187	0.213	0.238	0.255	0.298
	140303001	机油（综合）	kg	0.050	0.050	0.060	0.080	0.090	0.090
	012903010	热轧中厚钢板 $\delta8\sim15$	kg	0.037	0.039	0.042	0.044	0.047	0.049
	341101001	水	m^3	0.040	0.053	0.088	0.145	0.204	0.353
	020101002	橡胶板 $\delta1\sim3$	kg	0.009	0.010	0.010	0.011	0.011	0.012
	190003004	螺纹阀门 *DN*20	个	0.005	0.005	0.005	0.005	0.006	0.006
	170101003	焊接钢管 *DN*20	m	0.016	0.016	0.017	0.019	0.020	0.021
	172707010	橡胶软管 *DN*20	m	0.007	0.007	0.008	0.008	0.008	0.009
	860113019	弹簧压力表 Y-100 0～1.6MPa	块	0.002	0.002	0.003	0.003	0.003	0.003
	860113022	压力表表弯 *DN*15	个	0.002	0.002	0.003	0.003	0.003	0.003
	031101012	尼龙砂轮片 $\phi400$	片	0.062	0.074	0.076	0.084	0.096	0.114
	850103006	其他材料费（占材料费）	%	1.000	1.000	1.000	1.000	1.000	1.000
机械	990785030	砂轮切割机 $\phi400$	台班	0.021	0.022	0.023	0.023	0.024	0.025
	990758030	电动弯管机 108mm	台班	0.031	0.032	0.033	0.035	0.037	0.039
	990401020	载重汽车 5t	台班	—	—	0.003	0.004	0.006	0.013
	990515010	吊装机械（综合）	台班	0.004	0.005	0.007	0.009	0.012	0.084
	990900010	电焊机（综合）	台班	0.140	0.194	0.324	0.407	0.458	0.514
	990919030	电焊条烘干箱 $60\times50\times75cm^3$	台班	0.014	0.019	0.032	0.041	0.045	0.051
	990920010	电焊条恒温箱	台班	0.014	0.019	0.032	0.041	0.045	0.051
	990813010	试压泵 3MPa	台班	0.002	0.002	0.002	0.002	0.002	0.002
	990801020	电动单级离心清水泵 100mm	台班	0.001	0.001	0.001	0.001	0.001	0.002

计量单位：10m

编号				10-2-42	10-2-43	10-2-44	10-2-45	10-2-46
项目				公称直径（mm 以内）				
				125	150	200	250	300
名称			单位	消耗量				
人工	000203000	综合二类工	工日	2.168	2.401	2.926	3.372	4.010
材料	170100002	钢管（综合）	m	（9.850）	（9.850）	（9.850）	（9.800）	（9.800）
	180300004	钢管焊接管件	个	（1.410）	（1.250）	（1.090）	（1.030）	（1.030）
	031101009	尼龙砂轮片 $\phi100$	片	0.796	1.025	1.346	2.118	2.561
	142909001	氧气	m^3	1.200	1.209	1.464	2.025	2.400
	142907002	乙炔气	kg	0.462	0.465	0.563	0.779	0.923
	031301009	低碳钢焊条 J427（综合）	kg	1.159	1.498	1.909	3.556	4.318
	031507018	镀锌铁丝 $\phi2.8$～4.0	kg	0.107	0.112	0.131	0.140	0.144
	092705004	碎布	kg	0.323	0.340	0.408	0.451	0.468
	140303001	机油（综合）	kg	0.110	0.150	0.200	0.200	0.200
	012903010	热轧中厚钢板 $\delta8$～15	kg	0.073	0.110	0.148	0.231	0.333
	341101001	水	m^3	0.547	0.764	1.346	2.139	3.037
	020101002	橡胶板 $\delta1$～3	kg	0.014	0.016	0.018	0.021	0.024
	190003004	螺纹阀门 *DN*20	个	0.006	0.006	0.007	0.007	0.007
	170101003	焊接钢管 *DN*20	m	0.022	0.023	0.024	0.025	0.026
	172707010	橡胶软管 *DN*20	m	0.009	0.010	0.010	0.011	0.011
	860113019	弹簧压力表 Y-100 0～1.6MPa	块	0.003	0.003	0.003	0.003	0.004
	860113022	压力表表弯 *DN*15	个	0.003	0.003	0.003	0.003	0.004
	012100002	角钢（综合）	kg	—	—	0.262	0.252	0.331
	850103006	其他材料费（占材料费）	%	1.000	1.000	1.000	1.000	1.000
机械	990401020	载重汽车 5t	台班	0.016	0.022	0.040	0.058	0.076
	990515010	吊装机械（综合）	台班	0.117	0.123	0.169	0.239	0.271
	990900010	电焊机（综合）	台班	0.549	0.577	0.735	0.988	1.200
	990919030	电焊条烘干箱 $60 \times 50 \times 75cm^3$	台班	0.055	0.058	0.073	0.099	0.120
	990920010	电焊条恒温箱	台班	0.055	0.058	0.073	0.099	0.120
	990813010	试压泵 3MPa	台班	0.003	0.003	0.003	0.004	0.004
	990801020	电动单级离心清水泵 100mm	台班	0.003	0.005	0.007	0.009	0.012

三、塑料管安装

1. 室内塑料管（热熔连接）

工作内容： 切管、预热、组对、熔接，管道及管件安装，水压试验及水冲洗等。 **计量单位：** 10m

编号				10-2-47	10-2-48	10-2-49	10-2-50	10-2-51
项目				公称外径（mm 以内）				
				20	25	32	40	50
名称			单位	消耗量				
人工	000203000	综合二类工	工日	0.681	0.756	0.820	0.911	1.067
材料	172500002	塑料管（综合）	m	（9.860）	（9.860）	（9.860）	（10.120）	（10.120）
	180999004	塑料管热熔管件	个	（8.170）	（8.350）	（7.730）	（7.070）	（7.050）
	031102004	铁砂布（综合）	张	0.053	0.066	0.070	0.116	0.151
	012903010	热轧中厚钢板 δ8～15	kg	0.030	0.032	0.034	0.037	0.039
	142909001	氧气	m^3	0.003	0.003	0.003	0.006	0.006
	142907002	乙炔气	kg	0.001	0.001	0.001	0.002	0.002
	031301009	低碳钢焊条 J427（综合）	kg	0.002	0.002	0.002	0.002	0.002
	341101001	水	m^3	0.008	0.014	0.023	0.040	0.053
	020101002	橡胶板 δ1～3	kg	0.007	0.008	0.008	0.009	0.010
	190003004	螺纹阀门 *DN*20	个	0.004	0.004	0.004	0.005	0.005
	170101003	焊接钢管 *DN*20	m	0.013	0.014	0.015	0.016	0.016
	172707010	橡胶软管 *DN*20	m	0.006	0.006	0.007	0.007	0.007
	860113019	弹簧压力表 Y-100 0～1.6MPa	块	0.002	0.002	0.002	0.002	0.002
	860113022	压力表表弯 *DN*15	个	0.002	0.002	0.002	0.002	0.002
	850103006	其他材料费（占材料费）	%	1.000	1.000	1.000	1.000	1.000
机械	990900010	电焊机（综合）	台班	0.001	0.001	0.001	0.001	0.002
	990813010	试压泵 3MPa	台班	0.001	0.001	0.001	0.002	0.002
	990801020	电动单级离心清水泵 100mm	台班	0.001	0.001	0.001	0.001	0.001

工作内容：切管、预热、组对、熔接，管道及管件安装，水压试验及水冲洗等。 **计量单位：**10m

编号				10-2-52	10-2-53	10-2-54	10-2-55
项目				公称外径（mm 以内）			
				63	75	90	110
名称			单位	消耗量			
人工	000203000	综合二类工	工日	1.164	1.198	1.322	1.387
材料	172500002	塑料管（综合）	m	（10.120）	（10.080）	（10.080）	（10.080）
	180999004	塑料管热熔管件	个	（6.840）	（5.370）	（4.840）	（3.570）
	031102004	铁砂布（综合）	张	0.170	0.210	0.226	0.229
	012903010	热轧中厚钢板 δ8～15	kg	0.042	0.044	0.047	0.049
	142909001	氧气	m^3	0.006	0.006	0.006	0.006
	142907002	乙炔气	kg	0.002	0.002	0.002	0.002
	031301009	低碳钢焊条 J427（综合）	kg	0.002	0.002	0.003	0.003
	341101001	水	m^3	0.088	0.145	0.204	0.353
	020101002	橡胶板 δ1～3	kg	0.010	0.011	0.011	0.012
	190003004	螺纹阀门 *DN*20	个	0.005	0.005	0.006	0.006
	170101003	焊接钢管 *DN*20	m	0.017	0.019	0.020	0.021
	172707010	橡胶软管 *DN*20	m	0.008	0.008	0.008	0.009
	860113019	弹簧压力表 Y-100 0～1.6MPa	块	0.003	0.003	0.003	0.003
	860113022	压力表表弯 *DN*15	个	0.003	0.003	0.003	0.003
	850103006	其他材料费（占材料费）	%	1.000	1.000	1.000	1.000
机械	990900010	电焊机（综合）	台班	0.002	0.002	0.002	0.002
	990813010	试压泵 3MPa	台班	0.002	0.002	0.002	0.002
	990801020	电动单级离心清水泵 100mm	台班	0.001	0.001	0.002	0.002

2. 室内塑料管（电熔连接）

工作内容：切管、组对、熔接，管道及管件安装，水压试验及水冲洗等。 **计量单位：**10m

编号				10-2-56	10-2-57	10-2-58	10-2-59	10-2-60
项目				公称外径（mm 以内）				
				20	25	32	40	50
名称			单位	消耗量				
人工	000203000	综合二类工	工日	0.715	0.794	0.862	0.958	1.120
材料	172500002	塑料管（综合）	m	（9.860）	（9.860）	（9.860）	（10.120）	（10.120）
	180999002	塑料管电熔管件	个	（8.170）	（8.350）	（7.730）	（7.070）	（7.050）
	031102004	铁砂布（综合）	张	0.053	0.066	0.070	0.116	0.151
	012903010	热轧中厚钢板 δ8～15	kg	0.030	0.032	0.034	0.037	0.039
	142909001	氧气	m^3	0.003	0.003	0.003	0.006	0.006
	142907002	乙炔气	kg	0.001	0.001	0.001	0.002	0.002
	031301009	低碳钢焊条 J427（综合）	kg	0.002	0.002	0.002	0.002	0.002
	341101001	水	m^3	0.008	0.014	0.023	0.040	0.053
	020101002	橡胶板 δ1～3	kg	0.007	0.008	0.008	0.009	0.010
	190003004	螺纹阀门 *DN*20	个	0.004	0.004	0.004	0.005	0.005
	170101003	焊接钢管 *DN*20	m	0.013	0.014	0.015	0.016	0.016
	172707010	橡胶软管 *DN*20	m	0.006	0.006	0.007	0.007	0.007
	860113019	弹簧压力表 Y-100 0～1.6MPa	块	0.002	0.002	0.002	0.002	0.002
	860113022	压力表表弯 *DN*15	个	0.002	0.002	0.002	0.002	0.002
	850103006	其他材料费（占材料费）	%	1.000	1.000	1.000	1.000	1.000
机械	990921010	电熔焊接机 3.5kW	台班	0.108	0.143	0.168	0.223	0.272
	990900010	电焊机（综合）	台班	0.001	0.001	0.001	0.001	0.002
	990813010	试压泵 3MPa	台班	0.001	0.001	0.001	0.002	0.002
	990801020	电动单级离心清水泵 100mm	台班	0.001	0.001	0.001	0.001	0.001

工作内容：切管、组对、熔接，管道及管件安装，水压试验及水冲洗等。　　　　**计量单位：**10m

编　号				10-2-61	10-2-62	10-2-63	10-2-64
项　目				公称外径（mm 以内）			
				63	75	90	110
名　称			单位	消　耗　量			
人工	000203000	综合二类工	工日	1.223	1.259	1.389	1.457
材料	172500002	塑料管（综合）	m	（10.120）	（10.080）	（10.080）	（10.080）
	180999002	塑料管电熔管件	个	（6.840）	（5.370）	（4.840）	（3.570）
	031102004	铁砂布（综合）	张	0.203	0.210	0.226	0.229
	012903010	热轧中厚钢板 δ8～15	kg	0.042	0.044	0.047	0.049
	142909001	氧气	m^3	0.006	0.006	0.006	0.006
	142907002	乙炔气	kg	0.002	0.002	0.002	0.002
	031301009	低碳钢焊条 J427（综合）	kg	0.002	0.002	0.003	0.003
	341101001	水	m^3	0.088	0.145	0.204	0.353
	020101002	橡胶板 δ1～3	kg	0.010	0.011	0.011	0.012
	190003004	螺纹阀门 *DN*20	个	0.005	0.005	0.006	0.006
	170101003	焊接钢管 *DN*20	m	0.017	0.019	0.020	0.021
	172707010	橡胶软管 *DN*20	m	0.008	0.008	0.008	0.009
	860113019	弹簧压力表 Y-100 0～1.6MPa	块	0.003	0.003	0.003	0.003
	860113022	压力表表弯 *DN*15	个	0.003	0.003	0.003	0.003
	850103006	其他材料费（占材料费）	%	1.000	1.000	1.000	1.000
机械	990921010	电熔焊接机 3.5kW	台班	0.295	0.266	0.318	0.260
	990900010	电焊机（综合）	台班	0.002	0.002	0.002	0.002
	990813010	试压泵 3MPa	台班	0.002	0.002	0.002	0.002
	990801020	电动单级离心清水泵 100mm	台班	0.001	0.002	0.002	0.002

3. 室内直埋塑料管（热熔管件连接）

工作内容：切管、预热、组对、熔接，管道敷设，管件及固定件安装、临时封堵、配合隐蔽、水压试验及水冲洗、划线标示等。

计量单位：10m

编号				10-2-65	10-2-66	10-2-67
项目				公称外径（mm 以内）		
				20	25	32
名称			单位	消耗量		
人工	000203000	综合二类工	工日	0.587	0.646	0.688
材料	172500002	塑料管（综合）	m	（10.140）	（10.140）	（10.140）
	180999005	直埋塑料管热熔管件	个	（9.120）	（9.780）	（9.290）
	180913003	塑料丝堵 *DN*15	个	0.100	—	—
	180913004	塑料丝堵 *DN*20	个	—	0.100	—
	180913005	塑料丝堵 *DN*25	个	—	—	0.100
	290645050	塑料管卡子 20mm	个	16.837	—	—
	290645051	塑料管卡子 25mm	个	—	14.433	—
	290645052	塑料管卡子 32mm	个	—	—	12.625
	020905001	塑料布	m^2	0.010	0.010	0.010
	031102004	铁砂布（综合）	张	0.058	0.075	0.080
	131103003	热熔标线涂料	kg	0.079	0.079	0.079
	012903010	热轧中厚钢板 δ8～15	kg	0.030	0.032	0.034
	142909001	氧气	m^3	0.003	0.003	0.003
	142907002	乙炔气	kg	0.001	0.001	0.001
	031301009	低碳钢焊条 J427（综合）	kg	0.002	0.002	0.002
	341101001	水	m^3	0.008	0.014	0.023
	020101002	橡胶板 δ1～3	kg	0.007	0.008	0.008
	190003004	螺纹阀门 *DN*20	个	0.004	0.004	0.004
	170101003	焊接钢管 *DN*20	m	0.013	0.014	0.015
	172707010	橡胶软管 *DN*20	m	0.006	0.006	0.007
	860113019	弹簧压力表 Y-100 0～1.6MPa	块	0.002	0.002	0.002
	860113022	压力表表弯 *DN*15	个	0.002	0.002	0.002
	850103006	其他材料费（占材料费）	%	1.000	1.000	1.000
机械	990900010	电焊机（综合）	台班	0.001	0.001	0.001
	990813010	试压泵 3MPa	台班	0.001	0.001	0.001
	990801020	电动单级离心清水泵 100mm	台班	0.001	0.001	0.001

4. 室内直埋塑料管（无接口敷设）

工作内容： 切管、管道敷设、转换管件及固定件安装、临时封堵、配合隐蔽、水压试验及水冲洗、划线标示等。

计量单位： 10m

编号				10-2-68	10-2-69	10-2-70
项目				公称外径（mm 以内）		
				20	25	32
名称			单位	消耗量		
人工	000203000	综合二类工	工日	0.736	0.776	0.824
材料	172500002	塑料管（综合）	m	（10.360）	（10.360）	（10.360）
	183113001	过渡转换管件	个	（2.560）	（2.670）	（2.780）
	180913003	塑料丝堵 *DN*15	个	0.100	—	—
	180913004	塑料丝堵 *DN*20	个	—	0.100	—
	180913005	塑料丝堵 *DN*25	个	—	—	0.100
	290645050	塑料管卡子 20mm	个	16.837	—	—
	290645051	塑料管卡子 25mm	个	—	14.433	—
	290645052	塑料管卡子 32mm	个	—	—	12.625
	020905001	塑料布	m^2	0.010	0.010	0.010
	143315001	丙酮	kg	0.018	0.021	0.031
	031102005	铁砂布 $0^{\#}$～$2^{\#}$	张	0.009	0.011	0.013
	131103003	热熔标线涂料	kg	0.079	0.079	0.079
	012903010	热轧中厚钢板 δ8～15	kg	0.030	0.032	0.034
	142909001	氧气	m^3	0.003	0.003	0.003
	142907002	乙炔气	kg	0.001	0.001	0.001
	031301009	低碳钢焊条 J427（综合）	kg	0.002	0.002	0.002
	341101001	水	m^3	0.008	0.014	0.023
	020101002	橡胶板 δ1～3	kg	0.007	0.008	0.008
	190003004	螺纹阀门 *DN*20	个	0.004	0.004	0.004
	170101003	焊接钢管 *DN*20	m	0.013	0.014	0.015
	172707010	橡胶软管 *DN*20	m	0.006	0.006	0.007
	860113019	弹簧压力表 Y-100 0～1.6MPa	块	0.002	0.002	0.002
	860113022	压力表表弯 *DN*15	个	0.002	0.002	0.002
	850103006	其他材料费（占材料费）	%	1.000	1.000	1.000
机械	990900010	电焊机（综合）	台班	0.001	0.001	0.001
	990813010	试压泵 3MPa	台班	0.001	0.001	0.001
	990801020	电动单级离心清水泵 100mm	台班	0.001	0.001	0.001

四、直埋式预制保温管安装

1. 室外预制直埋保温管（电弧焊）

工作内容： 切割外护管及拆除保温材料，介质管切割、坡口，管道及管件安装，管口组对、焊接，水压试验及水冲洗等。

计量单位： 10m

编号				10-2-71	10-2-72	10-2-73	10-2-74	10-2-75
项目				介质管道公称直径（mm 以内）				
				32	40	50	65	80
名称			单位	消耗量				
人工	000203000	综合二类工	工日	0.699	0.783	0.911	1.037	1.098
材料	170001005	预制直埋保温管	m	（10.180）	（10.180）	（10.180）	（10.120）	（10.120）
	180300005	预制直埋保温焊接管件	个	（0.890）	（0.980）	（0.960）	（0.990）	（0.740）
	031101009	尼龙砂轮片 ϕ100	片	0.010	0.017	0.315	0.426	0.471
	031101012	尼龙砂轮片 ϕ400	片	0.013	0.016	0.020	0.023	0.026
	142909001	氧气	m^3	0.045	0.060	0.105	0.222	0.357
	142907002	乙炔气	kg	0.017	0.023	0.040	0.085	0.137
	031301009	低碳钢焊条 J427（综合）	kg	0.098	0.148	0.266	0.350	0.352
	031507018	镀锌铁丝 ϕ2.8～4.0	kg	0.075	0.079	0.083	0.085	0.089
	092705004	碎布	kg	0.205	0.209	0.237	0.266	0.282
	140303001	机油（综合）	kg	0.050	0.050	0.060	0.080	0.090
	031513005	柔性吊装带	kg	0.003	0.004	0.005	0.007	0.011
	012903010	热轧中厚钢板 δ8～15	kg	0.037	0.039	0.042	0.044	0.047
	341101001	水	m^3	0.040	0.053	0.088	0.145	0.204
	020101002	橡胶板 δ1～3	kg	0.009	0.010	0.010	0.011	0.011
	190003004	螺纹阀门 *DN*20	个	0.005	0.005	0.005	0.005	0.006
	170101003	焊接钢管 *DN*20	m	0.016	0.016	0.017	0.019	0.020
	172707010	橡胶软管 *DN*20	m	0.007	0.007	0.008	0.008	0.008
	860113019	弹簧压力表 Y-100 0～1.6MPa	块	0.002	0.002	0.003	0.003	0.003
	860113022	压力表表弯 *DN*15	个	0.002	0.002	0.003	0.003	0.003
	850103006	其他材料费（占材料费）	%	1.000	1.000	1.000	1.000	1.000
机械	990304004	汽车式起重机 8t	台班	—	—	0.005	0.006	0.007
	990401020	载重汽车 5t	台班	—	—	0.005	0.006	0.007
	990785030	砂轮切割机 ϕ400	台班	0.004	0.005	0.005	0.006	0.006
	990900010	电焊机（综合）	台班	0.061	0.093	0.157	0.206	0.220
	990919030	电焊条烘干箱 60×50×75cm³	台班	0.006	0.009	0.016	0.020	0.022
	990920010	电焊条恒温箱	台班	0.006	0.009	0.016	0.020	0.022
	990813010	试压泵 3MPa	台班	0.002	0.002	0.002	0.002	0.002
	990801020	电动单级离心清水泵 100mm	台班	0.001	0.002	0.001	0.001	0.002

工作内容： 切割外护管及拆除保温材料，介质管切割、坡口，管道及管件安装，管口组对、焊接，水压试验及水冲洗等。

计量单位： 10m

编号				10-2-76	10-2-77	10-2-78	10-2-79
项目				介质管道公称直径（mm 以内）			
				100	125	150	200
名称			单位	消耗量			
人工	000203000	综合二类工	工日	1.228	1.402	1.663	2.014
材料	170001005	预制直埋保温管	m	（10.120）	（9.980）	（9.980）	（9.980）
	180300005	预制直埋保温焊接管件	个	（0.820）	（0.770）	（0.760）	（0.760）
	031101009	尼龙砂轮片 ϕ100	片	0.482	0.647	0.959	1.376
	031101012	尼龙砂轮片 ϕ400	片	0.030	—	—	—
	142909001	氧气	m^3	0.441	0.873	0.867	1.113
	142907002	乙炔气	kg	0.170	0.336	0.334	0.428
	031301009	低碳钢焊条 J427（综合）	kg	0.460	0.773	1.207	1.678
	012100002	角钢（综合）	kg	—	—	—	0.220
	031507018	镀锌铁丝 ϕ2.8～4.0	kg	0.101	0.107	0.112	0.131
	092705004	碎布	kg	0.327	0.352	0.370	0.444
	140303001	机油（综合）	kg	0.090	0.110	0.150	0.200
	031513005	柔性吊装带	kg	0.016	0.032	0.043	0.062
	012903010	热轧中厚钢板 δ8～15	kg	0.049	0.073	0.110	0.148
	341101001	水	m^3	0.353	0.547	0.764	1.346
	020101002	橡胶板 δ1～3	kg	0.012	0.014	0.016	0.018
	190003004	螺纹阀门 *DN*20	个	0.006	0.006	0.006	0.007
	170101003	焊接钢管 *DN*20	m	0.021	0.022	0.023	0.024
	172707010	橡胶软管 *DN*20	m	0.009	0.009	0.010	0.010
	860113019	弹簧压力表 Y-100 0～1.6MPa	块	0.003	0.003	0.003	0.003
	860113022	压力表表弯 *DN*15	个	0.003	0.003	0.003	0.003
	850103006	其他材料费（占材料费）	%	1.000	1.000	1.000	1.000
机械	990304004	汽车式起重机 8t	台班	0.083	0.110	0.130	0.149
	990785030	砂轮切割机 ϕ400	台班	0.007	0.008	—	—
	990401020	载重汽车 5t	台班	0.019	0.033	0.043	0.051
	990900010	电焊机（综合）	台班	0.271	0.369	0.465	0.646
	990919030	电焊条烘干箱 60×50×75cm^3	台班	0.027	0.037	0.046	0.064
	990920010	电焊条恒温箱	台班	0.027	0.037	0.046	0.064
	990813010	试压泵 3MPa	台班	0.002	0.003	0.003	0.003
	990801020	电动单级离心清水泵 100mm	台班	0.002	0.003	0.005	0.007

工作内容：切割外护管及拆除保温材料，介质管切割、坡口，管道及管件安装，管口组对、焊接，水压试验及水冲洗等。

计量单位：10m

编号				10-2-80	10-2-81	10-2-82	10-2-83
项目				介质管道公称直径（mm 以内）			
				250	300	350	400
名称			单位	消耗量			
人工	000203000	综合二类工	工日	2.599	2.958	3.431	3.818
材料	170001005	预制直埋保温管	m	（9.850）	（9.850）	（9.780）	（9.780）
	180300005	预制直埋保温焊接管件	个	（0.750）	（0.730）	（0.730）	（0.710）
	031101009	尼龙砂轮片 ϕ100	片	2.254	2.950	3.887	3.918
	142909001	氧气	m^3	1.611	1.869	2.445	2.652
	142907002	乙炔气	kg	0.620	0.719	0.941	1.020
	031301009	低碳钢焊条 J427（综合）	kg	3.269	3.899	4.556	5.090
	012100002	角钢（综合）	kg	0.237	0.256	0.288	0.292
	031507018	镀锌铁丝 ϕ2.8～4.0	kg	0.140	0.144	0.148	0.153
	092705004	碎布	kg	0.490	0.508	0.535	0.553
	140303001	机油（综合）	kg	0.200	0.200	0.200	0.200
	031513005	柔性吊装带	kg	0.073	0.088	0.093	0.104
	012903010	热轧中厚钢板 δ8～15	kg	0.231	0.333	0.380	0.426
	341101001	水	m^3	2.139	3.037	4.047	5.227
	020101002	橡胶板 δ1～3	kg	0.021	0.024	0.033	0.042
	190003004	螺纹阀门 *DN*20	个	0.007	0.007	0.008	0.008
	170101003	焊接钢管 *DN*20	m	0.025	0.026	0.027	0.028
	172707010	橡胶软管 *DN*20	m	0.011	0.011	0.011	0.012
	860113019	弹簧压力表 Y-100 0～1.6MPa	块	0.003	0.004	0.004	0.004
	860113022	压力表表弯 *DN*15	个	0.003	0.004	0.004	0.004
	850103006	其他材料费（占材料费）	%	1.000	1.000	1.000	1.000
机械	990304016	汽车式起重机 16t	台班	0.206	0.236	0.285	0.299
	990401020	载重汽车 5t	台班	0.079	0.099	0.113	0.133
	990900010	电焊机（综合）	台班	0.909	1.084	1.266	1.415
	990919030	电焊条烘干箱 60×50×75cm³	台班	0.091	0.108	0.126	0.141
	990920010	电焊条恒温箱	台班	0.091	0.108	0.126	0.141
	990813010	试压泵 3MPa	台班	0.004	0.004	0.005	0.006
	990801020	电动单级离心清水泵 100mm	台班	0.009	0.012	0.014	0.016

2. 室外预制直埋保温管（氩电联焊）

工作内容：切割外护管及拆除保温材料，介质管切割、坡口，管道及管件安装，管口组对、焊接，水压试验及水冲洗等。

计量单位：10m

编号				10-2-84	10-2-85	10-2-86	10-2-87	10-2-88
项目				介质管道公称直径（mm 以内）				
				32	40	50	65	80
名称			单位	消耗量				
人工	000203000	综合二类工	工日	0.797	0.895	1.079	1.184	1.267
材料	170001005	预制直埋保温管	m	（10.180）	（10.180）	（10.180）	（10.120）	（10.120）
	180300005	预制直埋保温焊接管件	个	（0.890）	（0.980）	（0.960）	（0.990）	（0.740）
	031101009	尼龙砂轮片 ϕ100	片	0.010	0.017	0.315	0.426	0.471
	031101012	尼龙砂轮片 ϕ400	片	0.013	0.016	0.020	0.023	0.026
	031103002	磨头	个	0.052	0.066	0.084	0.109	0.114
	142909001	氧气	m^3	0.045	0.060	0.105	0.222	0.357
	142907002	乙炔气	kg	0.017	0.023	0.040	0.085	0.137
	031303005	碳钢焊丝	kg	0.067	0.081	0.051	0.069	0.068
	142911001	氩气	m^3	0.188	0.227	0.144	0.192	0.190
	340101003	钍钨棒	g	0.375	0.454	0.286	0.386	0.381
	031301009	低碳钢焊条 J427（综合）	kg	0.004	0.005	0.137	0.265	0.341
	031507018	镀锌铁丝 ϕ2.8～4.0	kg	0.075	0.079	0.083	0.085	0.089
	092705004	碎布	kg	0.205	0.209	0.237	0.266	0.282
	140303001	机油（综合）	kg	0.050	0.050	0.060	0.080	0.090
	031513005	柔性吊装带	kg	0.003	0.004	0.005	0.007	0.011
	012903010	热轧中厚钢板 δ8～15	kg	0.037	0.039	0.042	0.044	0.047
	341101001	水	m^3	0.040	0.053	0.088	0.145	0.204
	020101002	橡胶板 δ1～3	kg	0.009	0.010	0.010	0.011	0.011
	190003004	螺纹阀门 *DN*20	个	0.005	0.005	0.005	0.005	0.006
	170101003	焊接钢管 *DN*20	m	0.016	0.016	0.017	0.019	0.020
	172707010	橡胶软管 *DN*20	m	0.007	0.007	0.008	0.008	0.008
	860113019	弹簧压力表 Y-100 0～1.6MPa	块	0.002	0.002	0.003	0.003	0.003
	860113022	压力表表弯 *DN*15	个	0.002	0.002	0.003	0.003	0.003
	850103006	其他材料费（占材料费）	%	1.000	1.000	1.000	1.000	1.000
机械	990304004	汽车式起重机 8t	台班	—	—	0.005	0.006	0.007
	990401020	载重汽车 5t	台班	—	—	0.005	0.006	0.007
	990785030	砂轮切割机 ϕ400	台班	0.004	0.005	0.005	0.006	0.006
	990912010	氩弧焊机 500A	台班	0.103	0.123	0.128	0.137	0.139
	990900010	电焊机（综合）	台班	0.016	0.021	0.124	0.148	0.149
	990919030	电焊条烘干箱 60×50×75cm^3	台班	0.002	0.002	0.012	0.015	0.015
	990920010	电焊条恒温箱	台班	0.002	0.002	0.012	0.015	0.015
	990813010	试压泵 3MPa	台班	0.002	0.002	0.002	0.002	0.002
	990801020	电动单级离心清水泵 100mm	台班	0.001	0.002	0.001	0.001	0.002

工作内容： 切割外护管及拆除保温材料，介质管切割、坡口，管道及管件安装，管口组对、焊接，水压试验及水冲洗等。

计量单位： 10m

编号				10-2-89	10-2-90	10-2-91	10-2-92
项目				介质管道公称直径（mm 以内）			
				100	125	150	200
名称			单位	消耗量			
人工	000203000	综合二类工	工日	1.404	1.603	1.782	2.157
材料	170001005	预制直埋保温管	m	（10.120）	（9.980）	（9.980）	（9.980）
	180300005	预制直埋保温焊接管件	个	（0.820）	（0.770）	（0.760）	（0.760）
	031101009	尼龙砂轮片 ϕ100	片	0.482	0.647	0.959	1.376
	031101012	尼龙砂轮片 ϕ400	片	0.030	—	—	—
	031103002	磨头	个	0.153	—	—	—
	142909001	氧气	m^3	0.441	0.873	0.867	1.113
	142907002	乙炔气	kg	0.170	0.336	0.334	0.428
	031303005	碳钢焊丝	kg	0.094	0.107	0.127	0.177
	142911001	氩气	m^3	0.262	0.299	0.355	0.494
	340101003	铈钨棒	g	0.526	0.599	0.711	0.991
	031301009	低碳钢焊条 J427（综合）	kg	0.381	0.723	0.917	1.274
	031507018	镀锌铁丝 ϕ2.8～4.0	kg	0.101	0.107	0.112	0.131
	092705004	碎布	kg	0.327	0.352	0.370	0.444
	140303001	机油（综合）	kg	0.090	0.110	0.150	0.200
	031513005	柔性吊装带	kg	0.016	0.032	0.043	0.062
	012903010	热轧中厚钢板 δ8～15	kg	0.049	0.073	0.110	0.148
	341101001	水	m^3	0.353	0.547	0.764	1.346
	020101002	橡胶板 δ1～3	kg	0.012	0.014	0.016	0.018
	190003004	螺纹阀门 *DN*20	个	0.006	0.006	0.006	0.007
	170101003	焊接钢管 *DN*20	m	0.021	0.022	0.023	0.024
	172707010	橡胶软管 *DN*20	m	0.009	0.009	0.010	0.010
	860113019	弹簧压力表 Y-100 0～1.6MPa	块	0.003	0.003	0.003	0.003
	860113022	压力表表弯 *DN*15	个	0.003	0.003	0.003	0.003
	012100002	角钢（综合）	kg	—	—	—	0.220
	850103006	其他材料费（占材料费）	%	1.000	1.000	1.000	1.000
机械	990304004	汽车式起重机 8t	台班	0.083	0.110	0.130	0.149
	990401020	载重汽车 5t	台班	0.019	0.033	0.043	0.051
	990785030	砂轮切割机 ϕ400	台班	0.007	0.008	—	—
	990912010	氩弧焊机 500A	台班	0.193	0.242	0.287	0.404
	990900010	电焊机（综合）	台班	0.208	0.335	0.394	0.487
	990919030	电焊条烘干箱 60×50×75cm^3	台班	0.021	0.034	0.039	0.049
	990920010	电焊条恒温箱	台班	0.021	0.034	0.039	0.049
	990813010	试压泵 3MPa	台班	0.002	0.003	0.003	0.003
	990801020	电动单级离心清水泵 100mm	台班	0.002	0.003	0.005	0.007

工作内容： 切割外护管及拆除保温材料，介质管切割、坡口，管道及管件安装，管口组对、焊接，水压试验及水冲洗等。

计量单位：10m

编 号				10-2-93	10-2-94	10-2-95	10-2-96
项 目				介质管道公称直径（mm 以内）			
				250	300	350	400
		名 称	单位	消 耗 量			
人工	000203000	综合二类工	工日	2.785	3.195	3.733	4.070
材料	170001005	预制直埋保温管	m	（9.850）	（9.850）	（9.780）	（9.780）
	180300005	预制直埋保温焊接管件	个	（0.750）	（0.730）	（0.730）	（0.710）
	031101009	尼龙砂轮片 ϕ100	片	2.254	2.950	3.887	3.918
	142909001	氧气	m^3	1.611	1.869	2.445	2.652
	142907002	乙炔气	kg	0.620	0.719	0.941	1.020
	031303005	碳钢焊丝	kg	0.215	0.258	0.299	0.333
	142911001	氩气	m^3	0.605	0.721	0.837	0.932
	340101003	铈钨棒	g	1.200	1.445	1.674	1.865
	031301009	低碳钢焊条 J427（综合）	kg	2.759	3.292	3.846	4.296
	012100002	角钢（综合）	kg	0.237	0.256	0.288	0.292
	031507018	镀锌铁丝 ϕ2.8～4.0	kg	0.140	0.144	0.148	0.153
	092705004	碎布	kg	0.490	0.508	0.535	0.553
	140303001	机油（综合）	kg	0.200	0.200	0.200	0.200
	031513005	柔性吊装带	kg	0.073	0.088	0.093	0.104
	012903010	热轧中厚钢板 δ8～15	kg	0.231	0.333	0.380	0.426
	341101001	水	m^3	2.139	3.037	4.047	5.227
	020101002	橡胶板 δ1～3	kg	0.021	0.024	0.033	0.042
	190003004	螺纹阀门 *DN*20	个	0.007	0.007	0.008	0.008
	170101003	焊接钢管 *DN*20	m	0.025	0.026	0.027	0.028
	172707010	橡胶软管 *DN*20	m	0.011	0.011	0.011	0.012
	860113019	弹簧压力表 Y-100 0～1.6MPa	块	0.003	0.004	0.004	0.004
	860113022	压力表表弯 *DN*15	个	0.003	0.004	0.004	0.004
	850103006	其他材料费（占材料费）	%	1.000	1.000	1.000	1.000
机械	990304016	汽车式起重机 16t	台班	0.206	0.236	0.285	0.299
	990401020	载重汽车 5t	台班	0.079	0.099	0.113	0.133
	990912010	氩弧焊机 500A	台班	0.427	0.504	0.518	0.576
	990900010	电焊机（综合）	台班	0.770	0.967	0.991	1.016
	990919030	电焊条烘干箱 60×50×75cm^3	台班	0.077	0.097	0.099	0.102
	990920010	电焊条恒温箱	台班	0.077	0.097	0.099	0.102
	990813010	试压泵 3MPa	台班	0.004	0.004	0.005	0.006
	990801020	电动单级离心清水泵 100mm	台班	0.009	0.012	0.014	0.016

3. 室外预制直埋保温管热缩套袖补口

工作内容：管端除锈、清理、烘干，连接套管就位、固定、塑料焊接、钻孔、气密试验，收缩带热熔粘贴，注料发泡、封堵标识等。

计量单位：个

编号				10-2-97	10-2-98	10-2-99	10-2-100	10-2-101
项目				介质管道公称直径（mm）				
				32	40	50	65	80
名称			单位	消耗量				
人工	000203000	综合二类工	工日	0.243	0.275	0.286	0.306	0.378
材料	182911002	高密度聚乙烯连接套管 $\phi100\times3$	m	（0.653）	—	—	—	—
	182911003	高密度聚乙烯连接套管 $\phi120\times3$	m	—	（0.653）	—	—	—
	182911004	高密度聚乙烯连接套管 $\phi136\times3$	m	—	—	（0.653）	—	—
	182911005	高密度聚乙烯连接套管 $\phi151\times3$	m	—	—	—	（0.653）	—
	182911006	高密度聚乙烯连接套管 $\phi172\times3$	m	—	—	—	—	（0.653）
	021311001	收缩带	m^2	0.136	0.167	0.206	0.229	0.261
	031301015	聚氯乙烯焊条（综合）	kg	0.009	0.010	0.011	0.012	0.014
	143347001	组合聚醚（白料）	kg	0.062	0.093	0.154	0.185	0.247
	143341001	异氰酸酯（黑料）	kg	0.068	0.102	0.170	0.204	0.272
	340907006	钢丝刷子	把	0.001	0.001	0.001	0.001	0.001
	143315001	丙酮	kg	0.028	0.039	0.046	0.056	0.072
	212909001	肥皂	条	0.021	0.021	0.021	0.021	0.032
	140301001	汽油 89#	kg	0.890	1.070	1.210	2.080	2.240
	183109001	PE 封堵塞	个	2.000	2.000	2.000	2.000	2.000
	850103006	其他材料费（占材料费）	%	1.000	1.000	1.000	1.000	1.000
机械	991003020	电动空气压缩机 $0.6m^3/min$	台班	0.002	0.002	0.002	0.003	0.003

工作内容：管端除锈、清理、烘干，连接套管就位、固定、塑料焊接、钻孔、气密试验，收缩带热熔粘贴，注料发泡、封堵标识等。 **计量单位：**个

编号				10-2-102	10-2-103	10-2-104	10-2-105
项目				介质管道公称直径（mm）			
				100	125	150	200
名称			单位	消耗量			
人工	000203000	综合二类工	工日	0.387	0.428	0.457	0.500
材料	182911007	高密度聚乙烯连接套管 $\phi212\times3$	m	（0.653）	—	—	—
	182911008	高密度聚乙烯连接套管 $\phi237\times3$	m	—	（0.653）	—	—
	182911009	高密度聚乙烯连接套管 $\phi263\times4$	m	—	—	（0.653）	—
	182911010	高密度聚乙烯连接套管 $\phi330\times5$	m	—	—	—	（0.653）
	021311001	收缩带	m^2	0.322	0.341	0.379	0.478
	031301015	聚氯乙烯焊条（综合）	kg	0.016	0.027	0.032	0.045
	143347001	组合聚醚（白料）	kg	0.309	0.370	0.432	0.555
	143341001	异氰酸酯（黑料）	kg	0.339	0.407	0.475	0.611
	340907006	钢丝刷子	把	0.001	0.001	0.001	0.002
	143315001	丙酮	kg	0.082	0.140	0.158	0.201
	212909001	肥皂	条	0.032	0.033	0.033	0.041
	140301001	汽油 89#	kg	2.720	2.970	3.200	4.000
	183109001	PE 封堵塞	个	2.000	2.000	2.000	2.000
	850103006	其他材料费（占材料费）	%	1.000	1.000	1.000	1.000
机械	990401005	载重汽车 2t	台班	—	—	0.029	0.035
	991003020	电动空气压缩机 $0.6m^3/min$	台班	0.004	0.008	0.009	0.011

工作内容： 管端除锈、清理、烘干，连接套管就位、固定、塑料焊接、钻孔、气密试验，收缩带热熔粘贴，注料发泡、封堵标识等。

计量单位：个

编号				10-2-106	10-2-107	10-2-108	10-2-109
项目				介质管道公称直径（mm）			
				250	300	350	400
名称			单位	消耗量			
人工	000203000	综合二类工	工日	0.648	0.718	0.765	0.830
材料	182911011	高密度聚乙烯连接套管 $\phi418\times6$	m	（0.653）	—	—	—
	182911012	高密度聚乙烯连接套管 $\phi471\times6$	m	—	（0.653）	—	—
	182911013	高密度聚乙烯连接套管 $\phi525\times8$	m	—	—	（0.653）	—
	182911014	高密度聚乙烯连接套管 $\phi586\times8$	m	—	—	—	（0.653）
	031301015	聚氯乙烯焊条（综合）	kg	0.068	0.111	0.134	0.149
	021311001	收缩带	m^2	0.607	0.682	0.758	0.889
	143347001	组合聚醚（白料）	kg	0.926	1.049	1.141	1.728
	143341001	异氰酸酯（黑料）	kg	1.018	1.154	1.256	1.697
	340907006	钢丝刷子	把	0.002	0.002	0.003	0.003
	143315001	丙酮	kg	0.241	0.275	0.313	0.356
	212909001	肥皂	条	0.042	0.042	0.062	0.063
	140301001	汽油 89#	kg	6.200	7.920	8.400	9.840
	183109001	PE 封堵塞	个	2.000	2.000	2.000	2.000
	850103006	其他材料费（占材料费）	%	1.000	1.000	1.000	1.000
机械	991003020	电动空气压缩机 $0.6m^3/min$	台班	0.014	0.016	0.018	0.020
	990401005	载重汽车 2t	台班	0.045	0.051	0.058	0.064

4. 室外预制直埋保温管电热熔套补口

工作内容： 管端除锈、清理、烘干，电热熔套就位、固定、钻孔、气密试验，卡紧热熔接缝、通电焊接，注料发泡、封堵标识等。

计量单位：个

编号				10-2-110	10-2-111	10-2-112	10-2-113	10-2-114	10-2-115
项目				介质管道公称直径（mm）					
				150	200	250	300	350	400
名称			单位	消耗量					
人工	000203000	综合二类工	工日	0.457	0.500	0.713	0.804	0.858	0.929
材料	183129001	电热熔套	个	（1.000）	（1.000）	（1.000）	（1.000）	（1.000）	（1.000）
	183129004	电热熔套卡具	套	0.020	0.020	0.020	0.020	0.020	0.020
	143347001	组合聚醚（白料）	kg	0.432	0.555	0.926	1.049	1.141	1.728
	143341001	异氰酸酯（黑料）	kg	0.475	0.611	1.018	1.154	1.256	1.697
	140301001	汽油 89#	kg	0.160	0.200	0.360	0.396	0.420	0.492
	143315001	丙酮	kg	0.158	0.201	0.241	0.275	0.313	0.356
	340907006	钢丝刷子	把	0.001	0.002	0.002	0.002	0.003	0.003
	212909001	肥皂	条	0.033	0.041	0.042	0.042	0.062	0.063
	183109001	PE 封堵塞	个	2.000	2.000	2.000	2.000	2.000	2.000
	850103006	其他材料费（占材料费）	%	1.000	1.000	1.000	1.000	1.000	1.000

续前

编号				10-2-110	10-2-111	10-2-112	10-2-113	10-2-114	10-2-115
项目				介质管道公称直径（mm）					
				150	200	250	300	350	400
名称			单位	消耗量					
机械	990401005	载重汽车 2t	台班	0.029	0.035	0.045	0.051	0.058	0.064
	991003050	电动空气压缩机 $6m^3/min$	台班	0.009	0.011	0.014	0.016	0.018	0.020
	990921010	电熔焊接机 3.5kW	台班	0.698	0.834	1.010	1.172	1.262	1.347

五、室外管道碰头

1. 钢管碰头（电弧焊）不带介质

计量单位：处

编号				10-2-116	10-2-117	10-2-118	10-2-119	10-2-120	10-2-121
项目				支管公称直径（mm 以内）					
				50	65	80	100	125	150
名称			单位	消耗量					
人工	000203000	综合二类工	工日	2.044	2.631	2.860	3.261	3.647	4.118
材料	151311004	泡沫塑料瓦块	m^3	0.016	0.035	0.038	0.042	0.053	0.058
	150702006	玻璃丝布（综合）	m^2	1.917	2.781	2.916	3.105	3.429	3.699
	130505007	酚醛防锈漆	kg	0.085	0.235	0.319	0.422	0.550	0.698
	340907006	钢丝刷子	把	0.002	0.003	0.004	0.004	0.005	0.005
	031507018	镀锌铁丝 $\phi2.8\sim4.0$	kg	0.069	0.100	0.108	0.120	0.149	0.174
	144135027	粘结剂 保温材料专用	kg	0.415	0.829	0.902	1.000	1.049	1.109
	143513005	TO 固化剂	kg	0.041	0.059	0.062	0.066	0.073	0.078
	130103017	树脂面漆 TO	kg	1.040	1.509	1.582	1.685	1.861	2.007
	140301001	汽油 89#	kg	0.024	0.048	0.052	0.056	0.060	0.066
	142909001	氧气	m^3	0.768	1.080	1.233	1.731	2.112	2.628
	142907002	乙炔气	kg	0.295	0.415	0.474	0.666	0.812	1.011
	031301009	低碳钢焊条 J427（综合）	kg	0.574	0.838	0.985	1.406	1.890	2.516
	031101009	尼龙砂轮片 $\phi100$	片	0.115	0.158	0.194	0.238	0.330	0.446
	850103006	其他材料费（占材料费）	%	1.000	1.000	1.000	1.000	1.000	1.000
机械	990304004	汽车式起重机 8t	台班	0.360	0.478	0.560	0.680	0.712	0.856
	990401020	载重汽车 5t	台班	0.360	0.478	0.560	0.680	0.712	0.852
	990900010	电焊机（综合）	台班	0.370	0.530	0.620	0.799	0.958	1.141
	990919030	电焊条烘干箱 $60\times50\times75cm^3$	台班	0.037	0.053	0.062	0.080	0.096	0.114
	990920010	电焊条恒温箱	台班	0.037	0.053	0.062	0.080	0.096	0.114
	990734015	卷板机 20×2500mm	台班	0.011	0.014	0.017	0.020	0.024	0.030

计量单位：处

编号				10-2-122	10-2-123	10-2-124	10-2-125	10-2-126
项目				支管公称直径（mm 以内）				
				200	250	300	350	400
名称			单位	消耗量				
人工	000203000	综合二类工	工日	5.643	6.330	7.329	8.079	9.054
材料	151311004	泡沫塑料瓦块	m^3	0.072	0.094	0.110	0.125	0.139
	150702006	玻璃丝布（综合）	m^2	4.401	5.076	5.751	6.426	7.101
	130505007	酚醛防锈漆	kg	0.972	1.286	1.659	2.076	2.548
	340907006	钢丝刷子	把	0.006	0.007	0.008	0.009	0.010
	031507018	镀锌铁丝 ϕ2.8～4.0	kg	0.218	0.283	0.333	0.392	0.437
	144135027	粘结剂 保温材料专用	kg	1.386	1.802	2.119	2.341	2.612
	143513005	TO 固化剂	kg	0.092	0.108	0.122	0.136	0.151
	130103017	树脂面漆 TO	kg	2.388	2.754	3.120	3.487	3.853
	140301001	汽油 89#	kg	0.082	0.098	0.114	0.130	0.146
	142909001	氧气	m^3	3.563	5.108	6.064	7.588	8.991
	142907002	乙炔气	kg	1.371	1.965	2.332	2.918	3.457
	031301009	低碳钢焊条 J427（综合）	kg	3.743	4.751	8.414	11.941	13.392
	031101009	尼龙砂轮片 ϕ100	片	1.093	1.500	1.880	2.295	2.590
	850103006	其他材料费（占材料费）	%	1.000	1.000	1.000	1.000	1.000
机械	990304004	汽车式起重机 8t	台班	0.910	—	—	—	—
	990401020	载重汽车 5t	台班	0.910	1.728	1.745	1.850	1.880
	990304016	汽车式起重机 16t	台班	—	1.728	1.745	1.850	1.880
	990900010	电焊机（综合）	台班	1.604	1.943	2.434	2.711	3.104
	990919030	电焊条烘干箱 60×50×75cm³	台班	0.160	0.194	0.243	0.271	0.310
	990920010	电焊条恒温箱	台班	0.160	0.194	0.243	0.271	0.310
	990734015	卷板机 20×2500mm	台班	0.040	0.045	0.048	0.052	0.056

2. 钢管碰头（电弧焊）带介质

工作内容：碰头处保温层拆除、清理，焊接短管、法兰，连接阀门，开孔机安拆、开孔，通水检查，热源管除锈刷油、保温层修复等。 **计量单位：**处

编号				10-2-127	10-2-128	10-2-129	10-2-130	10-2-131
项目				支管公称直径（mm 以内）				
				50	65	80	100	125
	名称		单位	消耗量				
人工	000203000	综合二类工	工日	2.302	3.312	3.557	4.502	5.278
材料	190301007	法兰闸阀 Z45T-10 *DN*50	个	（2.000）	—	—	—	—
	200101014	碳钢平焊法兰 *PN*1.6 *DN*50	片	2.000	—	—	—	—
	190301008	法兰闸阀 Z45T-10 *DN*65	个	—	（2.000）	—	—	—
	200101016	碳钢平焊法兰 *PN*1.6 *DN*65	片	—	2.000	—	—	—
	190301009	法兰闸阀 Z45T-10 *DN*80	个	—	—	（2.000）	—	—
	200101018	碳钢平焊法兰 *PN*1.6 *DN*80	片	—	—	2.000	—	—
	190301010	法兰闸阀 Z45T-10 *DN*100	个	—	—	—	（2.000）	—
	200101020	碳钢平焊法兰 *PN*1.6 *DN*100	片	—	—	—	2.000	—
	190301011	法兰闸阀 Z45T-10 *DN*125	个	—	—	—	—	（2.000）
	200101022	碳钢平焊法兰 *PN*1.6 *DN*125	片	—	—	—	—	2.000
	151311004	泡沫塑料瓦块	m^3	0.016	0.035	0.038	0.042	0.053
	150702006	玻璃丝布（综合）	m^2	1.909	2.781	2.916	3.105	3.429
	130505007	酚醛防锈漆	kg	0.085	0.235	0.319	0.422	0.550
	340907006	钢丝刷子	把	0.002	0.003	0.004	0.004	0.005
	031507018	镀锌铁丝 ϕ2.8～4.0	kg	0.069	0.094	0.108	0.120	0.149
	144135027	粘结剂 保温材料专用	kg	0.415	0.829	0.902	1.000	1.049
	143513005	TO 固化剂	kg	0.040	0.059	0.062	0.066	0.072
	130103017	树脂面漆 TO	kg	1.036	1.509	1.582	1.685	1.861
	140301001	汽油 89#	kg	0.024	0.048	0.052	0.056	0.060
	142909001	氧气	m^3	0.567	0.813	0.918	1.353	1.590
	142907002	乙炔气	kg	0.219	0.312	0.353	0.520	0.612
	031301009	低碳钢焊条 J427（综合）	kg	0.578	0.903	1.060	1.513	2.012
	031101009	尼龙砂轮片 ϕ100	片	0.266	0.359	0.430	0.524	0.695
	020101001	橡胶板（综合）	kg	0.350	0.450	0.650	0.850	1.150
	850103006	其他材料费（占材料费）	%	1.000	1.000	1.000	1.000	1.000
机械	990401020	载重汽车 5t	台班	0.360	0.478	0.560	0.680	0.712
	990304004	汽车式起重机 8t	台班	0.360	0.478	0.560	0.680	0.712
	990900010	电焊机（综合）	台班	0.427	0.597	0.703	0.905	1.074
	990919030	电焊条烘干箱 60×50×75cm³	台班	0.043	0.060	0.070	0.091	0.107
	990920010	电焊条恒温箱	台班	0.043	0.060	0.070	0.091	0.107
	990734015	卷板机 20×2500mm	台班	0.011	0.014	0.017	0.020	0.030
	990742010	开孔机 200mm	台班	0.360	0.478	0.560	0.680	0.712

工作内容：碰头处保温层拆除、清理，焊接短管、法兰，连接阀门，开孔机安拆、开孔，通水检查，热源管除锈刷油、保温层修复等。 **计量单位：**处

编号				10-2-132	10-2-133	10-2-134	10-2-135
项目				支管公称直径（mm 以内）			
				150	200	250	300
名称			单位	消耗量			
人工	000203000	综合二类工	工日	5.736	8.056	10.117	11.606
材料	190301013	法兰闸阀 Z45T-10 *DN*150	个	(2.000)	—	—	—
	200101023	碳钢平焊法兰 *PN* 1.6 *DN*150	片	2.000	—	—	—
	190301014	法兰闸阀 Z45T-10 *DN*200	个	—	(2.000)	—	—
	200101025	碳钢平焊法兰 *PN* 1.6 *DN*200	片	—	2.000	—	—
	190301015	法兰闸阀 Z45T-10 *DN*250	个	—	—	(2.000)	—
	200101027	碳钢平焊法兰 *PN* 1.6 *DN*250	片	—	—	2.000	—
	190301016	法兰闸阀 Z45T-10 *DN*300	个	—	—	—	(2.000)
	200101029	碳钢平焊法兰 *PN* 1.6 *DN*300	片	—	—	—	2.000
	151311004	泡沫塑料瓦块	m^3	0.058	0.072	0.094	0.110
	150702006	玻璃丝布（综合）	m^2	3.699	4.401	5.076	5.751
	130505007	酚醛防锈漆	kg	0.698	0.972	1.286	1.659
	340907006	钢丝刷子	把	0.005	0.006	0.007	0.008
	031507018	镀锌铁丝 ϕ2.8～4.0	kg	0.174	0.218	0.283	0.333
	144135027	粘结剂 保温材料专用	kg	1.109	1.386	1.802	2.119
	143513005	TO 固化剂	kg	0.078	0.093	0.107	0.122
	130103017	树脂面漆 TO	kg	2.007	2.388	2.754	3.120
	140301001	汽油 89#	kg	0.066	0.082	0.098	0.114
	142909001	氧气	m^3	2.628	3.564	5.109	6.063
	142907002	乙炔气	kg	1.011	1.371	1.965	2.332
	031301009	低碳钢焊条 J427（综合）	kg	0.494	1.111	2.300	2.855
	031101009	尼龙砂轮片 ϕ100	片	0.902	1.289	1.761	2.118
	020101001	橡胶板（综合）	kg	1.400	1.650	1.850	2.000
	850103006	其他材料费（占材料费）	%	1.000	1.000	1.000	1.000
机械	990304004	汽车式起重机 8t	台班	0.852	0.910	—	—
	990304016	汽车式起重机 16t	台班	—	—	1.728	1.745
	990401020	载重汽车 5t	台班	0.852	0.910	1.728	1.745
	990900010	电焊机（综合）	台班	1.443	2.285	2.914	3.639
	990919030	电焊条烘干箱 $60\times50\times75cm^3$	台班	0.144	0.228	0.291	0.364
	990920010	电焊条恒温箱	台班	0.144	0.228	0.291	0.364
	990734015	卷板机 20×2500mm	台班	0.030	0.040	0.045	0.050
	990742010	开孔机 200mm	台班	0.852	0.910	—	—
	990742020	开孔机 400mm	台班	—	—	0.924	0.940

第三章

空调水管道

说 明

一、本章适用于室内空调水管道安装，包括镀锌钢管、钢管、塑料管等安装项目。

二、管道的界线划分：

1. 室内外空调水管道以建筑物外墙皮 1.50m 为界；建筑物入口处设阀门者以阀门为界。

2. 空调水管道与建筑物内的空调机房管道界线以机房外墙皮为界。

三、室外管道，应执行本册第二章采暖室外管道安装相应项目。

四、相关说明：

1. 管道安装项目中，均包括相应管件安装、水压试验及水冲洗工作内容。各种管件数量系综合取定，管道安装项目中的管件含量，不包含与螺纹阀门配套的活接、对丝，其用量含在螺纹阀门安装项目中。

2. 钢管焊接安装项目中，均综合考虑了成品管件和现场煨制弯管、摔制大小头、挖眼三通。

3. 管道安装项目中，均不包括管道支架、管卡、托钩等制作安装以及管道穿墙、楼板套管制作安装、预留孔洞、堵洞、打洞、凿槽等工作内容，发生时，应按本册第十章相应项目另行计算。

4. 镀锌钢管（螺纹连接）安装项目适用于空调水系统中采用螺纹连接的焊接钢管、钢塑复合管的安装项目。应按设计选用的管道及管件材质另行计算材料费。

5. 室内空调机房与空调冷却塔之间的冷却水管道执行空调冷热水管道。冷却水管道管径 > *DN*400 时，应执行第八册《工业管道安装工程》相应项目。

6. 空调凝结水管道安装项目是按集中空调系统编制的，并适用于户用单体空调设备的凝结水管道系统的安装。

7. 室内空调水管道在过路口或跨绕梁、柱等障碍时，如发生类似于方形补偿器的管道安装形式，应执行方形补偿器制作安装项目。

8. 安装带保温层的管道时，可执行相应材质及连接形式的管道安装项目，其人工乘以系数 1.10；管道接头保温，应执行第十二册《防腐蚀、绝热工程》相应项目，其人工、机械乘以系数 2.00。

9. 空调系统冷媒设计选用铜管安装时，应执行第八册《工业管道工程》相应项目。

工程量计算规则

一、各类管道安装工程量按室内外、区分材质、连接形式、规格分别列项，按设计图示管道中心线长度，以“10m”为计量单位，不扣除阀门、管件、附件所占长度。

二、管道安装项目中的塑料管规格以公称外径表示，其他管道规格均以公称直径表示。

三、方形补偿器所占长度，应计入管道安装工程量。方形补偿器制作安装，应执行第五章相应项目。

一、镀锌钢管安装

1. 冷热水镀锌钢管（螺纹连接）

工作内容：调直、切管、套丝、组对、连接，管道及管件安装，水压试验及水冲洗等。　**计量单位**：10m

编号				10-3-1	10-3-2	10-3-3	10-3-4	10-3-5	10-3-6
项目				公称直径（mm）					
				15	20	25	32	40	50
名称			单位	消耗量					
人工	000203000	综合二类工	工日	0.919	1.123	1.284	1.375	1.434	1.549
材料	170300002	镀锌钢管（综合）	m	（9.800）	（9.800）	（9.800）	（9.980）	（9.980）	（10.020）
	181315002	镀锌钢管螺纹管件	个	（8.130）	（9.390）	（9.590）	（9.090）	（7.160）	（6.520）
	031101012	尼龙砂轮片 ϕ400	片	0.042	0.054	0.076	0.101	0.104	0.116
	140303001	机油（综合）	kg	0.102	0.141	0.157	0.175	0.182	0.195
	140505001	铅油（厚漆）	kg	0.065	0.098	0.117	0.130	0.145	0.140
	022907003	线麻	kg	0.006	0.010	0.012	0.013	0.014	0.014
	031507018	镀锌铁丝 ϕ2.8～4.0	kg	0.040	0.045	0.068	0.075	0.079	0.083
	092705004	碎布	kg	0.080	0.090	0.150	0.167	0.187	0.213
	012903010	热轧中厚钢板δ8～15	kg	0.030	0.032	0.034	0.037	0.039	0.042
	142909001	氧气	m^3	0.003	0.003	0.003	0.006	0.006	0.006
	142907002	乙炔气	kg	0.001	0.001	0.001	0.002	0.002	0.002
	031301009	低碳钢焊条 J427（综合）	kg	0.002	0.002	0.002	0.002	0.002	0.002
	341101001	水	m^3	0.008	0.014	0.023	0.040	0.053	0.088
	020101002	橡胶板 δ1～3	kg	0.007	0.008	0.008	0.009	0.010	0.010
	190003004	螺纹阀门 *DN*20	个	0.004	0.004	0.004	0.005	0.005	0.005
	170101003	焊接钢管 *DN*20	m	0.013	0.014	0.015	0.016	0.016	0.017
	172707010	橡胶软管 *DN*20	m	0.006	0.006	0.007	0.007	0.007	0.008
	860113019	弹簧压力表 Y-100 0～1.6MPa	块	0.002	0.002	0.002	0.002	0.002	0.003
	860113022	压力表表弯 *DN*15	个	0.002	0.002	0.002	0.002	0.002	0.003
	850103006	其他材料费（占材料费）	%	1.000	1.000	1.000	1.000	1.000	1.000
机械	990401020	载重汽车 5t	台班	—	—	—	—	—	0.003
	990515010	吊装机械（综合）	台班	0.002	0.002	0.003	0.004	0.005	0.007
	990785030	砂轮切割机 ϕ400	台班	0.010	0.016	0.020	0.031	0.035	0.038
	990748010	管子切断套丝机 159mm	台班	0.100	0.156	0.193	0.234	0.238	0.272
	990900010	电焊机（综合）	台班	0.001	0.001	0.001	0.001	0.002	0.002
	990813010	试压泵 3MPa	台班	0.001	0.001	0.001	0.002	0.002	0.002
	990801020	电动单级离心清水泵 100mm	台班	0.001	0.001	0.001	0.001	0.001	0.001

工作内容：调直、切管、套丝、组对、连接，管道及管件安装，水压试验及水冲洗等。 **计量单位：**10m

编号				10-3-7	10-3-8	10-3-9	10-3-10	10-3-11
项目				公称直径（mm）				
				65	80	100	125	150
名称			单位	消耗量				
人工	000203000	综合二类工	工日	1.674	1.858	2.052	2.138	2.316
材料	170300002	镀锌钢管（综合）	m	（10.020）	（10.020）	（10.020）	（10.020）	（10.020）
	181315002	镀锌钢管螺纹管件	个	（5.650）	（5.400）	（5.060）	（3.210）	（2.800）
	031101012	尼龙砂轮片 ϕ400	片	0.134	0.174	0.212	—	—
	140303001	机油（综合）	kg	0.232	0.247	0.283	0.034	0.037
	140505001	铅油（厚漆）	kg	0.148	0.167	0.201	0.166	0.172
	022907003	线麻	kg	0.019	0.024	0.027	0.031	0.035
	031507018	镀锌铁丝 ϕ2.8～4.0	kg	0.085	0.089	0.101	0.107	0.112
	092705004	碎布	kg	0.238	0.255	0.298	0.323	0.340
	012903010	热轧中厚钢板 δ8～15	kg	0.044	0.047	0.049	0.073	0.110
	142909001	氧气	m^3	0.006	0.006	0.006	0.006	0.006
	142907002	乙炔气	kg	0.002	0.002	0.002	0.002	0.002
	031301009	低碳钢焊条 J427（综合）	kg	0.002	0.003	0.003	0.003	0.003
	341101001	水	m^3	0.145	0.204	0.353	0.547	0.764
	020101002	橡胶板 δ1～3	kg	0.011	0.011	0.012	0.014	0.016
	190003004	螺纹阀门 *DN*20	个	0.005	0.006	0.006	0.006	0.006
	170101003	焊接钢管 *DN*20	m	0.019	0.020	0.021	0.022	0.023
	172707010	橡胶软管 *DN*20	m	0.008	0.008	0.009	0.009	0.010
	860113019	弹簧压力表 Y-100 0～1.6MPa	块	0.003	0.003	0.003	0.003	0.003
	860113022	压力表表弯 *DN*15	个	0.003	0.003	0.003	0.003	0.003
	850103006	其他材料费（占材料费）	%	1.000	1.000	1.000	1.000	1.000
机械	990401020	载重汽车 5t	台班	0.004	0.006	0.013	0.016	0.022
	990515010	吊装机械（综合）	台班	0.009	0.012	0.084	0.117	0.123
	990785030	砂轮切割机 ϕ400	台班	0.033	0.036	0.040	—	—
	990747020	管子切断机 150mm	台班	—	—	—	0.043	0.046
	990748010	管子切断套丝机 159mm	台班	0.380	0.472	0.502	0.554	0.589
	990900010	电焊机（综合）	台班	0.002	0.002	0.002	0.002	0.002
	990813010	试压泵 3MPa	台班	0.002	0.002	0.002	0.003	0.003
	990801020	电动单级离心清水泵 100mm	台班	0.001	0.002	0.002	0.003	0.005

2. 凝结水镀锌钢管（螺纹连接）

工作内容：调直、切管、套丝、组对、连接，管道及管件安装、注水试验等。　　**计量单位：**10m

编号				10-3-12	10-3-13	10-3-14	10-3-15	10-3-16	10-3-17
项目				公称直径（mm）					
				15	20	25	32	40	50
名称			单位	消耗量					
人工	000203000	综合二类工	工日	1.013	1.106	1.348	1.377	1.407	1.467
材料	170300002	镀锌钢管（综合）	m	（10.180）	（10.180）	（10.150）	（10.150）	（10.150）	（10.200）
	181315002	镀锌钢管螺纹管件	个	（6.520）	（5.900）	（7.110）	（5.800）	（5.080）	（4.240）
	031101012	尼龙砂轮片 ϕ400	片	0.046	0.052	0.076	0.081	0.089	0.095
	140303001	机油（综合）	kg	0.064	0.073	0.118	0.129	0.138	0.167
	140505001	铅油（厚漆）	kg	0.056	0.063	0.093	0.097	0.107	0.112
	022907003	线麻	kg	0.006	0.006	0.007	0.008	0.009	0.010
	031507018	镀锌铁丝 ϕ2.8～4.0	kg	0.040	0.045	0.068	0.075	0.079	0.083
	092705004	碎布	kg	0.080	0.090	0.150	0.167	0.187	0.213
	341101001	水	m^3	0.003	0.005	0.009	0.015	0.020	0.033
	850103006	其他材料费（占材料费）	%	2.000	2.000	2.000	2.000	2.000	2.000
机械	990401020	载重汽车 5t	台班	—	—	—	—	—	0.003
	990515010	吊装机械（综合）	台班	0.002	0.002	0.003	0.004	0.005	0.007
	990785030	砂轮切割机 ϕ400	台班	0.012	0.012	0.020	0.024	0.029	0.033
	990748010	管子切断套丝机 159mm	台班	0.086	0.104	0.163	0.176	0.181	0.194
	990801020	电动单级离心清水泵 100mm	台班	0.001	0.001	0.001	0.001	0.001	0.001

二、钢 管 安 装

1. 冷热水钢管（电弧焊）

工作内容： 调直、切管、煨弯、挖眼接管、异径管制作，管道及管件安装，水压试验及水冲洗等。

计量单位： 10m

编号				10-3-18	10-3-19	10-3-20	10-3-21	10-3-22
项目				公称直径（mm 以内）				
				32	40	50	65	80
名称			单位	消耗量				
人工	000203000	综合二类工	工日	1.047	1.178	1.455	1.604	1.756
材料	170100002	钢管（综合）	m	（10.270）	（10.270）	（10.150）	（10.150）	（10.100）
	180300004	钢管焊接管件	个	（1.130）	（0.890）	（1.240）	（1.000）	（0.930）
	031101009	尼龙砂轮片 ϕ100	片	0.244	0.308	0.701	0.820	0.825
	031101012	尼龙砂轮片 ϕ400	片	0.080	0.082	0.084	0.087	0.091
	142909001	氧气	m^3	0.207	0.306	0.927	0.993	1.138
	142907002	乙炔气	kg	0.080	0.118	0.357	0.382	0.437
	031301009	低碳钢焊条 J427（综合）	kg	0.343	0.383	0.568	0.711	0.803
	031507018	镀锌铁丝 ϕ2.8～4.0	kg	0.075	0.079	0.083	0.085	0.089
	092705004	碎布	kg	0.167	0.187	0.213	0.238	0.255
	140303001	机油（综合）	kg	0.050	0.050	0.060	0.080	0.090
	012903010	热轧中厚钢板 δ8～15	kg	0.037	0.039	0.042	0.044	0.047
	341101001	水	m^3	0.040	0.053	0.088	0.145	0.204
	020101002	橡胶板 δ1～3	kg	0.009	0.010	0.010	0.011	0.011
	190003004	螺纹阀门 *DN*20	个	0.005	0.005	0.005	0.005	0.006
	170101003	焊接钢管 *DN*20	m	0.016	0.016	0.017	0.019	0.020
	172707010	橡胶软管 *DN*20	m	0.007	0.007	0.008	0.008	0.008
	860113019	弹簧压力表 Y-100 0～1.6MPa	块	0.002	0.002	0.003	0.003	0.003
	860113022	压力表表弯 *DN*15	个	0.002	0.002	0.003	0.003	0.003
	850103006	其他材料费（占材料费）	%	1.000	1.000	1.000	1.000	1.000
机械	990515010	吊装机械（综合）	台班	0.004	0.005	0.007	0.009	0.012
	990785030	砂轮切割机 ϕ400	台班	0.025	0.027	0.029	0.031	0.032
	990758030	电动弯管机 108mm	台班	0.037	0.039	0.042	0.043	0.045
	990900010	电焊机（综合）	台班	0.214	0.238	0.339	0.420	0.474
	990919030	电焊条烘干箱 60×50×75cm^3	台班	0.021	0.024	0.034	0.042	0.047
	990920010	电焊条恒温箱	台班	0.021	0.024	0.034	0.042	0.047
	990813010	试压泵 3MPa	台班	0.001	0.002	0.002	0.002	0.002
	990801020	电动单级离心清水泵 100mm	台班	0.001	0.001	0.001	0.001	0.002
	990401020	载重汽车 5t	台班	—	—	0.003	0.004	0.006

工作内容： 调直、切管、煨弯、挖眼接管、异径管制作，管道及管件安装，水压试验及水冲洗等。

计量单位： 10m

编　号				10-3-23	10-3-24	10-3-25	10-3-26
项　目				公称直径（mm 以内）			
				100	125	150	200
名　称			单位	消　耗　量			
人工	000203000	综合二类工	工日	1.905	2.117	2.295	2.701
材料	170100002	钢管（综合）	m	（10.100）	（9.800）	（9.800）	（9.800）
	180300004	钢管焊接管件	个	（0.840）	（1.360）	（1.300）	（1.180）
	031101009	尼龙砂轮片 ϕ100	片	0.935	0.971	1.354	1.827
	031101012	尼龙砂轮片 ϕ400	片	0.101	—	—	—
	142909001	氧气	m^3	1.235	1.185	1.494	1.758
	142907002	乙炔气	kg	0.475	0.456	0.575	0.676
	031301009	低碳钢焊条 J427（综合）	kg	1.092	1.239	1.743	2.228
	031507018	镀锌铁丝 ϕ2.8～4.0	kg	0.101	0.107	0.112	0.131
	092705004	碎布	kg	0.298	0.323	0.340	0.408
	140303001	机油（综合）	kg	0.090	0.110	0.150	0.200
	012903010	热轧中厚钢板 δ8～15	kg	0.049	0.073	0.110	0.148
	341101001	水	m^3	0.353	0.547	0.764	1.346
	020101002	橡胶板 δ1～3	kg	0.012	0.014	0.016	0.018
	190003004	螺纹阀门 *DN*20	个	0.006	0.006	0.006	0.007
	170101003	焊接钢管 *DN*20	m	0.021	0.022	0.023	0.024
	172707010	橡胶软管 *DN*20	m	0.009	0.009	0.010	0.010
	860113019	弹簧压力表 Y-100 0～1.6MPa	块	0.003	0.003	0.003	0.003
	860113022	压力表表弯 *DN*15	个	0.003	0.003	0.003	0.003
	012100002	角钢（综合）	kg	—	—	—	0.335
	850103006	其他材料费（占材料费）	%	1.000	1.000	1.000	1.000
机械	990515010	吊装机械（综合）	台班	0.084	0.117	0.123	0.169
	990785030	砂轮切割机 ϕ400	台班	0.022	—	—	—
	990758030	电动弯管机 108mm	台班	0.049	—	—	—
	990900010	电焊机（综合）	台班	0.585	0.587	0.670	0.856
	990919030	电焊条烘干箱 60×50×75cm^3	台班	0.059	0.059	0.067	0.086
	990920010	电焊条恒温箱	台班	0.059	0.059	0.067	0.086
	990813010	试压泵 3MPa	台班	0.002	0.003	0.003	0.003
	990801020	电动单级离心清水泵 100mm	台班	0.002	0.003	0.005	0.007
	990401020	载重汽车 5t	台班	0.013	0.016	0.022	0.040

工作内容：调直、切管、煨弯、挖眼接管、异径管制作，管道及管件安装，水压试验及水冲洗等。

计量单位：10m

编号				10-3-27	10-3-28	10-3-29	10-3-30
项目				公称直径（mm 以内）			
				250	300	350	400
名称			单位	消耗量			
人工	000203000	综合二类工	工日	3.171	3.468	3.964	4.348
材料	170100002	钢管（综合）	m	（10.360）	（10.360）	（10.360）	（10.360）
	180300004	钢管焊接管件	个	（1.120）	（1.000）	（1.000）	（0.890）
	031101009	尼龙砂轮片 ϕ100	片	2.130	2.433	3.642	3.913
	031101012	尼龙砂轮片 ϕ400	片	0.743	0.782	0.915	0.975
	142909001	氧气	m^3	2.298	2.379	3.012	3.234
	142907002	乙炔气	kg	0.884	0.915	1.159	1.244
	031301009	低碳钢焊条 J427（综合）	kg	3.529	4.382	5.090	5.414
	012100002	角钢（综合）	kg	0.314	0.340	0.370	0.378
	031507018	镀锌铁丝 ϕ2.8～4.0	kg	0.140	0.144	0.148	0.153
	092705004	碎布	kg	0.451	0.468	0.493	0.510
	140303001	机油（综合）	kg	0.200	0.200	0.200	0.200
	012903010	热轧中厚钢板 δ8～15	kg	0.231	0.333	0.380	0.426
	341101001	水	m^3	2.139	3.037	4.047	5.227
	020101002	橡胶板 δ1～3	kg	0.021	0.024	0.033	0.042
	190003004	螺纹阀门 *DN*20	个	0.007	0.007	0.008	0.008
	170101003	焊接钢管 *DN*20	m	0.025	0.026	0.027	0.028
	172707010	橡胶软管 *DN*20	m	0.011	0.011	0.011	0.012
	860113019	弹簧压力表 Y-100 0～1.6MPa	块	0.003	0.004	0.004	0.004
	860113022	压力表表弯 *DN*15	个	0.003	0.004	0.004	0.004
	850103006	其他材料费（占材料费）	%	1.000	1.000	1.000	1.000
机械	990401020	载重汽车 5t	台班	0.058	0.076	0.101	0.103
	990515010	吊装机械（综合）	台班	0.239	0.271	0.298	0.327
	990900010	电焊机（综合）	台班	1.122	1.318	1.415	1.505
	990919030	电焊条烘干箱 60×50×75cm^3	台班	0.112	0.132	0.141	0.150
	990920010	电焊条恒温箱	台班	0.112	0.132	0.141	0.150
	990813010	试压泵 3MPa	台班	0.004	0.004	0.005	0.006
	990801020	电动单级离心清水泵 100mm	台班	0.009	0.012	0.014	0.016

2. 冷热水钢管（沟槽连接）

工作内容：调直、切管、压槽、组对、连接，管道及管件安装、水压试验及水冲洗等。 **计量单位：**10m

编号				10-3-31	10-3-32	10-3-33	10-3-34
项目				公称直径（mm）			
				65	80	100	125
名称			单位	消耗量			
人工	000203000	综合二类工	工日	1.868	2.079	2.324	2.799
材料	170100002	钢管（综合）	m	（9.970）	（9.970）	（9.970）	（9.780）
	181501002	钢管沟槽管件	个	（4.370）	（4.200）	（3.910）	（2.420）
	182525004	卡箍连接件（含胶圈）	套	（10.020）	（9.630）	（9.010）	（5.800）
	140700001	润滑剂	kg	0.044	0.047	0.050	0.054
	031507018	镀锌铁丝 ϕ2.8～4.0	kg	0.085	0.089	0.101	0.107
	092705004	碎布	kg	0.238	0.255	0.298	0.323
	012903010	热轧中厚钢板 δ8～15	kg	0.044	0.047	0.049	0.073
	142909001	氧气	m^3	0.006	0.006	0.006	0.006
	142907002	乙炔气	kg	0.002	0.002	0.002	0.002
	031301009	低碳钢焊条 J427（综合）	kg	0.002	0.003	0.003	0.003
	341101001	水	m^3	0.145	0.204	0.353	0.547
	020101002	橡胶板 δ1～3	kg	0.011	0.011	0.012	0.014
	190003004	螺纹阀门 *DN*20	个	0.005	0.006	0.006	0.006
	170101003	焊接钢管 *DN*20	m	0.019	0.020	0.021	0.022
	172707010	橡胶软管 *DN*20	m	0.008	0.008	0.009	0.009
	860113019	弹簧压力表 Y-100 0～1.6MPa	块	0.003	0.003	0.003	0.003
	860113022	压力表表弯 *DN*15	个	0.003	0.003	0.003	0.003
	850103006	其他材料费（占材料费）	%	1.000	1.000	1.000	1.000
机械	990401020	载重汽车 5t	台班	0.004	0.006	0.013	0.016
	990515010	吊装机械（综合）	台班	0.009	0.012	0.084	0.117
	990747020	管子切断机 150mm	台班	0.036	0.040	0.046	0.052
	990742010	开孔机 200mm	台班	0.007	0.008	0.009	0.010
	990796010	滚槽机	台班	0.216	0.231	0.252	0.276
	990900010	电焊机（综合）	台班	0.002	0.002	0.002	0.002
	990813010	试压泵 3MPa	台班	0.002	0.002	0.002	0.003
	990801020	电动单级离心清水泵 100mm	台班	0.001	0.002	0.002	0.003

工作内容：调直、切管、压槽、组对、连接，管道及管件安装、水压试验及水冲洗等。 计量单位：10m

编号				10-3-35	10-3-36	10-3-37	10-3-38
项目				公称直径（mm）			
				150	200	250	300
名称			单位	消耗量			
人工	000203000	综合二类工	工日	2.863	3.206	4.276	4.682
材料	170100002	钢管（综合）	m	（9.780）	（9.780）	（9.700）	（9.700）
	181501002	钢管沟槽管件	个	（2.050）	（1.820）	（1.620）	（1.340）
	182525004	卡箍连接件（含胶圈）	套	（4.950）	（4.430）	（3.960）	（3.330）
	140700001	润滑剂	kg	0.059	0.064	0.069	0.074
	031507018	镀锌铁丝 ϕ2.8～4.0	kg	0.112	0.131	0.140	0.144
	092705004	碎布	kg	0.340	0.408	0.451	0.468
	012903010	热轧中厚钢板 δ8～15	kg	0.110	0.148	0.231	0.333
	142909001	氧气	m^3	0.006	0.009	0.009	0.009
	142907002	乙炔气	kg	0.002	0.003	0.003	0.003
	031301009	低碳钢焊条 J427（综合）	kg	0.003	0.003	0.004	0.004
	341101001	水	m^3	0.764	1.345	2.139	3.037
	020101002	橡胶板 δ1～3	kg	0.016	0.018	0.021	0.024
	190003004	螺纹阀门 *DN*20	个	0.006	0.007	0.007	0.007
	170101003	焊接钢管 *DN*20	m	0.023	0.024	0.025	0.026
	172707010	橡胶软管 *DN*20	m	0.010	0.010	0.011	0.011
	860113019	弹簧压力表 Y-100 0～1.6MPa	块	0.003	0.003	0.003	0.004
	860113022	压力表表弯 *DN*15	个	0.003	0.003	0.003	0.004
	850103006	其他材料费（占材料费）	%	1.000	1.000	1.000	1.000
机械	990747020	管子切断机 150mm	台班	0.060	—	—	—
	990747030	管子切断机 250mm	台班	—	0.066	—	—
	990740010	坡口机 2.2kW	台班	—	—	0.072	0.081
	990401020	载重汽车 5t	台班	0.022	0.040	0.058	0.076
	990515010	吊装机械（综合）	台班	0.123	0.169	0.239	0.271
	990742010	开孔机 200mm	台班	0.011	0.006	0.005	0.004
	990796010	滚槽机	台班	0.308	0.324	0.343	0.367
	990900010	电焊机（综合）	台班	0.002	0.003	0.002	0.002
	990813010	试压泵 3MPa	台班	0.003	0.003	0.004	0.004
	990801020	电动单级离心清水泵 100mm	台班	0.005	0.007	0.009	0.012

三、塑料管安装

1. 冷热水塑料管（热熔连接）

工作内容：切管、组对、预热、熔接，管道及管件安装，水压试验及水冲洗等。　　**计量单位**：10m

编　号				10-3-39	10-3-40	10-3-41	10-3-42	10-3-43
项　目				公称外径（mm 以内）				
				20	25	32	40	50
名　称			单位	消　耗　量				
人工	000203000	综合二类工	工日	0.770	0.839	0.934	1.023	1.210
材料	172500002	塑料管（综合）	m	（9.860）	（9.860）	（9.860）	（10.100）	（10.100）
	180999004	塑料管热熔管件	个	（9.520）	（10.110）	（9.710）	（8.370）	（6.630）
	031102004	铁砂布（综合）	张	0.062	0.082	0.090	0.134	0.138
	012903010	热轧中厚钢板 δ8～15	kg	0.030	0.032	0.034	0.037	0.039
	142909001	氧气	m^3	0.003	0.003	0.003	0.006	0.006
	142907002	乙炔气	kg	0.001	0.001	0.001	0.002	0.002
	031301009	低碳钢焊条 J427（综合）	kg	0.002	0.002	0.002	0.002	0.002
	341101001	水	m^3	0.008	0.014	0.023	0.040	0.053
	020101002	橡胶板 δ1～3	kg	0.007	0.008	0.008	0.009	0.010
	190003004	螺纹阀门 *DN*20	个	0.004	0.004	0.004	0.005	0.005
	170101003	焊接钢管 *DN*20	m	0.013	0.014	0.015	0.016	0.016
	172707010	橡胶软管 *DN*20	m	0.006	0.006	0.007	0.007	0.007
	860113019	弹簧压力表 Y-100 0～1.6MPa	块	0.002	0.002	0.002	0.002	0.002
	860113022	压力表表弯 *DN*15	个	0.002	0.002	0.002	0.002	0.002
	850103006	其他材料费（占材料费）	%	1.000	1.000	1.000	1.000	1.000
机械	990900010	电焊机（综合）	台班	0.001	0.001	0.001	0.001	0.002
	990813010	试压泵 3MPa	台班	0.001	0.001	0.001	0.002	0.002
	990801020	电动单级离心清水泵 100mm	台班	0.001	0.001	0.001	0.001	0.001

工作内容：切管、组对、预热、熔接，管道及管件安装，水压试验及水冲洗等。 **计量单位**：10m

编号				10-3-44	10-3-45	10-3-46	10-3-47
项目				公称外径（mm 以内）			
				63	75	90	110
名称			单位	消耗量			
人工	000203000	综合二类工	工日	1.320	1.367	1.464	1.549
材料	172500002	塑料管（综合）	m	（10.100）	（10.120）	（10.120）	（10.120）
	180999004	塑料管热熔管件	个	（6.160）	（5.070）	（4.000）	（3.180）
	031102004	铁砂布（综合）	张	0.222	0.194	0.203	0.215
	012903010	热轧中厚钢板 δ8～15	kg	0.042	0.044	0.047	0.049
	142909001	氧气	m^3	0.006	0.006	0.006	0.006
	142907002	乙炔气	kg	0.002	0.002	0.002	0.002
	031301009	低碳钢焊条 J427（综合）	kg	0.002	0.002	0.003	0.003
	341101001	水	m^3	0.088	0.145	0.204	0.353
	020101002	橡胶板 δ1～3	kg	0.010	0.011	0.011	0.012
	190003004	螺纹阀门 *DN*20	个	0.005	0.005	0.006	0.006
	170101003	焊接钢管 *DN*20	m	0.017	0.019	0.020	0.021
	172707010	橡胶软管 *DN*20	m	0.008	0.008	0.008	0.009
	860113019	弹簧压力表 Y-100 0～1.6MPa	块	0.003	0.003	0.003	0.003
	860113022	压力表表弯 *DN*15	个	0.003	0.003	0.003	0.003
	850103006	其他材料费（占材料费）	%	1.000	1.000	1.000	1.000
机械	990900010	电焊机（综合）	台班	0.002	0.002	0.002	0.002
	990813010	试压泵 3MPa	台班	0.002	0.002	0.002	0.002
	990801020	电动单级离心清水泵 100mm	台班	0.001	0.001	0.002	0.002

2. 冷热水塑料管（电熔连接）

工作内容：切管、组对、熔接，管道及管件安装，水压试验及水冲洗等。 计量单位：10m

编号				10-3-48	10-3-49	10-3-50	10-3-51	10-3-52
项目				公称外径（mm 以内）				
				20	25	32	40	50
名称			单位	消耗量				
人工	000203000	综合二类工	工日	0.808	0.882	0.973	1.078	1.275
材料	172500002	塑料管（综合）	m	（9.860）	（9.860）	（9.860）	（10.100）	（10.100）
	180999002	塑料管电熔管件	个	（9.520）	（10.110）	（9.710）	（8.370）	（6.630）
	031102004	铁砂布（综合）	张	0.062	0.082	0.090	0.134	0.138
	012903010	热轧中厚钢板 δ8～15	kg	0.030	0.032	0.034	0.037	0.039
	142909001	氧气	m^3	0.003	0.003	0.003	0.006	0.006
	142907002	乙炔气	kg	0.001	0.001	0.001	0.002	0.002
	031301009	低碳钢焊条 J427（综合）	kg	0.002	0.002	0.002	0.002	0.002
	341101001	水	m^3	0.008	0.014	0.023	0.040	0.053
	020101002	橡胶板 δ1～3	kg	0.007	0.008	0.008	0.009	0.010
	190003004	螺纹阀门 *DN*20	个	0.004	0.004	0.004	0.005	0.005
	170101003	焊接钢管 *DN*20	m	0.013	0.014	0.015	0.016	0.016
	172707010	橡胶软管 *DN*20	m	0.006	0.006	0.007	0.007	0.007
	860113019	弹簧压力表 Y-100 0～1.6MPa	块	0.002	0.002	0.002	0.002	0.002
	860113022	压力表表弯 *DN*15	个	0.002	0.002	0.002	0.002	0.002
	850103006	其他材料费（占材料费）	%	1.000	1.000	1.000	1.000	1.000
机械	990921010	电熔焊接机 3.5kW	台班	0.127	0.178	0.217	0.238	0.248
	990900010	电焊机（综合）	台班	0.001	0.001	0.001	0.001	0.002
	990813010	试压泵 3MPa	台班	0.001	0.001	0.001	0.002	0.002
	990801020	电动单级离心清水泵 100mm	台班	0.001	0.001	0.001	0.001	0.001

工作内容：切管、组对、熔接，管道及管件安装，水压试验及水冲洗等。 计量单位：10m

编号				10-3-53	10-3-54	10-3-55	10-3-56
项目				公称外径（mm 以内）			
				63	75	90	110
名称			单位	消耗量			
人工	000203000	综合二类工	工日	1.389	1.435	1.541	1.624
材料	172500002	塑料管（综合）	m	（10.100）	（10.120）	（10.120）	（10.120）
	180999002	塑料管电熔管件	个	（6.160）	（5.070）	（4.000）	（3.180）
	031102004	铁砂布（综合）	张	0.222	0.194	0.203	0.215
	012903010	热轧中厚钢板 δ8～15	kg	0.042	0.044	0.047	0.049
	142909001	氧气	m^3	0.006	0.006	0.006	0.006
	142907002	乙炔气	kg	0.002	0.002	0.002	0.002
	031301009	低碳钢焊条 J427（综合）	kg	0.002	0.002	0.003	0.003
	341101001	水	m^3	0.088	0.145	0.204	0.353
	020101002	橡胶板 δ1～3	kg	0.010	0.011	0.011	0.012
	190003004	螺纹阀门 *DN*20	个	0.005	0.005	0.006	0.006
	170101003	焊接钢管 *DN*20	m	0.017	0.019	0.020	0.021
	172707010	橡胶软管 *DN*20	m	0.008	0.008	0.008	0.009
	860113019	弹簧压力表 Y-100 0～1.6MPa	块	0.003	0.003	0.003	0.003
	860113022	压力表表弯 *DN*15	个	0.003	0.003	0.003	0.003
	850103006	其他材料费（占材料费）	%	1.000	1.000	1.000	1.000
机械	990921010	电熔焊接机 3.5kW	台班	0.281	0.256	0.258	0.260
	990900010	电焊机（综合）	台班	0.002	0.002	0.002	0.002
	990813010	试压泵 3MPa	台班	0.002	0.002	0.002	0.002
	990801020	电动单级离心清水泵 100mm	台班	0.001	0.001	0.002	0.002

3. 凝结水塑料管（热熔连接）

工作内容：切管、组对、预热、熔接，管道及管件安装，注水试验等。 计量单位：10m

编号				10-3-57	10-3-58	10-3-59	10-3-60	10-3-61	10-3-62
项目				公称外径（mm 以内）					
				20	25	32	40	50	63
名称			单位	消耗量					
人工	000203000	综合二类工	工日	0.545	0.574	0.684	0.748	0.834	0.970
材料	172500002	塑料管（综合）	m	（10.220）	（10.220）	（10.200）	（10.200）	（10.200）	（10.200）
	180999004	塑料管热熔管件	个	（6.520）	（5.800）	（6.800）	（5.530）	（4.520）	（4.020）
	341101001	水	m^3	0.003	0.005	0.009	0.015	0.020	0.033
	031102004	铁砂布（综合）	张	0.049	0.051	0.070	0.098	0.106	0.152
	850103006	其他材料费（占材料费）	%	2.000	2.000	2.000	2.000	2.000	2.000
机械	990801020	电动单级离心清水泵 100mm	台班	0.001	0.001	0.001	0.001	0.001	0.001

4. 凝结水塑料管（粘接）

工作内容： 切管、组对、粘接，管道及管件安装，注水试验等。　　**计量单位：** 10m

编号				10-3-63	10-3-64	10-3-65	10-3-66	10-3-67	10-3-68
项目				公称外径（mm 以内）					
				20	25	32	40	50	63
名称			单位	消耗量					
人工	000203000	综合二类工	工日	0.526	0.554	0.654	0.713	0.802	0.911
材料	172500002	塑料管（综合）	m	（10.220）	（10.220）	（10.200）	（10.200）	（10.200）	（10.200）
	180999007	塑料管粘接管件	个	（6.520）	（5.800）	（6.800）	（5.530）	（4.520）	（4.020）
	341101001	水	m^3	0.003	0.005	0.009	0.015	0.020	0.033
	143315001	丙酮	kg	0.043	0.045	0.066	0.076	0.077	0.082
	144135024	粘接剂	kg	0.020	0.021	0.034	0.037	0.039	0.041
	031102004	铁砂布（综合）	张	0.049	0.051	0.070	0.098	0.106	0.120
	850103006	其他材料费（占材料费）	%	2.000	2.000	2.000	2.000	2.000	2.000
机械	990801020	电动单级离心清水泵 100mm	台班	0.001	0.001	0.001	0.001	0.001	0.001

第四章

燃 气 管 道

第四章

畜禽产销

说 明

一、本章适用于室内外燃气管道的安装，包括镀锌钢管、钢管、不锈钢管、铜管、铸铁管、塑料管、复合管等管道安装、室外管道碰头、氮气置换及警示带、示踪线、地面警示标志桩等安装项目。

二、管道的界线划分：

1. 地下引入室内的管道以室内第一个阀门为界。

2. 地上引入室内的管道以墙外三通为界。

3. 室外管道与市政管道以两者的碰头点为界，入口处设调压箱者，以调压箱为界。

三、燃气输送压力大于 0.20MPa 时，承插燃气铸铁管安装项目中人工乘以系数 1.30。

名 称	低压燃气管道	中压燃气管道		高压燃气管道	
		B	A	B	A
压力（MPa）	$P \leqslant 0.005$	$0.005 < P \leqslant 0.20$	$0.20 < P \leqslant 0.40$	$0.40 < P \leqslant 0.80$	$0.80 < P \leqslant 1.60$

四、室外管道安装不分地上与地下，均执行同一相应安装项目。

五、相关说明：

1. 管道安装项目中，均包括管道及管件安装、强度试验、严密性试验、空气吹扫等内容。各种管件均按成品管件安装考虑，其数量系综合取定。管道安装项目中的管件含量，不包含与螺纹阀门配套的活接、对丝，其用量含在螺纹阀门安装项目中。

2. 管道安装项目中，均不包括管道支架、管卡、托钩等制作安装以及管道穿墙、楼板套管制作安装、预留孔洞、堵洞、打洞、凿槽等工作内容，发生时，应按本册第十章相应项目另行计算。

3. 燃气检漏管安装，应执行相应材质的管道安装项目。

4. 成品防腐管道需做电火花检测的，可按第十二册《防腐蚀、绝热工程》相应项目，另行计算。

5. 室外燃气设计选用 PE 管时，执行塑料管安装项目，应按设计选用的管道及管件材质另行计算材料费。

6. 室外管道碰头项目适用于新建管道与已有气源管道的碰头连接，如已有气源管道已做预留接口时，不得另行计算。

7. 新安装与原有管道碰头项目中，不包含氮气置换、连接后的单独试压以及带气施工措施费。应根据施工方案另行计算。

8. 已验收合格未及时投入使用的管道，使用前需做强度试验、严密性试验、空气吹扫的，执行第八册《工业管道安装工程》相应项目。

工程量计算规则

一、各类管道安装工程量，应按室内外、区分材质、连接形式、规格分别列项，按设计图示管道中心线长度，以“10m”为计量单位，不扣除阀门、管件、附件及井室所占长度。

二、管道安装项目中的铜管、塑料管、复合管（除钢塑复合管外）其规格应以公称外径表示，其他管道规格均以公称直径表示。

三、新安装与原有管道碰头，按设计图示数量，以“处”为计量单位，除钢管带介质碰头、塑料管带介质碰头以支管管径计算外，其他项目均按主管管径计算。

四、氮气置换区分管径，按设计图示管道中心线长度，以“100m”为计量单位。

五、警示带、示踪线安装，以“100m”为计量单位。

六、地面警示标志桩安装，按设计图示数量，以“10个”为计量单位。

一、镀锌钢管安装

1. 室外镀锌钢管（螺纹连接）

工作内容：调直、切管、套丝、组对连接、管道及管件安装，气压试验、空气吹扫等。 **计量单位：**10m

编号				10-4-1	10-4-2	10-4-3	10-4-4
项目				公称直径（mm 以内）			
				25	32	40	50
名称			单位	消耗量			
人工	000203000	综合二类工	工日	0.562	0.617	0.664	0.727
材料	170300002	镀锌钢管（综合）	m	（10.080）	（10.080）	（10.120）	（10.120）
	181315002	镀锌钢管螺纹管件	个	（5.340）	（4.890）	（3.500）	（3.180）
	340203008	聚四氟乙烯生料带 宽 20	m	2.422	2.551	2.659	2.779
	140303001	机油（综合）	kg	0.090	0.091	0.093	0.096
	031101012	尼龙砂轮片 ϕ400	片	0.050	0.055	0.056	0.056
	031507018	镀锌铁丝 ϕ2.8～4.0	kg	0.048	0.050	0.069	0.075
	092705004	碎布	kg	0.100	0.110	0.120	0.140
	143505006	洗衣粉	kg	0.013	0.014	0.015	0.016
	190003004	螺纹阀门 *DN*20	个	0.005	0.005	0.007	0.007
	170101003	焊接钢管 *DN*20	m	0.033	0.033	0.041	0.041
	172707010	橡胶软管 *DN*20	m	0.015	0.015	0.019	0.019
	860113019	弹簧压力表 Y-100 0～1.6MPa	块	0.005	0.005	0.007	0.007
	860113022	压力表表弯 *DN*15	个	0.005	0.005	0.007	0.007
	012903010	热轧中厚钢板 δ8～15	kg	0.086	0.092	0.099	0.104
	020101001	橡胶板（综合）	kg	0.023	0.023	0.024	0.026
	142909001	氧气	m^3	0.012	0.012	0.012	0.015
	142907002	乙炔气	kg	0.004	0.004	0.004	0.005
	031301009	低碳钢焊条 J427（综合）	kg	0.005	0.005	0.007	0.007
	850103006	其他材料费（占材料费）	%	1.000	1.000	1.000	1.000
机械	991003050	电动空气压缩机 6m^3/min	台班	0.012	0.012	0.013	0.014
	990785030	砂轮切割机 ϕ400	台班	0.014	0.015	0.016	0.016
	990900010	电焊机（综合）	台班	0.004	0.004	0.004	0.004
	990748010	管子切断套丝机 159mm	台班	0.110	0.129	0.131	0.133
	990401020	载重汽车 5t	台班	—	—	—	0.003
	990304004	汽车式起重机 8t	台班	—	—	—	0.003

2. 室内镀锌钢管（螺纹连接）

工作内容： 调直、切管、套丝、组对连接、管道及管件安装，气压试验、空气吹扫等。 **计量单位：** 10m

编 号				10-4-5	10-4-6	10-4-7	10-4-8	10-4-9
项 目				公称直径（mm 以内）				
				15	20	25	32	40
名 称			单位	消 耗 量				
人工	000203000	综合二类工	工日	1.112	1.163	1.368	1.392	1.658
材料	170300002	镀锌钢管（综合）	m	（9.950）	（9.950）	（10.000）	（10.000）	（10.000）
	181315002	镀锌钢管螺纹管件	个	（12.990）	（10.060）	（9.460）	（9.370）	（8.980）
	340203008	聚四氟乙烯生料带 宽 20	m	3.218	3.242	4.134	5.011	5.560
	140303001	机油（综合）	kg	0.143	0.144	0.152	0.176	0.219
	031101012	尼龙砂轮片 ϕ400	片	0.076	0.082	0.086	0.098	0.126
	031507018	镀锌铁丝 ϕ2.8～4.0	kg	0.040	0.045	0.048	0.050	0.069
	092705004	碎布	kg	0.080	0.090	0.100	0.110	0.120
	143505006	洗衣粉	kg	0.011	0.012	0.013	0.014	0.015
	190003004	螺纹阀门 *DN*20	个	0.005	0.005	0.005	0.005	0.007
	170101003	焊接钢管 *DN*20	m	0.033	0.033	0.033	0.033	0.041
	172707010	橡胶软管 *DN*20	m	0.015	0.015	0.015	0.015	0.019
	860113019	弹簧压力表 Y-100 0～1.6MPa	块	0.005	0.005	0.005	0.005	0.007
	860113022	压力表表弯 *DN*15	个	0.005	0.005	0.005	0.005	0.007
	012903010	热轧中厚钢板 δ8～15	kg	0.074	0.080	0.086	0.092	0.099
	020101001	橡胶板（综合）	kg	0.018	0.020	0.021	0.023	0.024
	142909001	氧气	m^3	0.009	0.012	0.012	0.012	0.012
	142907002	乙炔气	kg	0.003	0.004	0.004	0.004	0.004
	031301009	低碳钢焊条 J427（综合）	kg	0.005	0.005	0.005	0.005	0.007
	850103006	其他材料费（占材料费）	%	1.000	1.000	1.000	1.000	1.000
机械	990515010	吊装机械（综合）	台班	0.002	0.002	0.003	0.004	0.005
	990785030	砂轮切割机 ϕ400	台班	0.020	0.020	0.023	0.031	0.039
	990900010	电焊机（综合）	台班	0.004	0.004	0.004	0.004	0.004
	990748010	管子切断套丝机 159mm	台班	0.136	0.146	0.185	0.233	0.281
	991003050	电动空气压缩机 $6m^3$/min	台班	0.011	0.011	0.012	0.012	0.013

工作内容：调直、切管、套丝、组对连接、管道及管件安装，气压试验、空气吹扫等。 **计量单位**：10m

编号				10-4-10	10-4-11	10-4-12	10-4-13
项目				公称直径（mm 以内）			
				50	65	80	100
名称			单位	消耗量			
人工	000203000	综合二类工	工日	1.765	2.042	2.347	2.766
材料	170300002	镀锌钢管（综合）	m	（10.000）	（9.960）	（9.960）	（9.960）
	181315002	镀锌钢管螺纹管件	个	（8.370）	（6.340）	（5.400）	（4.540）
	340203008	聚四氟乙烯生料带 宽 20	m	6.783	6.816	7.074	7.551
	140303001	机油（综合）	kg	0.253	0.270	0.277	0.280
	031101012	尼龙砂轮片 $\phi400$	片	0.166	0.176	0.194	0.197
	031507018	镀锌铁丝 $\phi2.8$～4.0	kg	0.075	0.078	0.080	0.083
	092705004	碎布	kg	0.140	0.160	0.180	0.210
	143505006	洗衣粉	kg	0.016	0.018	0.019	0.021
	190003004	螺纹阀门 *DN*20	个	0.007	0.007	0.008	0.008
	170101003	焊接钢管 *DN*20	m	0.041	0.041	0.049	0.049
	172707010	橡胶软管 *DN*20	m	0.019	0.019	0.023	0.023
	860113019	弹簧压力表 Y-100 0～1.6MPa	块	0.007	0.007	0.008	0.008
	860113022	压力表表弯 *DN*15	个	0.007	0.007	0.008	0.008
	012903010	热轧中厚钢板 $\delta8$～15	kg	0.104	0.111	0.117	0.123
	020101001	橡胶板（综合）	kg	0.026	0.027	0.029	0.030
	142909001	氧气	m^3	0.015	0.015	0.015	0.015
	142907002	乙炔气	kg	0.005	0.005	0.005	0.005
	031301009	低碳钢焊条 J427（综合）	kg	0.007	0.007	0.008	0.008
	850103006	其他材料费（占材料费）	%	1.000	1.000	1.000	1.000
机械	990401020	载重汽车 5t	台班	0.003	0.004	0.006	0.013
	990515010	吊装机械（综合）	台班	0.007	0.009	0.012	0.084
	990785030	砂轮切割机 $\phi400$	台班	0.034	0.039	0.041	0.043
	990900010	电焊机（综合）	台班	0.004	0.004	0.005	0.005
	990748010	管子切断套丝机 159mm	台班	0.353	0.359	0.364	0.369
	991003050	电动空气压缩机 $6m^3/min$	台班	0.014	0.015	0.016	0.017

二、钢管安装

1. 室外钢管（电弧焊）

工作内容： 调直、切管、坡口、磨口、组对连接、管道及管件安装、焊接、气压试验、空气吹扫等。

计量单位： 10m

编号				10-4-14	10-4-15	10-4-16	10-4-17	10-4-18
项目				公称直径（mm 以内）				
				25	32	40	50	65
名称			单位	消耗量				
人工	000203000	综合二类工	工日	0.475	0.506	0.580	0.636	0.760
材料	170100002	钢管（综合）	m	（9.970）	（9.970）	（10.060）	（10.060）	（10.060）
	180803001	碳钢焊接管件	个	（3.100）	（2.650）	（2.020）	（1.700）	（1.620）
	142909001	氧气	m^3	0.012	0.012	0.012	0.015	0.039
	142907002	乙炔气	kg	0.005	0.005	0.005	0.006	0.015
	031301009	低碳钢焊条 J427（综合）	kg	0.197	0.213	0.230	0.247	0.405
	031101009	尼龙砂轮片 ϕ100	片	0.120	0.147	0.169	0.350	0.493
	031507018	镀锌铁丝 ϕ2.8～4.0	kg	0.048	0.050	0.069	0.075	0.078
	092705004	碎布	kg	0.100	0.110	0.120	0.140	0.160
	143505006	洗衣粉	kg	0.013	0.014	0.015	0.016	0.018
	190003004	螺纹阀门 *DN*20	个	0.005	0.005	0.007	0.007	0.007
	170101003	焊接钢管 *DN*20	m	0.033	0.033	0.041	0.041	0.041
	172707010	橡胶软管 *DN*20	m	0.015	0.015	0.019	0.019	0.019
	860113019	弹簧压力表 Y-100 0～1.6MPa	块	0.005	0.005	0.007	0.007	0.007
	860113022	压力表表弯 *DN*15	个	0.005	0.005	0.007	0.007	0.007
	012903010	热轧中厚钢板 δ8～15	kg	0.086	0.092	0.099	0.104	0.111
	020101001	橡胶板（综合）	kg	0.021	0.023	0.024	0.026	0.027
	031101012	尼龙砂轮片 ϕ400	片	0.031	0.033	0.034	0.035	0.043
	850103006	其他材料费（占材料费）	%	1.000	1.000	1.000	1.000	1.000
机械	990785030	砂轮切割机 ϕ400	台班	0.008	0.009	0.010	0.011	0.012
	990401020	载重汽车 5t	台班	—	—	—	0.003	0.004
	990304004	汽车式起重机 8t	台班	—	—	—	0.003	0.004
	990900010	电焊机（综合）	台班	0.141	0.144	0.147	0.150	0.234
	990919030	电焊条烘干箱 60×50×75cm^3	台班	0.014	0.014	0.015	0.015	0.023
	990920010	电焊条恒温箱	台班	0.014	0.014	0.015	0.015	0.023
	991003050	电动空气压缩机 6m^3/min	台班	0.012	0.012	0.013	0.014	0.015

工作内容：调直、切管、坡口、磨口、组对连接、管道及管件安装、焊接、气压试验、空气吹扫等。

计量单位：10m

编号				10-4-19	10-4-20	10-4-21	10-4-22	10-4-23
项目				公称直径（mm 以内）				
				80	100	125	150	200
名称			单位	消耗量				
人工	000203000	综合二类工	工日	0.877	0.976	1.130	1.260	1.488
材料	170100002	钢管（综合）	m	（9.980）	（9.980）	（9.980）	（9.800）	（9.800）
	180803001	碳钢焊接管件	个	（1.530）	（1.470）	（1.270）	（1.270）	（1.040）
	142909001	氧气	m^3	0.381	0.615	0.699	0.858	0.954
	142907002	乙炔气	kg	0.147	0.237	0.269	0.330	0.367
	031301009	低碳钢焊条 J427（综合）	kg	0.453	0.801	0.888	1.322	1.583
	031101009	尼龙砂轮片 ϕ100	片	0.616	0.760	0.852	0.976	1.214
	031507018	镀锌铁丝 ϕ2.8～4.0	kg	0.080	0.083	0.085	0.089	0.096
	092705004	碎布	kg	0.180	0.210	0.240	0.270	0.300
	143505006	洗衣粉	kg	0.019	0.021	0.022	0.024	0.026
	190003004	螺纹阀门 *DN*20	个	0.008	0.008	0.008	0.009	0.009
	170101003	焊接钢管 *DN*20	m	0.049	0.049	0.049	0.057	0.057
	172707010	橡胶软管 *DN*20	m	0.023	0.023	0.023	0.027	0.027
	860113019	弹簧压力表 Y-100 0～1.6MPa	块	0.008	0.008	0.008	0.009	0.009
	860113022	压力表表弯 *DN*15	个	0.008	0.008	0.008	0.009	0.009
	012903010	热轧中厚钢板 δ8～15	kg	0.117	0.123	0.182	0.276	0.369
	020101001	橡胶板（综合）	kg	0.029	0.030	0.035	0.040	0.045
	012100002	角钢（综合）	kg	—	—	—	—	0.237
	031101012	尼龙砂轮片 ϕ400	片	0.048	0.069	0.073	—	—
	850103006	其他材料费（占材料费）	%	1.000	1.000	1.000	1.000	1.000
机械	990785030	砂轮切割机 ϕ400	台班	0.013	0.015	0.016	—	—
	990401020	载重汽车 5t	台班	0.006	0.013	0.016	0.022	0.040
	990304004	汽车式起重机 8t	台班	0.006	0.077	0.083	0.099	0.138
	990900010	电焊机（综合）	台班	0.263	0.369	0.410	0.505	0.605
	990919030	电焊条烘干箱 60×50×75cm^3	台班	0.026	0.037	0.041	0.050	0.061
	990920010	电焊条恒温箱	台班	0.026	0.037	0.041	0.050	0.061
	991003050	电动空气压缩机 6m^3/min	台班	0.016	0.017	0.018	0.019	0.020

工作内容：调直、切管、坡口、磨口、组对连接、管道及管件安装、焊接、气压试验、空气吹扫等。

计量单位：10m

编号				10-4-24	10-4-25	10-4-26	10-4-27
项目				公称直径（mm 以内）			
				250	300	350	400
名称			单位	消耗量			
人工	000203000	综合二类工	工日	1.661	1.982	2.198	2.402
材料	170100002	钢管（综合）	m	（9.800）	（9.800）	（9.700）	（9.700）
	180803001	碳钢焊接管件	个	（0.810）	（0.790）	（0.740）	（0.740）
	142909001	氧气	m^3	1.212	1.371	1.695	1.860
	142907002	乙炔气	kg	0.466	0.527	0.652	0.715
	031301009	低碳钢焊条 J427（综合）	kg	2.649	3.088	3.421	3.868
	031101009	尼龙砂轮片 ϕ100	片	1.695	1.994	2.666	3.016
	031507018	镀锌铁丝 ϕ2.8～4.0	kg	0.109	0.135	0.144	0.153
	092705004	碎布	kg	0.350	0.400	0.450	0.510
	143505006	洗衣粉	kg	0.028	0.030	0.033	0.035
	190003004	螺纹阀门 *DN*20	个	0.009	0.010	0.010	0.010
	170101003	焊接钢管 *DN*20	m	0.057	0.065	0.065	0.065
	172707010	橡胶软管 *DN*20	m	0.027	0.030	0.030	0.030
	860113019	弹簧压力表 Y-100 0～1.6MPa	块	0.009	0.010	0.010	0.010
	860113022	压力表表弯 *DN*15	个	0.009	0.010	0.010	0.010
	012903010	热轧中厚钢板 δ8～15	kg	0.577	0.832	0.949	1.066
	020101001	橡胶板（综合）	kg	0.053	0.060	0.083	0.105
	012100002	角钢（综合）	kg	0.246	0.260	0.268	0.275
	850103006	其他材料费（占材料费）	%	1.000	1.000	1.000	1.000
机械	990401020	载重汽车 5t	台班	0.058	0.076	0.101	0.103
	990900010	电焊机（综合）	台班	0.733	0.855	0.947	1.072
	990919030	电焊条烘干箱 $60\times50\times75cm^3$	台班	0.073	0.086	0.095	0.107
	990920010	电焊条恒温箱	台班	0.073	0.086	0.095	0.107
	991003050	电动空气压缩机 $6m^3/min$	台班	0.021	0.022	0.023	0.025
	990304016	汽车式起重机 16t	台班	0.184	0.223	0.255	0.269

2. 室外钢管（氩电联焊）

工作内容： 调直、切管、坡口、磨口、组对连接、管道及管件安装、焊接、气压试验、空气吹扫等。

计量单位：10m

编号				10-4-28	10-4-29	10-4-30	10-4-31	10-4-32
项目				公称直径（mm 以内）				
				25	32	40	50	65
	名称		单位	消耗量				
人工	000203000	综合二类工	工日	0.760	0.817	0.931	1.017	1.216
材料	170100002	钢管（综合）	m	（9.970）	（9.970）	（10.060）	（10.060）	（10.060）
	180803001	碳钢焊接管件	个	（3.100）	（2.650）	（2.020）	（1.700）	（1.620）
	142909001	氧气	m^3	0.012	0.012	0.012	0.015	0.039
	142907002	乙炔气	kg	0.005	0.005	0.005	0.006	0.015
	031301009	低碳钢焊条 J427（综合）	kg	0.216	0.228	0.235	0.240	0.344
	031303008	碳钢氩弧焊丝	kg	0.142	0.144	0.149	0.152	0.157
	142911001	氩气	m^3	0.397	0.403	0.417	0.426	0.439
	340101003	铈钨棒	g	0.794	0.806	0.834	0.852	0.878
	031101009	尼龙砂轮片 ϕ100	片	0.120	0.147	0.169	0.350	0.493
	031101012	尼龙砂轮片 ϕ400	片	0.031	0.033	0.034	0.035	0.043
	031507018	镀锌铁丝 ϕ2.8～4.0	kg	0.048	0.065	0.069	0.075	0.078
	092705004	碎布	kg	0.100	0.110	0.120	0.140	0.160
	143505006	洗衣粉	kg	0.013	0.014	0.015	0.016	0.018
	190003004	螺纹阀门 *DN*20	个	0.005	0.005	0.007	0.007	0.007
	170101003	焊接钢管 *DN*20	m	0.033	0.033	0.041	0.041	0.041
	172707010	橡胶软管 *DN*20	m	0.015	0.015	0.019	0.019	0.019
	860113019	弹簧压力表 Y-100 0～1.6MPa	块	0.005	0.005	0.007	0.007	0.007
	860113022	压力表表弯 *DN*15	个	0.005	0.005	0.007	0.007	0.007
	012903010	热轧中厚钢板 δ8～15	kg	0.086	0.092	0.099	0.104	0.111
	020101001	橡胶板（综合）	kg	0.021	0.023	0.024	0.026	0.027
	850103006	其他材料费（占材料费）	%	1.000	1.000	1.000	1.000	1.000
机械	990785030	砂轮切割机 ϕ400	台班	0.008	0.009	0.010	0.011	0.012
	990900010	电焊机（综合）	台班	0.132	0.134	0.135	0.137	0.156
	990912010	氩弧焊机 500A	台班	0.150	0.153	0.154	0.156	0.177
	990919030	电焊条烘干箱 60×50×75cm^3	台班	0.013	0.013	0.014	0.014	0.016
	990920010	电焊条恒温箱	台班	0.013	0.013	0.014	0.014	0.016
	991003050	电动空气压缩机 6m^3/min	台班	0.012	0.012	0.013	0.014	0.015
	990401020	载重汽车 5t	台班	—	—	—	0.003	0.004
	990304004	汽车式起重机 8t	台班	—	—	—	0.003	0.004

工作内容： 调直、切管、坡口、磨口、组对连接、管道及管件安装、焊接、气压试验、空气吹扫等。

计量单位：10m

编号				10-4-33	10-4-34	10-4-35	10-4-36	10-4-37
项目				公称直径（mm 以内）				
				80	100	125	150	200
名称			单位	消耗量				
人工	000203000	综合二类工	工日	1.416	1.567	1.843	2.052	2.422
材料	170100002	钢管（综合）	m	（9.980）	（9.980）	（9.980）	（9.800）	（9.800）
材料	180803001	碳钢焊接管件	个	（1.530）	（1.470）	（1.270）	（1.270）	（1.040）
材料	142909001	氧气	m^3	0.381	0.615	0.699	0.858	0.954
材料	142907002	乙炔气	kg	0.147	0.237	0.269	0.330	0.367
材料	031301009	低碳钢焊条 J427（综合）	kg	0.439	0.663	0.837	1.004	1.202
材料	031303008	碳钢氩弧焊丝	kg	0.159	0.163	0.168	0.177	0.202
材料	142911001	氩气	m^3	0.445	0.456	0.470	0.496	0.566
材料	340101003	铈钨棒	g	0.890	0.912	0.940	0.992	1.132
材料	031101009	尼龙砂轮片 ϕ100	片	0.616	0.660	0.852	0.976	1.214
材料	031101012	尼龙砂轮片 ϕ400	片	0.048	0.069	0.073	—	—
材料	031507018	镀锌铁丝 ϕ2.8～4.0	kg	0.080	0.083	0.085	0.089	0.096
材料	092705004	碎布	kg	0.180	0.210	0.240	0.270	0.300
材料	143505006	洗衣粉	kg	0.019	0.021	0.022	0.024	0.026
材料	190003004	螺纹阀门 *DN*20	个	0.008	0.008	0.008	0.009	0.009
材料	170101003	焊接钢管 *DN*20	m	0.049	0.049	0.049	0.057	0.057
材料	172707010	橡胶软管 *DN*20	m	0.023	0.023	0.023	0.027	0.027
材料	860113019	弹簧压力表 Y-100 0～1.6MPa	块	0.008	0.008	0.008	0.009	0.009
材料	860113022	压力表表弯 *DN*15	个	0.008	0.008	0.008	0.009	0.009
材料	012903010	热轧中厚钢板 δ8～15	kg	0.117	0.123	0.182	0.276	0.369
材料	020101001	橡胶板（综合）	kg	0.029	0.030	0.035	0.040	0.045
材料	012100002	角钢（综合）	kg	—	—	—	—	0.237
材料	850103006	其他材料费（占材料费）	%	1.000	1.000	1.000	1.000	1.000
机械	990785030	砂轮切割机 ϕ400	台班	0.013	0.015	0.016	—	—
机械	990900010	电焊机（综合）	台班	0.167	0.253	0.319	0.383	0.459
机械	990912010	氩弧焊机 500A	台班	0.178	0.186	0.202	0.245	0.297
机械	990919030	电焊条烘干箱 60×50×75cm^3	台班	0.017	0.025	0.032	0.038	0.046
机械	990920010	电焊条恒温箱	台班	0.017	0.025	0.032	0.038	0.046
机械	991003050	电动空气压缩机 6m^3/min	台班	0.016	0.017	0.018	0.019	0.020
机械	990401020	载重汽车 5t	台班	0.006	0.013	0.016	0.022	0.040
机械	990304004	汽车式起重机 8t	台班	0.006	0.077	0.083	0.099	0.138

工作内容： 调直、切管、坡口、磨口、组对连接、管道及管件安装、焊接、气压试验、空气吹扫等。

计量单位：10m

编号				10-4-38	10-4-39	10-4-40	10-4-41
项目				公称直径（mm 以内）			
				250	300	350	400
名称			单位	消耗量			
人工	000203000	综合二类工	工日	2.699	3.192	3.601	3.932
材料	170100002	钢管（综合）	m	（9.800）	（9.800）	（9.700）	（9.700）
	180803001	碳钢焊接管件	个	（0.810）	（0.790）	（0.740）	（0.740）
	142909001	氧气	m^3	1.212	1.351	1.695	1.860
	142907002	乙炔气	kg	0.466	0.527	0.652	0.715
	031301009	低碳钢焊条 J427（综合）	kg	2.236	2.607	2.888	3.265
	031303008	碳钢氩弧焊丝	kg	0.213	0.250	0.278	0.316
	142911001	氩气	m^3	0.596	0.700	0.778	0.885
	340101003	铈钨棒	g	1.192	1.400	1.556	1.770
	031507018	镀锌铁丝 ϕ2.8～4.0	kg	0.109	0.135	0.144	0.153
	031101009	尼龙砂轮片 ϕ100	片	1.695	1.994	2.666	3.016
	092705004	碎布	kg	0.350	0.400	0.450	0.510
	143505006	洗衣粉	kg	0.028	0.030	0.033	0.035
	190003004	螺纹阀门 *DN*20	个	0.009	0.010	0.010	0.010
	170101003	焊接钢管 *DN*20	m	0.057	0.065	0.065	0.065
	172707010	橡胶软管 *DN*20	m	0.027	0.030	0.030	0.030
	860113019	弹簧压力表 Y-100 0～1.6MPa	块	0.009	0.010	0.010	0.010
	860113022	压力表表弯 *DN*15	个	0.009	0.010	0.010	0.010
	012903010	热轧中厚钢板 δ8～15	kg	0.577	0.852	0.949	1.066
	020101001	橡胶板（综合）	kg	0.053	0.060	0.083	0.105
	012100002	角钢（综合）	kg	0.246	0.260	0.268	0.275
	850103006	其他材料费（占材料费）	%	1.000	1.000	1.000	1.000
机械	990304016	汽车式起重机 16t	台班	0.184	0.223	0.255	0.269
	990401020	载重汽车 5t	台班	0.058	0.076	0.101	0.103
	990900010	电焊机（综合）	台班	0.619	0.722	0.799	0.904
	990912010	氩弧焊机 500A	台班	0.314	0.368	0.409	0.465
	990919030	电焊条烘干箱 60×50×75cm^3	台班	0.062	0.072	0.080	0.090
	990920010	电焊条恒温箱	台班	0.062	0.072	0.080	0.090
	991003050	电动空气压缩机 6m^3/min	台班	0.021	0.022	0.023	0.025

3. 室内钢管（电弧焊）

工作内容：调直、切管、坡口、磨口、组对连接、管道及管件安装、焊接、气压试验、空气吹扫等。

计量单位：10m

编号				10-4-42	10-4-43	10-4-44	10-4-45	10-4-46	10-4-47
项目				公称直径（mm 以内）					
				25	32	40	50	65	80
名称			单位	消耗量					
人工	000203000	综合二类工	工日	0.994	1.112	1.291	1.470	1.618	1.803
材料	170100002	钢管（综合）	m	（9.970）	（9.920）	（9.920）	（9.920）	（9.920）	（9.920）
	180803001	碳钢焊接管件	个	（4.610）	（4.540）	（4.660）	（4.860）	（4.670）	（3.560）
	142909001	氧气	m^3	0.012	0.012	0.012	0.030	0.081	0.735
	142907002	乙炔气	kg	0.005	0.005	0.005	0.012	0.031	0.283
	031301009	低碳钢焊条 J427（综合）	kg	0.318	0.383	0.518	0.631	1.050	1.192
	031507018	镀锌铁丝 ϕ2.8～4.0	kg	0.048	0.050	0.069	0.075	0.078	0.080
	031541002	锯条（综合）	根	0.261	0.305	0.395	0.514	—	—
	031101009	尼龙砂轮片 ϕ100	片	0.229	0.286	0.397	0.821	1.008	1.136
	031101012	尼龙砂轮片 ϕ400	片	0.046	0.057	0.078	0.101	0.124	0.132
	092705004	碎布	kg	0.100	0.110	0.120	0.140	0.160	0.180
	143505006	洗衣粉	kg	0.013	0.014	0.015	0.016	0.018	0.019
	190003004	螺纹阀门 *DN*20	个	0.005	0.005	0.007	0.007	0.007	0.008
	170101003	焊接钢管 *DN*20	m	0.033	0.033	0.041	0.041	0.041	0.049
	172707010	橡胶软管 *DN*20	m	0.015	0.015	0.019	0.019	0.019	0.023
	860113019	弹簧压力表 Y-100 0～1.6MPa	块	0.005	0.005	0.007	0.007	0.007	0.008
	860113022	压力表表弯 *DN*15	个	0.005	0.005	0.007	0.007	0.007	0.008
	012903010	热轧中厚钢板 δ8～15	kg	0.086	0.092	0.099	0.104	0.111	0.117
	020101001	橡胶板（综合）	kg	0.021	0.023	0.024	0.026	0.027	0.029
	850103006	其他材料费（占材料费）	%	1.000	1.000	1.000	1.000	1.000	1.000
机械	990515010	吊装机械（综合）	台班	0.003	0.004	0.005	0.007	0.009	0.012
	990785030	砂轮切割机 ϕ400	台班	0.012	0.019	0.024	0.026	0.028	0.030
	990900010	电焊机（综合）	台班	0.284	0.316	0.330	0.390	0.453	0.561
	990919030	电焊条烘干箱 60 × 50 × 75cm^3	台班	0.028	0.032	0.033	0.039	0.045	0.056
	990920010	电焊条恒温箱	台班	0.028	0.032	0.033	0.039	0.045	0.056
	991003050	电动空气压缩机 6m^3/min	台班	0.012	0.012	0.013	0.014	0.015	0.016
	990401020	载重汽车 5t	台班	—	—	—	0.003	0.004	0.060

工作内容：调直、切管、坡口、磨口、组对连接、管道及管件安装、焊接、气压试验、空气吹扫等。

计量单位：10m

	编 号			10-4-48	10-4-49	10-4-50	10-4-51	10-4-52	10-4-53
	项 目			公称直径（mm 以内）					
				100	125	150	200	250	300
	名 称		单位	消 耗 量					
人工	000203000	综合二类工	工日	2.044	2.223	2.439	2.878	3.353	3.742
材料	170100002	钢管（综合）	m	（9.920）	（9.920）	（9.660）	（9.660）	（9.660）	（9.660）
	180803001	碳钢焊接管件	个	（2.500）	（2.130）	（1.660）	（1.600）	（1.300）	（1.300）
	142909001	氧气	m^3	0.936	1.011	1.020	1.260	1.572	1.824
	142907002	乙炔气	kg	0.360	0.389	0.392	0.485	0.605	0.702
	031301009	低碳钢焊条 J427（综合）	kg	1.273	1.363	1.625	2.189	3.621	4.319
	031507018	镀锌铁丝 ϕ2.8～4.0	kg	0.083	0.085	0.089	0.096	0.109	0.144
	031101009	尼龙砂轮片 ϕ100	片	1.235	1.285	1.379	1.651	2.287	2.753
	031101012	尼龙砂轮片 ϕ400	片	0.134	0.136	—	—	—	—
	092705004	碎布	kg	0.210	0.240	0.270	0.300	0.350	0.400
	143505006	洗衣粉	kg	0.021	0.022	0.024	0.026	0.028	0.030
	190003004	螺纹阀门 *DN*20	个	0.008	0.008	0.009	0.009	0.009	0.010
	170101003	焊接钢管 *DN*20	m	0.049	0.049	0.057	0.057	0.057	0.065
	172707010	橡胶软管 *DN*20	m	0.023	0.023	0.027	0.027	0.027	0.030
	860113019	弹簧压力表 Y-100 0～1.6MPa	块	0.008	0.008	0.009	0.009	0.009	0.010
	860113022	压力表表弯 *DN*15	个	0.008	0.008	0.009	0.009	0.009	0.010
	012903010	热轧中厚钢板 δ8～15	kg	0.123	0.182	0.276	0.369	0.577	0.832
	020101001	橡胶板（综合）	kg	0.030	0.035	0.040	0.045	0.053	0.060
	012100002	角钢（综合）	kg	—	—	—	0.328	0.337	0.364
	850103006	其他材料费（占材料费）	%	1.000	1.000	1.000	1.000	1.000	1.000
机械	990515010	吊装机械（综合）	台班	0.084	0.117	0.123	0.169	0.239	0.271
	990785030	砂轮切割机 ϕ400	台班	0.032	0.037	—	—	—	—
	990900010	电焊机（综合）	台班	0.589	0.631	0.653	0.838	1.003	1.197
	990919030	电焊条烘干箱 $60\times50\times75cm^3$	台班	0.059	0.063	0.065	0.084	0.100	0.120
	990920010	电焊条恒温箱	台班	0.059	0.063	0.065	0.084	0.100	0.120
	991003050	电动空气压缩机 $6m^3/min$	台班	0.017	0.018	0.019	0.020	0.021	0.022
	990401020	载重汽车 5t	台班	0.013	0.016	0.022	0.040	0.058	0.076

4. 室内钢管（氩电联焊）

工作内容： 调直、切管、坡口、磨口、组对连接、管道及管件安装、焊接、气压试验、空气吹扫等。

计量单位： 10m

编号				10-4-54	10-4-55	10-4-56	10-4-57	10-4-58	10-4-59
项目				公称直径（mm 以内）					
				25	32	40	50	65	80
名称			单位	消耗量					
人工	000203000	综合二类工	工日	1.680	1.873	2.139	2.465	2.710	2.997
材料	170100002	钢管（综合）	m	（9.970）	（9.920）	（9.920）	（9.920）	（9.920）	（9.920）
	180803001	碳钢焊接管件	个	（4.610）	（4.540）	（4.660）	（4.860）	（4.670）	（3.560）
	142909001	氧气	m^3	0.012	0.012	0.012	0.030	0.081	0.735
	142907002	乙炔气	kg	0.005	0.005	0.005	0.012	0.031	0.283
	031301009	低碳钢焊条 J427（综合）	kg	0.499	0.538	0.584	0.609	0.651	0.703
	031303008	碳钢氩弧焊丝	kg	0.205	0.212	0.218	0.221	0.226	0.231
	142911001	氩气	m^3	0.574	0.594	0.610	0.619	0.632	0.647
	340101003	铈钨棒	g	1.148	1.188	1.220	1.238	1.266	1.294
	031507018	镀锌铁丝 ϕ2.8～4.0	kg	0.048	0.050	0.690	0.075	0.078	0.080
	031101012	尼龙砂轮片 ϕ400	片	0.046	0.057	0.078	0.101	0.124	0.132
	031101009	尼龙砂轮片 ϕ100	片	0.229	0.286	0.397	0.821	1.008	1.136
	092705004	碎布	kg	0.100	0.110	0.120	0.140	0.160	0.180
	143505006	洗衣粉	kg	0.013	0.014	0.015	0.016	0.018	0.019
	190003004	螺纹阀门 *DN*20	个	0.005	0.005	0.007	0.007	0.007	0.008
	170101003	焊接钢管 *DN*20	m	0.033	0.033	0.041	0.041	0.041	0.049
	172707010	橡胶软管 *DN*20	m	0.015	0.015	0.019	0.019	0.019	0.023
	860113019	弹簧压力表 Y-100 0～1.6MPa	块	0.005	0.005	0.007	0.007	0.007	0.008
	860113022	压力表表弯 *DN*15	个	0.005	0.005	0.007	0.007	0.007	0.008
	012903010	热轧中厚钢板 δ8～15	kg	0.086	0.092	0.099	0.104	0.111	0.117
	020101001	橡胶板（综合）	kg	0.021	0.023	0.024	0.026	0.027	0.029
	850103006	其他材料费（占材料费）	%	1.000	1.000	1.000	1.000	1.000	1.000
机械	990401020	载重汽车 5t	台班	—	—	—	0.003	0.004	0.006
	990515010	吊装机械（综合）	台班	0.003	0.004	0.005	0.007	0.009	0.012
	990785030	砂轮切割机 ϕ400	台班	0.012	0.019	0.024	0.026	0.028	0.028
	990900010	电焊机（综合）	台班	0.233	0.239	0.260	0.306	0.321	0.332
	990912010	氩弧焊机 500A	台班	0.302	0.313	0.322	0.335	0.350	0.358
	990919030	电焊条烘干箱 60 × 50 × 75cm^3	台班	0.023	0.024	0.026	0.031	0.032	0.033
	990920010	电焊条恒温箱	台班	0.023	0.024	0.026	0.031	0.032	0.033
	991003050	电动空气压缩机 6m^3/min	台班	0.012	0.012	0.013	0.014	0.015	0.016

工作内容： 调直、切管、坡口、磨口、组对连接、管道及管件安装、焊接、气压试验、空气吹扫等。

计量单位： 10m

编号				10-4-60	10-4-61	10-4-62	10-4-63	10-4-64	10-4-65
项目				公称直径（mm 以内）					
				100	125	150	200	250	300
名称			单位	消耗量					
人工	000203000	综合二类工	工日	3.354	3.597	3.910	4.604	5.379	6.006
材料	170100002	钢管（综合）	m	（9.920）	（9.920）	（9.660）	（9.660）	（9.660）	（9.660）
	180803001	碳钢焊接管件	个	（2.500）	（2.130）	（1.660）	（1.600）	（1.300）	（1.300）
	142909001	氧气	m^3	0.936	1.011	1.020	1.260	1.572	1.824
	142907002	乙炔气	kg	0.360	0.389	0.392	0.485	0.605	0.702
	031301009	低碳钢焊条 J427（综合）	kg	0.755	1.185	1.325	1.661	3.057	3.645
	031303008	碳钢氩弧焊丝	kg	0.235	0.247	0.261	0.280	0.292	0.351
	142911001	氩气	m^3	0.658	0.692	0.731	0.784	0.818	0.981
	340101003	铈钨棒	g	1.316	1.384	1.462	1.568	1.636	1.964
	031507018	镀锌铁丝 ϕ2.8～4.0	kg	0.083	0.085	0.089	0.096	0.109	0.144
	031101012	尼龙砂轮片 ϕ400	片	0.134	0.136	—	—	—	—
	031101009	尼龙砂轮片 ϕ100	片	1.235	1.285	1.379	1.651	2.287	2.753
	092705004	碎布	kg	0.210	0.240	0.270	0.300	0.350	0.400
	143505006	洗衣粉	kg	0.021	0.022	0.024	0.026	0.028	0.030
	190003004	螺纹阀门 *DN*20	个	0.008	0.008	0.009	0.009	0.009	0.010
	170101003	焊接钢管 *DN*20	m	0.049	0.049	0.057	0.057	0.057	0.065
	172707010	橡胶软管 *DN*20	m	0.023	0.023	0.027	0.027	0.027	0.030
	860113019	弹簧压力表 Y-100 0～1.6MPa	块	0.008	0.008	0.009	0.009	0.009	0.010
	860113022	压力表表弯 *DN*15	个	0.008	0.008	0.009	0.009	0.009	0.010
	012903010	热轧中厚钢板 δ8～15	kg	0.123	0.182	0.276	0.369	0.577	0.832
	020101001	橡胶板（综合）	kg	0.030	0.035	0.040	0.045	0.053	0.060
	012100002	角钢（综合）	kg	—	—	—	0.328	0.337	0.364
	850103006	其他材料费（占材料费）	%	1.000	1.000	1.000	1.000	1.000	1.000
机械	990401020	载重汽车 5t	台班	0.013	0.016	0.022	0.040	0.058	0.076
	990515010	吊装机械（综合）	台班	0.084	0.117	0.123	0.169	0.239	0.271
	990785030	砂轮切割机 ϕ400	台班	0.032	0.037	—	—	—	—
	990900010	电焊机（综合）	台班	0.356	0.491	0.531	0.635	0.847	1.010
	990912010	氩弧焊机 500A	台班	0.366	0.371	0.382	0.412	0.429	0.515
	990919030	电焊条烘干箱 $60 \times 50 \times 75cm^3$	台班	0.036	0.049	0.053	0.064	0.085	0.101
	990920010	电焊条恒温箱	台班	0.036	0.049	0.053	0.064	0.085	0.101
	991003050	电动空气压缩机 $6m^3/min$	台班	0.017	0.018	0.019	0.020	0.021	0.022

三、不锈钢管安装

1. 室内薄壁不锈钢管（承插氩弧焊）

工作内容：调直、切管、组对连接、管道及管件安装、气压试验、空气吹扫等。 **计量单位：**10m

编号				10-4-66	10-4-67	10-4-68	10-4-69
项目				公称直径（mm 以内）			
				25	32	40	50
名称			单位	消耗量			
人工	000203000	综合二类工	工日	1.431	1.579	1.819	1.993
材料	170703002	薄壁不锈钢管	m	（10.010）	（10.010）	（10.010）	（9.920）
	180525003	薄壁不锈钢管承插氩弧焊管件	个	（5.760）	（5.390）	（5.340）	（5.160）
	142911001	氩气	m^3	0.168	0.218	0.247	0.283
	340101003	铈钨棒	g	0.336	0.436	0.494	0.566
	031101008	树脂砂轮切割片 $\phi400$	片	0.047	0.064	0.073	0.082
	031101009	尼龙砂轮片 $\phi100$	片	0.229	0.292	0.332	0.405
	031507018	镀锌铁丝 $\phi2.8\sim4.0$	kg	0.048	0.050	0.069	0.075
	143315001	丙酮	kg	0.132	0.175	0.205	0.260
	092705004	碎布	kg	0.100	0.110	0.120	0.140
	143505006	洗衣粉	kg	0.013	0.014	0.015	0.016
	190003004	螺纹阀门 *DN*20	个	0.005	0.005	0.007	0.007
	170101003	焊接钢管 *DN*20	m	0.033	0.033	0.041	0.041
	172707010	橡胶软管 *DN*20	m	0.015	0.015	0.019	0.019
	860113019	弹簧压力表 Y-100 0～1.6MPa	块	0.005	0.005	0.007	0.007
	860113022	压力表表弯 *DN*15	个	0.005	0.005	0.007	0.007
	012903010	热轧中厚钢板 δ8～15	kg	0.086	0.092	0.099	0.104
	020101001	橡胶板（综合）	kg	0.021	0.023	0.024	0.026
	031301009	低碳钢焊条 J427（综合）	kg	0.005	0.005	0.007	0.007
	142909001	氧气	m^3	0.012	0.012	0.012	0.015
	142907002	乙炔气	kg	0.005	0.005	0.005	0.006
	850103006	其他材料费（占材料费）	%	1.000	1.000	1.000	1.000
机械	990401020	载重汽车 5t	台班	—	—	—	0.003
	990515010	吊装机械（综合）	台班	0.003	0.004	0.005	0.007
	990785030	砂轮切割机 $\phi400$	台班	0.017	0.023	0.025	0.028
	990900010	电焊机（综合）	台班	0.004	0.004	0.004	0.004
	990912010	氩弧焊机 500A	台班	0.162	0.210	0.238	0.273
	991003050	电动空气压缩机 $6m^3/min$	台班	0.012	0.012	0.013	0.014

工作内容：调直、切管、组对连接、管道及管件安装、气压试验、空气吹扫等。　　　　**计量单位**：10m

编　号				10-4-70	10-4-71	10-4-72
项　目				公称直径（mm 以内）		
				65	80	100
名　称			单位	消　耗　量		
人工	000203000	综合二类工	工日	2.181	2.410	2.691
材料	170703002	薄壁不锈钢管	m	（9.920）	（9.920）	（9.920）
	180525003	薄壁不锈钢管承插氩弧焊管件	个	（4.760）	（3.650）	（2.590）
	142911001	氩气	m^3	0.360	0.374	0.393
	340101003	铈钨棒	g	0.720	0.748	0.786
	031101008	树脂砂轮切割片 ϕ400	片	0.098	0.105	0.116
	031101009	尼龙砂轮片 ϕ100	片	0.517	0.523	0.529
	031507018	镀锌铁丝 ϕ2.8～4.0	kg	0.078	0.080	0.083
	143315001	丙酮	kg	0.337	0.377	0.409
	092705004	碎布	kg	0.160	0.180	0.210
	143505006	洗衣粉	kg	0.018	0.019	0.021
	190003004	螺纹阀门 *DN*20	个	0.007	0.008	0.008
	170101003	焊接钢管 *DN*20	m	0.041	0.049	0.049
	172707010	橡胶软管 *DN*20	m	0.019	0.023	0.023
	860113019	弹簧压力表 Y-100 0～1.6MPa	块	0.007	0.008	0.008
	860113022	压力表表弯 *DN*15	个	0.007	0.008	0.008
	012903010	热轧中厚钢板 δ8～15	kg	0.111	0.117	0.123
	020101001	橡胶板（综合）	kg	0.027	0.029	0.030
	031301009	低碳钢焊条 J427（综合）	kg	0.007	0.008	0.008
	142909001	氧气	m^3	0.015	0.015	0.015
	142907002	乙炔气	kg	0.006	0.006	0.006
	850103006	其他材料费（占材料费）	%	1.000	1.000	1.000
机械	990401020	载重汽车 5t	台班	0.004	0.006	0.013
	990515010	吊装机械（综合）	台班	0.009	0.012	0.020
	990785030	砂轮切割机 ϕ400	台班	0.041	0.051	0.059
	990900010	电焊机（综合）	台班	0.004	0.005	0.005
	990912010	氩弧焊机 500A	台班	0.357	0.362	0.370
	991003050	电动空气压缩机 $6m^3/min$	台班	0.015	0.016	0.017

2. 室内不锈钢管（卡压、卡套连接）

工作内容：调直、切管、管端处理、组对连接、管道及管件安装、气压试验、空气吹扫等。**计量单位：**10m

编号				10-4-73	10-4-74	10-4-75	10-4-76	10-4-77	10-4-78
项目				公称直径（mm 以内）					
				15	20	25	32	40	50
名称			单位	消耗量					
人工	000203000	综合二类工	工日	1.177	1.233	1.343	1.463	1.572	1.744
材料	170703002	薄壁不锈钢管	m	（9.940）	（9.940）	（9.980）	（9.980）	（9.980）	（9.980）
	180509002	不锈钢管卡套管件	个	（11.730）	（9.260）	（8.410）	（7.740）	（7.300）	（7.170）
	031507018	镀锌铁丝 ϕ2.8～4.0	kg	0.040	0.045	0.048	0.050	0.069	0.075
	031101008	树脂砂轮切割片 ϕ400	片	0.072	0.073	0.075	0.089	0.101	0.120
	092705004	碎布	kg	0.080	0.090	0.100	0.110	0.120	0.140
	143505006	洗衣粉	kg	0.011	0.012	0.013	0.014	0.015	0.016
	190003004	螺纹阀门 *DN*20	个	0.005	0.005	0.005	0.005	0.007	0.007
	170101003	焊接钢管 *DN*20	m	0.033	0.033	0.033	0.033	0.041	0.041
	172707010	橡胶软管 *DN*20	m	0.015	0.015	0.015	0.015	0.019	0.019
	860113019	弹簧压力表 Y-100 0～1.6MPa	块	0.005	0.005	0.005	0.005	0.007	0.007
	860113022	压力表表弯 *DN*15	个	0.005	0.005	0.005	0.005	0.007	0.007
	012903010	热轧中厚钢板 δ8～15	kg	0.074	0.080	0.086	0.092	0.099	0.104
	020101001	橡胶板（综合）	kg	0.018	0.020	0.021	0.023	0.024	0.026
	142909001	氧气	m^3	0.009	0.012	0.012	0.012	0.012	0.015
	142907002	乙炔气	kg	0.003	0.005	0.005	0.005	0.005	0.006
	031301009	低碳钢焊条 J427（综合）	kg	0.005	0.005	0.005	0.005	0.007	0.007
	850103006	其他材料费（占材料费）	%	1.000	1.000	1.000	1.000	1.000	1.000
机械	990401020	载重汽车 5t	台班	—	—	—	—	—	0.003
	990515010	吊装机械（综合）	台班	0.002	0.002	0.003	0.004	0.005	0.007
	990785030	砂轮切割机 ϕ400	台班	0.011	0.013	0.017	0.023	0.025	0.028
	990900010	电焊机（综合）	台班	0.004	0.004	0.004	0.004	0.004	0.004
	991003050	电动空气压缩机 $6m^3/min$	台班	0.011	0.011	0.012	0.012	0.013	0.014

四、室内铜管（钎焊）

工作内容：调直、切管、组对连接、管道及管件安装、气压试验、空气吹扫等。 **计量单位：**10m

编号				10-4-79	10-4-80	10-4-81	10-4-82	10-4-83	10-4-84
项目				公称外径（mm 以内）			室内铜管（钎焊）公称外径（mm 以内）		
				18	22	28	35	42	54
名称			单位	消耗量					
人工	000203000	综合二类工	工日	1.156	1.247	1.337	1.399	1.460	1.528
材料	171501001	无缝紫铜管	m	（9.940）	（9.940）	（9.980）	（9.980）	（9.980）	（9.980）
	180725006	铜管钎焊管件	个	（11.610）	（8.560）	（5.760）	（5.390）	（5.340）	（5.160）
	031309001	低银铜磷钎料 BCu91PAg	kg	0.024	0.026	0.039	0.056	0.077	0.104
	142909001	氧气	m^3	0.426	0.443	0.470	0.515	0.634	0.723
	142907002	乙炔气	kg	0.164	0.166	0.180	0.198	0.244	0.278
	031301009	低碳钢焊条 J427（综合）	kg	0.005	0.005	0.005	0.005	0.007	0.007
	031507018	镀锌铁丝 ϕ2.8～4.0	kg	0.040	0.045	0.048	0.050	0.069	0.075
	031101012	尼龙砂轮片 ϕ400	片	0.020	0.023	0.023	0.035	0.040	0.048
	031101009	尼龙砂轮片 ϕ100	片	0.019	0.024	0.024	0.025	0.038	0.046
	031102004	铁砂布（综合）	张	0.136	0.148	0.157	0.173	0.236	0.274
	092705004	碎布	kg	0.080	0.090	0.100	0.110	0.120	0.140
	143505006	洗衣粉	kg	0.011	0.012	0.013	0.014	0.015	0.016
	190003004	螺纹阀门 *DN*20	个	0.005	0.005	0.005	0.005	0.007	0.007
	170101003	焊接钢管 *DN*20	m	0.033	0.033	0.033	0.033	0.041	0.041
	172707010	橡胶软管 *DN*20	m	0.015	0.015	0.015	0.015	0.019	0.019
	860113019	弹簧压力表 Y-100 0～1.6MPa	块	0.005	0.005	0.005	0.005	0.007	0.007
	860113022	压力表表弯 *DN*15	个	0.005	0.005	0.005	0.005	0.007	0.007
	012903010	热轧中厚钢板 δ8～15	kg	0.074	0.080	0.086	0.092	0.099	0.104
	020101001	橡胶板（综合）	kg	0.018	0.020	0.021	0.023	0.024	0.026
	850103006	其他材料费（占材料费）	%	1.000	1.000	1.000	1.000	1.000	1.000
机械	990401020	载重汽车 5t	台班	—	—	—	—	—	0.003
	990515010	吊装机械（综合）	台班	0.002	0.002	0.003	0.004	0.005	0.007
	990785030	砂轮切割机 ϕ400	台班	0.004	0.004	0.008	0.010	0.012	0.016
	990900010	电焊机（综合）	台班	0.004	0.004	0.004	0.004	0.004	0.004
	991003050	电动空气压缩机 $6m^3/min$	台班	0.011	0.011	0.012	0.012	0.013	0.014

五、室外铸铁管（柔性机械接口）

工作内容： 切管、管道及管件安装、组对接口、气压试验、空气吹扫等。 **计量单位：** 10m

编号				10-4-85	10-4-86	10-4-87	10-4-88	10-4-89
项目				公称直径（mm 以内）				
				100	150	200	300	400
名称			单位	消耗量				
人工	000203000	综合二类工	工日	1.349	1.491	1.768	2.270	3.278
材料	171101002	活动法兰铸铁管	m	（9.900）	（9.880）	（9.880）	（9.880）	（9.830）
	180100003	铸铁管柔性机械接口管件	个	（1.670）	（1.470）	（1.240）	（0.990）	（0.940）
	200000002	法兰（综合）	片	（3.940）	（3.720）	（3.470）	（3.190）	（3.110）
	020501002	橡胶圈（综合）	个	（3.979）	（3.757）	（3.505）	（3.222）	（3.141）
	180115001	支撑圈（综合）	套	（3.979）	（3.757）	（3.505）	（3.222）	（3.141）
	142909001	氧气	m^3	0.015	0.018	0.018	0.024	0.030
	142907002	乙炔气	kg	0.006	0.007	0.007	0.009	0.012
	031301009	低碳钢焊条 J427（综合）	kg	0.008	0.009	0.009	0.010	0.010
	140113002	黄油	kg	0.221	0.268	0.319	0.424	0.560
	031507018	镀锌铁丝 ϕ2.8～4.0	kg	0.083	0.089	0.096	0.144	0.153
	092705004	碎布	kg	0.210	0.270	0.300	0.400	0.510
	020905001	塑料布	m^2	0.240	0.328	0.424	0.664	0.944
	143505006	洗衣粉	kg	0.021	0.021	0.028	0.035	0.035
	190003004	螺纹阀门 *DN*20	个	0.008	0.009	0.009	0.010	0.010
	170101003	焊接钢管 *DN*20	m	0.049	0.057	0.057	0.065	0.065
	172707010	橡胶软管 *DN*20	m	0.023	0.027	0.027	0.030	0.030
	860113019	弹簧压力表 Y-100 0～1.6MPa	块	0.008	0.009	0.009	0.010	0.010
	860113022	压力表表弯 *DN*15	个	0.008	0.009	0.009	0.010	0.010
	012903010	热轧中厚钢板 δ8～15	kg	0.123	0.276	0.369	0.832	1.066
	020101001	橡胶板（综合）	kg	0.030	0.040	0.045	0.060	0.105
	850103006	其他材料费（占材料费）	%	1.000	1.000	1.000	1.000	1.000
机械	990304004	汽车式起重机 8t	台班	0.073	0.094	0.131	—	—
	990304016	汽车式起重机 16t	台班	—	—	—	0.234	0.282
	990401020	载重汽车 5t	台班	0.012	0.022	0.040	0.076	0.103
	990795010	液压断管机 500mm	台班	0.021	0.024	0.030	0.039	0.046
	990900010	电焊机（综合）	台班	0.005	0.006	0.006	0.007	0.007
	991003050	电动空气压缩机 $6m^3/min$	台班	0.017	0.019	0.020	0.022	0.025

六、塑料管安装

1. 室外塑料管（热熔连接）

工作内容：切管、组对、熔接、管道及管件安装、气压试验、空气吹扫等。 **计量单位：**10m

编号				10-4-90	10-4-91	10-4-92	10-4-93	10-4-94
项目				公称外径（mm内）				
				50	63	75	90	110
名称			单位	消耗量				
人工	000203000	综合二类工	工日	0.646	0.704	0.806	0.904	1.003
材料	172511003	聚乙烯管	m	（10.130）	（10.130）	（10.120）	（10.120）	（10.120）
	180999009	聚乙烯塑料管热熔管件	个	（3.920）	（3.300）	（2.930）	（2.720）	（2.450）
	143505006	洗衣粉	kg	0.015	0.016	0.018	0.019	0.021
	190003004	螺纹阀门 *DN*20	个	0.007	0.007	0.007	0.008	0.008
	170101003	焊接钢管 *DN*20	m	0.041	0.041	0.041	0.041	0.049
	172707010	橡胶软管 *DN*20	m	0.019	0.019	0.019	0.023	0.023
	860113019	弹簧压力表 Y-100 0～1.6MPa	块	0.007	0.007	0.007	0.008	0.008
	860113022	压力表表弯 *DN*15	个	0.007	0.007	0.007	0.008	0.008
	012903010	热轧中厚钢板 δ8～15	kg	0.099	0.104	0.111	0.117	0.123
	020101001	橡胶板（综合）	kg	0.024	0.026	0.027	0.029	0.030
	142909001	氧气	m^3	0.012	0.015	0.015	0.015	0.015
	142907002	乙炔气	kg	0.005	0.006	0.006	0.006	0.006
	031301009	低碳钢焊条 J427（综合）	kg	0.007	0.007	0.007	0.008	0.008
	850103006	其他材料费（占材料费）	%	1.000	1.000	1.000	1.000	1.000
机械	990706010	木工圆锯机 500mm	台班	0.012	0.017	0.018	0.024	0.030
	990911010	热熔对接焊机 160mm	台班	0.161	0.174	0.195	0.246	0.290
	990900010	电焊机（综合）	台班	0.004	0.004	0.004	0.005	0.005
	991003050	电动空气压缩机 $6m^3/min$	台班	0.013	0.014	0.015	0.016	0.017

工作内容：切管、组对、熔接、管道及管件安装、气压试验、空气吹扫等。 **计量单位：**10m

编号				10-4-95	10-4-96	10-4-97	10-4-98	10-4-99
项目				公称外径（mm 内）				
				160	200	250	315	400
名称			单位	消耗量				
人工	000203000	综合二类工	工日	1.232	1.400	1.594	1.887	2.262
材料	172511003	聚乙烯管	m	（10.120）	（10.150）	（10.150）	（10.150）	（10.150）
	180999009	聚乙烯塑料管热熔管件	个	（2.030）	（1.670）	（1.390）	（1.260）	（1.100）
	143505006	洗衣粉	kg	0.024	0.026	0.028	0.030	0.035
	190003004	螺纹阀门 *DN*20	个	0.009	0.009	0.009	0.010	0.010
	170101003	焊接钢管 *DN*20	m	0.057	0.057	0.057	0.065	0.065
	172707010	橡胶软管 *DN*20	m	0.027	0.027	0.027	0.030	0.030
	860113019	弹簧压力表 Y-100 0～1.6MPa	块	0.009	0.009	0.009	0.010	0.010
	860113022	压力表表弯 *DN*15	个	0.009	0.009	0.009	0.010	0.010
	012903010	热轧中厚钢板 δ8～15	kg	0.276	0.369	0.577	0.832	1.066
	020101001	橡胶板（综合）	kg	0.040	0.045	0.053	0.060	0.105
	142909001	氧气	m^3	0.018	0.018	0.021	0.024	0.030
	142907002	乙炔气	kg	0.007	0.007	0.008	0.009	0.012
	031301009	低碳钢焊条 J427（综合）	kg	0.009	0.009	0.009	0.010	0.010
	850103006	其他材料费（占材料费）	%	1.000	1.000	1.000	1.000	1.000
机械	990401020	载重汽车 5t	台班	0.005	0.012	0.021	0.027	0.036
	990304004	汽车式起重机 8t	台班	0.051	0.057	0.085	0.102	0.114
	990706010	木工圆锯机 500mm	台班	0.040	0.047	0.052	0.059	0.072
	990900010	电焊机（综合）	台班	0.006	0.006	0.006	0.007	0.007
	991003050	电动空气压缩机 $6m^3/min$	台班	0.019	0.020	0.021	0.022	0.025
	990911010	热熔对接焊机 160mm	台班	0.331	—	—	—	—
	990911020	热熔对接焊机 250mm	台班	—	0.419	0.517	—	—
	990911030	热熔对接焊机 630mm	台班	—	—	—	0.664	0.845

2. 室外塑料管（电熔连接）

工作内容： 切管、组对、熔接、管道及管件安装、气压试验、空气吹扫等。 **计量单位：** 10m

编号				10-4-100	10-4-101	10-4-102	10-4-103
项目				公称外径（mm 内）			
				32	40	50	63
名称			单位	消耗量			
人工	000203000	综合二类工	工日	0.506	0.540	0.610	0.666
材料	172511003	聚乙烯管	m	（10.100）	（10.100）	（10.130）	（10.130）
	180999008	聚乙烯塑料管电熔管件	个	（5.980）	（5.390）	（3.880）	（3.340）
	143163001	三氯乙烯	kg	0.001	0.001	0.001	0.002
	143505006	洗衣粉	kg	0.013	0.014	0.015	0.016
	190003004	螺纹阀门 *DN*20	个	0.005	0.005	0.007	0.007
	170101003	焊接钢管 *DN*20	m	0.033	0.033	0.041	0.041
	172707010	橡胶软管 *DN*20	m	0.015	0.015	0.019	0.019
	860113019	弹簧压力表 Y-100 0～1.6MPa	块	0.005	0.005	0.007	0.007
	860113022	压力表表弯 *DN*15	个	0.005	0.005	0.007	0.007
	012903010	热轧中厚钢板 δ8～15	kg	0.086	0.092	0.099	0.104
	020101001	橡胶板（综合）	kg	0.021	0.023	0.024	0.026
	142909001	氧气	m^3	0.012	0.012	0.012	0.015
	142907002	乙炔气	kg	0.005	0.005	0.005	0.006
	031301009	低碳钢焊条 J427（综合）	kg	0.005	0.005	0.007	0.007
	850103006	其他材料费（占材料费）	%	1.000	1.000	1.000	1.000
机械	990706010	木工圆锯机 500mm	台班	0.010	0.011	0.012	0.017
	990921010	电熔焊接机 3.5kW	台班	0.149	0.152	0.158	0.168
	990900010	电焊机（综合）	台班	0.004	0.004	0.004	0.004
	991003050	电动空气压缩机 6m^3/min	台班	0.012	0.012	0.013	0.014

工作内容：切管、组对、熔接、管道及管件安装、气压试验、空气吹扫等。 计量单位：10m

编号				10-4-104	10-4-105	10-4-106
项目				公称外径（mm 内）		
				75	90	110
名称			单位	消耗量		
人工	000203000	综合二类工	工日	0.745	0.823	0.933
材料	172511003	聚乙烯管	m	（10.120）	（10.120）	（10.120）
	180999008	聚乙烯塑料管电熔管件	个	（3.070）	（2.740）	（2.680）
	143163001	三氯乙烯	kg	0.002	0.002	0.002
	143505006	洗衣粉	kg	0.017	0.019	0.021
	190003004	螺纹阀门 *DN*20	个	0.007	0.008	0.008
	170101003	焊接钢管 *DN*20	m	0.041	0.049	0.049
	172707010	橡胶软管 *DN*20	m	0.019	0.023	0.023
	860113019	弹簧压力表 Y-100 0～1.6MPa	块	0.007	0.008	0.008
	860113022	压力表表弯 *DN*15	个	0.007	0.008	0.008
	012903010	热轧中厚钢板 δ8～15	kg	0.111	0.117	0.123
	020101001	橡胶板（综合）	kg	0.027	0.029	0.030
	142909001	氧气	m^3	0.015	0.015	0.015
	142907002	乙炔气	kg	0.006	0.006	0.006
	031301009	低碳钢焊条 J427（综合）	kg	0.007	0.008	0.008
	850103006	其他材料费（占材料费）	%	1.000	1.000	1.000
机械	990706010	木工圆锯机 500mm	台班	0.018	0.024	0.030
	990921010	电熔焊接机 3.5kW	台班	0.179	0.193	0.232
	990900010	电焊机（综合）	台班	0.004	0.005	0.005
	991003050	电动空气压缩机 $6m^3/min$	台班	0.015	0.016	0.017

七、室内铝塑复合管（管件连接）

工作内容： 调直、切管、组对连接、管道及管件安装、气压试验、空气吹扫等。 **计量单位：** 10m

编号				10-4-107	10-4-108	10-4-109
项目				公称外径（mm 内）		
				16	20	25
名称			单位	消耗量		
人工	000203000	综合二类工	工日	0.804	1.013	1.272
材料	172803002	铝塑复合管	m	（9.960）	（9.960）	（9.960）
	181201002	铝塑复合管管件	个	（11.610）	（8.560）	（7.050）
	031541003	钢锯条	条	0.165	0.167	0.175
	143505006	洗衣粉	kg	0.011	0.012	0.013
	190003004	螺纹阀门 *DN*20	个	0.005	0.005	0.005
	170101003	焊接钢管 *DN*20	m	0.033	0.033	0.033
	172707010	橡胶软管 *DN*20	m	0.015	0.015	0.015
	860113019	弹簧压力表 Y-100 0～1.6MPa	块	0.005	0.005	0.005
	860113022	压力表表弯 *DN*15	个	0.005	0.005	0.005
	012903010	热轧中厚钢板 δ8～15	kg	0.074	0.080	0.086
	020101001	橡胶板（综合）	kg	0.018	0.020	0.021
	142909001	氧气	m^3	0.009	0.012	0.012
	142907002	乙炔气	kg	0.003	0.005	0.005
	031301009	低碳钢焊条 J427（综合）	kg	0.005	0.005	0.005
	850103006	其他材料费（占材料费）	%	1.000	1.000	1.000
机械	990900010	电焊机（综合）	台班	0.004	0.004	0.004
	991003050	电动空气压缩机 6m^3/min	台班	0.011	0.011	0.012

工作内容：调直、切管、组对连接、管道及管件安装、气压试验、空气吹扫等。 **计量单位：**10m

编号				10-4-110	10-4-111	10-4-112
项目				室内铝塑复合管（卡套连接）公称外径（mm 内）		
				32	40	50
名称			单位	消耗量		
人工	000203000	综合二类工	工日	1.341	1.548	1.725
材料	172803002	铝塑复合管	m	（9.960）	（9.960）	（9.960）
	181201002	铝塑复合管管件	个	（6.960）	（6.810）	（7.400）
	031541003	钢锯条	条	0.186	0.207	0.226
	143505006	洗衣粉	kg	0.014	0.015	0.016
	190003004	螺纹阀门 *DN*20	个	0.005	0.007	0.007
	170101003	焊接钢管 *DN*20	m	0.033	0.041	0.041
	172707010	橡胶软管 *DN*20	m	0.015	0.019	0.019
	860113019	弹簧压力表 Y-100 0～1.6MPa	块	0.005	0.007	0.007
	860113022	压力表表弯 *DN*15	个	0.005	0.007	0.007
	012903010	热轧中厚钢板 δ8～15	kg	0.092	0.099	0.104
	020101001	橡胶板（综合）	kg	0.023	0.024	0.026
	142909001	氧气	m^3	0.012	0.012	0.015
	142907002	乙炔气	kg	0.005	0.005	0.006
	031301009	低碳钢焊条 J427（综合）	kg	0.005	0.007	0.007
	850103006	其他材料费（占材料费）	%	1.000	1.000	1.000
机械	990900010	电焊机（综合）	台班	0.004	0.004	0.004
	991003050	电动空气压缩机 $6m^3/min$	台班	0.012	0.013	0.014

八、室外管道碰头

1. 钢管碰头不带介质

工作内容：关阀门、停气、原管道切割、三通安装，组对、焊接，检查、清理现场等。 **计量单位：**处

编号				10-4-113	10-4-114	10-4-115	10-4-116	10-4-117	10-4-118
项目				公称直径（mm 以内）					
				50	65	80	100	125	150
名称			单位	消耗量					
人工	000203000	综合二类工	工日	2.624	2.773	2.921	3.118	3.862	4.607
材料	180805001	碳钢三通（综合）	个	（1.000）	（1.000）	（1.000）	（1.000）	（1.000）	（1.000）
	142909001	氧气	m^3	0.084	0.093	0.105	0.153	0.189	0.696
	142907002	乙炔气	kg	0.032	0.036	0.040	0.059	0.073	0.268
	031301009	低碳钢焊条 J427（综合）	kg	0.160	0.275	0.323	0.595	0.734	1.094
	010301007	钢丝 ϕ4.0	kg	0.019	0.019	0.019	0.019	0.019	0.019
	031101009	尼龙砂轮片 ϕ100	片	0.240	0.324	0.389	0.544	0.683	0.976
	031101012	尼龙砂轮片 ϕ400	片	0.062	0.080	0.095	0.148	0.164	—
	092705004	碎布	kg	0.077	0.086	0.092	0.107	0.116	0.122
	850103006	其他材料费（占材料费）	%	1.000	1.000	1.000	1.000	1.000	1.000
机械	990785030	砂轮切割机 ϕ400	台班	0.016	0.018	0.021	0.031	0.038	—
	990401020	载重汽车 5t	台班	0.353	0.425	0.499	0.587	0.655	0.725
	990304004	汽车式起重机 8t	台班	0.005	0.006	0.008	0.038	0.045	0.051
	990900010	电焊机（综合）	台班	0.100	0.162	0.190	0.277	0.342	0.421
	990919030	电焊条烘干箱 $60\times50\times75cm^3$	台班	0.010	0.016	0.019	0.028	0.034	0.042
	990920010	电焊条恒温箱	台班	0.010	0.016	0.019	0.028	0.034	0.042

工作内容：关阀门、停气、原管道切割、三通安装，组对、焊接，检查、清理现场等。 计量单位：处

编号				10-4-119	10-4-120	10-4-121	10-4-122	10-4-123
项目				公称直径（mm 以内）				
				200	250	300	350	400
名称			单位	消耗量				
人工	000203000	综合二类工	工日	5.510	5.913	6.857	7.802	8.748
材料	180805001	碳钢三通（综合）	个	（1.000）	（1.000）	（1.000）	（1.000）	（1.000）
	142909001	氧气	m^3	0.885	1.272	1.500	1.857	2.046
	142907002	乙炔气	kg	0.340	0.489	0.577	0.714	0.787
	031301009	低碳钢焊条 J427（综合）	kg	1.514	2.977	3.550	4.126	4.667
	010301007	钢丝 ϕ4.0	kg	0.019	0.019	0.019	0.019	0.019
	031101009	尼龙砂轮片 ϕ100	片	1.400	2.294	2.761	3.870	4.378
	092705004	碎布	kg	0.147	0.163	0.169	0.178	0.184
	850103006	其他材料费（占材料费）	%	1.000	1.000	1.000	1.000	1.000
机械	990304004	汽车式起重机 8t	台班	0.071	—	—	—	—
	990401020	载重汽车 5t	台班	0.944	1.056	1.170	1.199	1.248
	990900010	电焊机（综合）	台班	0.582	0.827	0.986	1.146	1.297
	990919030	电焊条烘干箱 60×50×75cm³	台班	0.058	0.083	0.099	0.115	0.130
	990920010	电焊条恒温箱	台班	0.058	0.083	0.099	0.115	0.130
	990304016	汽车式起重机 16t	台班	—	0.101	0.114	0.138	0.146

2. 钢管碰头带介质

工作内容：原管道清理除锈、焊接式连接器安装、焊接、开孔、检查、清理现场等。 计量单位：处

编号				10-4-124	10-4-125	10-4-126	10-4-127	10-4-128
项目				支管公称直径（mm 以内）				
				50	80	100	150	200
名称			单位	消耗量				
人工	000203000	综合二类工	工日	2.386	2.655	2.835	4.189	4.990
材料	370717001	焊接式连接器	个	（1.000）	（1.000）	（1.000）	（1.000）	（1.000）
	142909001	氧气	m^3	0.057	0.075	0.108	0.486	0.618
	142907002	乙炔气	kg	0.022	0.029	0.042	0.187	0.238
	031301009	低碳钢焊条 J427（综合）	kg	0.112	0.226	0.416	0.766	1.060
	031101009	尼龙砂轮片 ϕ100	片	0.046	0.070	0.092	0.130	0.218
	340907006	钢丝刷子	把	0.009	0.013	0.016	0.024	0.033
	092705004	碎布	kg	0.009	0.013	0.016	0.024	0.033
	031102005	铁砂布 0#～2#	张	0.065	0.101	0.122	0.180	0.248
	850103006	其他材料费（占材料费）	%	1.000	1.000	1.000	1.000	1.000

续前

编　号				10-4-124	10-4-125	10-4-126	10-4-127	10-4-128
项　目				支管公称直径（mm 以内）				
				50	80	100	150	200
名　称			单位	消　耗　量				
机械	990304004	汽车式起重机 8t	台班	0.005	0.008	0.036	0.049	0.068
	990742010	开孔机 200mm	台班	0.195	0.216	0.230	0.340	0.437
	990401020	载重汽车 5t	台班	0.336	0.475	0.559	0.690	0.899
	990900010	电焊机（综合）	台班	0.070	0.133	0.194	0.295	0.407
	990919030	电焊条烘干箱 $60 \times 50 \times 75cm^3$	台班	0.007	0.013	0.019	0.030	0.041
	990920010	电焊条恒温箱	台班	0.007	0.013	0.019	0.030	0.041

工作内容：原管道清理除锈、焊接式连接器安装、焊接、开孔、检查、清理现场等。　　**计量单位：**处

编　号				10-4-129	10-4-130	10-4-131	10-4-132
项　目				支管公称直径（mm 以内）			
				250	300	350	400
名　称			单位	消　耗　量			
人工	000203000	综合二类工	工日	5.374	6.234	7.093	7.952
材料	370717001	焊接式连接器	个	（1.000）	（1.000）	（1.000）	（1.000）
	142909001	氧气	m^3	0.891	1.050	1.299	1.434
	142907002	乙炔气	kg	0.343	0.404	0.500	0.552
	031301009	低碳钢焊条 J427（综合）	kg	2.084	2.485	2.888	3.267
	031101009	尼龙砂轮片 $\phi100$	片	0.305	0.370	0.434	0.495
	340907006	钢丝刷子	把	0.041	0.049	0.056	0.064
	092705004	碎布	kg	0.041	0.049	0.056	0.064
	031102005	铁砂布 0#～2#	张	0.309	0.367	0.426	0.482
	850103006	其他材料费（占材料费）	%	1.000	1.000	1.000	1.000
机械	990401020	载重汽车 5t	台班	1.005	1.114	1.142	1.189
	990304016	汽车式起重机 16t	台班	0.096	0.109	0.131	0.139
	990742020	开孔机 400mm	台班	0.447	0.459	0.470	0.481
	990900010	电焊机（综合）	台班	0.579	0.690	0.802	0.908
	990919030	电焊条烘干箱 $60 \times 50 \times 75cm^3$	台班	0.058	0.069	0.080	0.091
	990920010	电焊条恒温箱	台班	0.058	0.069	0.080	0.091

3. 铸铁管碰头不带介质

工作内容：关阀门、停气、原管道切割、短管与管件安装，检查、清理现场等。 **计量单位：**处

编号				10-4-133	10-4-134	10-4-135	10-4-136	10-4-137
项目				公称直径（mm 以内）				
				100	150	200	300	400
名称			单位	消耗量				
人工	000203000	综合二类工	工日	3.571	5.277	6.288	7.855	10.019
材料	171101008	铸铁管	m	（3.090）	（3.090）	（3.090）	（3.090）	（3.090）
	180103011	铸铁三通	个	（1.000）	（1.000）	（1.000）	（1.000）	（1.000）
	183131002	铸铁套筒	个	（2.000）	（2.000）	（2.000）	（2.000）	（2.000）
	202105001	压兰	片	（7.070）	（7.070）	（7.070）	（7.070）	（7.070）
	020501002	橡胶圈（综合）	个	（7.070）	（7.070）	（7.070）	（7.070）	（7.070）
	180115001	支撑圈（综合）	套	（7.070）	（7.070）	（7.070）	（7.070）	（7.070）
	140113002	黄油	kg	0.392	0.504	0.644	0.931	1.260
	031507018	镀锌铁丝 ϕ2.8～4.0	kg	0.057	0.061	0.066	0.079	0.092
	092705004	碎布	kg	0.150	0.168	0.204	0.234	0.252
	020905001	塑料布	m^2	0.144	0.197	0.254	0.398	0.566
	850103006	其他材料费（占材料费）	%	1.000	1.000	1.000	1.000	1.000
机械	990304004	汽车式起重机 8t	台班	0.059	0.078	0.110	—	—
	990304016	汽车式起重机 16t	台班	—	—	—	0.176	0.224
	990401020	载重汽车 5t	台班	0.717	0.887	1.155	1.431	1.526
	990795010	液压断管机 500mm	台班	0.040	0.050	0.071	0.108	0.132

4. 铸铁管碰头带介质

工作内容：原管道清理、机械式连接器安装、连接、开孔、检查、清理现场等。 **计量单位：**处

编号				10-4-138	10-4-139	10-4-140	10-4-141	10-4-142
项目				公称直径（mm 以内）				
				100	150	200	300	400
名称			单位	消耗量				
人工	000203000	综合二类工	工日	2.976	4.399	5.240	6.546	8.349
材料	370717002	机械式连接器	个	（1.000）	（1.000）	（1.000）	（1.000）	（1.000）
	203307001	氟丁腈橡胶垫片	片	1.010	1.010	1.010	1.010	1.010
	140113001	黄干油	kg	0.155	0.163	0.208	0.333	0.360
	340907006	钢丝刷子	把	0.016	0.024	0.033	0.049	0.064
	092705004	碎布	kg	0.016	0.024	0.033	0.049	0.064
	031102005	铁砂布 0#～2#	张	0.122	0.180	0.248	0.367	0.482
	850103006	其他材料费（占材料费）	%	1.000	1.000	1.000	1.000	1.000
机械	990304004	汽车式起重机 8t	台班	0.039	0.052	0.073	—	—
	990742010	开孔机 200mm	台班	0.237	0.350	0.450	—	—
	990304016	汽车式起重机 16t	台班	—	—	—	0.117	0.149
	990742020	开孔机 400mm	台班	—	—	—	0.473	0.495
	990401020	载重汽车 5t	台班	0.598	0.739	0.962	1.193	1.272

5. 塑料管碰头不带介质

工作内容：关阀门、停气、原管道切割、短管、三通安装，组对、焊接，检查、清理现场等。**计量单位：**处

编号				10-4-143	10-4-144	10-4-145	10-4-146
项目				公称外径（mm 以内）			
				90	110	160	200
名称			单位	消耗量			
人工	000203000	综合二类工	工日	2.071	2.210	3.267	3.894
材料	183129003	电熔套筒	个	（2.000）	（2.000）	（2.000）	（2.000）
	180901002	热熔三通	个	（1.000）	（1.000）	（1.000）	（1.000）
	143163001	三氯乙烯	kg	0.002	0.002	0.002	0.002
	850103006	其他材料费（占材料费）	%	1.000	1.000	1.000	1.000
机械	990911010	热熔对接焊机 160mm	台班	0.120	0.135	0.180	—
	990401020	载重汽车 5t	台班	0.471	0.554	0.685	0.891
	990921010	电熔焊接机 3.5kW	台班	0.254	0.308	0.428	0.546
	990911020	热熔对接焊机 250mm	台班	—	—	—	0.225
	990706010	木工圆锯机 500mm	台班	0.038	0.046	0.081	0.092

工作内容：关阀门、停气、原管道切割、短管、三通安装，组对、焊接，检查、清理现场等。**计量单位：**处

编号				10-4-147	10-4-148	10-4-149
项目				公称外径（mm 以内）		
				250	315	400
名称			单位	消耗量		
人工	000203000	综合二类工	工日	4.193	4.862	6.203
材料	183129003	电熔套筒	个	（2.000）	（2.000）	（2.000）
	180901002	热熔三通	个	（1.000）	（1.000）	（1.000）
	143163001	三氯乙烯	kg	0.003	0.003	0.003
	850103006	其他材料费（占材料费）	%	1.000	1.000	1.000
机械	990401020	载重汽车 5t	台班	0.996	1.105	1.179
	990921010	电熔焊接机 3.5kW	台班	0.713	0.727	0.911
	990911020	热熔对接焊机 250mm	台班	0.263	—	—
	990911030	热熔对接焊机 630mm	台班	—	0.300	0.375
	990706010	木工圆锯机 500mm	台班	0.115	0.129	0.184

6. 塑料管碰头带介质

工作内容：外观检查、清理，管件安装、固定、电熔焊接，开孔，清理现场等。 **计量单位：**处

编号				10-4-150	10-4-151	10-4-152
项目				支管公称外径（mm 以内）		
				50	63	90
名称			单位	消耗量		
人工	000203000	综合二类工	工日	1.670	1.764	1.859
材料	290661001	电熔鞍型带压接头	个	（1.000）	（1.000）	（1.000）
	183129003	电熔套筒	个	（1.000）	（1.000）	（1.000）
	850103006	其他材料费（占材料费）	%	1.000	1.000	1.000
机械	990921010	电熔焊接机 3.5kW	台班	0.121	0.148	0.191
	990401020	载重汽车 5t	台班	0.235	0.285	0.333

九、氮 气 置 换

工作内容：准备工具材料、装拆临时管线仪表、制堵盲板、充放检测氮气等。 **计量单位：**100m

编号				10-4-153	10-4-154	10-4-155	10-4-156	10-4-157
项目				公称直径（mm 以内）				
				50	65	80	100	150
名称			单位	消耗量				
人工	000203000	综合二类工	工日	1.474	1.559	1.643	1.756	1.992
材料	142913002	氮气	m^3	0.295	0.498	0.754	1.178	2.651
	142909001	氧气	m^3	0.030	0.030	0.030	0.030	0.036
	142907001	乙炔气	m^3	0.012	0.012	0.012	0.012	0.014
	031301009	低碳钢焊条 J427（综合）	kg	0.014	0.014	0.016	0.016	0.018
	012903010	热轧中厚钢板 δ8～15	kg	0.208	0.222	0.234	0.246	0.552
	020101001	橡胶板（综合）	kg	0.052	0.054	0.058	0.060	0.080
	190003004	螺纹阀门 *DN*20	个	0.014	0.014	0.016	0.016	0.018
	170101003	焊接钢管 *DN*20	m	0.082	0.082	0.098	0.098	0.114
	860113019	弹簧压力表 Y-100 0～1.6MPa	块	0.014	0.014	0.016	0.016	0.018
	860113022	压力表表弯 *DN*15	个	0.014	0.014	0.016	0.016	0.018
	850103006	其他材料费（占材料费）	%	1.000	1.000	1.000	1.000	1.000
机械	990401020	载重汽车 5t	台班	0.179	0.202	0.227	0.251	0.298
	990900010	电焊机（综合）	台班	0.008	0.008	0.010	0.010	0.012

工作内容：准备工具材料、装拆临时管线仪表、制堵盲板、充放检测氮气等。 **计量单位：**100m

编号				10-4-158	10-4-159	10-4-160	10-4-161	10-4-162
项目				公称直径（mm 以内）				
				200	250	300	350	400
名称			单位	消耗量				
人工	000203000	综合二类工	工日	2.165	2.368	2.602	2.901	3.339
材料	142913002	氮气	m^3	4.712	7.363	10.603	14.432	18.850
	142909001	氧气	m^3	0.036	0.042	0.048	0.054	0.060
	142907001	乙炔气	m^3	0.014	0.016	0.018	0.021	0.023
	031301009	低碳钢焊条 J427（综合）	kg	0.018	0.018	0.020	0.020	0.020
	012903010	热轧中厚钢板 δ8～15	kg	0.738	1.154	1.664	1.898	2.132
	020101001	橡胶板（综合）	kg	0.090	0.106	0.120	0.166	0.210
	190003004	螺纹阀门 *DN*20	个	0.018	0.018	0.020	0.020	0.020
	170101003	焊接钢管 *DN*20	m	0.114	0.114	0.130	0.130	0.130
	860113019	弹簧压力表 Y-100 0～1.6MPa	块	0.018	0.018	0.020	0.020	0.020
	860113022	压力表表弯 *DN*15	个	0.018	0.018	0.020	0.020	0.020
	850103006	其他材料费（占材料费）	%	1.000	1.000	1.000	1.000	1.000
机械	990401020	载重汽车 5t	台班	0.358	0.391	0.429	0.476	0.548
	990900010	电焊机（综合）	台班	0.012	0.012	0.014	0.014	0.014

十、警示带、示踪线、地面警示标志桩安装

工作内容：警示带敷设；示踪线敷设、捆扎、锡焊连接、示踪线连接；警示标志桩定位、开挖、回填、安装等。 **计量单位：**见表

编号				10-4-163	10-4-164	10-4-165
项目				警示带敷设	示踪线安装	地面警示标志桩安装
单位				100m		10 个
名称			单位	消耗量		
人工	000203000	综合二类工	工日	0.238	0.476	2.860
材料	362115002	警示带	m	（105.000）	—	—
	284307001	示踪线	m	—	（105.000）	—
	362117001	地面警示标志桩	个	—	—	（10.100）
	144303018	塑料粘胶带（综合）	盘	—	1.200	—
	031102005	铁砂布 $0^{\#}$～$2^{\#}$	张	—	1.000	—
	031303019	焊锡丝（综合）	kg	—	0.040	—
	031305003	焊锡膏	kg	—	0.020	—
	040100006	水泥 42.5	kg	—	—	12.000
	040301001	中砂	m^3	—	—	0.020
	040501011	碎石 20～40	m^3	—	—	0.033
	341101001	水	m^3	—	—	0.010
	850103006	其他材料费（占材料费）	%	1.000	1.000	1.000
机械	990401020	载重汽车 5t	台班	—	—	0.200

第五章

管 道 附 件

第五章

补偿教育

说　明

一、本章内容包括螺纹阀门、法兰阀门、塑料阀门、沟槽阀门、法兰、减压器、疏水器、除污器、水表、热量表、倒流防止器、水锤消除器、补偿器、软接头（软管）、塑料排水管消声器、浮标液面计、浮标水位标尺等安装。

二、阀门安装项目均综合考虑了标准规范要求的壳体压力试验和密封试验工作内容。若采用气压试验时，除安装项目中的人工外，材料、机械乘以系数 1.30。

三、螺纹三通阀安装，应执行螺纹阀门安装相应项目乘以系数 1.30。

四、安全阀安装后进行压力调整的，其人工乘以系数 2.00。

五、电磁阀、温控阀安装项目均包括了配合调试工作内容，不得重复计算。

六、螺纹阀门配套的连接件，如与设计选用材质不同时，可按实进行调整。

七、各种法兰阀门、法兰式附件安装项目中均不包括法兰安装，只包括一个垫片和一副法兰用螺栓的安装费，螺栓本身价格应按实际用量加 3%损耗计算，法兰安装应按相应项目另行计算。

八、各种法兰安装项目中，只包括一个垫片和一副法兰用螺栓的安装费，螺栓本身价格应按实际用量加 3%损耗另行计算；各种法兰连接用垫片均按石棉橡胶板考虑，如实际要求采用其他材质可按实调整。

九、对夹式蝶阀安装在套用与其连接的法兰安装项目时，应将法兰安装项目中的螺栓按双头螺栓计算。

十、浮球阀安装已包括了联杆及浮球的安装。

十一、减压器、疏水器安装均按组成安装考虑。疏水器组成安装未包括止回阀安装，若安装止回阀应执行阀门安装相应项目。单独安装减压器、疏水器时执行阀门安装相应项目。

十二、除污器组成安装适用于立式、卧式和旋流式除污器组成安装。单个过滤器安装执行阀门安装相应项目人工乘以系数 1.20。

十三、螺纹水表单个安装项目中，不包括水表前的阀门安装。

十四、法兰水表（带旁通管）组成安装中三通、弯头均按成品管件考虑。

十五、热水采暖入口成套热量表包括热量表、差压控制阀、压力传感器、温度传感器、积分仪。户用成套热量表包括热量表、温度传感器、积分仪。实际组成与本章安装项目不同时，阀门及过滤器数量可按实调整，其余不变。

十六、本章成组安装项目已包括标准设计图集中的旁通管的安装，旁通连接管所占长度不再另计管道工程量。

十七、本章器具组成安装均分别依据现行相关标准图集编制的，其中连接管、管件均按钢制管道、管件及附件考虑。如实际采用其他材质组成安装的，则按相应项目分别计算。如实际组成与本项目不同时，法兰、阀门等附件安装应按相应项目分别计算或调整。

十八、补偿器项目包括方形补偿器制作安装和焊接式、法兰式成品补偿器安装；成品补偿器包括球形、填料式、波纹式补偿器。补偿器安装项目中包括就位前进行预拉（压）工作。

十九、法兰式软接头安装适用于法兰式橡胶及金属挠性接头安装。

二十、真空破坏器安装，应执行水锤消除器安装相应项目。

二十一、本章所有安装项目均不包括支架的制作安装，发生时应执行第十章相应项目。

工程量计算规则

一、各种阀门、补偿器、软接头、螺纹水表、水锤消除器，均应按照不同连接方式、公称直径，按设计图示数量，分别以“个”为计量单位。

二、减压器、疏水器、水表、倒流防止器、热量表成组安装，应区分不同组成结构、连接方式、公称直径，按设计图示数量，分别以“组”为计量单位。减压器安装应按高压侧的直径计算。

三、卡紧式软管安装应区分不同管径，按设计图示数量，分别以“根”为计量单位。

四、法兰安装应区分不同公称直径，按设计图示数量，分别以“副”为计量单位。

五、浮标液面计、浮漂水位标尺安装应区分不同的型号，按设计图示数量，分别以“组”为计量单位。

一、螺纹阀门安装

1. 螺 纹 阀 门

工作内容：切管、套丝、阀门连接、水压试验等。 **计量单位：**个

编 号				10-5-1	10-5-2	10-5-3	10-5-4	10-5-5
项 目				公称直径（mm 以内）				
				15	20	25	32	40
名 称			单位	消 耗 量				
人工	000203000	综合二类工	工日	0.077	0.085	0.099	0.126	0.198
材料	190003002	螺纹阀门（综合）	个	（1.010）	（1.010）	（1.010）	（1.010）	（1.010）
	181603006	黑玛钢活接头 *DN*40	个	—	—	—	—	1.010
	181603015	黑玛钢六角内接头 *DN*40	个	—	—	—	—	0.808
	020101001	橡胶板（综合）	kg	0.002	0.003	0.004	0.006	0.008
	340203008	聚四氟乙烯生料带 宽 20	m	1.130	1.507	1.884	2.412	3.014
	031101012	尼龙砂轮片 ϕ400	片	0.008	0.008	0.010	0.015	0.019
	140303001	机油（综合）	kg	0.007	0.009	0.010	0.013	0.017
	341101001	水	m^3	0.001	0.001	0.001	0.001	0.001
	142909001	氧气	m^3	0.033	0.042	0.048	0.060	0.084
	142907002	乙炔气	kg	0.013	0.016	0.018	0.023	0.032
	031301009	低碳钢焊条 J427（综合）	kg	0.041	0.050	0.059	0.065	0.089
	012903014	热轧中厚钢板 δ12～20	kg	0.021	0.026	0.031	0.043	0.065
	170201001	无缝钢管 *D*22×2	m	0.003	0.003	0.003	0.003	0.003
	171915005	输水软管 ϕ25	m	0.006	0.006	0.006	0.006	0.006
	190003003	螺纹阀门 *DN*15	个	0.006	0.006	0.006	0.006	0.006
	860113022	压力表表弯 *DN*15	个	0.006	0.006	0.006	0.006	0.006
	860113019	弹簧压力表 Y-100 0～1.6MPa	块	0.006	0.006	0.006	0.006	0.006
	181603002	黑玛钢活接头 *DN*15	个	1.010	—	—	—	—
	181603011	黑玛钢六角内接头 *DN*15	个	0.808	—	—	—	—
	181603003	黑玛钢活接头 *DN*20	个	—	1.010	—	—	—
	181603012	黑玛钢六角内接头 *DN*20	个	—	0.808	—	—	—
	181603004	黑玛钢活接头 *DN*25	个	—	—	1.010	—	—
	181603013	黑玛钢六角内接头 *DN*25	个	—	—	0.808	—	—
	181603005	黑玛钢活接头 *DN*32	个	—	—	—	1.010	—
	181603014	黑玛钢六角内接头 *DN*32	个	—	—	—	0.808	—
	850103006	其他材料费（占材料费）	%	1.000	1.000	1.000	1.000	1.000
机械	990785030	砂轮切割机 ϕ400	台班	0.002	0.002	0.003	0.005	0.005
	990748010	管子切断套丝机 159mm	台班	0.012	0.016	0.020	0.026	0.033
	990900010	电焊机（综合）	台班	0.007	0.008	0.009	0.012	0.014
	990813010	试压泵 3MPa	台班	0.006	0.006	0.006	0.006	0.006

工作内容：切管、套丝、阀门连接、水压试验等。　　　　**计量单位：**个

编号				10-5-6	10-5-7	10-5-8	10-5-9
项目				公称直径（mm 以内）			
				50	65	80	100
名称			单位	消耗量			
人工	000203000	综合二类工	工日	0.257	0.340	0.500	0.940
材料	190003002	螺纹阀门（综合）	个	（1.010）	（1.010）	（1.010）	（1.010）
	020101001	橡胶板（综合）	kg	0.010	0.016	0.022	0.026
	340203008	聚四氟乙烯生料带 宽 20	m	3.768	4.898	6.029	7.536
	031101012	尼龙砂轮片 ϕ400	片	0.026	0.034	0.045	0.057
	140303001	机油（综合）	kg	0.021	0.029	0.032	0.040
	341101001	水	m^3	0.001	0.001	0.001	0.001
	142909001	氧气	m^3	0.099	0.114	0.126	0.195
	142907002	乙炔气	kg	0.038	0.043	0.049	0.075
	031301009	低碳钢焊条 J427（综合）	kg	0.122	0.132	0.140	0.157
	012903014	热轧中厚钢板 δ12～20	kg	0.105	0.190	0.238	0.313
	170201001	无缝钢管 $D22\times2$	m	0.008	0.008	0.008	0.010
	171915005	输水软管 ϕ25	m	0.016	0.016	0.016	0.019
	190003003	螺纹阀门 *DN*15	个	0.016	0.016	0.016	0.019
	860113022	压力表表弯 *DN*15	个	0.016	0.016	0.016	0.019
	860113019	弹簧压力表 Y-100 0～1.6MPa	块	0.016	0.016	0.016	0.019
	181603007	黑玛钢活接头 *DN*50	个	1.010	—	—	—
	181603016	黑玛钢六角内接头 *DN*50	个	0.808	—	—	—
	181603008	黑玛钢活接头 *DN*65	个	—	1.010	—	—
	181603017	黑玛钢六角内接头 *DN*65	个	—	0.808	—	—
	181603009	黑玛钢活接头 *DN*80	个	—	—	1.010	—
	181603018	黑玛钢六角内接头 *DN*80	个	—	—	0.808	—
	181603010	黑玛钢活接头 *DN*100	个	—	—	—	1.010
	181603019	黑玛钢六角内接头 *DN*100	个	—	—	—	0.808
	850103006	其他材料费（占材料费）	%	1.000	1.000	1.000	1.000
机械	990515010	吊装机械（综合）	台班	—	—	—	0.013
	990785030	砂轮切割机 ϕ400	台班	0.006	0.007	0.010	0.013
	990748010	管子切断套丝机 159mm	台班	0.038	0.050	0.064	0.079
	990900010	电焊机（综合）	台班	0.017	0.020	0.024	0.029
	990813010	试压泵 3MPa	台班	0.016	0.024	0.024	0.029

2. 螺纹电磁阀

工作内容：切管、套丝、阀门连接、试压检查、配合调试等。 计量单位：个

编号				10-5-10	10-5-11	10-5-12	10-5-13	10-5-14
项目				公称直径（mm 以内）				
				15	20	25	32	40
名称			单位	消耗量				
人工	000203000	综合二类工	工日	0.085	0.094	0.108	0.144	0.225
材料	192809002	螺纹电磁阀门	个	（1.000）	（1.000）	（1.000）	（1.000）	（1.000）
	340203008	聚四氟乙烯生料带 宽 20	m	0.568	0.752	0.944	1.208	1.504
	031101012	尼龙砂轮片 $\phi400$	片	0.008	0.010	0.010	0.015	0.019
	140303001	机油（综合）	kg	0.007	0.009	0.010	0.013	0.017
	850103006	其他材料费（占材料费）	%	1.000	1.000	1.000	1.000	1.000
机械	990785030	砂轮切割机 $\phi400$	台班	0.002	0.004	0.004	0.005	0.006
	990748010	管子切断套丝机 159mm	台班	0.012	0.016	0.020	0.026	0.033

工作内容：切管、套丝、阀门连接、试压检查、配合调试等。 计量单位：个

编号				10-5-15	10-5-16	10-5-17	10-5-18
项目				公称直径（mm 以内）			
				50	65	80	100
名称			单位	消耗量			
人工	000203000	综合二类工	工日	0.276	0.380	0.540	1.030
材料	192809002	螺纹电磁阀门	个	（1.000）	（1.000）	（1.000）	（1.000）
	340203008	聚四氟乙烯生料带 宽 20	m	1.888	2.448	3.016	3.768
	031101012	尼龙砂轮片 $\phi400$	片	0.026	0.034	0.045	0.057
	140303001	机油（综合）	kg	0.021	0.029	0.032	0.040
	850103006	其他材料费（占材料费）	%	1.000	1.000	1.000	1.000
机械	990515010	吊装机械（综合）	台班	—	—	—	0.013
	990785030	砂轮切割机 $\phi400$	台班	0.008	0.007	0.010	0.013
	990748010	管子切断套丝机 159mm	台班	0.041	0.052	0.064	0.079

3. 螺纹浮球阀

工作内容：切管、套丝、阀门连接、试压检查等。 计量单位：个

编号				10-5-19	10-5-20	10-5-21	10-5-22	10-5-23
项目				公称直径（mm 以内）				
				15	20	25	32	40
名称			单位	消耗量				
人工	000203000	综合二类工	工日	0.077	0.085	0.099	0.126	0.171
材料	193703001	螺纹浮球阀	个	（1.010）	（1.010）	（1.010）	（1.010）	（1.010）
	182519017	黑玛钢管箍 *DN*15	个	1.010	—	—	—	—
	182519018	黑玛钢管箍 *DN*20	个	—	1.010	—	—	—
	182519019	黑玛钢管箍 *DN*25	个	—	—	1.010	—	—
	182519020	黑玛钢管箍 *DN*32	个	—	—	—	1.010	—
	182519021	黑玛钢管箍 *DN*40	个	—	—	—	—	1.010
	340203008	聚四氟乙烯生料带 宽 20	m	0.568	0.752	0.944	1.208	1.504
	031101012	尼龙砂轮片 ϕ400	片	0.008	0.010	0.010	0.015	0.019
	140303001	机油（综合）	kg	0.003	0.004	0.005	0.007	0.008
	850103006	其他材料费（占材料费）	%	1.000	1.000	1.000	1.000	1.000
机械	990785030	砂轮切割机 ϕ400	台班	0.002	0.004	0.004	0.005	0.006
	990748010	管子切断套丝机 159mm	台班	0.006	0.008	0.010	0.013	0.016

工作内容：切管、套丝、阀门连接、试压检查等。 计量单位：个

编号				10-5-24	10-5-25	10-5-26	10-5-27
项目				公称直径（mm 以内）			
				50	65	80	100
名称			单位	消耗量			
人工	000203000	综合二类工	工日	0.228	0.330	0.450	0.720
材料	193703001	螺纹浮球阀	个	（1.010）	（1.010）	（1.010）	（1.010）
	340203008	聚四氟乙烯生料带 宽 20	m	1.888	2.448	3.016	3.768
	031101012	尼龙砂轮片 ϕ400	片	0.026	0.034	0.045	0.057
	140303001	机油（综合）	kg	0.021	0.014	0.016	0.020
	182519022	黑玛钢管箍 *DN*50	个	1.010	—	—	—
	182519023	黑玛钢管箍 *DN*65	个	—	1.010	—	—
	182519024	黑玛钢管箍 *DN*80	个	—	—	1.010	—
	182519025	黑玛钢管箍 *DN*100	个	—	—	—	1.010
	850103006	其他材料费（占材料费）	%	1.000	1.000	1.000	1.000
机械	990515010	吊装机械（综合）	台班	—	—	—	0.007
	990785030	砂轮切割机 ϕ400	台班	0.008	0.007	0.010	0.013
	990748010	管子切断套丝机 159mm	台班	0.041	0.026	0.032	0.040

4. 自动排气阀

工作内容：切管、套丝、排气阀安装、试压检查等。　　计量单位：个

编号				10-5-28	10-5-29	10-5-30
项目				公称直径（mm 以内）		
				15	20	25
名称			单位	消耗量		
人工	000203000	综合二类工	工日	0.102	0.110	0.128
材料	194101001	自动排气阀	个	（1.000）	（1.000）	（1.000）
	182519017	黑玛钢管箍 *DN*15	个	1.010	—	—
	181603011	黑玛钢六角内接头 *DN*15	个	1.010	—	—
	180107001	黑玛钢弯头 *DN*15	个	1.010	—	—
	340203008	聚四氟乙烯生料带 宽 20	m	0.836	1.056	1.328
	031101012	尼龙砂轮片 ϕ400	片	0.008	0.012	0.012
	140303001	机油（综合）	kg	0.006	0.007	0.008
	182519018	黑玛钢管箍 *DN*20	个	—	1.010	—
	181603012	黑玛钢六角内接头 *DN*20	个	—	1.010	—
	180107002	黑玛钢弯头 *DN*20	个	—	1.010	—
	182519019	黑玛钢管箍 *DN*25	个	—	—	1.010
	181603013	黑玛钢六角内接头 *DN*25	个	—	—	1.010
	180107003	黑玛钢弯头 *DN*25	个	—	—	1.010
	142909001	氧气	m^3	—	—	0.012
	142907002	乙炔气	kg	—	—	0.004
	850103006	其他材料费（占材料费）	%	1.000	1.000	1.000
机械	990785030	砂轮切割机 ϕ400	台班	0.002	0.002	0.003
	990748010	管子切断套丝机 159mm	台班	0.004	0.005	0.005

5. 散热器温控阀

工作内容：切管、套丝、阀门连接、试压检查等。　　计量单位：个

编号				10-5-31	10-5-32	10-5-33
项目				公称直径（mm 以内）		
				15	20	25
名称			单位	消耗量		
人工	000203000	综合二类工	工日	0.085	0.094	0.108
材料	221301001	散热器温控阀	个	（1.000）	（1.000）	（1.000）
	340203008	聚四氟乙烯生料带 宽 20	m	0.568	0.752	0.944
	031101012	尼龙砂轮片 ϕ400	片	0.008	0.010	0.012
	140303001	机油（综合）	kg	0.007	0.009	0.010
	850103006	其他材料费（占材料费）	%	1.000	1.000	1.000
机械	990785030	砂轮切割机 ϕ400	台班	0.002	0.002	0.003
	990748010	管子切断套丝机 159mm	台班	0.012	0.016	0.016

二、法兰阀门安装

1. 法 兰 阀 门

工作内容：制垫、加垫、阀门连接、紧螺栓、水压试验等。 计量单位：个

编 号				10-5-34	10-5-35	10-5-36	10-5-37	10-5-38	10-5-39
项 目				公称直径（mm 以内）					
				20	25	32	40	50	65
名 称			单位	消 耗 量					
人工	000203000	综合二类工	工日	0.180	0.190	0.210	0.230	0.250	0.320
材料	190001001	法兰阀门	个	（1.000）	（1.000）	（1.000）	（1.000）	（1.000）	（1.000）
	020101001	橡胶板（综合）	kg	0.024	0.034	0.044	0.064	0.080	0.114
	143311001	白铅油	kg	0.025	0.028	0.030	0.035	0.040	0.050
	140303001	机油（综合）	kg	0.002	0.002	0.004	0.004	0.004	0.004
	341101001	水	m^3	0.001	0.001	0.001	0.001	0.001	0.001
	092705004	碎布	kg	0.004	0.004	0.004	0.004	0.004	0.004
	031102001	砂纸	张	0.004	0.004	0.004	0.004	0.004	0.004
	142909001	氧气	m^3	0.042	0.048	0.060	0.084	0.099	0.114
	142907002	乙炔气	kg	0.016	0.018	0.023	0.032	0.038	0.043
	031301009	低碳钢焊条 J427（综合）	kg	0.050	0.059	0.065	0.089	0.122	0.132
	012903014	热轧中厚钢板 δ12～20	kg	0.026	0.031	0.043	0.049	0.160	0.202
	170201001	无缝钢管 $D22 \times 2$	m	0.003	0.003	0.003	0.003	0.008	0.008
	171915005	输水软管 ϕ25	m	0.006	0.006	0.006	0.006	0.016	0.016
	190003003	螺纹阀门 *DN*15	个	0.006	0.006	0.006	0.006	0.016	0.016
	860113022	压力表表弯 *DN*15	个	0.006	0.006	0.006	0.006	0.016	0.016
	860113019	弹簧压力表 Y-100 0～1.6MPa	块	0.006	0.006	0.006	0.006	0.016	0.016
	030105046	六角螺栓（综合）	kg	0.036	0.036	0.072	0.075	0.200	0.208
	030105114	六角螺栓带螺母、垫圈 M12 × 14～75	套	4.120	4.120	—	—	—	—
	030105115	六角螺栓带螺母、垫圈 M16 × 65～80	套	—	—	4.120	4.120	4.120	4.120
	850103006	其他材料费（占材料费）	%	1.000	1.000	1.000	1.000	1.000	1.000
机械	990900010	电焊机（综合）	台班	0.008	0.009	0.012	0.014	0.017	0.020
	990813010	试压泵 3MPa	台班	0.006	0.006	0.006	0.006	0.016	0.024

工作内容：制垫、加垫、阀门连接、紧螺栓、水压试验等。 **计量单位**：个

编号				10-5-40	10-5-41	10-5-42	10-5-43	10-5-44	10-5-45
项目				公称直径（mm 以内）					
				80	100	125	150	200	250
名称			单位	消耗量					
人工	000203000	综合二类工	工日	0.440	0.600	0.740	0.830	0.856	0.968
材料	190001001	法兰阀门	个	（1.000）	（1.000）	（1.000）	（1.000）	（1.000）	（1.000）
	020101001	橡胶板（综合）	kg	0.154	0.199	0.276	0.326	0.376	0.425
	143311001	白铅油	kg	0.070	0.100	0.120	0.140	0.170	0.200
	140303001	机油（综合）	kg	0.007	0.007	0.007	0.010	0.016	0.018
	341101001	水	m^3	0.001	0.001	0.003	0.003	0.003	0.006
	092705004	碎布	kg	0.008	0.008	0.008	0.016	0.024	0.024
	031102001	砂纸	张	0.008	0.008	0.008	0.016	0.024	0.024
	142909001	氧气	m^3	0.126	0.195	0.258	0.297	0.426	0.597
	142907002	乙炔气	kg	0.049	0.075	0.100	0.114	0.163	0.229
	031301009	低碳钢焊条 J427（综合）	kg	0.140	0.157	0.175	0.196	0.224	0.252
	012903014	热轧中厚钢板 δ12～20	kg	0.238	0.343	0.445	0.581	0.831	1.216
	170201001	无缝钢管 $D22\times2$	m	0.008	0.010	0.010	0.010	0.010	0.010
	171915005	输水软管 ϕ25	m	0.016	0.019	0.019	0.019	0.019	0.019
	190003003	螺纹阀门 *DN*15	个	0.016	0.019	0.019	0.019	0.019	0.019
	860113022	压力表表弯 *DN*15	个	0.016	0.019	0.019	0.019	0.019	0.019
	860113019	弹簧压力表 Y-100 0～1.6MPa	块	0.016	0.019	0.019	0.019	0.019	0.019
	030105046	六角螺栓（综合）	kg	0.216	0.532	0.561	0.950	0.950	1.482
	030105115	六角螺栓带螺母、垫圈 M16×65～80	套	8.240	—	—	—	—	—
	030105116	六角螺栓带螺母、垫圈 M16×85～140	套	—	8.240	8.240	—	—	—
	030105117	六角螺栓带螺母、垫圈 M20×85～100	套	—	—	—	8.240	12.360	—
	030105118	六角螺栓带螺母、垫圈 M22×90～120	套	—	—	—	—	—	12.360
	850103006	其他材料费（占材料费）	%	1.000	1.000	1.000	1.000	1.000	1.000
机械	990900010	电焊机（综合）	台班	0.024	0.029	0.032	0.036	0.038	0.041
	990813010	试压泵 3MPa	台班	0.024	0.029	0.076	0.076	0.076	0.076
	990401020	载重汽车 5t	台班	—	—	0.003	0.003	0.005	0.015
	990515010	吊装机械（综合）	台班	—	—	0.026	0.026	0.031	0.103

工作内容：制垫、加垫、阀门连接、紧螺栓、水压试验。 **计量单位：**个

编号				10-5-46	10-5-47	10-5-48	10-5-49	10-5-50
项目				公称直径（mm 以内）				
				300	350	400	450	500
名称			单位	消耗量				
人工	000203000	综合二类工	工日	1.106	1.372	1.568	1.974	2.079
材料	190001001	法兰阀门	个	（1.000）	（1.000）	（1.000）	（1.000）	（1.000）
	020101001	橡胶板（综合）	kg	0.466	0.654	0.804	0.943	0.963
	143311001	白铅油	kg	0.240	0.280	0.300	0.320	0.350
	140303001	机油（综合）	kg	0.018	0.024	0.037	0.046	0.056
	341101001	水	m^3	0.020	0.034	0.034	0.052	0.052
	092705004	碎布	kg	0.024	0.032	0.032	0.040	0.040
	031102001	砂纸	张	0.024	0.032	0.032	0.040	0.040
	142909001	氧气	m^3	0.714	0.771	0.855	1.026	1.083
	142907002	乙炔气	kg	0.274	0.296	0.329	0.395	0.417
	031301009	低碳钢焊条 J427（综合）	kg	0.279	0.298	0.325	0.347	0.368
	012903014	热轧中厚钢板 δ12～20	kg	1.568	2.004	2.493	4.551	5.524
	170201001	无缝钢管 $D22\times2$	m	0.010	0.010	0.010	0.010	0.010
	171915005	输水软管 ϕ25	m	0.019	0.019	0.019	0.019	0.019
	190003003	螺纹阀门 *DN*15	个	0.019	0.019	0.019	0.019	0.019
	860113022	压力表表弯 *DN*15	个	0.019	0.019	0.019	0.019	0.019
	860113019	弹簧压力表 Y-100 0～1.6MPa	块	0.019	0.019	0.019	0.019	0.019
	030105118	六角螺栓带螺母、垫圈 M22×90～120	套	12.360	16.480	—	—	—
	030105119	六角螺栓带螺母、垫圈 M27×120～140	套	—	—	16.480	20.600	—
	030105120	六角螺栓带螺母、垫圈 M30×130～160	套	—	—	—	—	20.600
	030105046	六角螺栓（综合）	kg	1.549	2.233	2.698	3.382	3.382
	850103006	其他材料费（占材料费）	%	1.000	1.000	1.000	1.000	1.000
机械	990401020	载重汽车 5t	台班	0.019	0.024	0.039	0.052	0.069
	990515010	吊装机械（综合）	台班	0.126	0.156	0.176	0.208	0.223
	990900010	电焊机（综合）	台班	0.043	0.046	0.049	0.052	0.056
	990813010	试压泵 3MPa	台班	0.076	0.095	0.095	0.114	0.114

2. 法兰电磁阀

工作内容： 制垫、加垫、阀门连接、紧螺栓、试压检查、配合调试等。 **计量单位：** 个

编 号				10-5-51	10-5-52	10-5-53	10-5-54	10-5-55
项 目				公称直径（mm 以内）				
				32	40	50	65	80
名 称			单位	消 耗 量				
人工	000203000	综合二类工	工日	0.230	0.260	0.290	0.370	0.490
材料	192807003	法兰电磁阀	个	（1.000）	（1.000）	（1.000）	（1.000）	（1.000）
	020101001	橡胶板（综合）	kg	0.040	0.060	0.070	0.090	0.130
	143311001	白铅油	kg	0.030	0.035	0.040	0.050	0.070
	140303001	机油（综合）	kg	0.004	0.004	0.004	0.004	0.007
	092705004	碎布	kg	0.004	0.004	0.004	0.004	0.008
	031102001	砂纸	张	0.004	0.004	0.004	0.004	0.008
	030105115	六角螺栓带螺母、垫圈 M16×65～80	套	4.120	4.120	4.120	4.120	8.240
	850103006	其他材料费（占材料费）	%	1.000	1.000	1.000	1.000	1.000

工作内容： 制垫、加垫、阀门连接、紧螺栓、试压检查、配合调试等。 **计量单位：** 个

编 号				10-5-56	10-5-57	10-5-58	10-5-59	10-5-60
项 目				公称直径（mm 以内）				
				100	125	150	200	250
名 称			单位	消 耗 量				
人工	000203000	综合二类工	工日	0.670	0.810	0.940	1.010	1.064
材料	192807003	法兰电磁阀	个	（1.000）	（1.000）	（1.000）	（1.000）	（1.000）
	020101001	橡胶板（综合）	kg	0.170	0.230	0.280	0.330	0.370
	143311001	白铅油	kg	0.100	0.120	0.140	0.170	0.200
	140303001	机油（综合）	kg	0.007	0.007	0.010	0.016	0.018
	092705004	碎布	kg	0.008	0.008	0.016	0.024	0.024
	031102001	砂纸	张	0.008	0.008	0.016	0.024	0.024
	030105116	六角螺栓带螺母、垫圈 M16×85～140	套	8.240	8.240	—	—	—
	030105117	六角螺栓带螺母、垫圈 M20×85～100	套	—	—	8.240	12.360	—
	030105118	六角螺栓带螺母、垫圈 M22×90～120	套	—	—	—	—	12.360
	850103006	其他材料费（占材料费）	%	1.000	1.000	1.000	1.000	1.000
机械	990401020	载重汽车 5t	台班	—	0.003	0.004	0.006	0.016
	990515010	吊装机械（综合）	台班	—	0.026	0.026	0.031	0.103

工作内容：制垫、加垫、阀门连接、紧螺栓、试压检查、配合调试。 **计量单位：**个

编号				10-5-61	10-5-62	10-5-63	10-5-64	10-5-65
项目				公称直径（mm 以内）				
				300	350	400	450	500
名称			单位	消耗量				
人工	000203000	综合二类工	工日	1.225	1.512	1.743	2.065	2.366
材料	192807003	法兰电磁阀	个	（1.000）	（1.000）	（1.000）	（1.000）	（1.000）
	020101001	橡胶板（综合）	kg	0.400	0.540	0.690	0.810	0.830
	143311001	白铅油	kg	0.250	0.280	0.300	0.320	0.350
	140303001	机油（综合）	kg	0.018	0.024	0.037	0.037	0.056
	092705004	碎布	kg	0.024	0.032	0.032	0.032	0.040
	031102001	砂纸	张	0.024	0.032	0.032	0.032	0.040
	030105118	六角螺栓带螺母、垫圈 M22×90～120	套	12.360	16.480	—	—	—
	030105119	六角螺栓带螺母、垫圈 M27×120～140	套	—	—	16.480	16.480	—
	030105120	六角螺栓带螺母、垫圈 M30×130～160	套	—	—	—	—	20.600
	850103006	其他材料费（占材料费）	%	1.000	1.000	1.000	1.000	1.000
机械	990401020	载重汽车 5t	台班	0.021	0.026	0.042	0.056	0.080
	990515010	吊装机械（综合）	台班	0.103	0.120	0.140	0.160	0.175

3. 对夹式蝶阀

工作内容：制垫、加垫、阀门连接、紧螺栓、水压试验等。　　　　**计量单位**：个

编号				10-5-66	10-5-67	10-5-68	10-5-69	10-5-70
项目				公称直径（mm 以内）				
				50	65	80	100	125
名称			单位	消耗量				
人工	000203000	综合二类工	工日	0.210	0.260	0.440	0.550	0.650
材料	190705002	对夹式蝶阀	个	（1.000）	（1.000）	（1.000）	（1.000）	（1.000）
	020101001	橡胶板（综合）	kg	0.066	0.096	0.128	0.165	0.230
	143311001	白铅油	kg	0.040	0.050	0.070	0.100	0.120
	140303001	机油（综合）	kg	0.004	0.004	0.007	0.007	0.007
	341101001	水	m^3	0.001	0.001	0.001	0.001	0.003
	092705004	碎布	kg	0.004	0.004	0.008	0.008	0.008
	031102001	砂纸	张	0.004	0.004	0.008	0.008	0.008
	142909001	氧气	m^3	0.099	0.112	0.128	0.195	0.258
	142907002	乙炔气	kg	0.038	0.043	0.049	0.075	0.100
	031301009	低碳钢焊条 J427（综合）	kg	0.122	0.132	0.140	0.157	0.175
	012903014	热轧中厚钢板 δ12～20	kg	0.160	0.202	0.238	0.343	0.445
	170201001	无缝钢管 $D22 \times 2$	m	0.008	0.008	0.008	0.010	0.010
	171915005	输水软管 ϕ25	m	0.016	0.016	0.016	0.019	0.019
	190003003	螺纹阀门 *DN*15	个	0.016	0.016	0.016	0.019	0.019
	860113022	压力表表弯 *DN*15	个	0.016	0.016	0.016	0.019	0.019
	860113019	弹簧压力表 Y-100 0～1.6MPa	块	0.016	0.016	0.016	0.019	0.019
	030105207	双头螺栓带螺母 M16 × 120～140	套	4.120	4.120	8.240	8.240	8.240
	030105046	六角螺栓（综合）	kg	0.200	0.208	0.216	0.532	0.561
	850103006	其他材料费（占材料费）	%	1.000	1.000	1.000	1.000	1.000
机械	990900010	电焊机（综合）	台班	0.017	0.020	0.024	0.029	0.032
	990813010	试压泵 3MPa	台班	0.016	0.024	0.024	0.029	0.076
	990401020	载重汽车 5t	台班	—	—	—	—	0.001
	990515010	吊装机械（综合）	台班	—	—	—	—	0.024

工作内容：制垫、加垫、阀门连接、紧螺栓、水压试验等。 **计量单位：**个

编号				10-5-71	10-5-72	10-5-73	10-5-74	10-5-75
项目				公称直径（mm 以内）				
				150	200	250	300	350
名称			单位	消耗量				
人工	000203000	综合二类工	工日	0.730	0.747	0.780	0.980	1.232
材料	190705002	对夹式蝶阀	个	（1.000）	（1.000）	（1.000）	（1.000）	（1.000）
	020101001	橡胶板（综合）	kg	0.270	0.310	0.351	0.386	0.546
	143311001	白铅油	kg	0.140	0.170	0.200	0.250	0.280
	140303001	机油（综合）	kg	0.010	0.010	0.018	0.018	0.018
	341101001	水	m^3	0.003	0.003	0.006	0.020	0.034
	092705004	碎布	kg	0.016	0.016	0.024	0.024	0.024
	031102001	砂纸	张	0.016	0.016	0.024	0.024	0.024
	142909001	氧气	m^3	0.297	0.426	0.597	0.714	0.771
	142907002	乙炔气	kg	0.114	0.163	0.229	0.274	0.296
	031301009	低碳钢焊条 J427（综合）	kg	0.196	0.242	0.252	0.279	0.298
	012903014	热轧中厚钢板 δ12～20	kg	0.581	0.831	1.216	1.568	2.004
	170201001	无缝钢管 $D22\times2$	m	0.010	0.010	0.010	0.010	0.010
	171915005	输水软管 ϕ25	m	0.019	0.019	0.019	0.019	0.019
	190003003	螺纹阀门 *DN*15	个	0.019	0.019	0.019	0.019	0.019
	860113022	压力表表弯 *DN*15	个	0.019	0.019	0.019	0.019	0.019
	860113019	弹簧压力表 Y-100 0～1.6MPa	块	0.019	0.019	0.019	0.019	0.019
	030105046	六角螺栓（综合）	kg	0.950	0.950	1.482	1.549	2.233
	030105208	双头螺栓带螺母 M20 × 150～190	套	8.240	8.240	—	—	—
	030105210	双头螺栓带螺母 M24 × 170～250	套	—	—	12.360	12.360	12.360
	850103006	其他材料费（占材料费）	%	1.000	1.000	1.000	1.000	1.000
机械	990401020	载重汽车 5t	台班	0.001	0.032	0.101	0.101	0.119
	990515010	吊装机械（综合）	台班	0.026	—	—	0.023	0.036
	990900010	电焊机（综合）	台班	0.036	0.038	0.041	0.043	0.046
	990813010	试压泵 3MPa	台班	0.076	0.076	0.076	0.076	0.095

工作内容：制垫、加垫、阀门连接、紧螺栓、水压试验等。　　　　**计量单位：**个

编　号				10-5-76	10-5-77	10-5-78
项　目				公称直径（mm 以内）		
				400	450	500
名　称			单位	消　耗　量		
人工	000203000	综合二类工	工日	1.428	1.764	1.988
材料	190705002	对夹式蝶阀	个	（1.000）	（1.000）	（1.000）
	020101001	橡胶板（综合）	kg	0.666	0.781	0.797
	143311001	白铅油	kg	0.300	0.320	0.350
	140303001	机油（综合）	kg	0.037	0.037	0.056
	341101001	水	m^3	0.034	0.052	0.052
	092705004	碎布	kg	0.032	0.032	0.040
	031102001	砂纸	张	0.032	0.032	0.040
	142909001	氧气	m^3	0.855	1.026	1.083
	142907002	乙炔气	kg	0.329	0.395	0.417
	031301009	低碳钢焊条 J427（综合）	kg	0.325	0.347	0.368
	012903014	热轧中厚钢板 δ12～20	kg	2.493	4.551	5.524
	170201001	无缝钢管 $D22\times2$	m	0.010	0.010	0.010
	171915005	输水软管 ϕ25	m	0.019	0.019	0.019
	190003003	螺纹阀门 *DN*15	个	0.019	0.019	0.019
	860113022	压力表表弯 *DN*15	个	0.019	0.019	0.019
	860113019	弹簧压力表 Y-100 0～1.6MPa	块	0.019	0.019	0.019
	030105046	六角螺栓（综合）	kg	2.698	3.382	3.382
	030105211	双头螺栓带螺母 M27×220～303	套	16.480	16.480	—
	030105209	双头螺栓带螺母 M30×270～360	套	—	—	20.600
	850103006	其他材料费（占材料费）	%	1.000	1.000	1.000
机械	990401020	载重汽车 5t	台班	0.139	0.160	0.179
	990515010	吊装机械（综合）	台班	0.036	0.048	0.048
	990900010	电焊机（综合）	台班	0.049	0.052	0.056
	990813010	试压泵 3MPa	台班	0.095	0.114	0.114

4. 法兰浮球阀

工作内容：制垫、加垫、阀门连接、紧螺栓、试压检查等。 **计量单位：**个

编号				10-5-79	10-5-80	10-5-81	10-5-82	10-5-83	10-5-84
项目				公称直径（mm 以内）					
				32	50	80	100	125	150
名称			单位	消耗量					
人工	000203000	综合二类工	工日	0.150	0.190	0.340	0.450	0.500	0.590
材料	193701001	法兰浮球阀	个	（1.000）	（1.000）	（1.000）	（1.000）	（1.000）	（1.000）
	020101001	橡胶板（综合）	kg	0.032	0.056	0.104	0.136	0.184	0.224
	143311001	白铅油	kg	0.030	0.040	0.070	0.100	0.120	0.140
	140303001	机油（综合）	kg	0.004	0.004	0.004	0.007	0.007	0.010
	092705004	碎布	kg	0.004	0.004	0.004	0.008	0.008	0.016
	031102001	砂纸	张	0.004	0.004	0.004	0.008	0.008	0.016
	030105115	六角螺栓带螺母、垫圈 M16×65～80	套	4.120	4.120	4.120	8.240	8.240	—
	030105117	六角螺栓带螺母、垫圈 M20×85～100	套	—	—	—	—	—	8.240
	850103006	其他材料费（占材料费）	%	1.000	1.000	1.000	1.000	1.000	1.000
机械	990401020	载重汽车 5t	台班	—	—	—	—	0.001	0.002
	990515010	吊装机械（综合）	台班	—	—	—	—	0.024	0.026

5. 法兰液压式水位控制阀

工作内容：制垫、加垫、阀门连接、紧螺栓、试压检查等。 **计量单位：**个

编号				10-5-85	10-5-86	10-5-87	10-5-88	10-5-89	10-5-90
项目				公称直径（mm 以内）					
				50	80	100	125	150	200
名称			单位	消耗量					
人工	000203000	综合二类工	工日	0.220	0.400	0.530	0.620	0.710	0.880
材料	193301002	法兰控制阀 液压式	个	（1.000）	（1.000）	（1.000）	（1.000）	（1.000）	（1.000）
	020101001	橡胶板（综合）	kg	0.070	0.130	0.170	0.230	0.280	0.330
	143311001	白铅油	kg	0.040	0.070	0.100	0.120	0.140	0.170
	140303001	机油（综合）	kg	0.004	0.007	0.007	0.007	0.010	0.016
	092705004	碎布	kg	0.004	0.008	0.008	0.008	0.016	0.024
	031102001	砂纸	张	0.004	0.008	0.008	0.008	0.016	0.024
	030105115	六角螺栓带螺母、垫圈 M16×65～80	套	4.120	8.240	—	—	—	—
	030105116	六角螺栓带螺母、垫圈 M16×85～140	套	—	—	8.240	8.240	—	—
	030105117	六角螺栓带螺母、垫圈 M20×85～100	套	—	—	—	—	8.240	12.360
	850103006	其他材料费（占材料费）	%	1.000	1.000	1.000	1.000	1.000	1.000
机械	990401020	载重汽车 5t	台班	—	—	—	0.003	0.004	0.007
	990515010	吊装机械（综合）	台班	—	—	—	0.026	0.026	0.031

三、塑料阀门安装

1. 塑料阀门（熔接）

工作内容：切管、清理、阀门熔接、试压检查等。　　　　计量单位：个

编号				10-5-91	10-5-92	10-5-93	10-5-94	10-5-95
项目				公称直径（mm 以内）				
				15	20	25	32	40
		名称	单位	消耗量				
人工	000203000	综合二类工	工日	0.040	0.050	0.060	0.080	0.110
材料	193800002	塑料阀门	个	（1.010）	（1.010）	（1.010）	（1.010）	（1.010）
	092705004	碎布	kg	0.002	0.003	0.004	0.005	0.007
	031102004	铁砂布（综合）	张	0.007	0.008	0.009	0.015	0.019
	850103006	其他材料费（占材料费）	%	1.000	1.000	1.000	1.000	1.000

工作内容：切管、清理、阀门熔接、试压检查等。　　　　计量单位：个

编号				10-5-96	10-5-97	10-5-98	10-5-99
项目				公称直径（mm 以内）			
				50	65	80	100
		名称	单位	消耗量			
人工	000203000	综合二类工	工日	0.140	0.160	0.200	0.240
材料	193800002	塑料阀门	个	（1.010）	（1.010）	（1.010）	（1.010）
	092705004	碎布	kg	0.010	0.010	0.012	0.014
	031102004	铁砂布（综合）	张	0.033	0.033	0.033	0.042
	850103006	其他材料费（占材料费）	%	1.000	1.000	1.000	1.000

2. 塑料阀门（粘接）

工作内容：切管、清理、阀门粘接、试压检查等。　　　　计量单位：个

编号				10-5-100	10-5-101	10-5-102	10-5-103	10-5-104
项目				公称直径（mm 以内）				
				15	20	25	32	40
		名称	单位	消耗量				
人工	000203000	综合二类工	工日	0.040	0.050	0.060	0.080	0.100
材料	193800002	塑料阀门	个	（1.010）	（1.010）	（1.010）	（1.010）	（1.010）
	144135024	粘接剂	kg	0.003	0.003	0.004	0.006	0.007
	143315001	丙酮	kg	0.006	0.007	0.010	0.012	0.013
	092705004	碎布	kg	0.002	0.003	0.003	0.004	0.005
	031102004	铁砂布（综合）	张	0.007	0.008	0.009	0.015	0.019
	850103006	其他材料费（占材料费）	%	1.000	1.000	1.000	1.000	1.000

工作内容：切管、清理、阀门粘接、试压检查等。 计量单位：个

编号				10-5-105	10-5-106	10-5-107	10-5-108
项目				公称直径（mm 以内）			
				50	65	80	100
名称			单位	消耗量			
人工	000203000	综合二类工	工日	0.120	0.140	0.170	0.210
材料	193800002	塑料阀门	个	（1.010）	（1.010）	（1.010）	（1.010）
	144135024	粘接剂	kg	0.009	0.010	0.015	0.025
	143315001	丙酮	kg	0.018	0.015	0.022	0.038
	092705004	碎布	kg	0.007	0.009	0.012	0.013
	031102004	铁砂布（综合）	张	0.026	0.029	0.033	0.042
	850103006	其他材料费（占材料费）	%	1.000	1.000	1.000	1.000

四、沟槽阀门安装

工作内容：切管、沟槽滚压、阀门安装、水压试验等。 计量单位：个

编号				10-5-109	10-5-110	10-5-111	10-5-112	10-5-113	10-5-114
项目				公称直径（mm 以内）					
				20	25	32	40	50	65
名称			单位	消耗量					
人工	000203000	综合二类工	工日	0.090	0.110	0.140	0.170	0.240	0.350
材料	194115002	沟槽阀门	个	（1.000）	（1.000）	（1.000）	（1.000）	（1.000）	（1.000）
	182525004	卡箍连接件（含胶圈）	套	（2.000）	（2.000）	（2.000）	（2.000）	（2.000）	（2.000）
	341101001	水	m^3	0.001	0.001	0.001	0.001	0.001	0.001
	140700001	润滑剂	kg	0.004	0.005	0.006	0.007	0.008	0.009
	142909001	氧气	m^3	0.042	0.048	0.060	0.084	0.099	0.114
	142907002	乙炔气	kg	0.016	0.018	0.023	0.032	0.038	0.043
	031301009	低碳钢焊条 J427（综合）	kg	0.050	0.059	0.065	0.089	0.122	0.132
	020101001	橡胶板（综合）	kg	0.003	0.004	0.005	0.007	0.012	0.017
	012903014	热轧中厚钢板 δ12～20	kg	0.026	0.031	0.043	0.049	0.160	0.202
	170201001	无缝钢管 $D22\times2$	m	0.003	0.003	0.003	0.003	0.008	0.008
	171915005	输水软管 ϕ25	m	0.006	0.006	0.006	0.006	0.016	0.016
	190003003	螺纹阀门 *DN*15	个	0.006	0.006	0.006	0.006	0.016	0.016
	860113022	压力表表弯 *DN*15	个	0.006	0.006	0.006	0.006	0.016	0.016
	860113019	弹簧压力表 Y-100 0～1.6MPa	块	0.006	0.006	0.006	0.006	0.016	0.016
	850103006	其他材料费（占材料费）	%	1.000	1.000	1.000	1.000	1.000	1.000
机械	990515010	吊装机械（综合）	台班	—	—	—	—	0.002	0.003
	990747010	管子切断机 60mm	台班	0.005	0.005	0.005	0.006	0.007	—
	990747020	管子切断机 150mm	台班	—	—	—	—	—	0.008
	990796010	滚槽机	台班	0.008	0.010	0.013	0.016	0.020	0.026
	990900010	电焊机（综合）	台班	0.008	0.009	0.012	0.014	0.017	0.020
	990813010	试压泵 3MPa	台班	0.006	0.006	0.006	0.006	0.016	0.024

工作内容：切管、沟槽滚压、阀门安装、水压试验等。　　　　**计量单位：**个

编　号				10-5-115	10-5-116	10-5-117	10-5-118	10-5-119
项　目				公称直径（mm 以内）				
				80	100	125	150	200
名　称			单位	消　耗　量				
人工	000203000	综合二类工	工日	0.470	0.610	0.770	0.930	1.130
材料	194115002	沟槽阀门	个	（1.000）	（1.000）	（1.000）	（1.000）	（1.000）
	182525004	卡箍连接件（含胶圈）	套	（2.000）	（2.000）	（2.000）	（2.000）	（2.000）
	341101001	水	m^3	0.001	0.001	0.003	0.003	0.003
	140700001	润滑剂	kg	0.010	0.012	0.014	0.016	0.020
	142909001	氧气	m^3	0.128	0.195	0.258	0.297	0.426
	142907002	乙炔气	kg	0.049	0.075	0.100	0.114	0.163
	031301009	低碳钢焊条 J427（综合）	kg	0.140	0.157	0.175	0.196	0.224
	020101001	橡胶板（综合）	kg	0.024	0.029	0.036	0.046	0.049
	012903014	热轧中厚钢板 δ12～20	kg	0.238	0.343	0.445	0.581	0.831
	170201001	无缝钢管 $D22\times2$	m	0.008	0.010	0.010	0.010	0.010
	171915005	输水软管 ϕ25	m	0.016	0.019	0.019	0.019	0.019
	190003003	螺纹阀门 *DN*15	个	0.016	0.019	0.019	0.019	0.019
	860113022	压力表表弯 *DN*15	个	0.016	0.019	0.019	0.019	0.019
	860113019	弹簧压力表 Y-100 0～1.6MPa	块	0.016	0.019	0.019	0.019	0.019
	850103006	其他材料费（占材料费）	%	1.000	1.000	1.000	1.000	1.000
机械	990747020	管子切断机 150mm	台班	0.008	0.009	0.012	0.015	—
	990747030	管子切断机 250mm	台班	—	—	—	—	0.016
	990515010	吊装机械（综合）	台班	0.003	0.010	0.038	0.039	0.047
	990796010	滚槽机	台班	0.032	0.040	0.049	0.058	0.076
	990900010	电焊机（综合）	台班	0.024	0.029	0.032	0.036	0.038
	990813010	试压泵 3MPa	台班	0.024	0.029	0.076	0.076	0.076
	990401020	载重汽车 5t	台班	—	—	0.002	0.003	0.005

工作内容：切管、沟槽滚压、阀门安装、水压试验等。 **计量单位：**个

编号				10-5-120	10-5-121	10-5-122	10-5-123
项目				公称直径（mm 以内）			
				250	300	350	400
名称			单位	消耗量			
人工	000203000	综合二类工	工日	1.430	1.810	2.240	2.560
材料	194115002	沟槽阀门	个	（1.000）	（1.000）	（1.000）	（1.000）
	182525004	卡箍连接件（含胶圈）	套	（2.000）	（2.000）	（2.000）	（2.000）
	341101001	水	m^3	0.006	0.020	0.034	0.036
	140700001	润滑剂	kg	0.026	0.028	0.030	0.032
	142909001	氧气	m^3	0.597	0.714	0.779	0.865
	142907002	乙炔气	kg	0.229	0.274	0.297	0.329
	031301009	低碳钢焊条 J427（综合）	kg	0.252	0.279	0.298	0.325
	020101001	橡胶板（综合）	kg	0.055	0.066	0.089	0.114
	012903014	热轧中厚钢板 δ12～20	kg	1.216	1.568	2.004	2.493
	170201001	无缝钢管 $D22\times2$	m	0.010	0.010	0.010	0.010
	171915005	输水软管 ϕ25	m	0.019	0.019	0.019	0.019
	190003003	螺纹阀门 *DN*15	个	0.019	0.019	0.019	0.019
	860113022	压力表表弯 *DN*15	个	0.019	0.019	0.019	0.019
	860113019	弹簧压力表 Y-100 0～1.6MPa	块	0.019	0.019	0.019	0.019
	850103006	其他材料费（占材料费）	%	1.000	1.000	1.000	1.000
机械	990740010	坡口机 2.2kW	台班	0.017	0.017	—	—
	990401020	载重汽车 5t	台班	0.009	0.012	0.016	0.024
	990515010	吊装机械（综合）	台班	0.081	0.106	0.135	0.137
	990740020	坡口机 2.8kW	台班	—	—	0.020	0.022
	990796010	滚槽机	台班	0.095	0.114	0.133	0.144
	990900010	电焊机（综合）	台班	0.041	0.043	0.046	0.049
	990813010	试压泵 3MPa	台班	0.076	0.076	0.090	0.102

五、法 兰 安 装

1. 螺 纹 法 兰

工作内容：切管、套丝、制垫、加垫、上法兰、组对、紧螺栓、试压检查等。　　**计量单位：**副

编号				10-5-124	10-5-125	10-5-126	10-5-127	10-5-128
项目				公称直径（mm 以内）				
				20	25	32	40	50
名称			单位	消耗量				
人工	000203000	综合二类工	工日	0.094	0.117	0.135	0.180	0.247
材料	200005002	螺纹法兰	片	（2.000）	（2.000）	（2.000）	（2.000）	（2.000）
	020101001	橡胶板（综合）	kg	0.020	0.040	0.050	0.070	0.075
	340203008	聚四氟乙烯生料带 宽 20	m	0.754	0.942	1.206	1.507	1.884
	031101012	尼龙砂轮片 ϕ400	片	0.010	0.014	0.015	0.021	0.026
	143311001	白铅油	kg	0.025	0.028	0.030	0.035	0.040
	140103002	清油 C01-1	kg	0.005	0.007	0.009	0.010	0.013
	140303001	机油（综合）	kg	0.009	0.010	0.013	0.017	0.021
	092705004	碎布	kg	0.010	0.010	0.010	0.020	0.020
	031102001	砂纸	张	0.150	0.200	0.200	0.250	0.250
	030105114	六角螺栓带螺母、垫圈 M12×14～75	套	4.120	4.120	—	—	—
	030105115	六角螺栓带螺母、垫圈 M16×65～80	套	—	—	4.120	4.120	4.120
	850103006	其他材料费（占材料费）	%	1.000	1.000	1.000	1.000	1.000
机械	990785030	砂轮切割机 ϕ400	台班	0.002	0.005	0.006	0.006	0.006
	990748010	管子切断套丝机 159mm	台班	0.016	0.020	0.026	0.033	0.041

工作内容： 切管、套丝、制垫、加垫、上法兰、组对、紧螺栓、试压检查。 **计量单位：** 副

编号				10-5-129	10-5-130	10-5-131	10-5-132	10-5-133
项目				公称直径（mm 以内）				
				65	80	100	125	150
名称			单位	消耗量				
人工	000203000	综合二类工	工日	0.320	0.390	0.420	0.460	0.530
材料	200005002	螺纹法兰	片	（2.000）	（2.000）	（2.000）	（2.000）	（2.000）
	020101001	橡胶板（综合）	kg	0.090	0.120	0.140	0.160	0.180
	340203008	聚四氟乙烯生料带 宽 20	m	2.449	3.014	3.768	4.710	5.652
	031101012	尼龙砂轮片 ϕ400	片	0.038	0.045	0.059	0.071	—
	143311001	白铅油	kg	0.050	0.070	0.100	0.120	0.140
	140103002	清油 C01-1	kg	0.015	0.020	0.030	0.030	0.030
	140303001	机油（综合）	kg	0.029	0.032	0.040	0.049	0.058
	092705004	碎布	kg	0.020	0.020	0.025	0.028	0.030
	031102001	砂纸	张	0.300	0.035	0.038	0.040	0.043
	142909001	氧气	m^3	—	—	—	—	0.114
	142907002	乙炔气	kg	—	—	—	—	0.044
	030105115	六角螺栓带螺母、垫圈 M16×65～80	套	4.120	8.240	—	—	—
	030105116	六角螺栓带螺母、垫圈 M16×85～140	套	—	—	8.240	8.240	—
	030105117	六角螺栓带螺母、垫圈 M20×85～100	套	—	—	—	—	8.240
	850103006	其他材料费（占材料费）	%	1.000	1.000	1.000	1.000	1.000
机械	990785030	砂轮切割机 ϕ400	台班	0.009	0.010	0.013	0.017	—
	990748010	管子切断套丝机 159mm	台班	0.052	0.064	0.079	0.098	0.117
	990401020	载重汽车 5t	台班	—	—	—	0.001	0.001
	990515010	吊装机械（综合）	台班	—	—	—	0.041	0.042

2. 碳钢平焊法兰

工作内容：切管、焊接、制垫、加垫、安装组对、紧螺栓、试压检查等。 **计量单位：**副

编号				10-5-134	10-5-135	10-5-136	10-5-137	10-5-138	10-5-139
项目				公称直径（mm 以内）					
				20	25	32	40	50	65
名称			单位	消耗量					
人工	000203000	综合二类工	工日	0.150	0.170	0.200	0.220	0.290	0.380
材料	200101005	碳钢平焊法兰（综合）	片	（2.000）	（2.000）	（2.000）	（2.000）	（2.000）	（2.000）
	020101001	橡胶板（综合）	kg	0.020	0.040	0.051	0.060	0.070	0.090
	031301009	低碳钢焊条 J427（综合）	kg	0.057	0.069	0.080	0.092	0.114	0.211
	031541002	锯条（综合）	根	0.063	0.071	0.078	0.089	0.106	—
	031101012	尼龙砂轮片 $\phi400$	片	0.005	0.011	0.014	0.017	0.021	0.027
	031101009	尼龙砂轮片 $\phi100$	片	0.036	0.043	0.047	0.054	0.068	0.089
	143311001	白铅油	kg	0.025	0.028	0.030	0.035	0.040	0.050
	140103002	清油 C01-1	kg	0.005	0.007	0.009	0.010	0.013	0.015
	140303001	机油（综合）	kg	0.045	0.048	0.050	0.063	0.068	0.070
	092705004	碎布	kg	0.008	0.010	0.012	0.017	0.020	0.023
	030105114	六角螺栓带螺母、垫圈 M12×14～75	套	4.120	4.120	—	—	—	—
	030105115	六角螺栓带螺母、垫圈 M16×65～80	套	—	—	4.120	4.120	4.120	4.120
	142909001	氧气	m^3	—	—	—	—	—	0.015
	142907002	乙炔气	kg	—	—	—	—	—	0.006
	850103006	其他材料费（占材料费）	%	1.000	1.000	1.000	1.000	1.000	1.000
机械	990785030	砂轮切割机 $\phi400$	台班	0.001	0.004	0.005	0.005	0.005	0.006
	990900010	电焊机（综合）	台班	0.036	0.044	0.050	0.058	0.071	0.089
	990919030	电焊条烘干箱 $60\times50\times75cm^3$	台班	0.004	0.004	0.005	0.006	0.007	0.009
	990920010	电焊条恒温箱	台班	0.004	0.004	0.005	0.006	0.007	0.009

工作内容：切管、焊接、制垫、加垫、安装组对、紧螺栓、试压检查等。 计量单位：副

编号				10-5-140	10-5-141	10-5-142	10-5-143	10-5-144	10-5-145
项目				公称直径（mm 以内）					
				80	100	125	150	200	250
名称			单位	消耗量					
人工	000203000	综合二类工	工日	0.410	0.500	0.610	0.720	0.890	1.110
材料	200101005	碳钢平焊法兰（综合）	片	（2.000）	（2.000）	（2.000）	（2.000）	（2.000）	（2.000）
	020101001	橡胶板（综合）	kg	0.130	0.170	0.230	0.280	0.330	0.370
	031301009	低碳钢焊条 J427（综合）	kg	0.246	0.313	0.379	0.494	1.111	2.300
	031101012	尼龙砂轮片 ϕ400	片	0.032	0.041	0.049	—	—	—
	031101009	尼龙砂轮片 ϕ100	片	0.104	0.126	0.174	0.220	0.299	0.394
	143311001	白铅油	kg	0.070	0.100	0.120	0.140	0.170	0.200
	140103002	清油 C01-1	kg	0.020	0.023	0.027	0.030	0.035	0.040
	140303001	机油（综合）	kg	0.081	0.098	0.102	0.125	0.132	0.148
	092705004	碎布	kg	0.026	0.028	0.030	0.034	0.036	0.040
	030105115	六角螺栓带螺母、垫圈 M16×65～80	套	8.240	—	—	—	—	—
	030105116	六角螺栓带螺母、垫圈 M16×85～140	套	—	8.240	8.240	—	—	—
	030105117	六角螺栓带螺母、垫圈 M20×85～100	套	—	—	—	8.240	12.360	—
	030105118	六角螺栓带螺母、垫圈 M22×90～120	套	—	—	—	—	—	12.360
	142909001	氧气	m^3	0.018	0.021	0.033	0.114	0.165	0.216
	142907002	乙炔气	kg	0.007	0.008	0.012	0.044	0.063	0.083
	850103006	其他材料费（占材料费）	%	1.000	1.000	1.000	1.000	1.000	1.000
机械	990785030	砂轮切割机 ϕ400	台班	0.007	0.009	0.012	—	—	—
	990900010	电焊机（综合）	台班	0.104	0.133	0.145	0.189	0.426	0.606
	990919030	电焊条烘干箱 60×50×75cm^3	台班	0.010	0.013	0.015	0.019	0.043	0.061
	990920010	电焊条恒温箱	台班	0.010	0.013	0.015	0.019	0.043	0.061
	990401020	载重汽车 5t	台班	—	—	0.001	0.001	0.001	0.002
	990515010	吊装机械（综合）	台班	—	—	0.026	0.026	0.031	0.063

工作内容：切管、焊接、制垫、加垫、安装组对、紧螺栓、试压检查。 **计量单位：**副

编号				10-5-146	10-5-147	10-5-148	10-5-149	10-5-150
项目				公称直径（mm 以内）				
				300	350	400	450	500
		名称	单位	消耗量				
人工	000203000	综合二类工	工日	1.320	1.450	1.620	1.880	2.060
材料	200101005	碳钢平焊法兰（综合）	片	（2.000）	（2.000）	（2.000）	（2.000）	（2.000）
	020101001	橡胶板（综合）	kg	0.400	0.540	0.690	0.810	0.830
	142909001	氧气	m^3	0.276	0.285	0.402	0.408	0.537
	142907002	乙炔气	kg	0.106	0.110	0.155	0.156	0.207
	031301009	低碳钢焊条 J427（综合）	kg	2.855	4.262	4.814	5.423	5.986
	031101009	尼龙砂轮片 $\phi100$	片	0.465	0.569	0.639	0.717	0.790
	143311001	白铅油	kg	0.250	0.280	0.300	0.320	0.350
	140103002	清油 C01-1	kg	0.047	0.050	0.053	0.056	0.060
	140303001	机油（综合）	kg	0.160	0.180	0.200	0.220	0.250
	092705004	碎布	kg	0.050	0.054	0.060	0.065	0.070
	030105118	六角螺栓带螺母、垫圈 M22×90～120	套	12.360	16.480	—	—	—
	030105119	六角螺栓带螺母、垫圈 M27×120～140	套	—	—	16.480	20.600	—
	030105120	六角螺栓带螺母、垫圈 M30×130～160	套	—	—	—	—	20.600
	850103006	其他材料费（占材料费）	%	1.000	1.000	1.000	1.000	1.000
机械	990900010	电焊机（综合）	台班	0.754	0.791	0.894	1.006	1.111
	990919030	电焊条烘干箱 60×50×75cm³	台班	0.075	0.079	0.089	0.101	0.111
	990920010	电焊条恒温箱	台班	0.075	0.079	0.089	0.101	0.111
	990401020	载重汽车 5t	台班	0.003	0.003	0.004	0.006	0.008
	990515010	吊装机械（综合）	台班	0.063	0.075	0.075	0.090	0.090

3. 塑料法兰（带短管）（热熔连接）

工作内容：切管、熔接、制垫、加垫、安装组对、紧螺栓、试压检查等。 计量单位：副

编号				10-5-151	10-5-152	10-5-153	10-5-154	10-5-155
项目				公称直径（mm 内）				
				15	20	25	32	40
名称			单位	消耗量				
人工	000203000	综合二类工	工日	0.120	0.130	0.150	0.180	0.210
材料	200905002	塑料法兰（带短管）	片	（2.000）	（2.000）	（2.000）	（2.000）	（2.000）
	020101001	橡胶板（综合）	kg	0.010	0.020	0.040	0.050	0.060
	031541002	锯条（综合）	根	0.015	0.019	0.022	0.026	0.031
	143311001	白铅油	kg	0.020	0.025	0.028	0.030	0.035
	140103002	清油 C01-1	kg	0.004	0.005	0.007	0.009	0.010
	140303001	机油（综合）	kg	0.043	0.048	0.050	0.055	0.062
	092705004	碎布	kg	0.008	0.008	0.010	0.012	0.017
	031102004	铁砂布（综合）	张	0.007	0.008	0.009	0.015	0.019
	030105114	六角螺栓带螺母、垫圈 M12×14～75	套	4.120	4.120	4.120	—	—
	030105115	六角螺栓带螺母、垫圈 M16×65～80	套	—	—	—	4.120	4.120
	850103006	其他材料费（占材料费）	%	1.000	1.000	1.000	1.000	1.000

工作内容：切管、熔接、制垫、加垫、安装组对、紧螺栓、试压检查。 计量单位：副

编号				10-5-156	10-5-157	10-5-158	10-5-159	10-5-160
项目				公称直径（mm 内）				
				50	65	80	100	125
名称			单位	消耗量				
人工	000203000	综合二类工	工日	0.250	0.290	0.350	0.390	0.440
材料	200905002	塑料法兰（带短管）	片	（2.000）	（2.000）	（2.000）	（2.000）	（2.000）
	020101001	橡胶板（综合）	kg	0.070	0.090	0.130	0.170	0.230
	031541002	锯条（综合）	根	0.064	0.076	0.114	0.153	—
	143311001	白铅油	kg	0.040	0.050	0.070	0.100	0.120
	140103002	清油 C01-1	kg	0.013	0.015	0.020	0.023	0.027
	140303001	机油（综合）	kg	0.068	0.070	0.081	0.098	0.102
	092705004	碎布	kg	0.020	0.023	0.026	0.028	0.030
	031102004	铁砂布（综合）	张	0.033	0.033	0.033	0.042	0.048
	030105115	六角螺栓带螺母、垫圈 M16×65～80	套	4.120	4.120	4.120	—	—
	030105116	六角螺栓带螺母、垫圈 M16×85～140	套	—	—	—	8.240	8.240
	850103006	其他材料费（占材料费）	%	1.000	1.000	1.000	1.000	1.000
机械	990706010	木工圆锯机 500mm	台班	—	—	—	—	0.004
	990911010	热熔对接焊机 160mm	台班	—	—	—	—	0.066

工作内容：切管、熔接、制垫、加垫、安装组对、紧螺栓、试压检查。 **计量单位：**副

编号				10-5-161	10-5-162	10-5-163	10-5-164
项目				公称直径（mm 内）			
				150	200	250	300
		名称	单位	消耗量			
人工	000203000	综合二类工	工日	0.500	0.610	0.690	0.780
材料	200905002	塑料法兰（带短管）	片	（2.000）	（2.000）	（2.000）	（2.000）
	020101001	橡胶板（综合）	kg	0.280	0.330	0.370	0.400
	143311001	白铅油	kg	0.140	0.170	0.200	0.250
	140103002	清油 C01-1	kg	0.030	0.035	0.040	0.047
	140303001	机油（综合）	kg	0.125	0.132	0.148	0.160
	092705004	碎布	kg	0.034	0.036	0.040	0.046
	031102004	铁砂布（综合）	张	0.064	0.094	0.108	0.124
	030105117	六角螺栓带螺母、垫圈 M20×85～100	套	8.240	12.360	—	—
	030105118	六角螺栓带螺母、垫圈 M22×90～120	套	—	—	12.360	12.360
	850103006	其他材料费（占材料费）	%	1.000	1.000	1.000	1.000
机械	990911030	热熔对接焊机 630mm	台班	—	—	—	0.160
	990706010	木工圆锯机 500mm	台班	0.005	0.006	0.008	0.009
	990911010	热熔对接焊机 160mm	台班	0.076	—	—	—
	990911020	热熔对接焊机 250mm	台班	—	0.121	0.121	—

4. 塑料法兰（带短管）（电熔连接）

工作内容：切管、熔接、制垫、加垫、安装组对、紧螺栓、试压检查等。 **计量单位：**副

编号				10-5-165	10-5-166	10-5-167	10-5-168	10-5-169
项目				公称直径（mm 内）				
				15	20	25	32	40
		名称	单位	消耗量				
人工	000203000	综合二类工	工日	0.120	0.130	0.150	0.180	0.210
材料	200905002	塑料法兰（带短管）	片	（2.000）	（2.000）	（2.000）	（2.000）	（2.000）
	020101001	橡胶板（综合）	kg	0.010	0.020	0.040	0.040	0.060
	031541002	锯条（综合）	根	0.015	0.019	0.024	0.026	0.031
	143311001	白铅油	kg	0.020	0.025	0.028	0.030	0.035
	140103002	清油 C01-1	kg	0.004	0.005	0.007	0.009	0.010
	140303001	机油（综合）	kg	0.043	0.048	0.050	0.055	0.062
	092705004	碎布	kg	0.008	0.008	0.010	0.012	0.017
	031102004	铁砂布（综合）	张	0.007	0.008	0.009	0.015	0.019
	030105114	六角螺栓带螺母、垫圈 M12×14～75	套	4.120	4.120	4.120	—	—
	030105115	六角螺栓带螺母、垫圈 M16×65～80	套	—	—	—	4.120	4.120
	850103006	其他材料费（占材料费）	%	1.000	1.000	1.000	1.000	1.000
机械	990921010	电熔焊接机 3.5kW	台班	0.014	0.017	0.022	0.029	0.034

工作内容：切管、熔接、制垫、加垫、安装组对、紧螺栓、试压检查。 计量单位：副

编号				10-5-170	10-5-171	10-5-172	10-5-173	10-5-174
项目				公称直径（mm 内）				
				50	65	80	100	125
名称			单位	消耗量				
人工	000203000	综合二类工	工日	0.250	0.300	0.350	0.400	0.450
材料	200905002	塑料法兰（带短管）	片	（2.000）	（2.000）	（2.000）	（2.000）	（2.000）
	020101001	橡胶板（综合）	kg	0.070	0.090	0.130	0.170	0.230
	143311001	白铅油	kg	0.040	0.050	0.070	0.100	0.120
	140103002	清油 C01-1	kg	0.013	0.015	0.020	0.023	0.027
	140303001	机油（综合）	kg	0.068	0.070	0.081	0.098	0.102
	092705004	碎布	kg	0.020	0.023	0.026	0.028	0.030
	031102004	铁砂布（综合）	张	0.033	0.033	0.042	0.048	0.056
	030105115	六角螺栓带螺母、垫圈 M16×65～80	套	4.120	4.120	8.240	—	—
	030105116	六角螺栓带螺母、垫圈 M16×85～140	套	—	—	—	8.240	8.240
	031541002	锯条（综合）	根	0.064	0.076	0.114	0.153	—
	850103006	其他材料费（占材料费）	%	1.000	1.000	1.000	1.000	1.000
机械	990706010	木工圆锯机 500mm	台班	—	—	—	—	0.004
	990921010	电熔焊接机 3.5kW	台班	0.042	0.051	0.062	0.068	0.072

工作内容：切管、熔接、制垫、加垫、安装组对、紧螺栓、试压检查。 计量单位：副

编号				10-5-175	10-5-176	10-5-177	10-5-178
项目				公称直径（mm 内）			
				150	200	250	300
名称			单位	消耗量			
人工	000203000	综合二类工	工日	0.530	0.610	0.690	0.780
材料	200905002	塑料法兰（带短管）	片	（2.000）	（2.000）	（2.000）	（2.000）
	020101001	橡胶板（综合）	kg	0.280	0.330	0.370	0.400
	143311001	白铅油	kg	0.140	0.170	0.200	0.250
	140103002	清油 C01-1	kg	0.030	0.035	0.040	0.047
	140303001	机油（综合）	kg	0.125	0.132	0.140	0.160
	092705004	碎布	kg	0.034	0.036	0.040	0.046
	031102004	铁砂布（综合）	张	0.064	0.082	0.094	0.108
	030105117	六角螺栓带螺母、垫圈 M20×85～100	套	8.240	12.360	—	—
	030105118	六角螺栓带螺母、垫圈 M22×90～120	套	—	—	12.360	12.360
	850103006	其他材料费（占材料费）	%	1.000	1.000	1.000	1.000
机械	990706010	木工圆锯机 500mm	台班	0.005	0.006	0.008	0.009
	990921010	电熔焊接机 3.5kW	台班	0.076	0.091	0.105	0.120

5. 塑料法兰（带短管）（粘接）

工作内容：切管、粘接、制垫、加垫、安装组对、紧螺栓、试压检查等。 **计量单位：**副

编号				10-5-179	10-5-180	10-5-181	10-5-182	10-5-183
项目				公称直径（mm 内）				
				15	20	25	32	40
		名称	单位	消耗量				
人工	000203000	综合二类工	工日	0.110	0.120	0.140	0.170	0.210
材料	200905002	塑料法兰（带短管）	片	（2.000）	（2.000）	（2.000）	（2.000）	（2.000）
	020101001	橡胶板（综合）	kg	0.010	0.020	0.040	0.040	0.060
	144135024	粘接剂	kg	0.003	0.003	0.004	0.006	0.007
	143315001	丙酮	kg	0.006	0.007	0.010	0.012	0.013
	143311001	白铅油	kg	0.020	0.025	0.028	0.030	0.035
	140103002	清油 C01-1	kg	0.004	0.005	0.007	0.009	0.010
	140303001	机油（综合）	kg	0.043	0.048	0.050	0.055	0.062
	092705004	碎布	kg	0.012	0.013	0.014	0.015	0.025
	031102004	铁砂布（综合）	张	0.007	0.008	0.009	0.015	0.019
	030105114	六角螺栓带螺母、垫圈 M12×14～75	套	4.120	4.120	4.120	—	—
	030105115	六角螺栓带螺母、垫圈 M16×65～80	套	—	—	—	4.120	4.120
	850103006	其他材料费（占材料费）	%	1.000	1.000	1.000	1.000	1.000

工作内容：切管、粘接、制垫、加垫、安装组对、紧螺栓、试压检查。 **计量单位：**副

编号				10-5-184	10-5-185	10-5-186	10-5-187	10-5-188
项目				公称直径（mm 内）				
				50	65	80	100	125
		名称	单位	消耗量				
人工	000203000	综合二类工	工日	0.240	0.280	0.330	0.380	0.430
材料	200905002	塑料法兰（带短管）	片	（2.000）	（2.000）	（2.000）	（2.000）	（2.000）
	020101001	橡胶板（综合）	kg	0.070	0.090	0.130	0.170	0.230
	144135024	粘接剂	kg	0.009	0.010	0.015	0.025	0.027
	143315001	丙酮	kg	0.018	0.015	0.022	0.038	0.041
	143311001	白铅油	kg	0.040	0.050	0.070	0.100	0.120
	140103002	清油 C01-1	kg	0.013	0.015	0.020	0.023	0.027
	140303001	机油（综合）	kg	0.068	0.070	0.081	0.098	0.102
	092705004	碎布	kg	0.027	0.029	0.032	0.043	0.044
	031102004	铁砂布（综合）	张	0.026	0.033	0.033	0.042	0.048
	030105115	六角螺栓带螺母、垫圈 M16×65～80	套	4.120	4.120	4.120	—	—
	030105116	六角螺栓带螺母、垫圈 M16×85～140	套	—	—	—	8.240	8.240
	031541002	锯条（综合）	根	0.064	0.076	0.114	0.153	—
	850103006	其他材料费（占材料费）	%	1.000	1.000	1.000	1.000	1.000
机械	990706010	木工圆锯机 500mm	台班	—	—	—	—	0.004

工作内容：切管、粘接、制垫、加垫、安装组对、紧螺栓、试压检查。 计量单位：副

编号				10-5-189	10-5-190	10-5-191	10-5-192
项目				公称直径（mm 内）			
				150	200	250	300
名称			单位	消耗量			
人工	000203000	综合二类工	工日	0.490	0.570	0.660	0.750
材料	200905002	塑料法兰（带短管）	片	（2.000）	（2.000）	（2.000）	（2.000）
	020101001	橡胶板（综合）	kg	0.280	0.330	0.370	0.400
	144135024	粘接剂	kg	0.029	0.045	0.052	0.060
	143315001	丙酮	kg	0.044	0.068	0.078	0.090
	143311001	白铅油	kg	0.140	0.170	0.200	0.250
	140103002	清油 C01-1	kg	0.030	0.035	0.040	0.047
	140303001	机油（综合）	kg	0.125	0.132	0.148	0.160
	092705004	碎布	kg	0.045	0.054	0.058	0.062
	031102004	铁砂布（综合）	张	0.064	0.094	0.108	0.124
	030105117	六角螺栓带螺母、垫圈 M20×85～100	套	8.240	12.360	—	—
	030105118	六角螺栓带螺母、垫圈 M22×90～120	套	—	—	12.360	12.360
	850103006	其他材料费（占材料费）	%	1.000	1.000	1.000	1.000
机械	990706010	木工圆锯机 500mm	台班	0.005	0.006	0.008	0.009

6. 沟槽法兰

工作内容：切管、滚槽、制垫、加垫、安装组对、紧螺栓、试压检查等。 计量单位：副

编号				10-5-193	10-5-194	10-5-195	10-5-196	10-5-197
项目				公称直径（mm 以内）				
				20	25	32	40	50
名称			单位	消耗量				
人工	000203000	综合二类工	工日	0.090	0.100	0.120	0.150	0.190
材料	200007002	沟槽法兰（综合）	片	（2.000）	（2.000）	（2.000）	（2.000）	（2.000）
	182525004	卡箍连接件（含胶圈）	套	（2.000）	（2.000）	（2.000）	（2.000）	（2.000）
	020101001	橡胶板（综合）	kg	0.020	0.040	0.055	0.065	0.078
	140700001	润滑剂	kg	0.004	0.005	0.006	0.007	0.008
	143311001	白铅油	kg	0.040	0.040	0.040	0.060	0.060
	140103002	清油 C01-1	kg	0.005	0.007	0.009	0.010	0.013
	140303001	机油（综合）	kg	0.045	0.048	0.050	0.063	0.068
	092705004	碎布	kg	0.010	0.012	0.014	0.016	0.018
	030105114	六角螺栓带螺母、垫圈 M12×14～75	套	4.120	4.120	—	—	—
	030105115	六角螺栓带螺母、垫圈 M16×65～80	套	—	—	4.120	4.120	4.120
	850103006	其他材料费（占材料费）	%	1.000	1.000	1.000	1.000	1.000
机械	990747010	管子切断机 60mm	台班	0.005	0.005	0.005	0.006	0.007
	990796010	滚槽机	台班	0.008	0.010	0.013	0.016	0.020
	990515010	吊装机械（综合）	台班	—	—	—	—	0.002

工作内容：切管、滚槽、制垫、加垫、安装组对、紧螺栓、试压检查。　　　　**计量单位：**副

编号				10-5-198	10-5-199	10-5-200	10-5-201	10-5-202
项目				公称直径（mm 以内）				
				65	80	100	125	150
名称			单位	消耗量				
人工	000203000	综合二类工	工日	0.250	0.310	0.370	0.440	0.520
材料	200007002	沟槽法兰（综合）	片	（2.000）	（2.000）	（2.000）	（2.000）	（2.000）
	182525004	卡箍连接件（含胶圈）	套	（2.000）	（2.000）	（2.000）	（2.000）	（2.000）
	020101001	橡胶板（综合）	kg	0.090	0.130	0.160	0.180	0.204
	140700001	润滑剂	kg	0.009	0.010	0.012	0.014	0.016
	143311001	白铅油	kg	0.080	0.070	0.110	0.130	0.146
	140103002	清油 C01-1	kg	0.015	0.020	0.030	0.033	0.036
	140303001	机油（综合）	kg	0.070	0.070	0.090	0.110	0.130
	092705004	碎布	kg	0.020	0.025	0.030	0.033	0.036
	030105115	六角螺栓带螺母、垫圈 M16×65～80	套	4.120	8.240	—	—	—
	030105116	六角螺栓带螺母、垫圈 M16×85～140	套	—	—	8.240	8.240	—
	030105117	六角螺栓带螺母、垫圈 M20×85～100	套	—	—	—	—	8.240
	850103006	其他材料费（占材料费）	%	1.000	1.000	1.000	1.000	1.000
机械	990515010	吊装机械（综合）	台班	0.003	0.003	0.010	0.038	0.039
	990747020	管子切断机 150mm	台班	0.008	0.008	0.009	0.012	0.015
	990796010	滚槽机	台班	0.026	0.032	0.040	0.049	0.058
	990401020	载重汽车 5t	台班	—	—	—	0.001	0.001

工作内容：切管、滚槽、制垫、加垫、安装组对、紧螺栓、试压检查。　　**计量单位：**副

编号				10-5-203	10-5-204	10-5-205	10-5-206	10-5-207
项目				公称直径（mm 以内）				
				200	250	300	350	400
名称			单位	消耗量				
人工	000203000	综合二类工	工日	0.650	0.800	0.920	1.140	1.290
材料	200007002	沟槽法兰（综合）	片	（2.000）	（2.000）	（2.000）	（2.000）	（2.000）
	182525004	卡箍连接件（含胶圈）	套	（2.000）	（2.000）	（2.000）	（2.000）	（2.000）
	020101001	橡胶板（综合）	kg	0.224	0.245	0.260	0.285	0.298
	140700001	润滑剂	kg	0.020	0.026	0.028	0.030	0.032
	143311001	白铅油	kg	0.156	0.182	0.195	0.215	0.228
	140103002	清油 C01-1	kg	0.040	0.045	0.050	0.050	0.050
	140303001	机油（综合）	kg	0.150	0.160	0.170	0.180	0.200
	092705004	碎布	kg	0.040	0.045	0.051	0.055	0.060
	030105117	六角螺栓带螺母、垫圈 M20×85～100	套	12.360	—	—	—	—
	030105118	六角螺栓带螺母、垫圈 M22×90～120	套	—	12.360	12.360	—	—
	030105119	六角螺栓带螺母、垫圈 M27×120～140	套	—	—	—	12.360	12.360
	850103006	其他材料费（占材料费）	%	1.000	1.000	1.000	1.000	1.000
机械	990401020	载重汽车 5t	台班	0.001	0.002	0.003	0.004	0.005
	990515010	吊装机械（综合）	台班	0.047	0.081	0.084	0.098	0.101
	990740020	坡口机 2.8kW	台班	—	—	—	0.020	0.022
	990796010	滚槽机	台班	0.076	0.095	0.114	0.133	0.144
	990747030	管子切断机 250mm	台班	0.016	—	—	—	—
	990740010	坡口机 2.2kW	台班	—	0.017	0.017	—	—

六、减压器组成安装

1. 减压器（螺纹连接）

工作内容：切管、套丝、组对、安装，旁通管安装，水压试验等。 **计量单位：**组

编号				10-5-208	10-5-209	10-5-210	10-5-211
项目				公称直径（mm 以内）			
				20	25	32	40
名称			单位	消耗量			
人工	000203000	综合二类工	工日	1.980	2.350	2.790	3.300
材料	192703001	螺纹减压阀	个	（1.000）	（1.000）	（1.000）	（1.000）
	181901003	螺纹 Y 型过滤器	个	（1.000）	（1.000）	（1.000）	（1.000）
	190003002	螺纹阀门（综合）	个	（3.030）	（3.030）	（3.030）	（3.030）
	181625006	螺纹挠性接头	个	（1.010）	（1.010）	（1.010）	（1.010）
	170101003	焊接钢管 *DN*20	m	1.300	—	—	—
	180107002	黑玛钢弯头 *DN*20	个	2.020	—	—	—
	181603003	黑玛钢活接头 *DN*20	个	2.020	—	—	—
	181603012	黑玛钢六角内接头 *DN*20	个	10.100	—	—	—
	180103002	黑玛钢三通 *DN*20	个	4.040	—	—	—
	190103002	螺纹截止阀 J11T-16 *DN*15	个	2.050	2.050	2.050	2.050
	860113019	弹簧压力表 Y-100 0～1.6MPa	块	2.030	2.030	2.030	2.030
	181603011	黑玛钢六角内接头 *DN*15	个	2.020	2.020	2.020	2.020
	182519017	黑玛钢管箍 *DN*15	个	2.020	2.020	2.020	2.020
	020101001	橡胶板（综合）	kg	0.018	0.021	0.025	0.029
	340203008	聚四氟乙烯生料带 宽 20	m	23.704	28.680	34.472	39.160
	031101012	尼龙砂轮片 ϕ400	片	0.025	0.057	0.072	0.084
	140303001	机油（综合）	kg	0.136	0.145	0.160	0.202
	341101001	水	m^3	0.001	0.001	0.001	0.001
	092705004	碎布	kg	0.005	0.006	0.011	0.012
	142909001	氧气	m^3	0.213	0.474	0.588	0.648
	142907002	乙炔气	kg	0.081	0.182	0.226	0.249
	031301009	低碳钢焊条 J427（综合）	kg	0.228	0.248	0.306	0.352

续前

编号				10-5-208	10-5-209	10-5-210	10-5-211
项目				公称直径（mm 以内）			
				20	25	32	40
名称			单位	消耗量			
材料	012903014	热轧中厚钢板 δ12～20	kg	0.120	0.135	0.170	0.190
	170201001	无缝钢管 $D22\times2$	m	0.015	0.015	0.015	0.015
	171915005	输水软管 ϕ25	m	0.030	0.030	0.030	0.030
	860113022	压力表表弯 *DN*15	个	2.030	2.030	2.030	2.030
	170101004	焊接钢管 *DN*25	m	—	1.488	—	—
	180107003	黑玛钢弯头 *DN*25	个	—	2.020	—	—
	181603004	黑玛钢活接头 *DN*25	个	—	2.020	—	—
	181603013	黑玛钢六角内接头 *DN*25	个	—	10.100	—	—
	180103003	黑玛钢三通 *DN*25	个	—	4.040	—	—
	170101006	焊接钢管 *DN*32	m	—	—	1.756	—
	180107004	黑玛钢弯头 *DN*32	个	—	—	2.020	—
	181603005	黑玛钢活接头 *DN*32	个	—	—	2.020	—
	181603014	黑玛钢六角内接头 *DN*32	个	—	—	10.100	—
	180103004	黑玛钢三通 *DN*32	个	—	—	4.040	—
	170101008	焊接钢管 *DN*40	m	—	—	—	1.911
	180107005	黑玛钢弯头 *DN*40	个	—	—	—	2.020
	181603006	黑玛钢活接头 *DN*40	个	—	—	—	2.020
	181603015	黑玛钢六角内接头 *DN*40	个	—	—	—	10.100
	180103005	黑玛钢三通 *DN*40	个	—	—	—	4.040
	850103006	其他材料费（占材料费）	%	1.000	1.000	1.000	1.000
机械	990785030	砂轮切割机 ϕ400	台班	0.007	0.018	0.024	0.026
	990748010	管子切断套丝机 159mm	台班	0.041	0.082	0.105	0.130
	990900010	电焊机（综合）	台班	0.041	0.045	0.050	0.057
	990813010	试压泵 3MPa	台班	0.030	0.030	0.030	0.030

工作内容：切管、套丝、组对、安装，旁通管安装，水压试验等。　　　　**计量单位：**组

编　号				10-5-212	10-5-213	10-5-214	10-5-215
项　目				公称直径（mm 以内）			
				50	65	80	100
名　称			单位	消　耗　量			
人工	000203000	综合二类工	工日	3.960	5.250	6.700	8.780
材料	192703001	螺纹减压阀	个	（1.000）	（1.000）	（1.000）	（1.000）
	181901003	螺纹 Y 型过滤器	个	（1.000）	（1.000）	（1.000）	（1.000）
	190003002	螺纹阀门（综合）	个	（3.030）	（3.030）	（3.030）	（3.030）
	181625006	螺纹挠性接头	个	（1.010）	（1.010）	（1.010）	（1.010）
	170101009	焊接钢管 *DN*50	m	1.995	—	—	—
	180107006	黑玛钢弯头 *DN*50	个	2.020	—	—	—
	181603007	黑玛钢活接头 *DN*50	个	2.020	—	—	—
	181603016	黑玛钢六角内接头 *DN*50	个	10.100	—	—	—
	180103006	黑玛钢三通 *DN*50	个	4.040	—	—	—
	190103002	螺纹截止阀 J11T-16 *DN*15	个	2.080	2.080	2.080	2.089
	860113019	弹簧压力表 Y-100 0～1.6MPa	块	2.060	2.060	2.060	2.069
	860113022	压力表表弯 *DN*15	个	2.060	2.060	2.060	2.069
	181603011	黑玛钢六角内接头 *DN*15	个	2.020	2.020	2.020	2.020
	182519017	黑玛钢管箍 *DN*15	个	2.020	2.020	2.020	2.020
	020101001	橡胶板（综合）	kg	0.036	0.079	0.083	0.093
	340203008	聚四氟乙烯生料带 宽 20	m	47.712	59.592	69.496	87.352
	031541002	锯条（综合）	根	0.557	—	—	—
	031101012	尼龙砂轮片 ϕ400	片	0.118	0.190	0.225	0.295
	140303001	机油（综合）	kg	0.222	0.286	0.303	0.367
	341101001	水	m^3	0.002	0.002	0.002	0.002
	092705004	碎布	kg	0.016	0.025	0.033	0.044
	142909001	氧气	m^3	0.942	1.203	1.359	1.821
	142907002	乙炔气	kg	0.362	0.458	0.523	0.696
	031301009	低碳钢焊条 J427（综合）	kg	0.395	0.445	0.498	0.549
	012903014	热轧中厚钢板 δ12～20	kg	0.523	0.650	0.755	1.071
	170201001	无缝钢管 *D*22×2	m	0.030	0.030	0.030	0.035
	171915005	输水软管 ϕ25	m	0.060	0.060	0.060	0.069

续前

编号				10-5-212	10-5-213	10-5-214	10-5-215
项目				公称直径（mm 以内）			
				50	65	80	100
名称			单位	消耗量			
材料	170101013	焊接钢管 *DN*65	m	—	2.441	—	—
	180107007	黑玛钢弯头 *DN*65	个	—	2.020	—	—
	181603008	黑玛钢活接头 *DN*65	个	—	2.020	—	—
	181603017	黑玛钢六角内接头 *DN*65	个	—	10.100	—	—
	180103007	黑玛钢三通 *DN*65	个	—	4.040	—	—
	170101014	焊接钢管 *DN*80	m	—	—	2.663	—
	180107008	黑玛钢弯头 *DN*80	个	—	—	2.020	—
	181603009	黑玛钢活接头 *DN*80	个	—	—	2.020	—
	181603018	黑玛钢六角内接头 *DN*80	个	—	—	10.100	—
	180103008	黑玛钢三通 *DN*80	个	—	—	4.040	—
	170101017	焊接钢管 *DN*100	m	—	—	—	3.033
	180107009	黑玛钢弯头 *DN*100	个	—	—	—	2.020
	181603010	黑玛钢活接头 *DN*100	个	—	—	—	2.020
	181603019	黑玛钢六角内接头 *DN*100	个	—	—	—	10.100
	180103009	黑玛钢三通 *DN*100	个	—	—	—	4.040
	850103006	其他材料费（占材料费）	%	1.000	1.000	1.000	1.000
机械	990785030	砂轮切割机 ϕ400	台班	0.030	0.043	0.050	0.064
	990748010	管子切断套丝机 159mm	台班	0.203	0.262	0.320	0.397
	990900010	电焊机（综合）	台班	0.065	0.078	0.085	0.094
	990813010	试压泵 3MPa	台班	0.060	0.067	0.079	0.091
	990515010	吊装机械（综合）	台班	—	—	—	0.084

2. 减压器（法兰连接）

工作内容： 切管、套丝、组对、焊接、制垫、加垫、紧螺栓、安装，旁通管安装，水压试验等。

计量单位： 组

编 号				10-5-216	10-5-217	10-5-218	10-5-219
项 目				公称直径（mm 以内）			
				20	25	32	40
名 称			单位	消 耗 量			
人工	000203000	综合二类工	工日	2.100	2.250	2.500	2.980
材料	192701001	法兰减压阀	个	（1.000）	（1.000）	（1.000）	（1.000）
	181901002	法兰式 Y 型过滤器	个	（1.000）	（1.000）	（1.000）	（1.000）
	190001001	法兰阀门	个	（3.000）	（3.000）	（3.000）	（3.000）
	182115001	法兰挠性接头	个	（1.000）	（1.000）	（1.000）	（1.000）
	200101005	碳钢平焊法兰（综合）	片	（4.000）	（4.000）	（4.000）	（4.000）
	170101003	焊接钢管 *DN*20	m	1.300	—	—	—
	183125005	压制弯头 *DN*20	个	2.000	—	—	—
	190103002	螺纹截止阀 J11T-16 *DN*15	个	2.050	2.050	2.050	2.050
	860113019	弹簧压力表 Y-100 0～1.6MPa	块	2.030	2.030	2.030	2.030
	182519017	黑玛钢管箍 *DN*15	个	2.020	2.020	2.020	2.020
	020101001	橡胶板（综合）	kg	0.178	0.338	0.338	0.498
	340203008	聚四氟乙烯生料带 宽 20	m	3.344	3.344	3.344	3.344
	031101012	尼龙砂轮片 ϕ400	片	0.034	0.051	0.062	0.075
	031101009	尼龙砂轮片 ϕ100	片	0.193	0.237	0.278	0.344
	143311001	白铅油	kg	0.060	0.070	0.073	0.075
	140103002	清油 C01-1	kg	0.015	0.018	0.020	0.022
	140303001	机油（综合）	kg	0.132	0.138	0.147	0.165
	341101001	水	m^3	0.001	0.001	0.001	0.001
	092705004	碎布	kg	0.072	0.089	0.105	0.128
	031102001	砂纸	张	0.032	0.032	0.032	0.032
	010301007	钢丝 ϕ4.0	kg	0.008	0.010	0.011	0.012
	142909001	氧气	m^3	0.525	0.576	0.702	0.909
	142907002	乙炔气	kg	0.202	0.222	0.270	0.350
	031301009	低碳钢焊条 J427（综合）	kg	0.428	0.468	0.496	0.525
	031301023	碳钢气焊条（综合）	kg	0.080	0.092	0.108	0.128

续前

编号				10-5-216	10-5-217	10-5-218	10-5-219
项目				公称直径（mm 以内）			
				20	25	32	40
名称			单位	消耗量			
材料	012903014	热轧中厚钢板 δ12～20	kg	0.120	0.135	0.170	0.190
	171915005	输水软管 ϕ25	m	0.030	0.030	0.030	0.030
	170201001	无缝钢管 D22×2	m	0.015	0.015	0.015	0.015
	860113022	压力表表弯 DN15	个	2.030	2.030	2.030	2.030
	170101004	焊接钢管 DN25	m	—	1.488	—	—
	183125006	压制弯头 DN25	个	—	2.000	—	—
	170101006	焊接钢管 DN32	m	—	—	1.756	—
	183125007	压制弯头 DN32	个	—	—	2.000	—
	170101008	焊接钢管 DN40	m	—	—	—	1.911
	183125008	压制弯头 DN40	个	—	—	—	2.000
	030105114	六角螺栓带螺母、垫圈 M12×14～75	套	32.960	32.960	—	—
	030105115	六角螺栓带螺母、垫圈 M16×65～80	套	—	—	32.960	32.960
	030105046	六角螺栓（综合）	kg	0.174	0.174	0.282	0.291
	850103006	其他材料费（占材料费）	%	1.000	1.000	1.000	1.000
机械	990785030	砂轮切割机 ϕ400	台班	0.009	0.015	0.020	0.023
	990748010	管子切断套丝机 159mm	台班	0.006	0.006	0.006	0.006
	990900010	电焊机（综合）	台班	0.155	0.180	0.196	0.218
	990919030	电焊条烘干箱 60×50×75cm³	台班	0.011	0.013	0.015	0.018
	990920010	电焊条恒温箱	台班	0.011	0.013	0.015	0.018
	990813010	试压泵 3MPa	台班	0.030	0.030	0.030	0.030

工作内容：切管、套丝、组对、焊接、制垫、加垫、紧螺栓、安装，旁通管安装，水压试验等。

计量单位：组

编号				10-5-220	10-5-221	10-5-222	10-5-223
项目				公称直径（mm 以内）			
				50	65	80	100
名称			单位	消耗量			
人工	000203000	综合二类工	工日	3.630	4.450	5.150	6.450
材料	192701001	法兰减压阀	个	（1.000）	（1.000）	（1.000）	（1.000）
	181901002	法兰式 Y 型过滤器	个	（1.000）	（1.000）	（1.000）	（1.000）
	190001001	法兰阀门	个	（3.000）	（3.000）	（3.000）	（3.000）
	182115001	法兰挠性接头	个	（1.000）	（1.000）	（1.000）	（1.000）
	200101005	碳钢平焊法兰（综合）	片	（4.000）	（4.000）	（4.000）	（4.000）
	170101009	焊接钢管 *DN*50	m	1.995	—	—	—
	183125009	压制弯头 *DN*50	个	2.000	—	—	—
	190103002	螺纹截止阀 J11T-16 *DN*15	个	2.110	2.080	2.080	2.089
	860113019	弹簧压力表 Y-100 0～1.6MPa	块	2.090	2.060	2.060	2.069
	182519017	黑玛钢管箍 *DN*15	个	2.020	2.020	2.020	2.020
	020101001	橡胶板（综合）	kg	0.614	0.799	1.119	1.453
	340203008	聚四氟乙烯生料带 宽 20	m	3.344	3.344	3.344	3.344
	031101009	尼龙砂轮片 ϕ100	片	0.412	0.705	0.771	0.942
	031101012	尼龙砂轮片 ϕ400	片	0.091	0.115	0.134	0.171
	143311001	白铅油	kg	0.080	0.100	0.140	0.200
	140103002	清油 C01-1	kg	0.050	0.030	0.036	0.040
	140303001	机油（综合）	kg	0.187	0.187	0.216	0.276
	341101001	水	m^3	0.001	0.002	0.002	0.002
	092705004	碎布	kg	0.139	0.163	0.212	0.262
	031102001	砂纸	张	0.032	0.032	0.058	0.064
	010301007	钢丝 ϕ4.0	kg	0.013	0.016	0.017	0.020
	142909001	氧气	m^3	1.101	1.113	1.512	2.055
	142907002	乙炔气	kg	0.423	0.428	0.582	0.790
	031301009	低碳钢焊条 J427（综合）	kg	1.205	1.504	1.675	2.414
	031301023	碳钢气焊条（综合）	kg	0.142	0.156	0.178	0.193
	012903014	热轧中厚钢板 δ12～20	kg	0.823	0.650	0.755	1.071
	171915005	输水软管 ϕ25	m	0.090	0.060	0.060	0.069

续前

编号				10-5-220	10-5-221	10-5-222	10-5-223
项目				公称直径（mm 以内）			
				50	65	80	100
名称			单位	消耗量			
材料	170201001	无缝钢管 *D*22×2	m	0.045	0.030	0.030	0.035
	860113022	压力表表弯 *DN*15	个	2.090	2.060	2.060	2.069
	030105115	六角螺栓带螺母、垫圈 M16×65～80	套	32.960	32.960	65.920	—
	030105116	六角螺栓带螺母、垫圈 M16×85～140	套	—	—	—	65.920
	030105046	六角螺栓（综合）	kg	1.041	0.690	0.714	1.662
	183125010	压制弯头 *DN*65	个	—	2.000	—	—
	170101013	焊接钢管 *DN*65	m	—	2.440	—	—
	031541002	锯条（综合）	根	—	0.194	0.194	0.194
	183125011	压制弯头 *DN*80	个	—	—	2.000	—
	170101014	焊接钢管 *DN*80	m	—	—	2.660	—
	183125012	压制弯头 *DN*100	个	—	—	—	2.000
	170101017	焊接钢管 *DN*100	m	—	—	—	3.030
	850103006	其他材料费（占材料费）	%	1.000	1.000	1.000	1.000
机械	990785030	砂轮切割机 ϕ400	台班	0.025	0.026	0.030	0.038
	990748010	管子切断套丝机 159mm	台班	0.006	0.006	0.006	0.006
	990900010	电焊机（综合）	台班	0.424	0.613	0.703	0.949
	990919030	电焊条烘干箱 60×50×75cm^3	台班	0.029	0.052	0.062	0.085
	990920010	电焊条恒温箱	台班	0.029	0.052	0.062	0.085
	990813010	试压泵 3MPa	台班	0.090	0.084	0.084	0.098
	990515010	吊装机械（综合）	台班	—	—	—	0.019

七、疏水器组成安装

1. 疏水器（螺纹连接）

工作内容：切管、套丝、组对、安装，旁通管安装，水压试验等。 计量单位：组

	编 号			10-5-224	10-5-225	10-5-226	10-5-227	10-5-228
	项 目			公称直径（mm 以内）				
				20	25	32	40	50
	名 称		单位	消 耗 量				
人工	000203000	综合二类工	工日	1.420	1.640	1.900	2.270	2.770
材料	191703001	螺纹疏水器	个	（1.000）	（1.000）	（1.000）	（1.000）	（1.000）
	181901003	螺纹 Y 型过滤器	个	（1.000）	（1.000）	（1.000）	（1.000）	（1.000）
	190103003	螺纹截止阀 J11T-16 *DN*15	个	（3.030）	（2.020）	（1.010）	（1.010）	（1.010）
	190103005	螺纹截止阀 J11T-16 *DN*20	个	（2.020）	（1.010）	（1.010）	—	—
	190103007	螺纹截止阀 J11T-16 *DN*25	个	—	（2.020）	（1.010）	—	—
	190103009	螺纹截止阀 J11T-16 *DN*32	个	—	—	（2.020）	（2.020）	（1.010）
	190103010	螺纹截止阀 J11T-16 *DN*40	个	—	—	—	（2.020）	（1.010）
	190103012	螺纹截止阀 J11T-16 *DN*50	个	—	—	—	—	（2.020）
	170101001	焊接钢管 *DN*15	m	2.350	0.540	0.290	0.320	0.350
	170101006	焊接钢管 *DN*32	m	—	—	—	2.870	0.350
	170101008	焊接钢管 *DN*40	m	—	—	—	—	2.800
	180103006	黑玛钢三通 *DN*50	个	—	—	—	—	4.040
	181603011	黑玛钢六角内接头 *DN*15	个	3.030	2.020	1.010	1.010	1.010
	181603014	黑玛钢六角内接头 *DN*32	个	—	—	8.080	2.020	1.010
	181603015	黑玛钢六角内接头 *DN*40	个	—	—	—	8.080	1.010
	181603016	黑玛钢六角内接头 *DN*50	个	—	—	—	—	8.080
	181603006	黑玛钢活接头 *DN*40	个	—	—	—	1.010	1.010
	181603007	黑玛钢活接头 *DN*50	个	—	—	—	—	1.010
	180107005	黑玛钢弯头 *DN*40	个	—	—	—	—	2.020
	020101001	橡胶板（综合）	kg	0.018	0.018	0.018	0.018	0.030
	340203008	聚四氟乙烯生料带 宽 20	m	19.052	23.144	28.500	34.132	40.560
	031101012	尼龙砂轮片 $\phi400$	片	0.030	0.039	0.069	0.093	0.109
	140303001	机油（综合）	kg	0.123	0.132	0.144	0.175	0.202
	341101001	水	m^3	0.001	0.001	0.001	0.001	0.001
	092705004	碎布	kg	0.005	0.010	0.011	0.018	0.020
	142909001	氧气	m^3	0.213	0.360	0.516	0.621	0.828
	142907002	乙炔气	kg	0.081	0.138	0.198	0.239	0.319

续前

编号				10-5-224	10-5-225	10-5-226	10-5-227	10-5-228
项目				公称直径（mm 以内）				
				20	25	32	40	50
名称			单位	消耗量				
材料	031301009	低碳钢焊条 J427（综合）	kg	0.228	0.248	0.306	0.352	0.395
	012903014	热轧中厚钢板 δ12～20	kg	0.116	0.130	0.163	0.205	0.433
	170201001	无缝钢管 *D*22 × 2	m	0.015	0.015	0.015	0.015	0.025
	171915005	输水软管 ϕ25	m	0.030	0.030	0.030	0.030	0.050
	190003003	螺纹阀门 *DN*15	个	0.030	0.030	0.030	0.030	0.050
	860113022	压力表表弯 *DN*15	个	0.030	0.030	0.030	0.030	0.050
	860113019	弹簧压力表 Y-100 0～1.6MPa	块	0.030	0.030	0.030	0.030	0.050
	180103002	黑玛钢三通 *DN*20	个	4.040	—	—	—	—
	181603012	黑玛钢六角内接头 *DN*20	个	8.080	1.010	1.010	—	—
	181603002	黑玛钢活接头 *DN*15	个	1.010	—	—	—	—
	181603003	黑玛钢活接头 *DN*20	个	1.010	1.010	—	—	—
	180107001	黑玛钢弯头 *DN*15	个	2.020	—	—	—	—
	170101003	焊接钢管 *DN*20	m	—	2.050	0.290	—	—
	180103003	黑玛钢三通 *DN*25	个	—	4.040	—	—	—
	181603013	黑玛钢六角内接头 *DN*25	个	—	8.080	1.010	—	—
	181603004	黑玛钢活接头 *DN*25	个	—	1.010	1.010	—	—
	180107002	黑玛钢弯头 *DN*20	个	—	2.020	—	—	—
	170101004	焊接钢管 *DN*25	m	—	—	2.300	—	—
	180103004	黑玛钢三通 *DN*32	个	—	—	4.040	—	—
	181603005	黑玛钢活接头 *DN*32	个	—	—	1.010	1.010	—
	180107003	黑玛钢弯头 *DN*25	个	—	—	2.020	—	—
	180103005	黑玛钢三通 *DN*40	个	—	—	—	4.040	—
	180107004	黑玛钢弯头 *DN*32	个	—	—	—	2.020	—
	850103006	其他材料费（占材料费）	%	1.000	1.000	1.000	1.000	1.000
机械	990785030	砂轮切割机 ϕ400	台班	0.008	0.011	0.022	0.030	0.033
	990748010	管子切断套丝机 159mm	台班	0.039	0.055	0.093	0.124	0.159
	990900010	电焊机（综合）	台班	0.041	0.045	0.050	0.057	0.065
	990813010	试压泵 3MPa	台班	0.030	0.030	0.030	0.030	0.050

2. 疏水器（法兰连接）

工作内容：切管、组对、焊接、制垫、加垫、安装、紧螺栓，旁通管安装，水压试验等。 **计量单位**：组

编号				10-5-229	10-5-230	10-5-231	10-5-232
项目				公称直径（mm 以内）			
				20	25	32	40
名称			单位	消耗量			
人工	000203000	综合二类工	工日	2.090	2.200	2.430	2.770
材料	191701001	法兰疏水器	个	（1.000）	（1.000）	（1.000）	（1.000）
	181901002	法兰式 Y 型过滤器	个	（1.000）	（1.000）	（1.000）	（1.000）
	190101010	法兰截止阀 J41T-16 *DN*15	个	（3.000）	—	—	—
	190101011	法兰截止阀 J41T-16 *DN*20	个	（2.000）	（3.000）	（2.000）	（1.000）
	190101012	法兰截止阀 J41T-16 *DN*25	个	—	（2.000）	（1.000）	（1.000）
	190101013	法兰截止阀 J41T-16 *DN*32	个	—	—	（2.000）	（1.000）
	190101014	法兰截止阀 J41T-16 *DN*40	个	—	—	—	（2.000）
	200101009	碳钢平焊法兰 *PN*1.6 *DN*15	片	（6.000）	—	—	—
	200101010	碳钢平焊法兰 *PN*1.6 *DN*20	片	（4.000）	（6.000）	（4.000）	（2.000）
	200101011	碳钢平焊法兰 *PN*1.6 *DN*25	片	—	（4.000）	（2.000）	（2.000）
	200101012	碳钢平焊法兰 *PN*1.6 *DN*32	片	—	—	（4.000）	（2.000）
	200101013	碳钢平焊法兰 *PN*1.6 *DN*40	片	—	—	—	（4.000）
	170101001	焊接钢管 *DN*15	m	2.450	—	—	—
	183125005	压制弯头 *DN*20	个	2.000	—	—	—
	020101001	橡胶板（综合）	kg	0.258	0.378	0.418	0.578
	031541002	锯条（综合）	根	0.708	0.612	0.502	0.444
	031101012	尼龙砂轮片 ϕ400	片	0.041	0.058	0.075	0.098
	031101009	尼龙砂轮片 ϕ100	片	0.413	0.485	0.562	0.684
	143311001	白铅油	kg	0.120	0.150	0.170	0.200
	140103002	清油 C01-1	kg	0.035	0.038	0.042	0.045
	140303001	机油（综合）	kg	0.235	0.265	0.293	0.333
	341101001	水	m^3	0.001	0.001	0.001	0.001
	092705004	碎布	kg	0.135	0.139	0.174	0.209
	031102001	砂纸	张	0.041	0.043	0.045	0.048
	010301007	钢丝 ϕ4.0	kg	0.019	0.019	0.021	0.023

续前

编号				10-5-229	10-5-230	10-5-231	10-5-232
项目				公称直径（mm 以内）			
				20	25	32	40
名称			单位	消耗量			
材料	142909001	氧气	m^3	0.501	0.567	0.771	1.077
	142907002	乙炔气	kg	0.193	0.218	0.297	0.414
	031301009	低碳钢焊条 J427（综合）	kg	0.664	0.721	0.766	0.825
	031301023	碳钢气焊条（综合）	kg	0.060	0.072	0.088	0.128
	012903014	热轧中厚钢板 δ12～20	kg	0.129	0.139	0.168	0.198
	170201001	无缝钢管 *D*22×2	m	0.015	0.015	0.015	0.015
	171915005	输水软管 ϕ25	m	0.030	0.030	0.030	0.030
	190003003	螺纹阀门 *DN*15	个	0.030	0.030	0.030	0.030
	860113022	压力表表弯 *DN*15	个	0.030	0.030	0.030	0.030
	860113019	弹簧压力表 Y-100 0～1.6MPa	块	0.030	0.030	0.030	0.030
	170101003	焊接钢管 *DN*20	m	—	2.580	0.660	0.350
	183125006	压制弯头 *DN*25	个	—	2.000	—	—
	170101004	焊接钢管 *DN*25	m	—	—	2.220	0.350
	183125007	压制弯头 *DN*32	个	—	—	2.000	—
	170101006	焊接钢管 *DN*32	m	—	—	—	2.310
	183125008	压制弯头 *DN*40	个	—	—	—	2.000
	030105114	六角螺栓带螺母、垫圈 M12×14～75	套	49.440	49.440	24.720	16.480
	030105046	六角螺栓（综合）	kg	0.180	0.180	0.252	0.294
	030105115	六角螺栓带螺母、垫圈 M16×65～80	套	—	—	24.720	32.960
	850103006	其他材料费（占材料费）	%	1.000	1.000	1.000	1.000
机械	990785030	砂轮切割机 ϕ400	台班	0.011	0.017	0.024	0.031
	990900010	电焊机（综合）	台班	0.301	0.335	0.360	0.406
	990919030	电焊条烘干箱 60×50×75cm³	台班	0.026	0.028	0.032	0.036
	990920010	电焊条恒温箱	台班	0.026	0.028	0.032	0.036
	990813010	试压泵 3MPa	台班	0.030	0.030	0.030	0.030

工作内容：切管、组对、焊接、制垫、加垫、安装、紧螺栓，旁通管安装，水压试验等。 **计量单位：**组

编号				10-5-233	10-5-234	10-5-235	10-5-236
项目				公称直径（mm 以内）			
				50	65	80	100
名称			单位	消耗量			
人工	000203000	综合二类工	工日	3.250	3.850	4.580	5.510
材料	191701001	法兰疏水器	个	（1.000）	（1.000）	（1.000）	（1.000）
	181901002	法兰式 Y 型过滤器	个	（1.000）	（1.000）	（1.000）	（1.000）
	190101011	法兰截止阀 J41T-16 *DN*20	个	（1.000）	（1.000）	（1.000）	（1.000）
	200101010	碳钢平焊法兰 *PN*1.6 *DN*20	片	（2.000）	（2.000）	（2.000）	（2.000）
	190101013	法兰截止阀 J41T-16 *DN*32	个	（1.000）	（1.000）	—	—
	200101012	碳钢平焊法兰 *PN*1.6 *DN*32	片	（2.000）	（2.000）	—	—
	190101014	法兰截止阀 J41T-16 *DN*40	个	（1.000）	—	（1.000）	（1.000）
	200101013	碳钢平焊法兰 *PN*1.6 *DN*40	片	（2.000）	—	（2.000）	（2.000）
	190101016	法兰截止阀 J41T-16 *DN*50	个	（2.000）	（1.000）	—	—
	200101015	碳钢平焊法兰 *PN*1.6 *DN*50	片	（4.000）	（2.000）	—	—
	190101017	法兰截止阀 J41T-16 *DN*65	个	—	（2.000）	（1.000）	—
	200101017	碳钢平焊法兰 *PN*1.6 *DN*65	片	—	（4.000）	（2.000）	—
	190101019	法兰截止阀 J41T-16 *DN*80	个	—	—	（2.000）	（1.000）
	200101019	碳钢平焊法兰 *PN*1.6 *DN*80	片	—	—	（4.000）	（2.000）
	190101021	法兰截止阀 J41T-16 *DN*100	个	—	—	—	（2.000）
	200101021	碳钢平焊法兰 *PN*1.6 *DN*100	片	—	—	—	（4.000）
	020101001	橡胶板（综合）	kg	0.702	0.865	1.199	1.528
	031541002	锯条（综合）	根	0.429	—	—	—
	031101009	尼龙砂轮片 $\phi100$	片	0.749	0.811	1.008	1.200
	031101012	尼龙砂轮片 $\phi400$	片	0.119	0.130	0.165	0.199
	143311001	白铅油	kg	0.220	0.250	0.300	0.330
	140103002	清油 C01-1	kg	0.050	0.056	0.070	0.080
	140303001	机油（综合）	kg	0.353	0.353	0.395	0.455
	341101001	水	m^3	0.001	0.001	0.002	0.002
	092705004	碎布	kg	0.229	0.252	0.316	0.361
	031102001	砂纸	张	0.051	0.055	0.065	0.072
	010301007	钢丝 $\phi4.0$	kg	0.025	0.030	0.031	0.033
	142909001	氧气	m^3	1.251	1.569	2.007	2.781
	142907002	乙炔气	kg	0.481	0.604	0.772	1.070
	031301009	低碳钢焊条 J427（综合）	kg	1.380	1.821	2.230	2.910

续前

编号				10-5-233	10-5-234	10-5-235	10-5-236
项目				公称直径（mm 以内）			
				50	65	80	100
名称			单位	消耗量			
材料	012903014	热轧中厚钢板 δ12～20	kg	0.638	0.633	0.753	0.999
	170201001	无缝钢管 $D22\times2$	m	0.035	0.030	0.030	0.033
	171915005	输水软管 ϕ25	m	0.070	0.060	0.060	0.066
	190003003	螺纹阀门 DN15	个	0.070	0.060	0.060	0.066
	860113022	压力表表弯 DN15	个	0.060	0.060	0.060	0.066
	860113019	弹簧压力表 Y-100 0～1.6MPa	块	0.070	0.060	0.060	0.066
	170101003	焊接钢管 DN20	m	0.380	0.440	0.460	0.500
	170101004	焊接钢管 DN25	m	—	0.440	—	—
	170101006	焊接钢管 DN32	m	0.380	—	—	—
	030105114	六角螺栓带螺母、垫圈 M12×14～75	套	8.240	8.240	8.240	8.240
	030105115	六角螺栓带螺母、垫圈 M16×65～80	套	41.200	41.200	65.920	24.720
	030105046	六角螺栓（综合）	kg	0.833	0.724	0.751	1.391
	170101008	焊接钢管 DN40	m	2.584	—	0.460	0.500
	183125009	压制弯头 DN50	个	2.000	—	—	—
	170101009	焊接钢管 DN50	m	—	2.916	—	—
	183125010	压制弯头 DN65	个	—	2.000	—	—
	170101013	焊接钢管 DN65	m	—	—	3.178	—
	183125011	压制弯头 DN80	个	—	—	2.000	—
	170101014	焊接钢管 DN80	m	—	—	—	3.716
	183125012	压制弯头 DN100	个	—	—	—	2.000
	030105116	六角螺栓带螺母、垫圈 M16×85～140	套	—	—	—	49.440
	850103006	其他材料费（占材料费）	%	1.000	1.000	1.000	1.000
机械	990785030	砂轮切割机 ϕ400	台班	0.033	0.029	0.032	0.038
	990900010	电焊机（综合）	台班	0.606	0.817	1.000	1.250
	990919030	电焊条烘干箱 $60\times50\times75cm^3$	台班	0.050	0.073	0.091	0.115
	990920010	电焊条恒温箱	台班	0.050	0.073	0.091	0.115
	990813010	试压泵 3MPa	台班	0.070	0.076	0.084	0.093

八、除污器组成安装（法兰连接）

工作内容：切管、组对、焊接、制垫、加垫、安装、紧螺栓，旁通管安装，水压试验等。　**计量单位：**组

编　号				10-5-237	10-5-238	10-5-239	10-5-240
项　目				公称直径（mm 以内）			
				50	65	80	100
名　称			单位	消　耗　量			
人工	000203000	综合二类工	工日	3.630	4.230	4.930	5.770
材料	222500001	除污器	个	（1.000）	（1.000）	（1.000）	（1.000）
	190001001	法兰阀门	个	（3.000）	（3.000）	（3.000）	（3.000）
	200101005	碳钢平焊法兰（综合）	片	（4.000）	（4.000）	（4.000）	（4.000）
	190303002	螺纹闸阀 *DN*20	个	1.010	1.010	1.010	1.010
	190103002	螺纹截止阀 J11T-16 *DN*15	个	3.090	3.090	3.090	3.099
	860113019	弹簧压力表 Y-100 0～1.6MPa	块	2.060	2.060	2.060	2.069
	182519017	黑玛钢管箍 *DN*15	个	2.020	2.020	2.020	2.020
	020101001	橡胶板（综合）	kg	0.596	0.799	1.119	1.453
	340203008	聚四氟乙烯生料带 宽 20	m	4.572	4.572	4.572	4.572
	031101009	尼龙砂轮片 ϕ100	片	0.549	0.661	0.754	0.808
	031101012	尼龙砂轮片 ϕ400	片	0.154	0.194	0.229	0.295
	143311001	白铅油	kg	0.200	0.250	0.350	0.500
	140103002	清油 C01-1	kg	0.050	0.050	0.100	0.100
	140303001	机油（综合）	kg	0.250	0.261	0.272	0.345
	341101001	水	m^3	0.001	0.002	0.002	0.002
	092705004	碎布	kg	0.213	0.229	0.265	0.331
	031102001	砂纸	张	0.024	0.032	0.040	0.046
	010301007	钢丝 ϕ4.0	kg	0.020	0.020	0.020	0.020
	142909001	氧气	m^3	0.888	1.158	1.563	2.118
	142907002	乙炔气	kg	0.342	0.445	0.601	0.815
	031301009	低碳钢焊条 J427（综合）	kg	1.235	1.820	2.044	2.883

续前

编号				10-5-237	10-5-238	10-5-239	10-5-240
项目				公称直径（mm 以内）			
				50	65	80	100
名称			单位	消耗量			
材料	031301023	碳钢气焊条（综合）	kg	0.020	0.020	0.020	0.020
	012903014	热轧中厚钢板 δ12～20	kg	0.523	0.650	0.755	1.071
	170201001	无缝钢管 $D22\times2$	m	0.030	0.030	0.030	0.035
	171915005	输水软管 ϕ25	m	0.060	0.060	0.060	0.069
	860113022	压力表表弯 *DN*15	个	2.060	2.060	2.060	2.069
	030105046	六角螺栓（综合）	kg	0.666	0.690	0.714	1.662
	030105115	六角螺栓带螺母、垫圈 M16×65～80	套	24.720	24.720	49.440	—
	030105116	六角螺栓带螺母、垫圈 M16×85～140	套	—	—	—	49.440
	170201014	无缝钢管 $D57\times3.5$	m	2.860	—	—	—
	183125009	压制弯头 *DN*50	个	2.000	—	—	—
	170201021	无缝钢管 $D76\times4$	m	—	2.960	—	—
	183125010	压制弯头 *DN*65	个	—	2.000	—	—
	170201023	无缝钢管 $D89\times4$	m	—	—	3.060	—
	183125011	压制弯头 *DN*80	个	—	—	2.000	—
	170201029	无缝钢管 $D108\times4.5$	m	—	—	—	3.160
	183125012	压制弯头 *DN*100	个	—	—	—	2.000
	850103006	其他材料费（占材料费）	%	1.000	1.000	1.000	1.000
机械	990401020	载重汽车 5t	台班	0.001	0.002	0.004	0.006
	990515010	吊装机械（综合）	台班	0.043	0.043	0.043	0.062
	990785030	砂轮切割机 ϕ400	台班	0.040	0.044	0.051	0.064
	990748010	管子切断套丝机 159mm	台班	0.006	0.006	0.006	0.006
	990900010	电焊机（综合）	台班	0.531	0.720	0.828	1.108
	990919030	电焊条烘干箱 $60\times50\times75cm^3$	台班	0.044	0.063	0.074	0.101
	990920010	电焊条恒温箱	台班	0.044	0.063	0.074	0.101
	990813010	试压泵 3MPa	台班	0.060	0.084	0.084	0.098

工作内容：切管、组对、焊接、制垫、加垫、安装、紧螺栓，旁通管安装，水压试验等。 **计量单位：**组

编号				10-5-241	10-5-242	10-5-243	10-5-244
项目				除污器组成安装（法兰连接）公称直径（mm 以内）			
				125	150	200	250
名称			单位	消耗量			
人工	000203000	综合二类工	工日	6.550	7.700	9.730	12.660
材料	222500001	除污器	个	（1.000）	（1.000）	（1.000）	（1.000）
	190001001	法兰阀门	个	（3.000）	（3.000）	（3.000）	（3.000）
	200101005	碳钢平焊法兰（综合）	片	（4.000）	（4.000）	（4.000）	（4.000）
	170201032	无缝钢管 $D133\times4$	m	3.360	—	—	—
	183125013	压制弯头 $DN125$	个	2.000	—	—	—
	190303002	螺纹闸阀 $DN20$	个	1.010	—	—	—
	190103002	螺纹截止阀 J11T-16 $DN15$	个	3.099	3.099	3.099	3.099
	860113019	弹簧压力表 Y-100 0～1.6MPa	块	2.069	2.069	2.069	2.069
	182519017	黑玛钢管箍 $DN15$	个	2.020	2.020	2.020	2.020
	020101001	橡胶板（综合）	kg	1.984	2.384	2.784	3.104
	340203008	聚四氟乙烯生料带 宽 20	m	4.572	4.668	4.668	4.668
	031101009	尼龙砂轮片 $\phi100$	片	1.077	2.044	2.900	4.388
	031101012	尼龙砂轮片 $\phi400$	片	0.343	0.008	0.008	0.008
	143311001	白铅油	kg	0.600	0.700	0.850	1.000
	140103002	清油 C01-1	kg	0.100	0.150	0.180	0.200
	140303001	机油（综合）	kg	0.362	0.381	0.562	0.577
	341101001	水	m^3	0.008	0.008	0.008	0.008
	092705004	碎布	kg	0.368	0.435	0.574	0.664
	031102001	砂纸	张	0.048	0.096	0.144	0.144
	010301007	钢丝 $\phi4.0$	kg	0.023	0.023	0.029	0.029
	142909001	氧气	m^3	2.679	3.840	5.103	7.098
	142907002	乙炔气	kg	1.031	1.477	1.963	2.730
	031301009	低碳钢焊条 J427（综合）	kg	3.409	4.632	7.686	14.723

续表

编号				10-5-241	10-5-242	10-5-243	10-5-244
项目				除污器组成安装（法兰连接）公称直径（mm 以内）			
				125	150	200	250
名称			单位	消耗量			
材料	031301023	碳钢气焊条（综合）	kg	0.020	0.020	0.020	0.020
	012903014	热轧中厚钢板 δ12～20	kg	1.376	1.787	2.536	3.691
	170201001	无缝钢管 D22×2	m	0.035	0.035	0.035	0.035
	171915005	输水软管 ϕ25	m	0.069	0.069	0.069	0.069
	860113022	压力表表弯 DN15	个	2.069	2.069	2.069	2.069
	030105046	六角螺栓（综合）	kg	1.748	2.916	2.916	4.512
	030105116	六角螺栓带螺母、垫圈 M16×85～140	套	49.440	—	—	—
	030105117	六角螺栓带螺母、垫圈 M20×85～100	套	—	49.440	74.160	—
	030105118	六角螺栓带螺母、垫圈 M22×90～120	套	—	—	—	74.160
	170201035	无缝钢管 D159×4.5	m	—	3.570	—	—
	183125014	压制弯头 DN150	个	—	2.000	—	—
	190303003	螺纹闸阀 DN25	个	—	1.010	1.010	1.010
	170201040	无缝钢管 D219×6	m	—	—	3.820	—
	183125015	压制弯头 DN200	个	—	—	2.000	—
	012300001	型钢（综合）	kg	—	—	0.486	0.486
	170201046	无缝钢管 D273×7	m	—	—	—	4.190
	183125016	压制弯头 DN250	个	—	—	—	2.000
	850103006	其他材料费（占材料费）	%	1.000	1.000	1.000	1.000
机械	990401020	载重汽车 5t	台班	0.019	0.024	0.178	0.084
	990515010	吊装机械（综合）	台班	0.225	0.257	0.305	0.617
	990785030	砂轮切割机 ϕ400	台班	0.082	0.002	0.002	0.002
	990748010	管子切断套丝机 159mm	台班	0.006	0.006	0.006	0.006
	990900010	电焊机（综合）	台班	1.282	1.606	2.707	3.741
	990919030	电焊条烘干箱 60×50×75cm^3	台班	0.118	0.150	0.260	0.364
	990920010	电焊条恒温箱	台班	0.118	0.150	0.260	0.364
	990813010	试压泵 3MPa	台班	0.240	0.240	0.240	0.240

工作内容：切管、组对、焊接、制垫、加垫、安装、紧螺栓，旁通管安装，水压试验。　　**计量单位：**组

编　号				10-5-245	10-5-246	10-5-247	10-5-248
项　目				除污器组成安装（法兰连接）公称直径（mm 以内）			
				300	350	400	450
名　称			单位	消　耗　量			
人工	000203000	综合二类工	工日	14.850	16.570	20.620	24.890
材料	222500001	除污器	个	（1.000）	（1.000）	（1.000）	（1.000）
	190001001	法兰阀门	个	（3.000）	（3.000）	（3.000）	（3.000）
	200101005	碳钢平焊法兰（综合）	片	（4.000）	（4.000）	（4.000）	（4.000）
	170201051	无缝钢管 $D377\times10$	m	—	4.950	—	—
	183125018	压制弯头 *DN*350	个	—	2.000	—	—
	190303003	螺纹闸阀 *DN*25	个	1.010	1.010	1.010	1.010
	190103002	螺纹截止阀 J11T-16 *DN*15	个	3.099	3.099	3.099	3.099
	860113019	弹簧压力表 Y-100 0～1.6MPa	块	2.069	2.069	2.069	2.069
	860113020	压力表表弯	个	—	2.000	2.000	2.000
	182519017	黑玛钢管箍 *DN*15	个	2.020	2.020	2.020	2.020
	012300001	型钢（综合）	kg	0.640	0.640	0.640	0.640
	020101001	橡胶板（综合）	kg	3.344	4.464	5.869	6.886
	340203008	聚四氟乙烯生料带 宽 20	m	4.668	4.668	4.668	4.668
	031101009	尼龙砂轮片 $\phi100$	片	5.308	7.055	8.024	8.913
	031101012	尼龙砂轮片 $\phi400$	片	0.008	0.008	0.008	0.008
	143311001	白铅油	kg	1.250	1.350	1.450	1.500
	140103002	清油 C01-1	kg	0.250	0.270	0.300	0.320
	140303001	机油（综合）	kg	0.577	0.763	0.839	0.895
	341101001	水	m^3	0.008	0.008	0.102	0.157
	092705004	碎布	kg	0.767	0.855	0.961	1.060
	031102001	砂纸	张	0.144	0.192	0.192	0.240
	010301007	钢丝 $\phi4.0$	kg	0.033	0.033	0.036	0.036

续前

编号				10-5-245	10-5-246	10-5-247	10-5-248
项目				除污器组成安装（法兰连接）公称直径（mm 以内）			
				300	350	400	450
名称			单位	消耗量			
材料	142909001	氧气	m^3	8.499	9.789	11.787	12.489
	142907002	乙炔气	kg	3.269	3.765	4.534	4.804
	031301009	低碳钢焊条 J427（综合）	kg	18.137	24.289	29.677	32.899
	031301023	碳钢气焊条（综合）	kg	0.020	0.020	0.020	0.020
	012903014	热轧中厚钢板 $\delta12\sim20$	kg	4.748	6.053	7.521	13.694
	170201001	无缝钢管 $D22\times2$	m	0.035	0.035	0.035	0.035
	171915005	输水软管 $\phi25$	m	0.069	0.069	0.069	0.069
	170201053	无缝钢管 $D426\times10$	m	—	—	5.360	—
	183125019	压制弯头 *DN*400	个	—	—	2.000	—
	170201055	无缝钢管 $D480\times10$	m	—	—	—	5.800
	183125020	压制弯头 *DN*450	个	—	—	—	2.000
	030105118	六角螺栓带螺母、垫圈 $M22\times90\sim120$	套	74.160	98.880	—	—
	030105119	六角螺栓带螺母、垫圈 $M27\times120\sim140$	套	—	—	98.880	123.600
	030105046	六角螺栓（综合）	kg	4.712	6.764	8.160	10.212
	170201049	无缝钢管 $D325\times8$	m	4.590	—	—	—
	183125017	压制弯头 *DN*300	个	2.000	—	—	—
	860113022	压力表表弯 *DN*15	个	2.069	—	—	—
	850103006	其他材料费（占材料费）	%	1.000	1.000	1.000	1.000
机械	990401020	载重汽车 5t	台班	0.108	0.132	0.180	0.229
	990515010	吊装机械（综合）	台班	0.665	0.723	1.058	1.283
	990785030	砂轮切割机 $\phi400$	台班	0.002	0.002	0.002	0.002
	990748010	管子切断套丝机 159mm	台班	0.006	0.006	0.006	0.006
	990900010	电焊机（综合）	台班	4.619	5.080	5.852	6.450
	990919030	电焊条烘干箱 $60\times50\times75cm^3$	台班	0.451	0.497	0.574	0.636
	990920010	电焊条恒温箱	台班	0.451	0.497	0.574	0.636
	990813010	试压泵 3MPa	台班	0.240	0.240	0.297	0.354

九、水表组成安装

1. 螺纹水表（单个）

工作内容：切管、套丝、制垫、加垫、水表安装、试压检查等。 **计量单位：**个

编号				10-5-249	10-5-250	10-5-251	10-5-252	10-5-253	10-5-254
项目				公称直径（mm 以内）					
				15	20	25	32	40	50
名称			单位	消耗量					
人工	000203000	综合二类工	工日	0.136	0.153	0.189	0.234	0.288	0.380
材料	221501003	螺纹水表	个	（1.000）	（1.000）	（1.000）	（1.000）	（1.000）	（1.000）
	182519017	黑玛钢管箍 *DN*15	个	1.010	—	—	—	—	—
	182519018	黑玛钢管箍 *DN*20	个	—	1.010	—	—	—	—
	182519019	黑玛钢管箍 *DN*25	个	—	—	1.010	—	—	—
	182519020	黑玛钢管箍 *DN*32	个	—	—	—	1.010	—	—
	182519021	黑玛钢管箍 *DN*40	个	—	—	—	—	1.010	—
	182519022	黑玛钢管箍 *DN*50	个	—	—	—	—	—	1.010
	340203008	聚四氟乙烯生料带 宽 20	m	1.388	1.736	2.184	2.716	3.168	3.952
	140303001	机油（综合）	kg	0.013	0.015	0.016	0.019	0.025	0.029
	142909001	氧气	m^3	—	—	0.018	0.026	0.030	0.036
	142907002	乙炔气	kg	—	—	0.008	0.012	0.013	0.016
	850103006	其他材料费（占材料费）	%	1.000	1.000	1.000	1.000	1.000	1.000
机械	990748010	管子切断套丝机 159mm	台班	0.006	0.008	0.016	0.021	0.026	0.032

2. 螺纹水表（成组）

工作内容：切管、套丝、制垫、加垫、水表、挠性接头、止回阀、阀门安装、水压试验等。 **计量单位：**组

编号				10-5-255	10-5-256	10-5-257	10-5-258	10-5-259
项目				公称直径（mm 以内）				
				15	20	25	32	40
名称			单位	消耗量				
人工	000203000	综合二类工	工日	0.470	0.550	0.640	0.760	1.110
材料	221501003	螺纹水表	个	（1.000）	（1.000）	（1.000）	（1.000）	（1.000）
	190303001	螺纹闸阀（综合）	个	（2.020）	（2.020）	（2.020）	（2.020）	（2.020）
	190903001	螺纹止回阀	个	（1.010）	（1.010）	（1.010）	（1.010）	（1.010）
	181625006	螺纹挠性接头	个	（1.010）	（1.010）	（1.010）	（1.010）	（1.010）
	181603002	黑玛钢活接头 *DN*15	个	1.010	—	—	—	—
	181603011	黑玛钢六角内接头 *DN*15	个	2.020	—	—	—	—
	181603003	黑玛钢活接头 *DN*20	个	—	1.010	—	—	—
	181603012	黑玛钢六角内接头 *DN*20	个	—	2.020	—	—	—
	181603004	黑玛钢活接头 *DN*25	个	—	—	1.010	—	—
	181603013	黑玛钢六角内接头 *DN*25	个	—	—	2.020	—	—
	181603005	黑玛钢活接头 *DN*32	个	—	—	—	1.010	—
	181603014	黑玛钢六角内接头 *DN*32	个	—	—	—	2.020	—
	181603006	黑玛钢活接头 *DN*40	个	—	—	—	—	1.010
	181603015	黑玛钢六角内接头 *DN*40	个	—	—	—	—	2.020
	020101001	橡胶板（综合）	kg	0.010	0.012	0.014	0.017	0.019
	340203008	聚四氟乙烯生料带 宽 20	m	2.261	3.014	3.768	4.823	6.023
	031101012	尼龙砂轮片 ϕ400	片	0.008	0.010	0.023	0.029	0.034
	140303001	机油（综合）	kg	0.007	0.009	0.010	0.013	0.017
	341101001	水	m^3	0.001	0.001	0.001	0.001	0.001
	142909001	氧气	m^3	0.153	0.162	0.168	0.177	0.183
	142907002	乙炔气	kg	0.059	0.062	0.065	0.068	0.070
	031301009	低碳钢焊条 J427（综合）	kg	0.153	0.175	0.198	0.265	0.356
	012903014	热轧中厚钢板 δ12～20	kg	0.085	0.103	0.124	0.170	0.197
	170201001	无缝钢管 *D*22×2	m	0.012	0.012	0.012	0.012	0.012
	171915005	输水软管 ϕ25	m	0.024	0.024	0.024	0.024	0.024
	190003003	螺纹阀门 *DN*15	个	0.024	0.024	0.024	0.024	0.024
	860113022	压力表表弯 *DN*15	个	0.024	0.024	0.024	0.024	0.024
	860113019	弹簧压力表 Y-100 0～1.6MPa	块	0.024	0.024	0.024	0.024	0.024
	850103006	其他材料费（占材料费）	%	1.000	1.000	1.000	1.000	1.000
机械	990785030	砂轮切割机 ϕ400	台班	0.002	0.003	0.007	0.010	0.010
	990748010	管子切断套丝机 159mm	台班	0.006	0.008	0.016	0.021	0.026
	990900010	电焊机（综合）	台班	0.028	0.032	0.036	0.048	0.065
	990813010	试压泵 3MPa	台班	0.024	0.024	0.024	0.024	0.024

3. 法兰水表（无旁通管）

工作内容： 切管、法兰焊接、制垫、加垫、水表、挠性接头、止回阀、阀门安装、管件安装、紧螺栓、水压试验。

计量单位： 组

编号				10-5-260	10-5-261	10-5-262	10-5-263
项目				公称直径（mm 以内）			
				50	80	100	150
名称			单位	消耗量			
人工	000203000	综合二类工	工日	1.400	2.150	3.040	3.880
材料	221501001	法兰水表	个	（1.000）	（1.000）	（1.000）	（1.000）
	190301001	法兰闸阀（综合）	个	（2.000）	（2.000）	（2.000）	（2.000）
	190901001	法兰止回阀（综合）	个	（1.000）	（1.000）	（1.000）	（1.000）
	182115001	法兰挠性接头	个	（1.000）	（1.000）	（1.000）	（1.000）
	200101005	碳钢平焊法兰（综合）	片	（2.000）	（2.000）	（2.000）	（2.000）
	020101001	橡胶板（综合）	kg	0.449	0.852	1.106	1.817
	031101009	尼龙砂轮片 $\phi100$	片	0.068	0.104	0.126	0.220
	140103002	清油 C01-1	kg	0.010	0.016	0.020	0.030
	140303001	机油（综合）	kg	0.151	0.162	0.197	0.204
	341101001	水	m^3	0.001	0.002	0.002	0.008
	092705004	碎布	kg	0.032	0.044	0.054	0.078
	031102001	砂纸	张	0.012	0.024	0.024	0.048
	142909001	氧气	m^3	0.339	0.399	0.603	1.005
	142907002	乙炔气	kg	0.130	0.134	0.202	0.386
	031301009	低碳钢焊条 J427（综合）	kg	0.510	0.642	0.783	0.965
	012903014	热轧中厚钢板 $\delta12\sim20$	kg	0.480	0.713	1.029	1.744
	170201001	无缝钢管 $D22\times2$	m	0.024	0.024	0.029	0.029
	143311001	白铅油	kg	0.040	0.070	0.100	0.140
	171915005	输水软管 $\phi25$	m	0.048	0.048	0.057	0.057
	190003003	螺纹阀门 $DN15$	个	0.048	0.048	0.057	0.057
	860113022	压力表表弯 $DN15$	个	0.048	0.048	0.057	0.057
	860113019	弹簧压力表 Y-100 0～1.6MPa	块	0.048	0.048	0.057	0.057
	030105117	六角螺栓带螺母、垫圈 M20×85～100	套	—	—	—	49.440
	030105046	六角螺栓（综合）	kg	0.600	0.648	1.596	2.850
	031101012	尼龙砂轮片 $\phi400$	片	0.021	0.032	0.041	—
	030105115	六角螺栓带螺母、垫圈 M16×65～80	套	24.720	49.440	49.440	—
	850103006	其他材料费（占材料费）	%	1.000	1.000	1.000	1.000
机械	990401020	载重汽车 5t	台班	—	—	—	0.011
	990515010	吊装机械（综合）	台班	—	—	—	0.129
	990900010	电焊机（综合）	台班	0.088	0.118	0.143	0.179
	990919030	电焊条烘干箱 $60\times50\times75cm^3$	台班	0.008	0.011	0.013	0.019
	990920010	电焊条恒温箱	台班	0.008	0.011	0.013	0.019
	990813010	试压泵 3MPa	台班	0.048	0.072	0.086	0.228
	990785030	砂轮切割机 $\phi400$	台班	0.005	0.007	0.009	—

工作内容：切管、法兰焊接、制垫、加垫、水表、挠性接头、止回阀、阀门安装、管件安装、紧螺栓、水压试验。

计量单位：组

编号				10-5-264	10-5-265	10-5-266
项目				公称直径（mm 以内）		
				200	250	300
名称			单位	消耗量		
人工	000203000	综合二类工	工日	5.030	6.080	7.430
材料	221501001	法兰水表	个	（1.000）	（1.000）	（1.000）
	190301001	法兰闸阀（综合）	个	（2.000）	（2.000）	（2.000）
	190901001	法兰止回阀（综合）	个	（1.000）	（1.000）	（1.000）
	182115001	法兰挠性接头	个	（1.000）	（1.000）	（1.000）
	200101005	碳钢平焊法兰（综合）	片	（2.000）	（2.000）	（2.000）
	020101001	橡胶板（综合）	kg	2.117	2.384	2.598
	031101009	尼龙砂轮片 ϕ100	片	0.299	0.394	0.465
	140103002	清油 C01-1	kg	0.030	0.040	0.050
	140303001	机油（综合）	kg	0.219	0.231	0.430
	341101001	水	m^3	0.008	0.018	0.060
	092705004	碎布	kg	0.102	0.112	0.122
	031102001	砂纸	张	0.072	0.072	0.072
	142909001	氧气	m^3	1.437	2.001	2.412
	142907002	乙炔气	kg	0.553	0.770	0.928
	031301009	低碳钢焊条 J427（综合）	kg	1.581	2.771	3.325
	012903014	热轧中厚钢板 δ12～20	kg	2.494	3.648	4.705
	170201001	无缝钢管 $D22\times2$	m	0.029	0.029	0.029
	143311001	白铅油	kg	0.170	0.200	0.250
	171915005	输水软管 ϕ25	m	0.057	0.057	0.057
	190003003	螺纹阀门 *DN*15	个	0.057	0.057	0.057
	860113022	压力表表弯 *DN*15	个	0.057	0.057	0.057
	860113019	弹簧压力表 Y-100 0～1.6MPa	块	0.057	0.057	0.057
	030105117	六角螺栓带螺母、垫圈 M20×85～100	套	74.610	—	—
	030105118	六角螺栓带螺母、垫圈 M22×90～120	套	—	74.160	74.160
	030105046	六角螺栓（综合）	kg	2.850	4.446	4.646
	850103006	其他材料费（占材料费）	%	1.000	1.000	1.000
机械	990401020	载重汽车 5t	台班	0.017	0.060	0.073
	990515010	吊装机械（综合）	台班	0.156	0.515	0.583
	990900010	电焊机（综合）	台班	0.511	0.693	0.839
	990919030	电焊条烘干箱 $60\times50\times75cm^3$	台班	0.043	0.061	0.075
	990920010	电焊条恒温箱	台班	0.043	0.061	0.075
	990813010	试压泵 3MPa	台班	0.228	0.228	0.228

4. 法兰水表（带旁通管）

工作内容： 切管、法兰焊接、制垫、加垫、水表、挠性接头、止回阀、阀门安装、管件安装、紧螺栓、水压试验。

计量单位： 组

编号				10-5-267	10-5-268	10-5-269	10-5-270
项目				公称直径（mm 以内）			
				50	80	100	150
		名称	单位	消耗量			
人工	000203000	综合二类工	工日	2.505	3.878	4.928	6.038
材料	221501001	法兰水表	个	（2.000）	（2.000）	（2.000）	（2.000）
	190301001	法兰闸阀（综合）	个	（4.000）	（4.000）	（4.000）	（4.000）
	190901001	法兰止回阀（综合）	个	（2.000）	（2.000）	（2.000）	（2.000）
	182115001	法兰挠性接头	个	（2.000）	（2.000）	（2.000）	（2.000）
	200101005	碳钢平焊法兰（综合）	片	（12.000）	（12.000）	（12.000）	（12.000）
	020101001	橡胶板（综合）	kg	1.178	2.224	2.891	4.754
	031101009	尼龙砂轮片 $\phi100$	片	0.409	0.623	0.758	1.318
	143311001	白铅油	kg	0.240	0.420	0.600	0.840
	140103002	清油 C01-1	kg	0.060	0.120	0.160	0.180
	140303001	机油（综合）	kg	0.582	0.603	0.843	0.862
	341101001	水	m^3	0.001	0.004	0.004	0.015
	092705004	碎布	kg	0.144	0.168	0.228	0.276
	031102001	砂纸	张	0.024	0.048	0.048	0.096
	142909001	氧气	m^3	0.678	0.870	1.293	2.466
	142907002	乙炔气	kg	0.260	0.334	0.438	0.949
	031301009	低碳钢焊条 J427（综合）	kg	1.476	2.268	2.816	3.905
	012903014	热轧中厚钢板 $\delta12\sim20$	kg	0.960	1.426	2.058	3.488
	170201001	无缝钢管 $D22\times2$	m	0.048	0.048	0.057	0.057
	171915005	输水软管 $\phi25$	m	0.096	0.096	0.114	0.114
	190003003	螺纹阀门 *DN*15	个	0.096	0.096	0.114	0.114
	860113022	压力表表弯 *DN*15	个	0.096	0.096	0.114	0.114
	031101012	尼龙砂轮片 $\phi400$	片	0.125	0.189	0.248	—

续前

编号				10-5-267	10-5-268	10-5-269	10-5-270
项目				公称直径（mm 以内）			
				50	80	100	150
名称			单位	消耗量			
材料	030105115	六角螺栓带螺母、垫圈 M16×65～80	套	65.920	131.840	131.840	—
	030105117	六角螺栓带螺母、垫圈 M20×85～100	套	—	—	—	131.840
	030105046	六角螺栓（综合）	kg	1.200	1.296	3.192	5.700
	170101009	焊接钢管 *DN*50	m	1.110	—	—	—
	180805002	碳钢三通 *DN*50	个	2.000	—	—	—
	183125009	压制弯头 *DN*50	个	2.000	—	—	—
	170101014	焊接钢管 *DN*80	m	—	1.250	—	—
	180805003	碳钢三通 *DN*80	个	—	2.000	—	—
	183125011	压制弯头 *DN*80	个	—	2.000	—	—
	170101017	焊接钢管 *DN*100	m	—	—	1.460	—
	180805004	碳钢三通 *DN*100	个	—	—	2.000	—
	183125012	压制弯头 *DN*100	个	—	—	2.000	—
	170101024	焊接钢管 *DN*150	m	—	—	—	1.650
	180805005	碳钢三通 *DN*150	个	—	—	—	2.000
	183125014	压制弯头 *DN*150	个	—	—	—	2.000
	860113019	弹簧压力表 Y-100 0～1.6MPa	块	0.096	0.096	0.114	0.114
	850103006	其他材料费（占材料费）	%	1.000	1.000	1.000	1.000
机械	990401020	载重汽车 5t	台班	—	—	—	0.025
	990515010	吊装机械（综合）	台班	—	—	—	0.361
	990900010	电焊机（综合）	台班	0.572	0.769	0.966	1.304
	990919030	电焊条烘干箱 60×50×75cm³	台班	0.043	0.063	0.079	0.114
	990920010	电焊条恒温箱	台班	0.043	0.063	0.079	0.114
	990813010	试压泵 3MPa	台班	0.096	0.144	0.171	0.456
	990785030	砂轮切割机 ϕ400	台班	0.032	0.042	0.054	—

工作内容： 切管、法兰焊接、制垫、加垫、水表、挠性接头、止回阀、阀门安装、管件安装、紧螺栓、水压试验。

计量单位：组

编　号				10-5-271	10-5-272	10-5-273
项　目				公称直径（mm 以内）		
				200	250	300
名　称			单位	消　耗　量		
人工	000203000	综合二类工	工日	12.080	16.370	19.290
材料	221501001	法兰水表	个	（2.000）	（2.000）	（2.000）
	190301001	法兰闸阀（综合）	个	（4.000）	（4.000）	（4.000）
	190901001	法兰止回阀（综合）	个	（2.000）	（2.000）	（2.000）
	182115001	法兰挠性接头	个	（2.000）	（2.000）	（2.000）
	200101005	碳钢平焊法兰（综合）	片	（12.000）	（12.000）	（12.000）
	170201040	无缝钢管 $D219\times6$	m	1.700	—	—
	180805006	碳钢三通 *DN*200	个	2.000	—	—
	183125015	压制弯头 *DN*200	个	2.000	—	—
	170201046	无缝钢管 $D273\times7$	m	—	1.730	—
	180805007	碳钢三通 *DN*250	个	—	2.000	—
	183125016	压制弯头 *DN*250	个	—	2.000	—
	170201049	无缝钢管 $D325\times8$	m	—	—	1.820
	180805008	碳钢三通 *DN*300	个	—	—	2.000
	183125017	压制弯头 *DN*300	个	—	—	2.000
	020101001	橡胶板（综合）	kg	5.554	6.248	6.797
	031101009	尼龙砂轮片 $\phi100$	片	1.791	2.362	2.792
	143311001	白铅油	kg	1.020	1.200	1.500
	140103002	清油 C01-1	kg	0.210	0.240	0.300
	140303001	机油（综合）	kg	0.994	1.008	1.008
	341101001	水	m^3	0.015	0.036	0.121

续前

编号				10-5-271	10-5-272	10-5-273
项目				公称直径（mm 以内）		
				200	250	300
名称			单位	消耗量		
材料	092705004	碎布	kg	0.324	0.384	0.444
	031102001	砂纸	张	0.144	0.144	0.144
	142909001	氧气	m^3	3.531	4.866	5.925
	142907002	乙炔气	kg	1.227	1.688	2.060
	031301009	低碳钢焊条 J427（综合）	kg	7.604	14.743	18.068
	012903014	热轧中厚钢板 δ12～20	kg	4.988	7.296	9.411
	170201001	无缝钢管 $D22\times2$	m	0.057	0.057	0.057
	171915005	输水软管 ϕ25	m	0.114	0.114	0.114
	190003003	螺纹阀门 *DN*15	个	0.114	0.114	0.114
	860113022	压力表表弯 *DN*15	个	0.114	0.114	0.114
	860113019	弹簧压力表 Y-100 0～1.6MPa	块	0.114	0.114	0.114
	030105117	六角螺栓带螺母、垫圈 M20×85～100	套	197.760	—	—
	030105118	六角螺栓带螺母、垫圈 M22×90～120	套	—	197.760	197.760
	030105046	六角螺栓（综合）	kg	5.700	8.892	9.291
	850103006	其他材料费（占材料费）	%	1.000	1.000	1.000
机械	990401020	载重汽车 5t	台班	0.038	0.127	0.156
	990515010	吊装机械（综合）	台班	0.437	1.282	1.419
	990900010	电焊机（综合）	台班	2.725	3.812	4.691
	990919030	电焊条烘干箱 60×50×75cm^3	台班	0.255	0.364	0.452
	990920010	电焊条恒温箱	台班	0.255	0.364	0.452
	990813010	试压泵 3MPa	台班	0.456	0.456	0.456

十、热量表组成安装

1. 热水采暖入口热量表（螺纹连接）

工作内容：切管、套丝、组对、制垫、加垫，成套热量表、过滤器、阀门、压力表、温度计等附件安装，循环管安装及其压力试验、水冲洗等。　　**计量单位：**组

编　号				10-5-274	10-5-275
项　目				入口管道公称直径（mm）	
				32	40
名　称			单位	消　耗　量	
人工	000203000	综合二类工	工日	2.985	3.246
材料	860105001	螺纹热量表	套	（1.000）	（1.000）
	181900001	过滤器	个	（2.000）	（2.000）
	190303001	螺纹闸阀（综合）	个	（4.040）	（4.040）
	190103001	螺纹截止阀 *DN*15	个	（5.050）	（5.050）
	190103007	螺纹截止阀 J11T-16 *DN*25	个	（1.010）	（1.010）
	860113008	压力表 0～2.5MPa ϕ50（带表弯）	套	4.040	4.040
	860110005	温度计 0～120℃	块	2.020	2.020
	182519017	黑玛钢管箍 *DN*15	个	4.040	4.040
	180107003	黑玛钢弯头 *DN*25	个	2.020	2.020
	181603004	黑玛钢活接头 *DN*25	个	2.020	1.010
	181603013	黑玛钢六角内接头 *DN*25	个	1.010	1.010
	180103004	黑玛钢三通 *DN*32	个	2.020	—
	182519020	黑玛钢管箍 *DN*32	个	2.020	—
	181603005	黑玛钢活接头 *DN*32	个	1.010	1.010
	181603014	黑玛钢六角内接头 *DN*32	个	2.020	1.010
	180103005	黑玛钢三通 *DN*40	个	—	2.020
	182519021	黑玛钢管箍 *DN*40	个	—	2.020
	181603006	黑玛钢活接头 *DN*40	个	—	1.010

续前

编号				10-5-274	10-5-275
项目				入口管道公称直径（mm）	
				32	40
名称			单位	消耗量	
材料	181603015	黑玛钢六角内接头 $DN40$	个	—	2.020
	170101001	焊接钢管 $DN15$	m	0.900	0.900
	170101004	焊接钢管 $DN25$	m	1.250	1.270
	031101009	尼龙砂轮片 $\phi100$	片	0.704	0.704
	031101012	尼龙砂轮片 $\phi400$	片	0.128	0.147
	020101001	橡胶板（综合）	kg	0.025	0.029
	142909001	氧气	m^3	0.545	0.573
	142907002	乙炔气	kg	0.221	0.233
	031301009	低碳钢焊条 J427（综合）	kg	0.412	0.412
	140303001	机油（综合）	kg	0.221	0.264
	140505001	铅油（厚漆）	kg	0.156	0.175
	022907003	线麻	kg	0.015	0.018
	012903014	热轧中厚钢板 $\delta12\sim20$	kg	0.170	0.197
	170201001	无缝钢管 $D22\times2$	m	0.012	0.012
	171915005	输水软管 $\phi25$	m	0.024	0.024
	190003003	螺纹阀门 $DN15$	个	0.024	0.024
	860113022	压力表表弯 $DN15$	个	0.024	0.024
	860113019	弹簧压力表 Y-100 0～1.6MPa	块	0.024	0.024
	850103006	其他材料费（占材料费）	%	1.000	1.000
机械	990785030	砂轮切割机 $\phi400$	台班	0.039	0.044
	990748010	管子切断套丝机 159mm	台班	0.326	0.394
	990900010	电焊机（综合）	台班	0.242	0.242
	990919030	电焊条烘干箱 $60\times50\times75cm^3$	台班	0.024	0.024
	990920010	电焊条恒温箱	台班	0.024	0.024
	990813010	试压泵 3MPa	台班	0.024	0.024

2. 热水采暖入口热量表（法兰连接）

工作内容： 切管、焊接、制垫、加垫、组对，成套热量表、过滤器、阀门、压力表、温度计等附件安装，循环管安装及其压力试验、水冲洗等。　　　　**计量单位：** 组

编　　号				10-5-276	10-5-277	10-5-278	10-5-279
项　　目				入口管道公称直径（mm）			
				50	65	80	100
名　　称			单位	消　耗　量			
人工	000203000	综合二类工	工日	4.769	5.678	6.706	7.984
材料	860116003	法兰热量表	套	（1.000）	（1.000）	（1.000）	（1.000）
	181900001	过滤器	个	（2.000）	（2.000）	（2.000）	（2.000）
	190301001	法兰闸阀（综合）	个	（4.000）	（4.000）	（4.000）	（4.000）
	190103001	螺纹截止阀 *DN*15	个	（5.050）	（5.050）	（5.050）	（5.050）
	190101004	法兰截止阀 J41H-6 *DN*25	个	（1.000）	（1.000）	（1.000）	（1.000）
	200101011	碳钢平焊法兰 *PN*1.6 *DN*25	片	（2.000）	（2.000）	（2.000）	（2.000）
	200101013	碳钢平焊法兰 *PN*1.6 *DN*40	片	（4.000）	—	—	—
	200101015	碳钢平焊法兰 *PN*1.6 *DN*50	片	（12.000）	（4.000）	（4.000）	（4.000）
	200101017	碳钢平焊法兰 *PN*1.6 *DN*65	片	—	（12.000）	—	—
	200101019	碳钢平焊法兰 *PN*1.6 *DN*80	片	—	—	（12.000）	—
	200101021	碳钢平焊法兰 *PN* 1.6 *DN*100	片	—	—	—	（12.000）
	173113014	压制异径管 *DN*50	个	2.000	—	—	—
	173113015	压制异径管 *DN*65	个	—	2.000	—	—
	173113016	压制异径管 *DN*80	个	—	—	2.000	—
	173113017	压制异径管 *DN*100	个	—	—	—	2.000
	860113008	压力表 0～2.5MPa ϕ50（带表弯）	套	4.040	4.040	4.040	4.040
	860110005	温度计 0～120℃	块	2.020	2.020	2.020	2.020
	170101001	焊接钢管 *DN*15	m	0.900	0.900	0.900	0.900
	170101004	焊接钢管 *DN*25	m	1.300	1.360	1.380	1.420
	182519017	黑玛钢管箍 *DN*15	个	4.040	4.040	4.040	4.040
	020101001	橡胶板（综合）	kg	0.886	1.195	1.674	2.177
	142909001	氧气	m^3	1.233	1.371	2.337	2.631
	142907002	乙炔气	kg	0.474	0.527	0.899	1.012
	031301023	碳钢气焊条（综合）	kg	0.252	0.252	0.252	0.252

续前

编号				10-5-276	10-5-277	10-5-278	10-5-279
项目				入口管道公称直径（mm）			
				50	65	80	100
名称			单位	消耗量			
材料	031301009	低碳钢焊条 J427（综合）	kg	0.937	1.705	2.906	3.304
	031101009	尼龙砂轮片 ϕ100	片	0.559	0.772	0.858	0.993
	031101012	尼龙砂轮片 ϕ400	片	0.248	0.252	0.282	0.341
	140303001	机油（综合）	kg	0.772	0.772	0.801	0.981
	092705004	碎布	kg	0.218	0.278	0.326	0.326
	031102001	砂纸	张	1.568	1.968	2.316	2.616
	031541002	锯条（综合）	根	0.715	0.715	0.715	0.715
	140505001	铅油（厚漆）	kg	0.112	0.112	0.112	0.112
	022907003	线麻	kg	0.091	0.091	0.091	0.091
	143311001	白铅油	kg	0.320	0.440	0.560	0.500
	140103002	清油 C01-1	kg	0.080	0.080	0.140	0.140
	012903014	热轧中厚钢板 δ12～20	kg	0.640	0.810	0.950	1.372
	170201001	无缝钢管 $D22\times2$	m	0.032	0.032	0.032	0.038
	171915005	输水软管 ϕ25	m	0.064	0.064	0.064	0.076
	190003003	螺纹阀门 *DN*15	个	0.064	0.064	0.064	0.076
	860113022	压力表表弯 *DN*15	个	0.064	0.064	0.064	0.076
	860113019	弹簧压力表 Y-100 0～1.6MPa	块	0.064	0.064	0.064	0.076
	030105114	六角螺栓带螺母、垫圈 M12×14～75	套	8.240	8.240	8.240	8.240
	030105115	六角螺栓带螺母、垫圈 M16×65～80	套	65.920	65.920	115.360	16.480
	850103006	其他材料费（占材料费）	%	1.000	1.000	1.000	1.000
机械	990748010	管子切断套丝机 159mm	台班	0.034	0.034	0.034	0.034
	990758030	电动弯管机 108mm	台班	0.031	0.031	0.031	0.031
	990785030	砂轮切割机 ϕ400	台班	0.042	0.058	0.064	0.076
	990900010	电焊机（综合）	台班	0.796	1.015	1.105	1.275
	990919030	电焊条烘干箱 $60\times50\times75cm^3$	台班	0.079	0.102	0.111	0.127
	990920010	电焊条恒温箱	台班	0.079	0.102	0.111	0.127
	990813010	试压泵 3MPa	台班	0.064	0.096	0.096	0.114

注：热水采暖入口成套热量表包括热量表、差压控制阀、压力传感器、温度传感器、积分仪。

3. 户用热量表（螺纹连接）

工作内容：切管、套丝、制垫、加垫，阀门、成套热量表安装，配合调试、水压试验等。 **计量单位：**组

编号				10-5-280	10-5-281	10-5-282	10-5-283	10-5-284
项目				公称直径（mm 以内）				
				15	20	25	32	40
名称			单位	消耗量				
人工	000203000	综合二类工	工日	0.650	0.700	0.850	1.050	1.290
材料	860105001	螺纹热量表	套	（1.000）	（1.000）	（1.000）	（1.000）	（1.000）
	190003002	螺纹阀门（综合）	个	（3.030）	（3.030）	（3.030）	（3.030）	（3.030）
	181901001	Y 型过滤器	个	（1.000）	（1.000）	（1.000）	（1.000）	（1.000）
	181603002	黑玛钢活接头 *DN*15	个	2.020	—	—	—	—
	182519017	黑玛钢管箍 *DN*15	个	2.020	—	—	—	—
	180103001	黑玛钢三通 *DN*15	个	2.020	—	—	—	—
	181603011	黑玛钢六角内接头 *DN*15	个	5.050	—	—	—	—
	181603003	黑玛钢活接头 *DN*20	个	—	2.020	—	—	—
	182519018	黑玛钢管箍 *DN*20	个	—	2.020	—	—	—
	180103002	黑玛钢三通 *DN*20	个	—	2.020	—	—	—
	181603012	黑玛钢六角内接头 *DN*20	个	—	5.050	—	—	—
	181603004	黑玛钢活接头 *DN*25	个	—	—	2.020	—	—
	182519019	黑玛钢管箍 *DN*25	个	—	—	2.020	—	—
	180103003	黑玛钢三通 *DN*25	个	—	—	2.020	—	—
	181603013	黑玛钢六角内接头 *DN*25	个	—	—	5.050	—	—
	181603005	黑玛钢活接头 *DN*32	个	—	—	—	2.020	—
	182519020	黑玛钢管箍 *DN*32	个	—	—	—	2.020	—
	180103004	黑玛钢三通 *DN*32	个	—	—	—	2.020	—
	181603014	黑玛钢六角内接头 *DN*32	个	—	—	—	5.050	—
	181603006	黑玛钢活接头 *DN*40	个	—	—	—	—	2.020

续前

编号				10-5-280	10-5-281	10-5-282	10-5-283	10-5-284
项目				公称直径（mm 以内）				
				15	20	25	32	40
名称			单位	消耗量				
材料	182519021	黑玛钢管箍 *DN*40	个	—	—	—	—	2.020
	180103005	黑玛钢三通 *DN*40	个	—	—	—	—	2.020
	181603015	黑玛钢六角内接头 *DN*40	个	—	—	—	—	5.050
	020101001	橡胶板（综合）	kg	0.008	0.010	0.012	0.015	0.018
	340203008	聚四氟乙烯生料带 宽 20	m	3.391	4.522	5.652	7.235	9.043
	031101012	尼龙砂轮片 ϕ400	片	0.021	0.025	0.057	0.072	0.084
	140303001	机油（综合）	kg	0.033	0.043	0.052	0.067	0.084
	142909001	氧气	m^3	0.111	0.120	0.126	0.135	0.144
	142907002	乙炔气	kg	0.043	0.046	0.049	0.052	0.055
	031301009	低碳钢焊条 J427（综合）	kg	0.115	0.139	0.158	0.208	0.237
	012903014	热轧中厚钢板 δ12～20	kg	0.064	0.077	0.093	0.128	0.148
	170201001	无缝钢管 *D*22×2	m	0.009	0.009	0.009	0.009	0.009
	171915005	输水软管 ϕ25	m	0.018	0.018	0.018	0.018	0.018
	190003003	螺纹阀门 *DN*15	个	0.018	0.018	0.018	0.018	0.018
	860113022	压力表表弯 *DN*15	个	0.018	0.018	0.018	0.018	0.018
	860113019	弹簧压力表 Y-100 0～1.6MPa	块	0.018	0.018	0.018	0.018	0.018
	850103006	其他材料费（占材料费）	%	1.000	1.000	1.000	1.000	1.000
机械	990785030	砂轮切割机 ϕ400	台班	0.005	0.007	0.018	0.024	0.026
	990748010	管子切断套丝机 159mm	台班	0.031	0.041	0.082	0.105	0.130
	990900010	电焊机（综合）	台班	0.021	0.025	0.028	0.035	0.042
	990813010	试压泵 3MPa	台班	0.018	0.018	0.018	0.018	0.018

十一、倒流防止器组成安装

1. 倒流防止器（螺纹连接不带水表）

工作内容：切管、套丝、制垫、加垫，倒流防止器及阀门安装，水压试验等。 **计量单位：**组

编号				10-5-285	10-5-286	10-5-287
项目				公称直径（mm）		
				15	20	25
名称			单位	消耗量		
人工	000203000	综合二类工	工日	0.450	0.530	0.620
材料	194111001	倒流防止器	个	（1.000）	（1.000）	（1.000）
	190003002	螺纹阀门（综合）	个	（2.020）	（2.020）	（2.020）
	181901001	Y 型过滤器	个	（1.000）	（1.000）	（1.000）
	170101001	焊接钢管 *DN*15	m	0.300	0.300	—
	170101004	焊接钢管 *DN*25	m	—	—	0.300
	181603002	黑玛钢活接头 *DN*15	个	1.010	—	—
	181603011	黑玛钢六角内接头 *DN*15	个	4.040	—	—
	181603003	黑玛钢活接头 *DN*20	个	—	1.010	—
	181603012	黑玛钢六角内接头 *DN*20	个	—	4.040	—
	181603004	黑玛钢活接头 *DN*25	个	—	—	1.010
	181603013	黑玛钢六角内接头 *DN*25	个	—	—	4.040
	020101001	橡胶板（综合）	kg	0.021	0.027	0.031
	340203008	聚四氟乙烯生料带 宽 20	m	2.826	3.768	4.710
	031101012	尼龙砂轮片 ϕ400	片	0.004	0.004	0.005
	140303001	机油（综合）	kg	0.013	0.015	0.016
	341101001	水	m^3	0.001	0.001	0.001
	142909001	氧气	m^3	0.420	0.429	0.444
	142907002	乙炔气	kg	0.162	0.165	0.171
	031301009	低碳钢焊条 J427（综合）	kg	0.383	0.464	0.525
	012903014	热轧中厚钢板 δ12～20	kg	0.213	0.258	0.309
	170201001	无缝钢管 *D*22×2	m	0.030	0.030	0.030
	171915005	输水软管 ϕ25	m	0.060	0.060	0.060
	190003003	螺纹阀门 *DN*15	个	0.060	0.060	0.060
	860113022	压力表表弯 *DN*15	个	0.060	0.060	0.060
	860113019	弹簧压力表 Y-100 0～1.6MPa	块	0.060	0.060	0.060
	850103006	其他材料费（占材料费）	%	1.000	1.000	1.000
机械	990785030	砂轮切割机 ϕ400	台班	0.001	0.001	0.001
	990748010	管子切断套丝机 159mm	台班	0.006	0.008	0.016
	990900010	电焊机（综合）	台班	0.063	0.071	0.078
	990813010	试压泵 3MPa	台班	0.060	0.060	0.060

工作内容：切管、套丝、制垫、加垫，倒流防止器及阀门安装，水压试验等。 **计量单位：**组

编号				10-5-288	10-5-289	10-5-290
项目				公称直径（mm）		
				32	40	50
名称			单位	消耗量		
人工	000203000	综合二类工	工日	0.750	1.100	1.240
材料	194111001	倒流防止器	个	（1.000）	（1.000）	（1.000）
	190003002	螺纹阀门（综合）	个	（2.020）	（2.020）	（2.020）
	181901001	Y 型过滤器	个	（1.000）	（1.000）	（1.000）
	181603005	黑玛钢活接头 *DN*32	个	1.010	—	—
	181603014	黑玛钢六角内接头 *DN*32	个	4.040	—	—
	181603006	黑玛钢活接头 *DN*40	个	—	1.010	—
	181603015	黑玛钢六角内接头 *DN*40	个	—	4.040	—
	181603007	黑玛钢活接头 *DN*50	个	—	—	1.010
	181603016	黑玛钢六角内接头 *DN*50	个	—	—	4.040
	170101004	焊接钢管 *DN*25	m	0.300	0.300	—
	170101009	焊接钢管 *DN*50	m	—	—	0.300
	020101001	橡胶板（综合）	kg	0.036	0.040	0.045
	340203008	聚四氟乙烯生料带 宽 20	m	6.029	7.536	9.420
	031101012	尼龙砂轮片 ϕ400	片	0.008	0.009	0.021
	140303001	机油（综合）	kg	0.019	0.025	0.029
	341101001	水	m^3	0.001	0.001	0.001
	142909001	氧气	m^3	0.453	0.459	0.465
	142907002	乙炔气	kg	0.174	0.176	0.179
	031301009	低碳钢焊条 J427（综合）	kg	0.601	0.712	0.805
	012903014	热轧中厚钢板 δ12～20	kg	0.426	0.492	0.600
	170201001	无缝钢管 *D*22×2	m	0.030	0.030	0.030
	171915005	输水软管 ϕ25	m	0.060	0.060	0.060
	190003003	螺纹阀门 *DN*15	个	0.060	0.060	0.060
	860113022	压力表表弯 *DN*15	个	0.060	0.060	0.060
	860113019	弹簧压力表 Y-100 0～1.6MPa	块	0.060	0.060	0.060
	850103006	其他材料费（占材料费）	%	1.000	1.000	1.000
机械	990785030	砂轮切割机 ϕ400	台班	0.003	0.003	0.005
	990748010	管子切断套丝机 159mm	台班	0.021	0.026	0.041
	990900010	电焊机（综合）	台班	0.086	0.094	0.101
	990813010	试压泵 3MPa	台班	0.060	0.060	0.060

2. 倒流防止器（螺纹连接带水表）

工作内容： 切管、套丝、制垫、加垫，倒流防止器、阀门及水表安装，水压试验等。 **计量单位：** 组

编号				10-5-291	10-5-292	10-5-293
项目				公称直径（mm）		
				15	20	25
名称			单位	消耗量		
人工	000203000	综合二类工	工日	0.550	0.650	0.760
材料	194111001	倒流防止器	个	（1.000）	（1.000）	（1.000）
	190003002	螺纹阀门（综合）	个	（2.020）	（2.020）	（2.020）
	181901001	Y 型过滤器	个	（1.000）	（1.000）	（1.000）
	221501003	螺纹水表	个	（1.000）	（1.000）	（1.000）
	181603002	黑玛钢活接头 *DN*15	个	1.010	—	—
	181603011	黑玛钢六角内接头 *DN*15	个	5.050	—	—
	181603003	黑玛钢活接头 *DN*20	个	—	1.010	—
	181603012	黑玛钢六角内接头 *DN*20	个	—	5.050	—
	181603004	黑玛钢活接头 *DN*25	个	—	—	1.010
	181603013	黑玛钢六角内接头 *DN*25	个	—	—	5.050
	170101001	焊接钢管 *DN*15	m	0.300	0.300	—
	170101004	焊接钢管 *DN*25	m	—	—	0.300
	020101001	橡胶板（综合）	kg	0.021	0.027	0.031
	340203008	聚四氟乙烯生料带 宽 20	m	3.391	4.522	5.652
	031101012	尼龙砂轮片 ϕ400	片	0.004	0.004	0.005
	140303001	机油（综合）	kg	0.013	0.015	0.016
	341101001	水	m^3	0.001	0.001	0.001
	142909001	氧气	m^3	0.420	0.429	0.444
	142907002	乙炔气	kg	0.162	0.165	0.171
	031301009	低碳钢焊条 J427（综合）	kg	0.383	0.464	0.525
	012903014	热轧中厚钢板 δ12～20	kg	0.213	0.258	0.309
	170201001	无缝钢管 *D*22×2	m	0.030	0.030	0.030
	171915005	输水软管 ϕ25	m	0.060	0.060	0.060
	190003003	螺纹阀门 *DN*15	个	0.060	0.060	0.060
	860113022	压力表表弯 *DN*15	个	0.060	0.060	0.060
	860113019	弹簧压力表 Y-100 0～1.6MPa	块	0.060	0.060	0.060
	850103006	其他材料费（占材料费）	%	1.000	1.000	1.000
机械	990785030	砂轮切割机 ϕ400	台班	0.001	0.001	0.001
	990748010	管子切断套丝机 159mm	台班	0.006	0.008	0.016
	990900010	电焊机（综合）	台班	0.063	0.071	0.078
	990813010	试压泵 3MPa	台班	0.060	0.060	0.060

工作内容：切管、套丝、制垫、加垫，倒流防止器、阀门及水表安装，水压试验等。 **计量单位：**组

编号				10-5-294	10-5-295	10-5-296
项目				公称直径（mm）		
				32	40	50
名称			单位	消耗量		
人工	000203000	综合二类工	工日	0.900	1.150	1.420
材料	194111001	倒流防止器	个	（1.000）	（1.000）	（1.000）
	190003002	螺纹阀门（综合）	个	（2.020）	（2.020）	（2.020）
	181901001	Y 型过滤器	个	（1.000）	（1.000）	（1.000）
	221501003	螺纹水表	个	（1.000）	（1.000）	（1.000）
	181603005	黑玛钢活接头 *DN*32	个	1.010	—	—
	181603014	黑玛钢六角内接头 *DN*32	个	5.050	—	—
	181603006	黑玛钢活接头 *DN*40	个	—	1.010	—
	181603015	黑玛钢六角内接头 *DN*40	个	—	5.050	—
	181603007	黑玛钢活接头 *DN*50	个	—	—	1.010
	181603016	黑玛钢六角内接头 *DN*50	个	—	—	5.050
	170101004	焊接钢管 *DN*25	m	0.300	0.300	—
	170101009	焊接钢管 *DN*50	m	—	—	0.300
	020101001	橡胶板（综合）	kg	0.036	0.040	0.045
	340203008	聚四氟乙烯生料带 宽 20	m	7.235	9.043	11.304
	031101012	尼龙砂轮片 ϕ400	片	0.008	0.009	0.021
	140303001	机油（综合）	kg	0.019	0.025	0.029
	341101001	水	m^3	0.001	0.001	0.001
	142909001	氧气	m^3	0.453	0.459	0.465
	142907002	乙炔气	kg	0.174	0.176	0.179
	031301009	低碳钢焊条 J427（综合）	kg	0.601	0.712	0.805
	012903014	热轧中厚钢板 δ12～20	kg	0.426	0.492	0.600
	170201001	无缝钢管 *D*22×2	m	0.030	0.030	0.030
	171915005	输水软管 ϕ25	m	0.060	0.060	0.060
	190003003	螺纹阀门 *DN*15	个	0.060	0.060	0.060
	860113022	压力表表弯 *DN*15	个	0.060	0.060	0.060
	860113019	弹簧压力表 Y-100 0～1.6MPa	块	0.060	0.060	0.060
	850103006	其他材料费（占材料费）	%	1.000	1.000	1.000
机械	990785030	砂轮切割机 ϕ400	台班	0.003	0.003	0.005
	990748010	管子切断套丝机 159mm	台班	0.021	0.026	0.041
	990900010	电焊机（综合）	台班	0.086	0.094	0.101
	990813010	试压泵 3MPa	台班	0.060	0.060	0.060

3. 倒流防止器（法兰连接不带水表）

工作内容：切管、制垫、加垫，倒流防止器及阀门安装，紧螺栓、水压试验等。　　**计量单位：**组

编　号				10-5-297	10-5-298	10-5-299	10-5-300	10-5-301
项　目				公称直径（mm）				
				50	65	80	100	150
名　称			单位	消　耗　量				
人工	000203000	综合二类工	工日	1.540	1.920	2.530	3.280	4.110
材料	194111001	倒流防止器	个	（1.000）	（1.000）	（1.000）	（1.000）	（1.000）
	190301001	法兰闸阀（综合）	个	（2.000）	（2.000）	（2.000）	（2.000）	（2.000）
	181901001	Y 型过滤器	个	（1.000）	（1.000）	（1.000）	（1.000）	（1.000）
	182115001	法兰挠性接头	个	（1.000）	（1.000）	（1.000）	（1.000）	（1.000）
	200101015	碳钢平焊法兰 *PN*1.6 *DN*50	片	（2.000）	—	—	—	—
	200101017	碳钢平焊法兰 *PN*1.6 *DN*65	片	—	（2.000）	—	—	—
	200101019	碳钢平焊法兰 *PN*1.6 *DN*80	片	—	—	（2.000）	—	—
	200101021	碳钢平焊法兰 *PN*1.6 *DN*100	片	—	—	—	（2.000）	—
	200101024	碳钢平焊法兰 *PN*1.6 *DN*150	片	—	—	—	—	（2.000）
	170101009	焊接钢管 *DN*50	m	0.300	0.300	0.300	—	—
	170101014	焊接钢管 *DN*80	m	—	—	—	0.300	0.300
	020101001	橡胶板（综合）	kg	0.456	0.630	0.870	1.110	1.824
	031101009	尼龙砂轮片 ϕ100	片	0.045	0.060	0.069	0.100	0.146
	031101012	尼龙砂轮片 ϕ400	片	0.021	0.027	0.032	0.041	—
	143311001	白铅油	kg	0.040	0.050	0.070	0.100	0.140
	140103002	清油 C01-1	kg	0.010	0.015	0.020	0.025	0.030
	341101001	水	m^3	0.001	0.002	0.002	0.002	0.008
	092705004	碎布	kg	0.020	0.020	0.020	0.030	0.030

续前

编号				10-5-297	10-5-298	10-5-299	10-5-300	10-5-301
项目				公称直径（mm）				
				50	65	80	100	150
名称			单位	消耗量				
材料	142909001	氧气	m^3	0.423	0.438	0.495	0.633	1.050
	142907002	乙炔气	kg	0.163	0.147	0.190	0.243	0.404
	031301009	低碳钢焊条 J427（综合）	kg	0.609	0.706	0.741	0.820	0.989
	012903014	热轧中厚钢板 δ12～20	kg	0.600	0.759	0.891	1.083	1.836
	170201001	无缝钢管 $D22\times2$	m	0.030	0.030	0.030	0.030	0.030
	171915005	输水软管 ϕ25	m	0.060	0.060	0.060	0.060	0.060
	190003003	螺纹阀门 *DN*15	个	0.060	0.060	0.060	0.060	0.060
	860113022	压力表表弯 *DN*15	个	0.060	0.060	0.060	0.060	0.060
	860113019	弹簧压力表 Y-100 0～1.6MPa	块	0.060	0.060	0.060	0.060	0.060
	030105115	六角螺栓带螺母、垫圈 M16×65～80	套	24.720	24.720	49.440	49.440	—
	030105117	六角螺栓带螺母、垫圈 M20×85～100	套	—	—	—	—	49.440
	030105046	六角螺栓（综合）	kg	0.750	0.780	0.810	1.680	3.000
	850103006	其他材料费（占材料费）	%	1.000	1.000	1.000	1.000	1.000
机械	990785030	砂轮切割机 ϕ400	台班	0.005	0.006	0.007	0.009	—
	990900010	电焊机（综合）	台班	0.147	0.161	0.173	0.200	0.241
	990919030	电焊条烘干箱 $60\times50\times75cm^3$	台班	0.006	0.007	0.008	0.011	0.015
	990920010	电焊条恒温箱	台班	0.006	0.007	0.008	0.011	0.015
	990813010	试压泵 3MPa	台班	0.060	0.090	0.090	0.090	0.240
	990401020	载重汽车 5t	台班	—	—	—	—	0.014
	990515010	吊装机械（综合）	台班	—	—	—	—	0.206

工作内容：切管、制垫、加垫，倒流防止器及阀门安装，紧螺栓、水压试验。 **计量单位：**组

编号				10-5-302	10-5-303	10-5-304	10-5-305	10-5-306
项目				公称直径（mm）				
				200	250	300	350	400
名称			单位	消耗量				
人工	000203000	综合二类工	工日	5.160	6.800	8.100	9.650	11.150
材料	194111001	倒流防止器	个	（1.000）	（1.000）	（1.000）	（1.000）	（1.000）
	190301001	法兰闸阀（综合）	个	（2.000）	（2.000）	（2.000）	（2.000）	（2.000）
	181901001	Y 型过滤器	个	（1.000）	（1.000）	（1.000）	（1.000）	（1.000）
	182115001	法兰挠性接头	个	（1.000）	（1.000）	（1.000）	（1.000）	（1.000）
	200101026	碳钢平焊法兰 *PN*1.6 *DN*200	片	（2.000）	—	—	—	—
	200101028	碳钢平焊法兰 *PN*1.6 *DN*250	片	—	（2.000）	—	—	—
	200101030	碳钢平焊法兰 *PN*1.6 *DN*300	片	—	—	（2.000）	—	—
	200101031	碳钢平焊法兰 *PN*1.6 *DN*350	片	—	—	—	（2.000）	—
	200101032	碳钢平焊法兰 *PN*1.6 *DN*400	片	—	—	—	—	（2.000）
	170101014	焊接钢管 *DN*80	m	0.300	—	—	—	—
	170101017	焊接钢管 *DN*100	m	—	0.300	—	—	—
	170101024	焊接钢管 *DN*150	m	—	—	0.300	0.300	0.300
	020101001	橡胶板（综合）	kg	2.153	2.429	2.609	3.600	4.500
	031101009	尼龙砂轮片 ϕ100	片	0.199	0.262	0.310	0.379	0.426
	143311001	白铅油	kg	0.170	0.200	0.250	0.280	0.300
	140103002	清油 C01-1	kg	0.030	0.040	0.050	0.055	0.060
	341101001	水	m^3	0.019	0.064	0.064	0.107	0.107
	092705004	碎布	kg	0.030	0.040	0.050	0.050	0.060

续前

编号				10-5-302	10-5-303	10-5-304	10-5-305	10-5-306
项目				公称直径（mm）				
				200	250	300	350	400
名称			单位	消耗量				
材料	142909001	氧气	m^3	1.557	2.097	2.526	2.715	3.102
	142907002	乙炔气	kg	0.599	0.806	0.971	1.045	1.194
	031301009	低碳钢焊条 J427（综合）	kg	1.606	2.795	3.350	4.757	5.309
	012903014	热轧中厚钢板 δ12～20	kg	2.625	3.840	4.953	6.327	7.872
	170201001	无缝钢管 $D22 \times 2$	m	0.030	0.030	0.030	0.030	0.030
	171915005	输水软管 ϕ25	m	0.060	0.060	0.060	0.060	0.060
	190003003	螺纹阀门 *DN*15	个	0.060	0.060	0.060	0.060	0.060
	860113022	压力表表弯 *DN*15	个	0.060	0.060	0.060	0.060	0.060
	860113019	弹簧压力表 Y-100 0～1.6MPa	块	0.060	0.060	0.060	0.060	0.060
	030105117	六角螺栓带螺母、垫圈 M20×85～100	套	74.160	—	—	—	—
	030105118	六角螺栓带螺母、垫圈 M22×90～120	套	—	74.160	74.160	98.990	—
	030105119	六角螺栓带螺母、垫圈 M27×120～140	套	—	—	—	—	98.990
	030105046	六角螺栓（综合）	kg	3.000	4.680	4.890	7.050	8.520
	850103006	其他材料费（占材料费）	%	1.000	1.000	1.000	1.000	1.000
机械	990401020	载重汽车 5t	台班	0.023	0.081	0.097	0.120	0.193
	990515010	吊装机械（综合）	台班	0.312	0.650	0.650	0.789	0.889
	990900010	电焊机（综合）	台班	0.430	0.576	0.693	0.723	0.805
	990919030	电焊条烘干箱 60×50×75cm^3	台班	0.034	0.049	0.060	0.063	0.071
	990920010	电焊条恒温箱	台班	0.034	0.049	0.060	0.063	0.071
	990813010	试压泵 3MPa	台班	0.240	0.240	0.240	0.300	0.300

4. 倒流防止器（法兰连接带水表）

工作内容： 切管、制垫、加垫，倒流防止器、水表及阀门安装，紧螺栓、水压试验等。 **计量单位：** 组

编 号				10-5-307	10-5-308	10-5-309	10-5-310	10-5-311
项 目				公称直径（mm）				
				50	65	80	100	150
名 称			单位	消 耗 量				
人工	000203000	综合二类工	工日	2.080	2.620	3.380	4.380	5.650
材料	194111001	倒流防止器	个	（1.000）	（1.000）	（1.000）	（1.000）	（1.000）
	190301001	法兰闸阀（综合）	个	（2.000）	（2.000）	（2.000）	（2.000）	（2.000）
	181901001	Y 型过滤器	个	（1.000）	（1.000）	（1.000）	（1.000）	（1.000）
	182115001	法兰挠性接头	个	（1.000）	（1.000）	（1.000）	（1.000）	（1.000）
	221501001	法兰水表	个	（1.000）	（1.000）	（1.000）	（1.000）	（1.000）
	200101015	碳钢平焊法兰 *PN*1.6 *DN*50	片	（4.000）	（4.000）	（4.000）	—	—
	200101017	碳钢平焊法兰 *PN*1.6 *DN*65	片	—	（4.000）	—	—	—
	200101019	碳钢平焊法兰 *PN*1.6 *DN*80	片	—	—	（4.000）	（4.000）	—
	200101021	碳钢平焊法兰 *PN*1.6 *DN*100	片	—	—	—	（4.000）	（4.000）
	200101024	碳钢平焊法兰 *PN*1.6 *DN*150	片	—	—	—	—	（4.000）
	170101009	焊接钢管 *DN*50	m	0.300	0.300	0.300	—	—
	170101014	焊接钢管 *DN*80	m	—	—	—	0.300	0.300
	020101001	橡胶板（综合）	kg	0.596	0.950	1.270	1.710	2.724
	031101009	尼龙砂轮片 ϕ100	片	0.091	0.210	0.229	0.338	0.493
	031101012	尼龙砂轮片 ϕ400	片	0.021	0.027	0.032	0.041	—
	143311001	白铅油	kg	0.080	0.180	0.220	0.340	0.480
	140103002	清油 C01-1	kg	0.020	0.040	0.060	0.080	0.100
	341101001	水	m^3	0.001	0.002	0.002	0.002	0.008
	092705004	碎布	kg	0.040	0.080	0.080	0.100	0.120
	142909001	氧气	m^3	0.423	0.438	0.495	0.633	1.050

续前

编号				10-5-307	10-5-308	10-5-309	10-5-310	10-5-311
项目				公称直径（mm）				
				50	65	80	100	150
名称			单位	消耗量				
材料	142907002	乙炔气	kg	0.163	0.147	0.190	0.243	0.404
	031301009	低碳钢焊条 J427（综合）	kg	0.724	1.145	1.216	1.637	2.132
	012903014	热轧中厚钢板 δ12～20	kg	0.600	0.759	0.891	1.083	1.836
	170201001	无缝钢管 $D22\times2$	m	0.030	0.030	0.030	0.030	0.030
	171915005	输水软管 ϕ25	m	0.060	0.060	0.060	0.060	0.060
	190003003	螺纹阀门 *DN*15	个	0.060	0.060	0.060	0.060	0.060
	860113022	压力表表弯 *DN*15	个	0.060	0.060	0.060	0.060	0.060
	860113019	弹簧压力表 Y-100 0～1.6MPa	块	0.060	0.060	0.060	0.060	0.060
	173113005	异径管 *DN*65 × 50	个	—	2.000	—	—	—
	173113006	异径管 *DN*80 × 50	个	—	—	2.000	—	—
	173113007	异径管 *DN*100 × 80	个	—	—	—	2.000	—
	173113008	异径管 *DN*150 × 100	个	—	—	—	—	2.000
	030105115	六角螺栓带螺母、垫圈 M16 × 65～80	套	37.080	41.200	70.040	82.400	24.720
	030105117	六角螺栓带螺母、垫圈 M20 × 85～100	套	—	—	—	—	57.680
	030105046	六角螺栓（综合）	kg	0.750	0.780	0.810	1.680	3.000
	850103006	其他材料费（占材料费）	%	1.000	1.000	1.000	1.000	1.000
机械	990785030	砂轮切割机 ϕ400	台班	0.005	0.006	0.007	0.009	—
	990900010	电焊机（综合）	台班	0.204	0.347	0.371	0.477	0.613
	990919030	电焊条烘干箱 $60\times50\times75cm^3$	台班	0.012	0.026	0.028	0.039	0.052
	990920010	电焊条恒温箱	台班	0.012	0.026	0.028	0.039	0.052
	990813010	试压泵 3MPa	台班	0.060	0.090	0.090	0.090	0.240
	990401020	载重汽车 5t	台班	—	—	—	—	0.016
	990515010	吊装机械（综合）	台班	—	—	—	—	0.310

工作内容：切管、制垫、加垫，倒流防止器、水表及阀门安装，紧螺栓、水压试验等。　　　**计量单位：**组

编号				10-5-312	10-5-313	10-5-314	10-5-315	10-5-316
项目				公称直径（mm）				
				200	250	300	350	400
名称			单位	消耗量				
人工	000203000	综合二类工	工日	7.120	9.120	11.000	13.060	15.300
材料	194111001	倒流防止器	个	（1.000）	（1.000）	（1.000）	（1.000）	（1.000）
	190301001	法兰闸阀（综合）	个	（2.000）	（2.000）	（2.000）	（2.000）	（2.000）
	181901001	Y 型过滤器	个	（1.000）	（1.000）	（1.000）	（1.000）	（1.000）
	182115001	法兰挠性接头	个	（1.000）	（1.000）	（1.000）	（1.000）	（1.000）
	221501001	法兰水表	个	（1.000）	（1.000）	（1.000）	（1.000）	（1.000）
	200101024	碳钢平焊法兰 *PN*1.6 *DN*150	片	（4.000）	—	—	—	—
	200101026	碳钢平焊法兰 *PN*1.6 *DN*200	片	（4.000）	（4.000）	—	—	—
	200101028	碳钢平焊法兰 *PN*1.6 *DN*250	片	—	（4.000）	（4.000）	—	—
	200101030	碳钢平焊法兰 *PN*1.6 *DN*300	片	—	—	（4.000）	（4.000）	（4.000）
	200101031	碳钢平焊法兰 *PN*1.6 *DN*350	片	—	—	—	（4.000）	—
	200101032	碳钢平焊法兰 *PN*1.6 *DN*400	片	—	—	—	—	（4.000）
	173113009	异径管 *DN*200×150	个	2.000	—	—	—	—
	173113010	异径管 *DN*250×200	个	—	2.000	—	—	—
	173113011	异径管 *DN*300×250	个	—	—	2.000	—	—
	173113012	异径管 *DN*350×300	个	—	—	—	2.000	—
	173113013	异径管 *DN*400×300	个	—	—	—	—	2.000
	170101014	焊接钢管 *DN*80	m	0.300	—	—	—	—
	170101017	焊接钢管 *DN*100	m	—	0.300	—	—	—
	170101024	焊接钢管 *DN*150	m	—	—	0.300	0.300	0.300
	020101001	橡胶板（综合）	kg	3.373	3.829	4.149	5.480	6.680
	143311001	白铅油	kg	0.620	0.740	0.900	1.000	1.100

续前

编号				10-5-312	10-5-313	10-5-314	10-5-315	10-5-316
项目				公称直径（mm）				
				200	250	300	350	400
名称			单位	消耗量				
材料	140103002	清油 C01-1	kg	0.120	0.140	0.180	0.200	0.220
	341101001	水	m^3	0.019	0.064	0.064	0.107	0.107
	092705004	碎布	kg	0.120	0.140	0.180	0.200	0.220
	142909001	氧气	m^3	1.557	2.097	2.526	2.715	3.102
	142907002	乙炔气	kg	0.599	0.806	0.971	1.045	1.194
	031301009	低碳钢焊条 J427（综合）	kg	3.704	7.317	10.805	14.729	15.834
	031101009	尼龙砂轮片 ϕ100	片	0.691	0.923	1.145	1.378	1.473
	012903014	热轧中厚钢板 δ12～20	kg	2.625	3.840	4.953	6.327	7.872
	170201001	无缝钢管 $D22 \times 2$	m	0.030	0.030	0.030	0.030	0.030
	171915005	输水软管 ϕ25	m	0.060	0.060	0.060	0.060	0.060
	190003003	螺纹阀门 *DN*15	个	0.060	0.060	0.060	0.060	0.060
	860113022	压力表表弯 *DN*15	个	0.060	0.060	0.060	0.060	0.060
	860113019	弹簧压力表 Y-100 0～1.6MPa	块	0.060	0.060	0.060	0.060	0.060
	030105117	六角螺栓带螺母、垫圈 M20 × 85～100	套	111.240	37.080	—	—	—
	030105118	六角螺栓带螺母、垫圈 M22 × 90～120	套	—	86.520	123.600	152.440	49.440
	030105119	六角螺栓带螺母、垫圈 M27 × 120～140	套	—	—	—	—	115.360
	030105046	六角螺栓（综合）	kg	3.000	4.680	4.890	7.050	8.520
	850103006	其他材料费（占材料费）	%	1.000	1.000	1.000	1.000	1.000
机械	990401020	载重汽车 5t	台班	0.025	0.092	0.109	0.147	0.222
	990515010	吊装机械（综合）	台班	0.597	1.035	1.035	1.248	1.368
	990900010	电焊机（综合）	台班	1.073	1.742	2.266	2.561	2.724
	990919030	电焊条烘干箱 $60 \times 50 \times 75cm^3$	台班	0.098	0.165	0.218	0.247	0.263
	990920010	电焊条恒温箱	台班	0.098	0.165	0.218	0.247	0.263
	990813010	试压泵 3MPa	台班	0.240	0.240	0.240	0.300	0.300

十二、水锤消除器安装

1. 水锤消除器（螺纹连接）

工作内容：安装、试压检查等。　　　　**计量单位：**个

编号				10-5-317	10-5-318	10-5-319	10-5-320	10-5-321	10-5-322
项目				公称直径（mm）					
				15	20	25	32	40	50
名称			单位	消耗量					
人工	000203000	综合二类工	工日	0.060	0.070	0.090	0.110	0.150	0.190
材料	534701001	水锤消除器	个	（1.000）	（1.000）	（1.000）	（1.000）	（1.000）	（1.000）
	340203008	聚四氟乙烯生料带 宽20	m	0.568	0.752	0.944	1.208	1.504	1.888
	181603011	黑玛钢六角内接头 *DN*15	个	1.010	—	—	—	—	—
	181603012	黑玛钢六角内接头 *DN*20	个	—	1.010	—	—	—	—
	181603013	黑玛钢六角内接头 *DN*25	个	—	—	1.010	—	—	—
	181603014	黑玛钢六角内接头 *DN*32	个	—	—	—	1.010	—	—
	181603015	黑玛钢六角内接头 *DN*40	个	—	—	—	—	1.010	—
	181603016	黑玛钢六角内接头 *DN*50	个	—	—	—	—	—	1.010
	850103006	其他材料费（占材料费）	%	1.000	1.000	1.000	1.000	1.000	1.000

2. 水锤消除器（法兰连接）

工作内容：制垫、加垫、就位、紧螺栓、试压检查。　　　　**计量单位：**个

编号				10-5-323	10-5-324	10-5-325	10-5-326	10-5-327
项目				公称直径（mm）				
				50	65	80	100	125
名称			单位	消耗量				
人工	000203000	综合二类工	工日	0.190	0.270	0.300	0.390	0.450
材料	534701001	水锤消除器	个	（1.000）	（1.000）	（1.000）	（1.000）	（1.000）
	020101001	橡胶板（综合）	kg	0.035	0.045	0.065	0.085	0.115
	143311001	白铅油	kg	0.025	0.030	0.035	0.040	0.050
	140103002	清油 C01-1	kg	0.010	0.015	0.020	0.025	0.027
	140303001	机油（综合）	kg	0.004	0.004	0.007	0.007	0.007
	092705004	碎布	kg	0.004	0.005	0.006	0.007	0.008
	031102001	砂纸	张	0.004	0.005	0.006	0.007	0.008
	030105115	六角螺栓带螺母、垫圈 M16×65～80	套	4.120	4.120	8.240	8.240	8.240
	850103006	其他材料费（占材料费）	%	1.000	1.000	1.000	1.000	1.000
机械	990401020	载重汽车 5t	台班	—	—	—	—	0.003
	990515010	吊装机械（综合）	台班	—	—	—	—	0.034

工作内容：制垫、加垫、就位、紧螺栓、试压检查。 计量单位：个

编号				10-5-328	10-5-329	10-5-330	10-5-331
项目				公称直径（mm）			
				150	200	250	300
名称			单位	消耗量			
人工	000203000	综合二类工	工日	0.500	0.640	0.780	0.950
材料	534701001	水锤消除器	个	（1.000）	（1.000）	（1.000）	（1.000）
	020101001	橡胶板（综合）	kg	0.140	0.165	0.185	0.400
	143311001	白铅油	kg	0.070	0.080	0.100	0.200
	140103002	清油 C01-1	kg	0.030	0.035	0.040	0.050
	140303001	机油（综合）	kg	0.010	0.016	0.018	0.018
	092705004	碎布	kg	0.016	0.022	0.024	0.049
	031102001	砂纸	张	0.016	0.024	0.024	0.024
	030105117	六角螺栓带螺母、垫圈 M20×85～100	套	8.240	12.360	—	—
	030105118	六角螺栓带螺母、垫圈 M22×90～120	套	—	—	12.360	12.360
	850103006	其他材料费（占材料费）	%	1.000	1.000	1.000	1.000
机械	990401020	载重汽车 5t	台班	0.003	0.003	0.009	0.009
	990515010	吊装机械（综合）	台班	0.034	0.052	0.083	0.083

十三、补 偿 器

1. 方形补偿器制作（弯头组成）

工作内容：切口、坡口、组成、焊接等。 计量单位：个

编号				10-5-332	10-5-333	10-5-334	10-5-335	10-5-336
项目				公称直径（mm 以内）				
				32	40	50	65	80
名称			单位	消耗量				
人工	000203000	综合二类工	工日	0.380	0.470	0.580	0.750	0.950
材料	183125001	压制弯头（综合）	个	（4.000）	（4.000）	（4.000）	（4.000）	（4.000）
	012300001	型钢（综合）	kg	3.710	4.240	5.300	6.360	8.480
	142909001	氧气	m^3	0.408	0.423	0.504	0.552	0.654
	142907002	乙炔气	kg	0.157	0.163	0.194	0.212	0.252
	031301009	低碳钢焊条 J427（综合）	kg	0.133	0.152	0.509	0.778	0.948
	031101009	尼龙砂轮片 ϕ100	片	0.020	0.032	0.400	0.628	0.648
	031101012	尼龙砂轮片 ϕ400	片	0.043	0.050	0.062	0.080	0.095
	092705004	碎布	kg	0.018	0.018	0.022	0.030	0.036
	031301023	碳钢气焊条（综合）	kg	0.120	0.150	—	—	—
	031541002	锯条（综合）	根	0.212	0.251	0.318	—	—
	850103006	其他材料费（占材料费）	%	1.000	1.000	1.000	1.000	1.000
机械	990785030	砂轮切割机 ϕ400	台班	0.023	0.026	0.029	0.033	0.041
	990900010	电焊机（综合）	台班	0.037	0.043	0.252	0.387	0.465
	990919030	电焊条烘干箱 60×50×75cm^3	台班	0.004	0.004	0.025	0.039	0.046
	990920010	电焊条恒温箱	台班	0.004	0.004	0.025	0.039	0.046

工作内容：切口、坡口、组成、焊接等。　　　　**计量单位**：个

编号				10-5-337	10-5-338	10-5-339	10-5-340	10-5-341
项目				公称直径（mm 以内）				
				100	125	150	200	250
名称			单位	消耗量				
人工	000203000	综合二类工	工日	1.200	1.500	1.920	2.530	3.320
材料	183125001	压制弯头（综合）	个	（4.000）	（4.000）	（4.000）	（4.000）	（4.000）
	012300001	型钢（综合）	kg	13.144	13.144	17.278	22.716	28.016
	142909001	氧气	m^3	0.828	1.062	1.662	2.163	3.030
	142907002	乙炔气	kg	0.318	0.408	0.639	0.832	1.165
	031301009	低碳钢焊条 J427（综合）	kg	1.614	1.861	2.806	3.824	6.939
	031101009	尼龙砂轮片 ϕ100	片	0.793	1.090	1.627	2.335	3.824
	031101012	尼龙砂轮片 ϕ400	片	0.120	0.132	—	—	—
	092705004	碎布	kg	0.042	0.050	0.062	0.084	0.102
	850103006	其他材料费（占材料费）	%	1.000	1.000	1.000	1.000	1.000
机械	990785030	砂轮切割机 ϕ400	台班	0.057	0.063	—	—	—
	990900010	电焊机（综合）	台班	0.676	0.794	1.015	1.387	1.930
	990919030	电焊条烘干箱 60×50×75cm^3	台班	0.068	0.079	0.101	0.139	0.193
	990920010	电焊条恒温箱	台班	0.068	0.079	0.101	0.139	0.193

工作内容：切口、坡口、组成、焊接等。　　　　**计量单位**：个

编号				10-5-342	10-5-343	10-5-344
项目				公称直径（mm 以内）		
				300	350	400
名称			单位	消耗量		
人工	000203000	综合二类工	工日	4.000	4.550	5.320
材料	183125001	压制弯头（综合）	个	（4.000）	（4.000）	（4.000）
	012300001	型钢（综合）	kg	34.520	34.520	38.760
	142909001	氧气	m^3	3.585	4.290	4.943
	142907002	乙炔气	kg	1.379	1.650	1.917
	031301009	低碳钢焊条 J427（综合）	kg	8.316	9.465	14.151
	031101009	尼龙砂轮片 ϕ100	片	4.602	6.450	7.382
	092705004	碎布	kg	0.120	0.144	0.162
	850103006	其他材料费（占材料费）	%	1.000	1.000	1.000
机械	990900010	电焊机（综合）	台班	1.973	2.292	2.779
	990919030	电焊条烘干箱 60×50×75cm^3	台班	0.197	0.229	0.278
	990920010	电焊条恒温箱	台班	0.197	0.229	0.278

2. 方形补偿器制作（机械煨制）

工作内容：下料、胎具拆安、弯管成型、焊接、检查等。 **计量单位：**个

编号				10-5-345	10-5-346	10-5-347	10-5-348	10-5-349	10-5-350
项目				公称直径（mm 以内）					
				32	40	50	65	80	100
名称			单位	消耗量					
人工	000203000	综合二类工	工日	0.360	0.460	0.670	0.900	1.160	1.520
材料	012300001	型钢（综合）	kg	2.332	2.756	3.710	5.088	5.406	10.282
	142909001	氧气	m³	0.237	0.295	0.337	0.395	0.462	0.585
	142907002	乙炔气	kg	0.090	0.112	0.127	0.156	0.177	0.225
	031301009	低碳钢焊条 J427（综合）	kg	0.083	0.099	0.345	0.549	0.623	1.130
	031301023	碳钢气焊条（综合）	kg	0.080	0.100	—	—	—	—
	031101009	尼龙砂轮片 ϕ100	片	0.014	0.021	0.267	0.419	0.432	0.529
	031101012	尼龙砂轮片 ϕ400	片	0.029	0.034	0.042	0.053	0.063	0.080
	092705004	碎布	kg	0.012	0.012	0.015	0.020	0.024	0.028
	850103006	其他材料费（占材料费）	%	1.000	1.000	1.000	1.000	1.000	1.000
机械	990785030	砂轮切割机 ϕ400	台班	0.015	0.017	0.019	0.024	0.027	0.042
	990900010	电焊机（综合）	台班	0.023	0.028	0.170	0.267	0.307	0.466
	990919030	电焊条烘干箱 $60\times50\times75cm^3$	台班	0.002	0.003	0.017	0.027	0.031	0.047
	990920010	电焊条恒温箱	台班	0.002	0.003	0.017	0.027	0.031	0.047
	990758030	电动弯管机 108mm	台班	0.062	0.074	0.096	0.132	0.158	0.197

3. 方形补偿器安装

工作内容：组成、焊接、张拉、安装等。 **计量单位：**个

编号				10-5-351	10-5-352	10-5-353	10-5-354	10-5-355
项目				公称直径（mm 以内）				
				32	40	50	65	80
名称			单位	消耗量				
人工	000203000	综合二类工	工日	0.130	0.160	0.230	0.280	0.330
材料	182101001	方形补偿器	个	（1.000）	（1.000）	（1.000）	（1.000）	（1.000）
	012300001	型钢（综合）	kg	0.742	0.848	1.060	1.696	2.332
	142909001	氧气	m³	0.110	0.136	0.156	0.181	0.204
	142907002	乙炔气	kg	0.042	0.051	0.060	0.070	0.078
	031301009	低碳钢焊条 J427（综合）	kg	0.102	0.121	0.144	0.244	0.298
	031101009	尼龙砂轮片 ϕ100	片	0.007	0.011	0.133	0.209	0.216
	031101012	尼龙砂轮片 ϕ400	片	0.014	0.017	0.021	0.027	0.032
	092705004	碎布	kg	0.006	0.006	0.007	0.010	0.012
	850103006	其他材料费（占材料费）	%	1.000	1.000	1.000	1.000	1.000
机械	990785030	砂轮切割机 ϕ400	台班	0.007	0.007	0.008	0.010	0.013
	990900010	电焊机（综合）	台班	0.051	0.060	0.077	0.125	0.150
	990919030	电焊条烘干箱 $60\times50\times75cm^3$	台班	0.005	0.006	0.008	0.012	0.015
	990920010	电焊条恒温箱	台班	0.005	0.006	0.008	0.012	0.015
	990316010	立式油压千斤顶 100t	台班	0.018	0.024	0.032	0.086	0.110

工作内容：组成、焊接、张拉、安装等。 **计量单位：**个

编号				10-5-356	10-5-357	10-5-358	10-5-359
项目				公称直径（mm 以内）			
				100	125	150	200
名称			单位	消耗量			
人工	000203000	综合二类工	工日	0.400	0.480	0.620	0.840
材料	182101001	方形补偿器	个	（1.000）	（1.000）	（1.000）	（1.000）
	012300001	型钢（综合）	kg	3.392	3.392	3.710	4.922
	142909001	氧气	m^3	0.255	0.333	0.507	0.663
	142907002	乙炔气	kg	0.098	0.128	0.196	0.255
	031301009	低碳钢焊条 J427（综合）	kg	0.502	0.585	0.862	1.180
	031101009	尼龙砂轮片 ϕ100	片	0.264	0.363	0.542	0.778
	031101012	尼龙砂轮片 ϕ400	片	0.040	0.044	—	—
	092705004	碎布	kg	0.014	0.017	0.021	0.028
	850103006	其他材料费（占材料费）	%	1.000	1.000	1.000	1.000
机械	990785030	砂轮切割机 ϕ400	台班	0.017	0.019	—	—
	990316010	立式油压千斤顶 100t	台班	0.320	0.410	—	—
	990900010	电焊机（综合）	台班	0.215	0.255	0.281	0.388
	990919030	电焊条烘干箱 60×50×75cm^3	台班	0.022	0.025	0.028	0.039
	990920010	电焊条恒温箱	台班	0.022	0.025	0.028	0.039
	990316020	立式油压千斤顶 200t	台班	—	—	0.480	0.670

工作内容：组成、焊接、张拉、安装等。 **计量单位：**个

编号				10-5-360	10-5-361	10-5-362	10-5-363
项目				公称直径（mm 以内）			
				250	300	350	400
名称			单位	消耗量			
人工	000203000	综合二类工	工日	1.170	1.330	1.510	1.770
材料	182101001	方形补偿器	个	（1.000）	（1.000）	（1.000）	（1.000）
	012300001	型钢（综合）	kg	6.088	7.408	8.256	9.210
	142909001	氧气	m^3	0.939	1.104	1.359	1.578
	142907002	乙炔气	kg	0.361	0.425	0.523	0.607
	031301009	低碳钢焊条 J427（综合）	kg	2.197	2.625	3.039	4.584
	031101009	尼龙砂轮片 ϕ100	片	1.275	1.534	2.150	2.461
	092705004	碎布	kg	0.034	0.040	0.048	0.054
	850103006	其他材料费（占材料费）	%	1.000	1.000	1.000	1.000
机械	990900010	电焊机（综合）	台班	0.551	0.658	0.764	0.926
	990919030	电焊条烘干箱 60×50×75cm^3	台班	0.055	0.066	0.076	0.093
	990920010	电焊条恒温箱	台班	0.055	0.066	0.076	0.093
	990316020	立式油压千斤顶 200t	台班	0.840	1.420	1.830	2.270

4. 焊接式成品补偿器安装

工作内容： 切口、坡口、焊接、试压检查等。 **计量单位：** 个

编号				10-5-364	10-5-365	10-5-366	10-5-367	10-5-368
项目				公称直径（mm 以内）				
				50	65	80	100	125
名称			单位	消耗量				
人工	000203000	综合二类工	工日	0.320	0.380	0.450	0.550	0.660
材料	182101002	焊接式补偿器	个	（1.000）	（1.000）	（1.000）	（1.000）	（1.000）
	142909001	氧气	m^3	—	0.015	0.156	0.177	0.255
	142907002	乙炔气	kg	—	0.006	0.060	0.069	0.099
	031301009	低碳钢焊条 J427（综合）	kg	0.132	0.183	0.215	0.381	0.464
	031101009	尼龙砂轮片 $\phi100$	片	0.133	0.209	0.216	0.264	0.363
	031101012	尼龙砂轮片 $\phi400$	片	0.021	0.027	0.032	0.040	0.044
	092705004	碎布	kg	0.007	0.010	0.012	0.014	0.017
	850103006	其他材料费（占材料费）	%	1.000	1.000	1.000	1.000	1.000
机械	990785030	砂轮切割机 $\phi400$	台班	0.005	0.006	0.007	0.009	0.011
	990401020	载重汽车 5t	台班	—	—	—	—	0.003
	990515010	吊装机械（综合）	台班	—	—	—	—	0.026
	990900010	电焊机（综合）	台班	0.066	0.108	0.127	0.181	0.221
	990919030	电焊条烘干箱 $60\times50\times75cm^3$	台班	0.007	0.011	0.013	0.018	0.022
	990920010	电焊条恒温箱	台班	0.007	0.011	0.013	0.018	0.022

工作内容： 切口、坡口、焊接、试压检查等。 **计量单位：** 个

编号				10-5-369	10-5-370	10-5-371	10-5-372
项目				公称直径（mm 以内）			
				150	200	250	300
名称			单位	消耗量			
人工	000203000	综合二类工	工日	0.810	1.080	1.300	1.580
材料	182101002	焊接式补偿器	个	（1.000）	（1.000）	（1.000）	（1.000）
	142909001	氧气	m^3	0.426	0.555	0.807	0.945
	142907002	乙炔气	kg	0.164	0.214	0.310	0.363
	031301009	低碳钢焊条 J427（综合）	kg	0.729	1.009	1.985	2.368
	031101009	尼龙砂轮片 $\phi100$	片	0.542	0.778	1.275	1.534
	092705004	碎布	kg	0.021	0.028	0.034	0.040
	012300001	型钢（综合）	kg	—	0.152	0.152	0.200
	850103006	其他材料费（占材料费）	%	1.000	1.000	1.000	1.000
机械	990401020	载重汽车 5t	台班	0.003	0.005	0.010	0.014
	990515010	吊装机械（综合）	台班	0.026	0.031	0.063	0.063
	990900010	电焊机（综合）	台班	0.281	0.388	0.551	0.658
	990919030	电焊条烘干箱 $60\times50\times75cm^3$	台班	0.028	0.039	0.055	0.066
	990920010	电焊条恒温箱	台班	0.028	0.039	0.055	0.066

工作内容：切口、坡口、焊接、试压检查等。 计量单位：个

编号				10-5-373	10-5-374	10-5-375	10-5-376
项目				公称直径（mm 以内）			
				350	400	450	500
名称			单位	消耗量			
人工	000203000	综合二类工	工日	1.840	2.110	2.450	2.700
材料	182101002	焊接式补偿器	个	（1.000）	（1.000）	（1.000）	（1.000）
	142909001	氧气	m^3	1.179	1.380	1.464	1.767
	142907002	乙炔气	kg	0.454	0.530	0.509	0.680
	031301009	低碳钢焊条 J427（综合）	kg	2.751	4.262	4.808	5.315
	031101009	尼龙砂轮片 $\phi100$	片	2.150	2.461	2.788	3.503
	092705004	碎布	kg	0.048	0.054	0.060	0.066
	012300001	型钢（综合）	kg	0.200	0.200	0.200	0.200
	850103006	其他材料费（占材料费）	%	1.000	1.000	1.000	1.000
机械	990401020	载重汽车 5t	台班	0.019	0.029	0.042	0.054
	990515010	吊装机械（综合）	台班	0.075	0.075	0.090	0.090
	990900010	电焊机（综合）	台班	0.764	0.926	1.045	1.155
	990919030	电焊条烘干箱 $60\times50\times75cm^3$	台班	0.076	0.093	0.105	0.116
	990920010	电焊条恒温箱	台班	0.076	0.093	0.105	0.116

5. 法兰式成品补偿器安装

工作内容：制垫、加垫、安装、紧螺栓、试压检查。 计量单位：个

编号				10-5-377	10-5-378	10-5-379	10-5-380	10-5-381	10-5-382
项目				公称直径（mm 以内）					
				25	32	40	50	65	80
名称			单位	消耗量					
人工	000203000	综合二类工	工日	0.180	0.190	0.210	0.250	0.390	0.490
材料	182107001	法兰式补偿器	个	（1.000）	（1.000）	（1.000）	（1.000）	（1.000）	（1.000）
	020101001	橡胶板（综合）	kg	0.040	0.050	0.060	0.070	0.090	0.130
	143311001	白铅油	kg	0.028	0.030	0.035	0.040	0.050	0.070
	140303001	机油（综合）	kg	0.004	0.004	0.004	0.004	0.004	0.007
	031102001	砂纸	张	0.004	0.004	0.004	0.004	0.004	0.008
	092705004	碎布	kg	0.004	0.004	0.004	0.004	0.004	0.008
	030105114	六角螺栓带螺母、垫圈 M12×14～75	套	4.120	—	—	—	—	—
	030105115	六角螺栓带螺母、垫圈 M16×65～80	套	—	4.120	4.120	4.120	4.120	—
	030105116	六角螺栓带螺母、垫圈 M16×85～140	套	—	—	—	—	—	8.240
	850103006	其他材料费（占材料费）	%	1.000	1.000	1.000	1.000	1.000	1.000

工作内容：制垫、加垫、安装、紧螺栓、试压检查。 计量单位：个

编号				10-5-383	10-5-384	10-5-385	10-5-386	10-5-387
项目				公称直径（mm 以内）				
				100	125	150	200	250
名称			单位	消耗量				
人工	000203000	综合二类工	工日	0.590	0.620	0.660	0.860	1.100
材料	182107001	法兰式补偿器	个	（1.000）	（1.000）	（1.000）	（1.000）	（1.000）
	020101001	橡胶板（综合）	kg	0.170	0.230	0.280	0.330	0.370
	143311001	白铅油	kg	0.100	0.120	0.140	0.170	0.200
	140303001	机油（综合）	kg	0.007	0.007	0.010	0.016	0.018
	031102001	砂纸	张	0.008	0.008	0.016	0.024	0.024
	092705004	碎布	kg	0.008	0.008	0.016	0.024	0.024
	030105116	六角螺栓带螺母、垫圈 M16×85～140	套	8.240	8.240	—	—	—
	030105117	六角螺栓带螺母、垫圈 M20×85～100	套	—	—	8.240	12.360	—
	030105118	六角螺栓带螺母、垫圈 M22×90～120	套	—	—	—	—	12.360
	850103006	其他材料费（占材料费）	%	1.000	1.000	1.000	1.000	1.000
机械	990401020	载重汽车 5t	台班	—	0.003	0.003	0.005	0.015
	990515010	吊装机械（综合）	台班	—	0.031	0.031	0.038	0.115

工作内容：制垫、加垫、安装、紧螺栓、试压检查。 计量单位：个

编号				10-5-388	10-5-389	10-5-390	10-5-391	10-5-392
项目				公称直径（mm 以内）				
				300	350	400	450	500
名称			单位	消耗量				
人工	000203000	综合二类工	工日	1.200	1.340	1.600	1.850	2.030
材料	182107001	法兰式补偿器	个	（1.000）	（1.000）	（1.000）	（1.000）	（1.000）
	020101001	橡胶板（综合）	kg	0.400	0.540	0.690	0.810	0.830
	143311001	白铅油	kg	0.240	0.280	0.300	0.320	0.350
	140303001	机油（综合）	kg	0.018	0.024	0.037	0.046	0.056
	092705004	碎布	kg	0.024	0.032	0.032	0.040	0.040
	031102001	砂纸	张	0.024	0.032	0.032	0.040	0.040
	030105118	六角螺栓带螺母、垫圈 M22×90～120	套	12.360	16.480	—	—	—
	030105119	六角螺栓带螺母、垫圈 M27×120～140	套	—	—	16.480	20.600	—
	030105120	六角螺栓带螺母、垫圈 M30×130～160	套	—	—	—	—	20.600
	850103006	其他材料费（占材料费）	%	1.000	1.000	1.000	1.000	1.000
机械	990401020	载重汽车 5t	台班	0.019	0.024	0.039	0.052	0.069
	990515010	吊装机械（综合）	台班	0.115	0.135	0.155	0.178	0.193

十四、软接头（软管）安装

1. 法兰式软接头

工作内容：制垫、加垫、安装、紧螺栓、试压检查等。 **计量单位**：个

编号				10-5-393	10-5-394	10-5-395	10-5-396	10-5-397	10-5-398
项目				公称直径（mm 以内）					
				50	65	80	100	125	150
名称			单位	消耗量					
人工	000203000	综合二类工	工日	0.220	0.350	0.380	0.510	0.580	0.600
材料	182115002	法兰式软接头	个	（1.000）	（1.000）	（1.000）	（1.000）	（1.000）	（1.000）
	020101001	橡胶板（综合）	kg	0.070	0.090	0.130	0.170	0.230	0.280
	143311001	白铅油	kg	0.040	0.050	0.070	0.100	0.120	0.140
	140303001	机油（综合）	kg	0.056	0.065	0.070	0.086	0.092	0.100
	092705004	碎布	kg	0.004	0.004	0.008	0.008	0.008	0.016
	031102001	砂纸	张	0.004	0.004	0.008	0.008	0.008	0.016
	030105115	六角螺栓带螺母、垫圈 M16×65～80	套	4.120	4.120	8.240	—	—	—
	030105116	六角螺栓带螺母、垫圈 M16×85～140	套	—	—	—	8.240	8.240	—
	030105117	六角螺栓带螺母、垫圈 M20×85～100	套	—	—	—	—	—	8.240
	850103006	其他材料费（占材料费）	%	1.000	1.000	1.000	1.000	1.000	1.000
机械	990401020	载重汽车 5t	台班	—	—	—	—	0.001	0.001
	990515010	吊装机械（综合）	台班	—	—	—	—	0.024	0.026

工作内容：制垫、加垫、安装、紧螺栓、试压检查等。 计量单位：个

编号				10-5-399	10-5-400	10-5-401	10-5-402	10-5-403
项目				公称直径（mm 以内）				
				200	250	300	350	400
名称			单位	消耗量				
人工	000203000	综合二类工	工日	0.750	0.940	1.120	1.260	1.520
材料	182115002	法兰式软接头	个	（1.000）	（1.000）	（1.000）	（1.000）	（1.000）
	020101001	橡胶板（综合）	kg	0.330	0.370	0.400	0.540	0.690
	143311001	白铅油	kg	0.170	0.200	0.240	0.280	0.300
	140303001	机油（综合）	kg	0.135	0.143	0.150	0.200	0.230
	092705004	碎布	kg	0.024	0.024	0.024	0.032	0.032
	031102001	砂纸	张	0.024	0.024	0.024	0.032	0.032
	030105117	六角螺栓带螺母、垫圈 M20×85～100	套	12.360	—	—	—	—
	030105118	六角螺栓带螺母、垫圈 M22×90～120	套	—	12.360	12.360	16.480	—
	030105119	六角螺栓带螺母、垫圈 M27×120～140	套	—	—	—	—	20.600
	850103006	其他材料费（占材料费）	%	1.000	1.000	1.000	1.000	1.000
机械	990401020	载重汽车 5t	台班	0.001	0.007	0.007	0.008	0.014
	990515010	吊装机械（综合）	台班	0.031	0.103	0.103	0.120	0.140

2. 螺纹式软接头

工作内容：切管、套丝、加垫、安装、试压检查等。 计量单位：个

编号				10-5-404	10-5-405	10-5-406	10-5-407	10-5-408	10-5-409
项目				公称直径（mm 以内）					
				15	20	25	32	40	50
名称			单位	消耗量					
人工	000203000	综合二类工	工日	0.130	0.150	0.170	0.190	0.240	0.290
材料	181625007	螺纹式软接头	个	（1.000）	（1.000）	（1.000）	（1.000）	（1.000）	（1.000）
	340203008	聚四氟乙烯生料带 宽 20	m	0.568	0.752	0.944	1.208	1.504	1.888
	031541002	锯条（综合）	根	0.057	0.065	0.070	0.078	0.089	0.106
	031101012	尼龙砂轮片 ϕ400	片	0.004	0.005	0.011	0.014	0.017	0.021
	140303001	机油（综合）	kg	0.013	0.015	0.016	0.019	0.025	0.029
	142909001	氧气	m^3	—	—	0.021	0.030	0.036	0.042
	142907002	乙炔气	kg	—	—	0.007	0.010	0.012	0.014
	850103006	其他材料费（占材料费）	%	1.000	1.000	1.000	1.000	1.000	1.000
机械	990785030	砂轮切割机 ϕ400	台班	0.001	0.001	0.004	0.005	0.005	0.005
	990748010	管子切断套丝机 159mm	台班	0.006	0.008	0.016	0.021	0.026	0.041

3. 卡紧式软管

工作内容： 切管、连接、紧固等。 **计量单位：** 根

编号				10-5-410	10-5-411	10-5-412	10-5-413
项目				公称直径（mm 以内）			
				10	15	20	25
名称			单位	消耗量			
人工	000203000	综合二类工	工日	0.020	0.030	0.040	0.050
材料	171915001	软管	根	（1.000）	（1.000）	（1.000）	（1.000）
	182518009	软管夹	个	2.020	2.020	2.020	2.020
	092705004	碎布	kg	0.004	0.005	0.005	0.006
	850103006	其他材料费（占材料费）	%	1.000	1.000	1.000	1.000

十五、浮标液面计安装

工作内容： 液面计安装、支架制作安装、除锈刷漆等。 **计量单位：** 组

编号				10-5-414
项目				FQ-Ⅱ型
名称			单位	消耗量
人工	000203000	综合二类工	工日	0.310
材料	860150003	浮标液面计 FQ-Ⅱ	组	（1.000）
	130115007	酚醛调和漆 各色	kg	0.012
	012101008	角钢 60	kg	0.800
	031541002	锯条（综合）	根	0.500
	031301009	低碳钢焊条 J427（综合）	kg	0.100
	130505009	酚醛防锈漆 各色	kg	0.017
	140301001	汽油 89#	kg	0.006
	850103006	其他材料费（占材料费）	%	1.000
机械	990900010	电焊机（综合）	台班	0.050

十六、浮漂水位标尺安装

工作内容：预埋螺栓、下料、制作、安装、除锈刷漆、导杆升降调整等。　　**计量单位：**组

编号				10-5-415	10-5-416	10-5-417	10-5-418	10-5-419
项目				水塔浮漂水位标尺		水池浮漂水位标尺		
				Ⅰ型	Ⅱ型	Ⅰ型	Ⅱ型	Ⅲ型
名称			单位	消耗量				
人工	000203000	综合二类工	工日	18.520	22.600	13.750	5.890	4.440
材料	170101003	焊接钢管 *DN*20	m	0.250	0.100	1.250	0.080	0.250
	170101004	焊接钢管 *DN*25	m	—	—	—	—	6.000
	170101006	焊接钢管 *DN*32	m	0.060	0.060	—	—	0.100
	170101009	焊接钢管 *DN*50	m	0.250	0.150	—	0.500	—
	170101017	焊接钢管 *DN*100	m	—	—	4.200	2.900	0.100
	170101021	焊接钢管 *DN*125	m	—	—	0.050	—	—
	012901010	热轧薄钢板 δ2.0～2.5	kg	—	—	—	11.600	—
	012901014	热轧薄钢板 δ2.6～3.2	kg	17.900	17.900	21.200	—	—
	012901015	热轧薄钢板 δ3.5～4.0	kg	—	—	1.000	—	—
	012903008	热轧中厚钢板 δ4.5～7	kg	7.800	1.100	2.700	7.600	—
	012903010	热轧中厚钢板 δ8～15	kg	50.300	50.300	6.600	—	0.100
	012903026	热轧中厚钢板 δ36	kg	9.100	9.100	—	—	—
	011301001	扁钢 59 以内	kg	28.300	0.700	2.000	—	—
	012101008	角钢 60	kg	63.300	—	55.000	—	—
	010901007	圆钢 φ8～14	kg	48.000	41.400	6.200	0.700	—
	010901009	圆钢 φ15～24	kg	7.200	139.300	—	—	—
	030113007	垫圈 M14	个	14.420	11.330	—	—	—
	010501007	钢丝绳 φ8	m	7.500	7.500	—	—	—
	180111002	黑玛钢堵头 *DN*32	个	1.010	1.010	—	1.010	—
	172505006	硬聚氯乙烯管 φ25×3	m	0.060	0.060	—	—	—
	031301009	低碳钢焊条 J427（综合）	kg	0.760	0.850	0.500	—	—
	031301023	碳钢气焊条（综合）	kg	1.270	1.270	0.850	—	—
	142909001	氧气	m^3	10.950	10.950	8.760	—	—
	142907002	乙炔气	kg	4.212	4.212	3.370	—	—
	130505009	酚醛防锈漆 各色	kg	4.915	7.834	3.576	2.491	0.844
	130115007	酚醛调和漆 各色	kg	5.994	8.069	2.439	1.610	0.439
	140113001	黄干油	kg	0.200	0.200	0.200	0.300	—

续前

编号				10-5-415	10-5-416	10-5-417	10-5-418	10-5-419
项目				水塔浮漂水位标尺		水池浮漂水位标尺		
				Ⅰ型	Ⅱ型	Ⅰ型	Ⅱ型	Ⅲ型
名称			单位	消耗量				
材料	140303001	机油（综合）	kg	0.250	0.250	0.250	0.100	0.100
	140301001	汽油 89#	kg	1.950	2.960	1.258	0.733	0.164
	031541002	锯条（综合）	根	5.000	7.000	3.000	2.000	1.000
	050301003	木材（一级红松）	m^3	0.002	0.002	0.001	—	—
	022701004	棉丝	kg	0.500	0.700	0.400	0.300	0.100
	011301004	扁钢 60 以外	kg	—	110.800	2.000	—	—
	190303004	螺纹闸阀 Z15T-10 *DN*20	个	—	—	—	—	1.010
	192303002	螺纹旋塞阀（灰铸铁） X13T-10 *DN*15	个	—	—	—	—	1.010
	030109030	六角螺母 M10	个	—	—	4.120	—	—
	030113008	垫圈 M16	个	—	—	20.600	—	—
	200101020	碳钢平焊法兰 *PN*1.6 *DN*100	片	—	—	1.000	—	—
	015303001	青铅（综合）	kg	—	—	25.000	—	—
	012101010	角钢 63	kg	—	—	27.700	50.700	—
	010501006	钢丝绳 ϕ6	m	—	—	12.000	11.000	—
	180103002	黑玛钢三通 *DN*20	个	—	—	—	—	1.010
	180107002	黑玛钢弯头 *DN*20	个	—	—	—	—	1.010
	182519015	镀锌异径管箍 *DN*25 × 20	个	—	—	—	—	1.010
	021705001	有机玻璃管	m	—	—	—	—	4.000
	133519015	油浸无石棉盘根 扭制 ϕ6～10（250℃）	kg	—	—	—	—	0.500
	226199003	浮球	个	—	—	—	—	1.000
	011901010	槽钢 12#	kg	—	—	—	1.700	—
	030113006	垫圈 M12	个	—	—	—	4.120	—
	180111003	黑玛钢丝堵（堵头） *DN*20	个	—	—	—	1.010	—
	140105002	油麻	kg	—	—	—	1.250	—
	040100006	水泥 42.5	kg	—	—	—	1.000	4.600
	023503022	物流无石棉绒	kg	—	—	—	0.700	2.100
	850103006	其他材料费（占材料费）	%	1.000	1.000	1.000	1.000	1.000
机械	990900010	电焊机（综合）	台班	0.280	0.330	0.240	—	—
	990718010	普通车床 400 × 1000mm	台班	0.240	0.240	0.240	0.240	—
	990727010	立式钻床 25mm	台班	0.100	0.100	0.100	0.100	—

十七、补 充 项 目

1. IC 卡水表（甲型）

工作内容：切管、套丝、制垫、水表组安装、水压试验、配合电气施工。 **计量单位：**块

编 号				10-5-420	10-5-421	10-5-422	10-5-423	10-5-424	10-5-425
项 目				IC 卡水表螺纹连接（甲型）					
				公称直径（mm 以内）					
				15	20	25	32	40	50
名 称			单位	消 耗 量					
人工	000203000	综合二类工	工日	0.098	0.122	0.146	0.170	0.221	0.250
材料	860116012	控制器 JK-B 型	个	（1.010）	（1.010）	（1.010）	（1.010）	（1.010）	（1.010）
	221501004	螺纹 IC 卡水表	块	（1.000）	（1.000）	（1.000）	（1.000）	（1.000）	（1.000）
	020101002	橡胶板 δ1～3	kg	0.100	0.100	0.160	0.180	0.260	0.280
	022907003	线麻	kg	0.002	0.002	0.002	0.004	0.004	0.005
	190303005	螺纹闸阀 Z15T-10K *DN*15	个	1.010	—	—	—	—	—
	190303006	螺纹闸阀 Z15T-10K *DN*20	个	—	1.010	—	—	—	—
	190303007	螺纹闸阀 Z15T-10K *DN*25	个	—	—	1.010	—	—	—
	190303008	螺纹闸阀 Z15T-10K *DN*32	个	—	—	—	1.010	—	—
	190303009	螺纹闸阀 Z15T-10K *DN*40	个	—	—	—	—	1.010	—
	190303010	螺纹闸阀 Z15T-10K *DN*50	个	—	—	—	—	—	1.010
	850103005	其他材料费	元	0.310	0.320	0.330	0.410	0.580	0.790

2. IC 卡水表（乙型）

工作内容：切管、套丝、制垫、水表组安装、水压试验、配合电气施工。 **计量单位：**块

编号				10-5-426	10-5-427	10-5-428	10-5-429	10-5-430	10-5-431
项目				IC 卡水表螺纹连接（乙型）					
				公称直径（mm 以内）					
				15	20	25	32	40	50
名称			单位	消耗量					
人工	000203000	综合二类工	工日	0.103	0.118	0.142	0.166	0.216	0.245
材料	192807001	电磁阀	个	（1.010）	（1.010）	（1.010）	（1.010）	（1.010）	（1.010）
	221501004	螺纹 IC 卡水表	块	（1.000）	（1.000）	（1.000）	（1.000）	（1.000）	（1.000）
	020101002	橡胶板 δ1～3	kg	0.100	0.100	0.160	0.180	0.260	0.280
	022907003	线麻	kg	0.002	0.002	0.002	0.004	0.004	0.005
	190303005	螺纹闸阀 Z15T-10K *DN*15	个	1.010	—	—	—	—	—
	190303006	螺纹闸阀 Z15T-10K *DN*20	个	—	1.010	—	—	—	—
	190303007	螺纹闸阀 Z15T-10K *DN*25	个	—	—	1.010	—	—	—
	190303008	螺纹闸阀 Z15T-10K *DN*32	个	—	—	—	1.010	—	—
	190303009	螺纹闸阀 Z15T-10K *DN*40	个	—	—	—	—	1.010	—
	190303010	螺纹闸阀 Z15T-10K *DN*50	个	—	—	—	—	—	1.010
	850103005	其他材料费	元	0.310	0.320	0.330	0.410	0.580	0.790

3. 远传水表（螺纹连接）

工作内容：场内搬运、清污检查、切管、套丝、加垫、找平找正、调校、试压、水表安装。 **计量单位：**个

编号				10-5-432	10-5-433	10-5-434	10-5-435	10-5-436	10-5-437
项目				远传水表（螺纹连接）					
				公称直径（mm 以内）					
				15	20	25	32	40	50
名称			单位	消耗量					
人工	000203000	综合二类工	工日	0.336	0.373	0.432	0.456	0.541	0.617
材料	221501002	水表	块	（1.000）	（1.000）	（1.000）	（1.000）	（1.000）	（1.000）
	182519006	镀锌管箍 *DN*15	个	1.010	—	—	—	—	—
	031507033	镀锌熟铁外丝 15	个	2.020	—	—	—	—	—
	182519007	镀锌管箍 *DN*20	个	—	1.010	—	—	—	—
	031507034	镀锌熟铁外丝 20	个	—	2.020	—	—	—	—
	182519008	镀锌管箍 *DN*25	个	—	—	1.010	—	—	—
	031507035	镀锌熟铁外丝 25	个	—	—	2.020	—	—	—
	182519009	镀锌管箍 *DN*32	个	—	—	—	1.010	—	—
	031507036	镀锌熟铁外丝 32	个	—	—	—	2.020	—	—
	182519010	镀锌管箍 *DN*40	个	—	—	—	—	1.010	—
	031507037	镀锌熟铁外丝 40	个	—	—	—	—	2.020	—
	182519011	镀锌管箍 *DN*50	个	—	—	—	—	—	1.010
	031507038	镀锌熟铁外丝 50	个	—	—	—	—	—	2.020
	340203008	聚四氟乙烯生料带 宽 20	m	3.242	4.056	5.082	6.394	7.284	9.093
	142909001	氧气	m^3	0.034	0.042	0.047	0.060	0.083	0.099
	142907001	乙炔气	m^3	0.014	0.018	0.020	0.025	0.035	0.042
	140303001	机油（综合）	kg	0.013	0.015	0.016	0.019	0.025	0.029
	850103006	其他材料费（占材料费）	%	2.000	2.000	2.000	2.000	2.000	2.000
机械	990785040	砂轮切割机 ϕ500	台班	0.012	0.016	0.020	0.026	0.033	0.038
	990748010	管子切断套丝机 159mm	台班	0.021	0.021	0.025	0.025	0.033	0.033
	991299050	其他机具费（占机械费）	%	3.000	3.000	3.000	3.000	3.000	3.000

4. 远传水表（法兰连接）

工作内容：场内搬运、清污检查、切管、坡口、焊法兰、法兰垫片制作安装、找平、找正、紧螺栓、水表安装、单体调校、通水试验。

计量单位：个

编号				10-5-438	10-5-439	10-5-440	10-5-441
项目				远传水表（法兰连接）			
				公称直径（mm 以内）			
				50	80	100	150
		名称	单位	消耗量			
人工	000203000	综合二类工	工日	0.902	1.305	1.384	1.758
材料	221501002	水表	块	（1.000）	（1.000）	（1.000）	（1.000）
	200001004	平焊法兰 *PN*1.6 以下 *DN*50	片	2.000	—	—	—
	340207002	密封垫 *DN*50	个	2.020	—	—	—
	200001005	平焊法兰 *PN*1.6 以下 *DN*80	片	—	2.000	—	—
	340207003	密封垫 *DN*80	个	—	2.020	—	—
	200001006	平焊法兰 *PN*1.6 以下 *DN*100	片	—	—	2.000	—
	340207004	密封垫 *DN*100	个	—	—	2.020	—
	200001007	平焊法兰 *PN*1.6 以下 *DN*150	片	—	—	—	2.000
	030105196	带母螺栓 M20 × 65～80	套	—	—	—	16.480
	340207005	密封垫 *DN*150	个	—	—	—	2.020
	030105195	带母螺栓 M16 × 65～80	套	8.240	8.240	16.480	—
	182519006	镀锌管箍 *DN*15	个	2.020	2.020	2.020	2.020
	031301011	电焊条（综合）	kg	0.510	0.642	0.726	0.948
	142909001	氧气	m^3	0.337	0.347	0.524	1.000
	142907001	乙炔气	m^3	0.143	0.147	0.222	0.424
	031101012	尼龙砂轮片 ϕ400	片	0.021	0.032	0.041	—
	031101009	尼龙砂轮片 ϕ100	片	0.068	0.104	0.126	0.220
	140303001	机油（综合）	kg	0.151	0.162	0.197	0.204
	140505002	铅油	kg	0.160	0.180	0.200	0.280
	031102001	砂纸	张	0.012	0.024	0.024	0.048
	850103006	其他材料费（占材料费）	%	2.000	2.000	2.000	2.000
机械	990785040	砂轮切割机 ϕ500	台班	0.005	0.007	0.009	0.034
	990900010	电焊机（综合）	台班	0.081	0.139	0.169	0.296
	990919030	电焊条烘干箱 60 × 50 × 75cm^3	台班	0.008	0.014	0.017	0.030
	990920010	电焊条恒温箱	台班	0.008	0.014	0.017	0.030
	991299050	其他机具费（占机械费）	%	3.000	3.000	3.000	3.000

工作内容：场内搬运、清污检查、切管、坡口、焊法兰、法兰垫片制作安装、找平、找正、紧螺栓、水表安装、单体调校、通水试验。

计量单位：个

编号				10-5-442	10-5-443	10-5-444
项目				远传水表（法兰连接）		
				公称直径（mm 以内）		
				200	250	300
名称			单位	消耗量		
人工	000203000	综合二类工	工日	2.058	2.921	3.114
材料	221501002	水表	块	（1.000）	（1.000）	（1.000）
	182519006	镀锌管箍 *DN*15	个	2.020	2.020	2.020
	031301011	电焊条（综合）	kg	1.788	3.635	4.485
	142909001	氧气	m^3	1.433	1.995	2.405
	142907001	乙炔气	m^3	0.608	0.846	1.020
	031101009	尼龙砂轮片 ϕ100	片	0.299	0.394	0.465
	140303001	机油（综合）	kg	0.219	0.231	0.430
	140505002	铅油	kg	0.340	0.400	0.490
	031102001	砂纸	张	0.072	0.072	0.072
	200001008	平焊法兰 *PN*1.6 以下 *DN*200	片	2.000	—	—
	340207006	密封垫 *DN*200	个	2.020	—	—
	030105196	带母螺栓 M20×65～80	套	24.720	—	—
	200001009	平焊法兰 *PN*1.6以下 *DN*250	片	—	2.000	—
	340207007	密封垫 *DN*250	个	—	2.020	—
	030105197	带母螺栓 M22×85～100	套	—	24.720	24.720
	200001010	平焊法兰 *PN*1.6以下 *DN*300	片	—	—	2.000
	340207008	密封垫 *DN*300	个	—	—	2.020
	850103006	其他材料费（占材料费）	%	2.000	2.000	2.000
机械	990785040	砂轮切割机 ϕ500	台班	0.034	0.034	0.034
	990900010	电焊机（综合）	台班	0.615	1.096	2.307
	990919030	电焊条烘干箱 60×50×75cm^3	台班	0.062	0.110	0.231
	990920010	电焊条恒温箱	台班	0.062	0.110	0.231
	990401030	载重汽车 8t	台班	0.100	0.180	0.250
	990515010	吊装机械（综合）	台班	0.070	0.070	0.070
	991299050	其他机具费（占机械费）	%	3.000	3.000	3.000

第六章

卫 生 器 具

说　明

一、本章内容包括卫生器具包括浴缸（盆）、净身盆、洗脸盆、洗涤盆、化验盆、大便器、小便器、淋浴器、淋浴间、湿蒸房、大小便器自动冲洗水箱、给排水附件、小便槽冲洗管制作安装、蒸汽–水加热器、冷热水混合器、饮水器、洗眼器和隔油器等安装项目。

二、各类卫生器具安装项目除另有标注外，均适用于各种材质。

三、各类卫生器具安装项目包括卫生器具本体、配套附件、成品支托架安装。各类卫生器具配套附件是指给水附件（水嘴、金属软管、阀门、冲洗管、喷头等）和排水附件（下水口、排水栓、存水弯、与地面或墙面排水口间的排水连接管等）。

四、各类卫生器具所用附件如随设备或器具配套供应时，不得另行计算。各类卫生器具支托架如现场制作时，应执行第十章相应项目。

五、浴盆冷热水带喷头若采用埋入式安装时，混合水管及管件应另行计算。按摩浴盆包括配套小型循环设备（过滤罐、水泵、按摩泵、气泵等）安装，其循环管路材料、配件等均按成套供货考虑。浴盆底部所需要填充的干砂材料费另行计算。

六、液压脚踏卫生器具安装执行本章相应项目，人工乘以系数 1.30，液压脚踏装置材料另行计算。如水嘴、喷头等配件随液压阀及控制器成套供应时，应扣除安装项目中的相应材料，不得重复计算。卫生器具所用液压脚踏装置包括配套的控制器、液压脚踏开关及其液压连接软管等配套附件。

七、大、小便器冲洗（弯）管均按成品考虑。大便器安装已包括了柔性连接头或胶皮碗。

八、大、小便槽自动冲洗水箱安装中，已包括水箱和冲洗管的成品支托架、管卡安装，水箱支托架及管卡的制作及刷漆应按相应项目另行计算。

九、与卫生器具配套的电气安装，应执行第四册《电气设备与线缆安装工程》相应项目。

十、洗眼器安装，应执行成套淋浴器安装相应项目。

十一、拼装淋浴间安装，应执行整体淋浴室安装相应项目，人工乘以系数 1.30。

十二、防返溢、防爆、密闭及铸铁地漏安装，应执行地漏安装相应项目，人工乘以系数 1.20。

十三、铸铁地面扫除口安装，应执行地面扫除口安装相应项目，人工乘以系数 1.20。

十四、双联化验盆执行化验盆安装相应项目，人工乘以系数 1.20；三联化验盆应执行化验盆安装相应项目，人工乘以系数 1.30。

十五、本章所有项目安装不包括预留、堵孔洞，发生时应执行本册第十章相应项目。

十六、各类卫生器具的混凝土或砖基础、周边砌砖、瓷砖粘贴、蹲式大便器蹲台砌筑、台式洗脸盆的台面、浴厕配件安装，应执行《陕西省房屋建筑与装饰工程消耗量定额（2025）》。

工程量计算规则

一、各种卫生器具安装，应区分器具类型均按设计图示数量，分别以“10组”或“10套”为计量单位。

二、大便槽、小便槽自动冲洗水箱安装，应区分水箱容积按设计图示数量，分别以“10套”为计量单位。大、小便槽自动冲洗水箱制作不分规格，应按设计图示尺寸，以“100kg”为计量单位。

三、小便槽冲洗管制作与安装，应区分冲洗管规格，按设计图示长度，分别以“10m”为计量单位，不扣除管件的长度。

四、湿蒸房安装，应区分使用人数按设计图示数量，分别以“座”为计量单位。

五、隔油器安装，应区分安装方式和进水管径，分别以“套”为计量单位。

一、浴 盆 安 装

工作内容：打螺栓孔、浴盆及附件安装、与上下水管连接、试水等。　　**计量单位：**10 组

编　号				10-6-1	10-6-2	10-6-3
项　目				浴盆		按摩浴盆
				冷热水	冷热水带喷头	
名　称			单位	消　耗　量		
人工	000203000	综合二类工	工日	5.860	7.490	12.830
材料	210100001	浴盆	套	（10.000）	（10.000）	—
	210115002	按摩浴盆	个	—	—	（10.000）
	340203008	聚四氟乙烯生料带 宽 20	m	37.200	41.200	37.200
	133503002	防水密封胶	支	3.900	3.900	4.500
	341101001	水	m^3	0.800	0.800	0.800
	850103006	其他材料费（占材料费）	%	3.000	3.000	3.000

二、净身盆安装

工作内容：打螺栓孔、金属框架安装、净身盆及附件安装、与上下水管连接、试水等。　　**计量单位：**10 组

编　号				10-6-4
项　目				净身盆
名　称			单位	消　耗　量
人工	000203000	综合二类工	工日	3.430
材料	210307001	净身盆	套	（10.100）
	340203008	聚四氟乙烯生料带 宽 20	m	37.200
	133503002	防水密封胶	支	1.300
	341101001	水	m^3	0.200
	850103006	其他材料费（占材料费）	%	3.000

三、洗脸盆安装

工作内容：打螺栓孔、托架安装、洗脸盆及附件安装、与上下水管连接、试水等。 **计量单位：**10 组

编　号				10-6-5	10-6-6	10-6-7	10-6-8
项　目				挂墙式		立柱式	
				冷水	冷热水	冷水	冷热水
名　称			单位	消　耗　量			
人工	000203000	综合二类工	工日	4.390	4.790	4.950	5.750
材料	210900002	洗脸盆	套	（10.100）	（10.100）	（10.100）	（10.100）
	030721005	洗脸盆托架	副	（10.100）	（10.100）	—	—
	340203008	聚四氟乙烯生料带 宽 20	m	31.200	35.200	31.200	39.200
	133503002	防水密封胶	支	1.500	1.500	2.500	2.500
	341101001	水	m^3	0.200	0.200	0.200	0.200
	020101002	橡胶板 δ1～3	kg	—	—	0.130	0.130
	801103002	白水泥砂浆 1：2	m^3	—	—	0.009	0.009
	850103006	其他材料费（占材料费）	%	3.000	3.000	3.000	3.000

工作内容：打螺栓孔、托架安装、洗脸盆及附件安装、与上下水管连接、试水等。 **计量单位：**10 组

编　号				10-6-9	10-6-10	10-6-11
项　目				台上式	台下式	洗发盆
				冷热水		
名　称			单位	消　耗　量		
人工	000203000	综合二类工	工日	5.210	6.130	9.650
材料	210900002	洗脸盆	套	（10.100）	（10.100）	—
	030721005	洗脸盆托架	副	—	（10.100）	—
	210900001	洗发盆	套	—	—	（10.100）
	340203008	聚四氟乙烯生料带 宽 20	m	31.200	39.200	43.200
	133503002	防水密封胶	支	2.000	2.000	2.000
	341101001	水	m^3	0.200	0.200	0.300
	020101002	橡胶板 δ1～3	kg	0.130	0.130	0.130
	801103002	白水泥砂浆 1：2	m^3	—	—	0.009
	850103006	其他材料费（占材料费）	%	3.000	3.000	3.000

四、洗涤盆安装

工作内容：打螺栓孔、托架安装、洗涤盆及附件安装、与上下水管连接、试水等。　　**计量单位：**10组

编　号				10-6-12	10-6-13
项　目				冷水	冷热水
名　称			单位	消　耗　量	
人工	000203000	综合二类工	工日	3.970	4.580
材料	211301001	洗涤盆	套	（10.100）	（10.100）
	030721003	洗涤盆托架 40×5	副	（10.100）	（10.100）
	340203008	聚四氟乙烯生料带 宽20	m	5.000	10.000
	133503002	防水密封胶	支	1.500	1.500
	341101001	水	m^3	0.400	0.400
	850103006	其他材料费（占材料费）	%	3.000	3.000

五、化验盆安装

工作内容：支架安装、化验盆及附件安装、与上下水管连接、试水等。　　**计量单位：**10组

编　号				10-6-14
项　目				化验盆
名　称			单位	消　耗　量
人工	000203000	综合二类工	工日	3.650
材料	211307001	化验盆	套	（10.100）
	212303001	化验盆支架 *DN*15	个	（10.100）
	340203008	聚四氟乙烯生料带 宽20	m	28.000
	133503002	防水密封胶	支	1.000
	341101001	水	m^3	0.300
	850103006	其他材料费（占材料费）	%	3.000

六、大便器安装

1. 蹲式大便器

工作内容：大便器、水箱及附件安装，与上下水管连接，试水等。 **计量单位：**10套

编号				10-6-15	10-6-16	10-6-17	10-6-18	10-6-19
项目				瓷高水箱	瓷低水箱	自闭阀冲洗	脚踏开关	感应开关 埋入式
名称			单位	消耗量				
人工	000203000	综合二类工	工日	7.950	7.950	4.870	4.870	5.170
材料	211507001	瓷蹲式大便器	套	（10.100）	（10.100）	（10.100）	（10.100）	（10.100）
	212501001	瓷蹲式大便器高水箱及配件	套	（10.100）	—	—	—	—
	030719006	自闭式冲洗阀 *DN*25	个	—	—	（10.100）	—	—
	171900005	金属软管 *D*15	根	（10.100）	（10.100）	—	—	—
	030719002	角型阀（带铜活） *DN*15	个	（10.100）	（10.100）	—	—	—
	030755003	大便器脚踏阀	个	—	—	—	（10.100）	—
	030711004	大便器存水弯 *DN*100	个	（10.100）	（10.100）	（10.100）	（10.100）	（10.100）
	030723002	大便器胶皮碗（配喉箍）	套	10.500	10.500	10.500	10.500	10.500
	030755001	大便器排水接头	个	10.100	10.100	10.100	10.100	10.100
	340203008	聚四氟乙烯生料带 宽 20	m	16.000	16.000	16.000	16.000	16.000
	133503002	防水密封胶	支	5.000	5.000	5.000	5.000	5.000
	180001001	螺纹管件 *DN*15	个	10.100	10.100	—	—	—
	173109002	冲洗管 *DN*32	根	10.100	10.100	10.100	10.100	10.100
	041311001	烧结粉煤灰砖 240 × 115 × 53	千块	0.160	0.160	0.160	0.160	0.160
	040905009	石灰膏	m^3	0.185	0.185	0.185	0.185	0.185
	040300003	砂子	m^3	0.090	0.090	0.090	0.090	0.090
	030107004	膨胀螺栓 M6～12 × 50～120	套	30.900	30.900	—	—	—
	031541002	锯条（综合）	根	1.500	1.500	1.500	1.500	1.500
	182508003	管卡（带膨胀螺栓） *DN*32	套	10.500	—	—	—	—
	031519005	冲击钻头 ϕ8～16	个	0.500	0.420	—	—	—
	341103001	电	kW · h	0.410	0.330	—	—	—
	341101001	水	m^3	0.120	0.120	0.120	0.120	0.120
	211507003	瓷蹲式大便器低水箱及配件	套	—	10.100	—	—	—
	030714001	防污器 *DN*32	个	—	—	10.100	10.100	10.100
	260901003	埋入式感应控制器	个	—	—	—	—	10.100
	850103006	其他材料费（占材料费）	%	3.000	3.000	3.000	3.000	3.000

2. 坐式大便器

工作内容： 大便器、水箱及附件安装，与上下水管连接，试水等。　　　　**计量单位：** 10套

编 号				10-6-20	10-6-21
项 目				水箱	冲洗阀
名 称			单位	消 耗 量	
人工	000203000	综合二类工	工日	5.880	6.340
材料	211603001	连体坐便器	套	(10.100)	—
	211607001	落地式坐便器	套	—	(10.100)
	030719006	自闭式冲洗阀 *DN*25	个	—	(10.100)
	030755001	大便器排水接头	个	10.100	10.100
	340203008	聚四氟乙烯生料带 宽20	m	16.000	12.000
	133503002	防水密封胶	支	5.000	5.000
	341101001	水	m^3	0.120	0.120
	850103006	其他材料费（占材料费）	%	3.000	3.000

七、小便器安装

工作内容： 小便器及附件安装、与上下水管连接、试水等。　　　　**计量单位：** 10套

编 号				10-6-22	10-6-23
项 目				壁挂式	落地式
名 称			单位	消 耗 量	
人工	000203000	综合二类工	工日	2.760	3.310
材料	211701002	挂式小便器	套	(10.100)	—
	211703002	立式小便器	套	—	(10.100)
	030719005	自闭式冲洗阀 *DN*15	个	(10.100)	(10.100)
	133503002	防水密封胶	支	0.700	1.000
	340203008	聚四氟乙烯生料带 宽20	m	14.000	34.000
	341101001	水	m^3	0.100	0.100
	181625011	排水接头 *DN*50	个	—	10.100
	850103006	其他材料费（占材料费）	%	3.000	3.000

八、拖布池安装

工作内容：成品拖布池安装、与上下水管连接、试水等。 **计量单位：**10 套

编号				10-6-24
项目				成品拖布池安装
名称			单位	消耗量
人工	000203000	综合二类工	工日	3.200
材料	211305001	拖布池（成品）	套	（10.100）
	181625011	排水接头 *DN*50	个	10.500
	340203008	聚四氟乙烯生料带 宽 20	m	5.000
	133503002	防水密封胶	支	1.500
	341101001	水	m^3	0.300
	850103006	其他材料费（占材料费）	%	3.000

九、淋浴器安装

1. 组成淋浴器

工作内容：淋浴器组成与安装、接管、试水等。 **计量单位：**10 套

编号				10-6-25	10-6-26
项目				单管	双管
名称			单位	消耗量	
人工	000203000	综合二类工	工日	2.150	5.340
材料	323203001	莲蓬喷头	个	（10.000）	（10.000）
	190103001	螺纹截止阀 *DN*15	个	（10.100）	（20.200）
	170301003	镀锌钢管 *DN*15	m	18.000	25.000
	181303001	镀锌弯头 *DN*15	个	10.100	30.300
	181602015	镀锌活接头 *DN*15	个	10.100	20.200
	182513001	镀锌钢管卡子 *DN*15	个	10.500	10.500
	340203008	聚四氟乙烯生料带 宽 20	m	20.000	56.000
	341101001	水	m^3	0.160	0.160
	181301001	镀锌三通 *DN*15	个	—	10.100
	850103006	其他材料费（占材料费）	%	3.000	3.000

2. 成套淋浴器

工作内容：成套淋浴器安装、接管、试水等。 **计量单位：**10套

编号				10-6-27	10-6-28
项目				单管	双管
名称			单位	消耗量	
人工	000203000	综合二类工	工日	0.980	1.580
材料	030703001	单管成品淋浴器（含固定件）	套	（10.000）	—
	030703003	双管成品淋浴器（含固定件）	套	—	（10.000）
	340203008	聚四氟乙烯生料带 宽20	m	20.000	28.000
	341101001	水	m^3	0.160	0.160
	850103006	其他材料费（占材料费）	%	3.000	3.000

十、淋浴间安装

工作内容：开箱检查、本体及附件安装、与上下水管连接、找平找正、试水等。 **计量单位：**10套

编号				10-6-29
项目				整体淋浴室安装
名称			单位	消耗量
人工	000203000	综合二类工	工日	15.700
材料	210709001	整体淋浴室	套	（10.000）
	030719002	角型阀（带铜活） *DN*15	个	（20.200）
	171900001	金属软管（综合）	根	（20.200）
	030711001	存水弯 *DN*50	个	（10.100）
	181625011	排水接头 *DN*50	个	10.500
	340203008	聚四氟乙烯生料带 宽20	m	16.000
	133503002	防水密封胶	支	9.000
	801103002	白水泥砂浆 1∶2	m^3	0.020
	341101001	水	m^3	0.160
	850103006	其他材料费（占材料费）	%	3.000
机械	990401020	载重汽车 5t	台班	0.800
	990515010	吊装机械（综合）	台班	0.070

十一、大、小便槽自动冲洗水箱

1. 大、小便槽自动冲洗水箱安装

工作内容：托架安装、水箱安装、接管、试水等。 **计量单位：**10 套

编号				10-6-30	10-6-31
项目				大便槽自动冲洗水箱	小便槽自动冲洗水箱
名称			单位	消耗量	
人工	000203000	综合二类工	工日	4.650	3.600
材料	212503001	大便槽自动冲洗水箱	个	（10.000）	—
	030721002	大便自动冲洗水箱托架	副	（10.000）	—
	030755002	水箱进水嘴 *DN*15	个	（10.100）	（10.100）
	030719004	水箱自动冲洗阀 *DN*40	个	（10.100）	—
	181625021	转换接头 *DN*40	个	（10.100）	—
	172500012	塑料管 *DN*50	m	（22.000）	—
	180905009	塑料弯头 45° *DN*50	个	（20.200）	—
	212505001	小便槽自动冲洗水箱	个	—	（10.000）
	030721006	小便自动冲洗水箱托架	副	—	（10.000）
	030719003	水箱自动冲洗阀 *DN*20	个	—	（10.100）
	290645053	塑料管卡子 40mm	个	10.050	—
	340203008	聚四氟乙烯生料带 宽 20	m	8.000	13.000
	020101002	橡胶板 δ1～3	kg	0.350	0.200
	144135024	粘接剂	kg	0.070	—
	341101001	水	m^3	0.060	0.008
	850103006	其他材料费（占材料费）	%	3.000	3.000

2. 大、小便槽自动冲洗水箱制作

工作内容：下料、坡口、平直、开孔、接管、组对、装配零件、焊接、注水试验等。 **计量单位：**100kg

编号				10-6-32
项目				大、小便槽自动冲洗水箱制作
名称			单位	消耗量
人工	000203000	综合二类工	工日	3.690
材料	010100002	钢材	kg	（105.000）
	142909001	氧气	m^3	5.450
	142907002	乙炔气	kg	2.112
	031301009	低碳钢焊条 J427（综合）	kg	3.220
	031101009	尼龙砂轮片 ϕ100	片	2.130
	031101012	尼龙砂轮片 ϕ400	片	0.170
	050105001	道木（综合）	m^3	0.120
	341101001	水	m^3	0.260
	850103006	其他材料费（占材料费）	%	3.000
机械	990900010	电焊机（综合）	台班	0.594
	990919030	电焊条烘干箱 $60 \times 50 \times 75cm^3$	台班	0.059
	990920010	电焊条恒温箱	台班	0.059

十二、给、排水附件安装

1. 水 龙 头

工作内容：上水嘴、试水等。 **计量单位：**10 个

编号				10-6-33
项目				水龙头安装
名称			单位	消耗量
人工	000203000	综合二类工	工日	0.260
材料	030701005	水嘴	个	（10.100）
	340203008	聚四氟乙烯生料带 宽 20	m	4.000
	850103006	其他材料费（占材料费）	%	3.000

2. 排 水 栓

工作内容：上零件、安装、与下水管连接、试水等。 **计量单位：**10 组

编号				10-6-34	10-6-35
项目				带存水弯	不带存水弯
名称			单位	消耗量	
人工	000203000	综合二类工	工日	1.780	1.250
材料	030715002	排水栓 带链堵	套	（10.100）	（10.100）
	030711002	存水弯 塑料 S 型 *DN*63	个	10.100	—
	173117010	承插塑料排水管 *DN*63	m	4.000	5.000
	020101002	橡胶板 δ1～3	kg	0.400	0.400
	340203008	聚四氟乙烯生料带 宽 20	m	17.000	11.000
	144135024	粘接剂	kg	0.120	0.080
	133503002	防水密封胶	支	2.000	1.500
	850103006	其他材料费（占材料费）	%	3.000	3.000

3. 地 漏

工作内容：安装、与下水管连接、试水等。 **计量单位：**10 个

编号				10-6-36	10-6-37	10-6-38	10-6-39
项目				公称直径（mm 以内）			
				50	80	100	150
名称			单位	消耗量			
人工	000203000	综合二类工	工日	1.173	1.740	2.225	2.850
材料	030705001	地漏	个	（10.100）	（10.100）	（10.100）	（10.100）
	144135024	粘接剂	kg	0.110	0.190	0.200	0.360
	850103006	其他材料费（占材料费）	%	3.000	3.000	3.000	3.000

4. 地面扫除口

工作内容：安装、与下水管连接、试水等。 计量单位：10 个

编号				10-6-40	10-6-41	10-6-42	10-6-43	10-6-44
项目				公称直径（mm 以内）				
				50	80	100	125	150
名称			单位	消耗量				
人工	000203000	综合二类工	工日	0.690	0.870	0.890	1.100	1.140
材料	030709001	地面扫除口	个	（10.100）	（10.100）	（10.100）	（10.100）	（10.100）
	144135024	粘接剂	kg	0.110	0.190	0.200	0.280	0.360
	850103006	其他材料费（占材料费）	%	3.000	3.000	3.000	3.000	3.000

十三、小便槽冲洗管制作安装

1. 镀锌钢管（螺纹连接）

工作内容：切管、套丝、钻眼、连接、管卡固定、试水等。 计量单位：10m

编号				10-6-45	10-6-46
项目				公称直径（mm）	
				20	25
名称			单位	消耗量	
人工	000203000	综合二类工	工日	5.920	6.630
材料	170300002	镀锌钢管（综合）	m	（10.200）	（10.200）
	181301002	镀锌三通 *DN*20	个	3.030	—
	182519007	镀锌管箍 *DN*20	个	6.060	—
	181307002	镀锌丝堵 *DN*20	个	6.060	—
	182513002	镀锌钢管卡子 *DN*20	个	6.300	—
	181301003	镀锌三通 *DN*25	个	—	3.030
	182519008	镀锌管箍 *DN*25	个	—	6.060
	181307003	镀锌丝堵 *DN*25	个	—	6.060
	182513003	镀锌钢管卡子 *DN*25	个	—	6.300
	340203008	聚四氟乙烯生料带 宽 20	m	9.000	11.400
	850103006	其他材料费（占材料费）	%	3.000	3.000
机械	990727010	立式钻床 25mm	台班	0.500	0.600

2. 塑料管（粘接）

工作内容：切管、钻眼、连接、管卡固定、试水等。　　　　**计量单位：**10m

编　号				10-6-47	10-6-48
项　目				外径（mm）	
				25	32
名　称			单位	消　耗　量	
人工	000203000	综合二类工	工日	3.930	4.530
材料	172500010	塑料管 *DN*25	m	（10.200）	—
	172500011	塑料管 *DN*32	m	—	（10.200）
	180901003	塑料内螺纹三通 *DN*25	个	3.030	—
	181611001	塑料内螺纹直接头 *DN*25	个	6.060	—
	180913004	塑料丝堵 *DN*20	个	6.060	—
	290645051	塑料管卡子 25mm	个	6.300	—
	180901004	塑料内螺纹三通 *DN*32	个	—	3.030
	181611002	塑料内螺纹直接头 *DN*32	个	—	6.060
	180913005	塑料丝堵 *DN*25	个	—	6.060
	290645052	塑料管卡子 32mm	个	—	6.300
	144135024	粘接剂	kg	0.040	0.060
	850103006	其他材料费（占材料费）	%	3.000	3.000
机械	990727010	立式钻床 25mm	台班	0.500	0.500

十四、蒸汽-水加热器安装

工作内容：加热器安装、接水管、试水等。　　　　**计量单位：**10 套

编　号				10-6-49
项　目				蒸汽-水加热器安装
				小型单管式
名　称			单位	消　耗　量
人工	000203000	综合二类工	工日	3.220
材料	520101005	蒸汽式水加热器	套	（10.000）
	340203008	聚四氟乙烯生料带 宽 20	m	9.000
	850103006	其他材料费（占材料费）	%	3.000

十五、冷热水混合器安装

工作内容：切管、套丝、冷热水混合器安装、接管、试水等。 **计量单位：**10套

编号				10-6-50
项目				冷热水混合器安装
名称			单位	消耗量
人工	000203000	综合二类工	工日	2.550
材料	520113001	冷热水混合器	个	（10.000）
	340203008	聚四氟乙烯生料带 宽20	m	15.400
	850103006	其他材料费（占材料费）	%	3.000

十六、饮水器安装

工作内容：饮水器和附件安装、接管、试水等。 **计量单位：**10套

编号				10-6-51
项目				饮水器安装
名称			单位	消耗量
人工	000203000	综合二类工	工日	5.100
材料	214500001	饮水器	套	（10.000）
	340203008	聚四氟乙烯生料带 宽20	m	4.000
	020101002	橡胶板 δ1～3	kg	1.200
	850103006	其他材料费（占材料费）	%	3.000

十七、隔油器安装

工作内容：隔油器和附件安装、接管、试水等。 **计量单位：**套

编号				10-6-52	10-6-53	10-6-54
项目				地上式		
				*DN*50	*DN*75	*DN*100
名称			单位	消耗量		
人工	000203000	综合二类工	工日	0.220	0.350	0.400
材料	214700001	隔油器	套	（1.000）	（1.000）	（1.000）
	182525001	卡箍件	套	（2.020）	（2.020）	（2.020）
	341101001	水	m^3	0.960	1.320	1.840
	850103006	其他材料费（占材料费）	%	3.000	3.000	3.000
机械	990401020	载重汽车 5t	台班	0.001	0.001	0.002
	990515010	吊装机械（综合）	台班	0.002	0.003	0.004

工作内容：隔油器和附件安装、接管、试水等。　　　　**计量单位：**套

编号				10-6-55	10-6-56	10-6-57
项目				悬挂式		
				*DN*75	*DN*100	*DN*150
名称			单位	消耗量		
人工	000203000	综合二类工	工日	0.480	0.720	1.140
材料	214700001	隔油器	套	(1.000)	(1.000)	(1.000)
	182525001	卡箍件	套	(2.020)	(2.020)	(2.020)
	341101001	水	m^3	0.430	0.850	1.320
	020101002	橡胶板 δ1～3	kg	1.300	1.300	1.440
	133503002	防水密封胶	支	0.600	0.700	0.900
	850103006	其他材料费（占材料费）	%	3.000	3.000	3.000
机械	990401020	载重汽车 5t	台班	0.002	0.003	0.005
	990515010	吊装机械（综合）	台班	0.004	0.006	0.010

十八、补充项目

1. 湿蒸房

工作内容：膨胀螺栓固定木方、组装湿蒸房、与上下水管连接、配合电气安装。　　　　**计量单位：**座

编号				10-6-58	10-6-59	10-6-60	10-6-61	10-6-62
项目				湿蒸房（人以内）				
				2	6	8	10	10 以外
名称			单位	消耗量				
人工	000203000	综合二类工	工日	6.710	9.230	10.920	12.950	15.350
材料	210801001	湿蒸房	座	(1.000)	(1.000)	(1.000)	(1.000)	(1.000)
	180001001	螺纹管件 *DN*15	个	2.020	2.020	2.020	2.020	2.020
	050401007	杉木枋 30×40	m^3	0.046	0.088	0.124	0.148	0.160
	031501007	圆钉	kg	0.150	0.350	0.500	0.600	0.700
	030107004	膨胀螺栓 M6～12×50～120	套	24.720	28.840	32.960	37.080	41.200
	031519005	冲击钻头 ϕ8～16	个	19.200	22.400	25.600	28.800	32.000
	340203008	聚四氟乙烯生料带 宽 20	m	3.000	3.000	3.000	3.000	3.000
	133503002	防水密封胶	支	2.000	3.000	3.000	4.000	4.000
	341103001	电	kW·h	5.280	6.160	7.040	7.020	8.800
	850103006	其他材料费（占材料费）	%	3.000	3.000	3.000	3.000	3.000

2. 虹吸式雨水斗

工作内容： 安装、与雨水管连接、试水。 **计量单位：** 10 个

编号				10-6-63	10-6-64	10-6-65
项目				公称直径（mm 以内）		
				50	100	150
名称			单位	消耗量		
人工	000203000	综合二类工	工日	2.438	2.513	2.710
材料	334105001	虹吸式雨水斗	套	（10.000）	（10.000）	（10.000）
	133501007	密封膏	kg	0.200	0.250	0.300
	850103006	其他材料费（占材料费）	%	3.000	3.000	3.000

第七章

供 暖 器 具

说 明

一、本章内容包括铸铁散热器、钢制散热器、辐射供暖供冷装置、分/集水器、暖风机等安装，光排管散热器制作与安装。

二、散热器安装项目除另有说明外，各型散热器均包括散热器成品支托架（钩、卡）安装和安装前的水压试验以及系统水压试验。

三、各型散热器不分明装、暗装，均按材质、类型执行同一相应安装项目。

四、各型散热器的成品支托架（钩、卡）安装，是按采用膨胀螺栓固定编制的，如工程要求与安装项目不同时，可按照本册第十章有关项目进行调整。

五、铸铁散热器安装是按柱型（柱翼型）编制的，区分带足、不带足两种安装方式。成组铸铁散热器、光排管散热器如发生现场进行除锈刷漆时，应执行第十二册《防腐蚀、绝热工程》相应项目。

六、金属复合柱式散热器执行钢制柱式散热器安装项目，其人工乘以系数 0.70。钢制卫浴散热器、钢制闭式散热器、艺术造型散热器执行钢制板式散热器安装项目，其人工乘以系数 0.70。

七、钢制翅片管散热器安装项目包括安装随散热器供应的成品对流罩。

八、钢制板式散热器的固定组件，是按随散热器配套供应编制的，如散热器未配套供应，其费用应另行计算。

九、一体化预制辐射供暖（冷）板安装不包括龙骨安装。

十、辐射供暖供冷管敷设项目包括了固定管道的塑料卡钉（管卡）安装、局部套管敷设及地面浇筑的配合用工。如设计要求固定管道的方式与本敷设项目不同时，固定管道的材料可按设计要求进行调整，其他不变。

十一、辐射采暖的隔热板项目中的塑料薄膜，是指在接触土壤或室外空气的楼板与绝热层之间所铺设的塑料薄膜防潮层。如隔热板带有保护层（铝箔），应扣除塑料薄膜材料消耗量。辐射采暖管道在跨越建筑物的伸缩缝、沉降缝时所铺设的塑料板条，应按照边界保温带安装项目计算，塑料板条材料消耗量可按设计要求的厚度、宽度进行调整。

十二、成组热媒集配装置包括成品分/集水器和配套供应的固定支架及与分支管连接的部件。固定支架如不随分/集水器配套供应，需现场制作时，按照本册第十章相应项目另行计算。

工程量计算规则

一、成组铸铁散热器安装，分落地安装、挂式安装，区分每组片数按设计图示数量，分别以“组”为计量单位。

二、钢制柱式散热器安装，应区分每组片数按设计图示数量，分别以“组”为计量单位；钢制板式散热器应区分半周长，按设计图示数量，分别以“组”为计量单位。

三、光排管散热器安装区分排管公称直径，按设计图示尺寸，以“10m”为计量单位。

四、辐射供暖供冷装置中一体化预制辐射供暖（冷）板，按设计图示尺寸以“m^2”为计量单位。

五、预制沟槽保温板、毛细管席、保护层（铝箔）、隔热板、钢丝网，按设计图示实际铺设面积，以“$10m^2$”为计量单位。

六、边界保温带，按设计图示长度，以“10m”为计量单位。

七、辐射供暖（供冷）管道，区分管道外径，按设计图示中心线长度，分别以“10m”为计量单位。

八、加热电缆敷设，按设计图示长度，以“100m”为计量单位。

九、分/集水器安装，按带箱、不带箱区分支管环路数，按设计图示数量，分别以“组”为计量单位。

十、暖风机安装，应区分设备不同重量，按设计图示数量，分别以“台”为计量单位。

一、铸铁散热器安装

1. 成组铸铁散热器（挂式）

工作内容：托钩（卡子）安装、散热器稳固、水压试验等。 **计量单位：**组

编号				10-7-1	10-7-2	10-7-3	10-7-4	10-7-5
项目				柱型（柱翼型）挂式安装				
				单组片数（片以内）				
				8	12	16	20	20 以外
名称			单位	消耗量				
人工	000203000	综合二类工	工日	0.235	0.346	0.457	0.581	0.692
材料	220103002	成组铸铁散热器 不带足	组	（1.000）	（1.000）	（1.000）	（1.000）	（1.000）
	182518010	散热器卡子（带膨胀螺栓）	个	1.050	1.050	2.100	2.100	2.100
	221109001	散热器托钩（带膨胀螺栓）	个	2.100	3.150	4.200	5.250	6.300
	341101001	水	m^3	0.020	0.032	0.043	0.055	0.066
	850103006	其他材料费（占材料费）	%	3.000	3.000	3.000	3.000	3.000
机械	990813010	试压泵 3MPa	台班	0.010	0.010	0.010	0.010	0.010

2. 成组铸铁散热器（落地式）

工作内容：托钩（卡子）安装、散热器稳固、水压试验等。 **计量单位：**组

编号				10-7-6	10-7-7	10-7-8	10-7-9	10-7-10
项目				柱型（柱翼型）落地安装				
				单组片数（片以内）				
				8	12	16	20	20 以外
名称			单位	消耗量				
人工	000203000	综合二类工	工日	0.205	0.301	0.397	0.506	0.602
材料	220103001	成组铸铁散热器 带足	组	（1.000）	（1.000）	（1.000）	（1.000）	（1.000）
	182518010	散热器卡子（带膨胀螺栓）	个	1.050	1.050	2.100	2.100	2.100
	341101001	水	m^3	0.020	0.032	0.043	0.055	0.066
	850103006	其他材料费（占材料费）	%	3.000	3.000	3.000	3.000	3.000
机械	990813010	试压泵 3MPa	台班	0.010	0.010	0.010	0.010	0.010

二、钢制散热器安装

1. 柱式散热器

工作内容：托钩安装、散热器稳固、水压试验等。 **计量单位：**组

编号				10-7-11	10-7-12	10-7-13	10-7-14
项目				散热器高度 600mm 以内			
				单组片数（片以内）			
				10	15	25	35
名称			单位	消耗量			
人工	000203000	综合二类工	工日	0.119	0.186	0.288	0.384
材料	220301001	钢制散热器 柱式	组	（1.000）	（1.000）	（1.000）	（1.000）
	221109001	散热器托钩（带膨胀螺栓）	个	3.150	4.200	4.200	6.300
	341101001	水	m^3	0.020	0.033	0.059	0.084
	850103006	其他材料费（占材料费）	%	3.000	3.000	3.000	3.000
机械	990813010	试压泵 3MPa	台班	0.010	0.010	0.010	0.010

工作内容：托钩安装、散热器稳固、水压试验等。 **计量单位：**组

编号				10-7-15	10-7-16	10-7-17	10-7-18
项目				散热器高度 1000mm 以内			
				单组片数（片以内）			
				10	15	25	35
名称			单位	消耗量			
人工	000203000	综合二类工	工日	0.134	0.208	0.324	0.425
材料	220301001	钢制散热器 柱式	组	（1.000）	（1.000）	（1.000）	（1.000）
	221109001	散热器托钩（带膨胀螺栓）	个	3.150	4.200	4.200	6.300
	341101001	水	m^3	0.031	0.051	0.090	0.129
	850103006	其他材料费（占材料费）	%	3.000	3.000	3.000	3.000
机械	990813010	试压泵 3MPa	台班	0.010	0.010	0.010	0.010

工作内容：托钩安装、散热器稳固、水压试验等。　　　　计量单位：组

编号				10-7-19	10-7-20	10-7-21	10-7-22
项目				散热器高度 1500mm 以内		散热器高度 2000mm 以内	
				单组片数（片以内）			
				10	15	10	15
名称			单位	消耗量			
人工	000203000	综合二类工	工日	0.191	0.299	0.232	0.361
材料	220301001	钢制散热器 柱式	组	（1.000）	（1.000）	（1.000）	（1.000）
	221109001	散热器托钩（带膨胀螺栓）	个	4.200	4.200	4.200	4.200
	341101001	水	m^3	0.043	0.070	0.056	0.092
	850103006	其他材料费（占材料费）	%	3.000	3.000	3.000	3.000
机械	990813010	试压泵 3MPa	台班	0.010	0.010	0.010	0.010

2. 板式散热器

工作内容：固定组件安装、散热器稳固、水压试验等。　　　　计量单位：组

编号				10-7-23	10-7-24	10-7-25	10-7-26
项目				半周长（m 以内）			
				1.5	2	2.5	3
名称			单位	消耗量			
人工	000203000	综合二类工	工日	0.152	0.190	0.215	0.266
材料	220303001	钢制散热器 板式	组	（1.000）	（1.000）	（1.000）	（1.000）
	030107015	膨胀螺栓 M10	套	4.120	4.120	4.120	4.120
	031519011	冲击钻头 $\phi14$	个	0.056	0.056	0.056	0.056
	341101001	水	m^3	0.015	0.030	0.030	0.045
	850103006	其他材料费（占材料费）	%	3.000	3.000	3.000	3.000
机械	990813010	试压泵 3MPa	台班	0.010	0.010	0.010	0.010

3. 翅片管散热器

工作内容：散热器稳固、水压试验等。　　　　计量单位：组

编号				10-7-27	10-7-28	10-7-29	10-7-30
项目				4 根管以内			6 根管以内
				长度（mm 以内）			
				1000	1500	2000	1000
名称			单位	消耗量			
人工	000203000	综合二类工	工日	0.141	0.172	0.203	0.183
材料	220919001	翅片管散热器	组	（1.000）	（1.000）	（1.000）	（1.000）
	030107015	膨胀螺栓 M10	套	4.120	4.120	4.120	4.120
	031519011	冲击钻头 $\phi14$	个	0.056	0.056	0.056	0.056
	341101001	水	m^3	0.005	0.006	0.007	0.008
	850103006	其他材料费（占材料费）	%	3.000	3.000	3.000	3.000
机械	990813010	试压泵 3MPa	台班	0.010	0.010	0.010	0.010

工作内容：散热器稳固、水压试验等。 计量单位：组

编号				10-7-31	10-7-32	10-7-33	10-7-34	10-7-35
项目				6 根管以内		8 根管以内		
				长度（mm 以内）				
				1500	2000	1000	1500	2000
名称			单位	消耗量				
人工	000203000	综合二类工	工日	0.211	0.239	0.214	0.245	0.275
材料	220919001	翅片管散热器	组	（1.000）	（1.000）	（1.000）	（1.000）	（1.000）
	030107015	膨胀螺栓 M10	套	4.120	4.120	4.120	4.120	4.120
	031519011	冲击钻头 ϕ14	个	0.056	0.056	0.056	0.056	0.056
	341101001	水	m^3	0.010	0.011	0.010	0.013	0.015
	850103006	其他材料费（占材料费）	%	3.000	3.000	3.000	3.000	3.000
机械	990813010	试压泵 3MPa	台班	0.010	0.010	0.010	0.010	0.010

三、光排管散热器安装

工作内容：打墙眼、托钩安装、散热器稳固、水压试验等。 计量单位：10m

编号				10-7-36	10-7-37	10-7-38	10-7-39	10-7-40	10-7-41
项目				排管长度 $L \leqslant 2m$					
				公称直径（mm 以内）					
				50	65	80	100	125	150
名称			单位	消耗量					
人工	000203000	综合二类工	工日	0.375	0.457	0.511	0.641	0.648	0.791
材料	220921001	光排管散热器	组	（1.000）	（1.000）	（1.000）	（1.000）	（1.000）	（1.000）
	221109001	散热器托钩（带膨胀螺栓）	个	4.200	4.200	4.200	4.200	4.200	4.200
	341101001	水	m^3	0.090	0.174	0.261	0.459	0.684	0.978
	050105001	道木（综合）	m^3	—	—	—	—	0.006	0.006
	850103006	其他材料费（占材料费）	%	3.000	3.000	3.000	3.000	3.000	3.000
机械	990401020	载重汽车 5t	台班	—	—	—	—	0.011	0.014
	990515010	吊装机械（综合）	台班	—	—	—	—	0.144	0.192
	990813010	试压泵 3MPa	台班	0.012	0.012	0.013	0.015	0.017	0.021

工作内容：打墙眼、托钩安装、散热器稳固、水压试验等。　　　　**计量单位：**10m

编号				10-7-42	10-7-43	10-7-44	10-7-45	10-7-46	10-7-47
项目				排管长度$L \leqslant 3m$					
				公称直径（mm以内）					
				50	65	80	100	125	150
名称			单位	消耗量					
人工	000203000	综合二类工	工日	0.517	0.627	0.690	0.835	0.974	1.032
材料	220921001	光排管散热器	组	（1.000）	（1.000）	（1.000）	（1.000）	（1.000）	（1.000）
	221109001	散热器托钩（带膨胀螺栓）	个	6.300	6.300	6.300	6.300	6.300	6.300
	341101001	水	m^3	0.078	0.150	0.222	0.375	0.564	0.807
	050105001	道木（综合）	m^3	—	—	—	—	—	0.006
	850103006	其他材料费（占材料费）	%	3.000	3.000	3.000	3.000	3.000	3.000
机械	990401020	载重汽车 5t	台班	—	—	—	—	—	0.011
	990515010	吊装机械（综合）	台班	—	—	—	—	—	0.144
	990813010	试压泵 3MPa	台班	0.011	0.011	0.012	0.013	0.015	0.019

工作内容：打墙眼、托钩安装、散热器稳固、水压试验等。　　　　**计量单位：**10m

编号				10-7-48	10-7-49	10-7-50	10-7-51	10-7-52	10-7-53
项目				排管长度$L \leqslant 4m$					
				公称直径（mm以内）					
				50	65	80	100	125	150
名称			单位	消耗量					
人工	000203000	综合二类工	工日	0.611	0.735	0.806	0.932	1.090	1.208
材料	220921001	光排管散热器	组	（1.000）	（1.000）	（1.000）	（1.000）	（1.000）	（1.000）
	221109001	散热器托钩（带膨胀螺栓）	个	11.200	8.400	8.400	8.400	8.400	8.400
	341101001	水	m^3	0.075	0.141	0.204	0.336	0.510	0.732
	050105001	道木（综合）	m^3	—	—	—	—	—	0.006
	850103006	其他材料费（占材料费）	%	3.000	3.000	3.000	3.000	3.000	3.000
机械	990813010	试压泵 3MPa	台班	0.011	0.011	0.011	0.012	0.015	0.018
	990401020	载重汽车 5t	台班	—	—	—	—	—	0.011
	990515010	吊装机械（综合）	台班	—	—	—	—	—	0.144

四、辐射供暖供冷装置安装

1. 一体化预制辐射供暖（冷）板

工作内容：基层清理、找平、就位安装、固定连接、试验等。　　计量单位：m^2

编　号				10-7-54	10-7-55	10-7-56
项　目				地面安装	墙面安装	顶棚安装
名　称			单位	消　耗　量		
人工	000203000	综合二类工	工日	0.128	0.140	0.250
材料	340929002	供暖板	m^2	(1.000)	(1.000)	(1.000)
	181625004	辐射供暖供冷专用接头	个	(2.500)	(2.500)	(2.500)
	170001007	橡塑保温管 *DN*15	m	0.400	0.400	0.400
	850103006	其他材料费（占材料费）	%	3.000	3.000	3.000
机械	990813010	试压泵 3MPa	台班	0.005	0.005	0.005

2. 毛 细 管 席

工作内容：施工准备、开箱检查、挂装就位、集管熔接、粘结固定、冲洗试压等。　　计量单位：$10m^2$

编　号				10-7-57
项　目				毛细管席
名　称			单位	消　耗　量
人工	000203000	综合二类工	工日	1.657
材料	226199002	毛细管网	m^2	(10.000)
	182518008	毛细管专用管卡	个	50.000
	144307003	万能胶	kg	2.500
	860113019	弹簧压力表 Y-100 0～1.6MPa	块	0.002
	860113022	压力表表弯 *DN*15	个	0.002
	850103006	其他材料费（占材料费）	%	3.000
机械	990955020	热板焊机	台班	0.443
	990813005	试压泵 2.5MPa	台班	0.005

3. 预制沟槽保温板

工作内容： 基层清理、找平、就位安装、固定等。 **计量单位：** $10m^2$

编号				10-7-58	10-7-59
项目				地面安装	墙面安装
名称			单位	消耗量	
人工	000203000	综合二类工	工日	0.288	0.316
材料	151307002	预制沟槽保温板	m^2	（10.300）	（10.300）
	850103006	其他材料费（占材料费）	%	3.000	3.000

4. 保温隔热层敷设

工作内容： 基层清理、下料切割、铺装、边缝填补等。 **计量单位：** 见表

编号				10-7-60	10-7-61	10-7-62	10-7-63
项目				保护层（铝箔）	隔热板	边界保温带	钢丝网
单位				$10m^2$		10m	$10m^2$
名称			单位	消耗量			
人工	000203000	综合二类工	工日	0.140	0.230	0.050	0.250
材料	152306002	铝箔	m^2	（10.300）	—	—	—
	151301005	聚苯乙烯泡沫板 $\delta 30$	m^2	—	（10.300）	—	—
	021307004	聚苯乙烯条 10×180	m	—	—	（10.500）	—
	031505007	镀锌钢丝网 $\phi3\times50\times50$	m^2	—	—	—	（10.300）
	144135024	粘接剂	kg	1.500	—	—	—
	020901001	塑料薄膜	m^2	—	1.093	—	—
	133501007	密封膏	kg	—	—	0.015	—
	850103006	其他材料费（占材料费）	%	3.000	3.000	3.000	3.000

5. 辐射供暖供冷管

工作内容： 划线定位、切管、调直、揻弯、管道固定、隐蔽充压、冲洗及水压试验等。 **计量单位：** 10m

编号				10-7-64	10-7-65	10-7-66
项目				塑料管		
				公称外径（mm 以内）		
				16	20	25
名称			单位	消耗量		
人工	000203000	综合二类工	工日	0.185	0.191	0.201
材料	172515002	地板辐射采暖塑料管	m	（10.200）	（10.200）	（10.200）
	182911016	柔性塑料套管 $\phi20$	m	0.204	—	—
	030127002	塑料卡钉 $\phi16$	个	26.250	—	—
	182911017	柔性塑料套管 $\phi25$	m	—	0.204	—
	030127003	塑料卡钉 $\phi20$	个	—	26.250	—
	182911018	柔性塑料套管 $\phi32$	m	—	—	0.204
	030127004	塑料卡钉 $\phi25$	个	—	—	25.250
	341101001	水	m^3	0.005	0.006	0.008
	850103006	其他材料费（占材料费）	%	3.000	3.000	3.000
机械	990813010	试压泵 3MPa	台班	0.002	0.002	0.002

工作内容：划线定位、切管、调直、揻弯、管道固定、隐蔽充压、冲洗及水压试验等。 计量单位：10m

编号				10-7-67	10-7-68	10-7-69
项目				铝塑复合管		
				公称外径（mm 以内）		
				16	20	25
名称			单位	消耗量		
人工	000203000	综合二类工	工日	0.337	0.372	0.412
材料	172803002	铝塑复合管	m	（10.160）	（10.160）	（10.160）
	341101001	水	m^3	0.005	0.008	0.014
	031541002	锯条（综合）	根	0.110	0.132	0.158
	031102004	铁砂布（综合）	张	0.043	0.053	0.066
	341103001	电	kW · h	1.203	1.245	1.289
	850103006	其他材料费（占材料费）	%	3.000	3.000	3.000
机械	990813010	试压泵 3MPa	台班	0.002	0.002	0.002

工作内容：调直、切管、坡口、焊接、管道及管件安装、水压试验及水冲洗。 计量单位：10m

编号				10-7-70	10-7-71	10-7-72	10-7-73
项目				铜管			
				公称外径（mm 以内）			
				15	18	22	28
名称			单位	消耗量			
人工	000203000	综合二类工	工日	0.577	0.611	0.648	0.672
材料	171500002	铜管	m	（10.160）	（10.160）	（10.160）	（10.160）
	031541002	锯条（综合）	根	0.053	0.053	0.126	0.145
	031101009	尼龙砂轮片 ϕ100	片	0.015	0.019	0.024	0.024
	031101012	尼龙砂轮片 ϕ400	片	0.017	0.020	0.023	0.023
	031307002	铜焊粉	kg	0.023	0.030	0.040	0.050
	031303009	铜焊丝（综合）	kg	0.158	0.174	0.192	0.226
	031507018	镀锌铁丝 ϕ2.8～4.0	kg	0.036	0.040	0.045	0.068
	092705004	碎布	kg	0.071	0.080	0.090	0.150
	142909001	氧气	m^3	0.396	0.464	0.544	0.684
	142907002	乙炔气	kg	0.155	0.172	0.191	0.243
	341101001	水	m^3	0.005	0.008	0.014	0.023
	850103006	其他材料费（占材料费）	%	3.000	3.000	3.000	3.000
机械	990785030	砂轮切割机 ϕ400	台班	0.004	0.004	0.004	0.008
	990813010	试压泵 3MPa	台班	0.002	0.002	0.002	0.002
	990758010	电动弯管机 50mm	台班	0.220	0.220	0.220	0.220

6. 加热电缆敷设

工作内容： 基层清理、电缆检查、标称电阻及绝缘电阻测试、就位安装、与金属网固定、冷热线连接等。 **计量单位：** 100m

编号				10-7-74
项目				加热电缆敷设
名称			单位	消耗量
人工	000203000	综合二类工	工日	1.244
材料	280008010	加热电缆	m	（101.000）
	850103006	其他材料费（占材料费）	%	3.000
机械	870622055	接地电阻测试仪	台班	0.180

五、分/集水器安装

1. 不带箱分/集水器

工作内容： 外观检查，固定支架、分/集水器安装，与分支管连接，水压试验等。 **计量单位：** 组

编号				10-7-75	10-7-76	10-7-77	10-7-78
项目				分支管（环路以内）			
				2	4	6	8
名称			单位	消耗量			
人工	000203000	综合二类工	工日	0.228	0.352	0.434	0.532
材料	221901004	分集水器（不带箱）	组	（1.000）	（1.000）	（1.000）	（1.000）
	031541002	锯条（综合）	根	0.060	0.104	0.164	0.224
	031102005	铁砂布 0#～2#	张	0.007	0.012	0.019	0.026
	341101001	水	m^3	0.002	0.003	0.004	0.005
	850103006	其他材料费（占材料费）	%	3.000	3.000	3.000	3.000

2. 带箱分/集水器

工作内容： 外观检查，箱体、固定支架、分/集水器安装，箱体周边缝隙填堵，与分支管连接，水压试验等。

计量单位： 组

编号				10-7-79	10-7-80	10-7-81	10-7-82
项目				分支管（环路以内）			
				2	4	6	8
名称			单位	消耗量			
人工	000203000	综合二类工	工日	0.252	0.399	0.476	0.592
材料	221901002	分集水器（带箱）	组	（1.000）	（1.000）	（1.000）	（1.000）
	800100004	水泥砂浆 1∶2.5	m^3	0.030	0.040	0.050	0.060
	031102005	铁砂布 0#～2#	张	0.007	0.012	0.019	0.026
	341101001	水	m^3	0.002	0.003	0.004	0.005
	850103006	其他材料费（占材料费）	%	3.000	3.000	3.000	3.000

六、补充项目

1. 暖风机安装

工作内容： 暖风机吊装、稳固、单机试运转。

计量单位： 台

编号				10-7-83	10-7-84	10-7-85	10-7-86
项目				重量（kg 以内）			
				80	160	240	320
名称			单位	消耗量			
人工	000203000	综合二类工	工日	1.418	2.112	2.838	2.913
材料	504509001	暖风机	台	（1.000）	（1.000）	（1.000）	（1.000）
	341103001	电	kW·h	0.625	0.925	1.375	1.875
	341101001	水	m^3	0.027	0.056	0.081	0.110
	050105001	道木（综合）	m^3	—	—	0.006	0.006
	030105178	镀锌六角螺栓带螺母 2 弹垫 M10×14～70	套	4.120	—	—	—
	030105179	镀锌六角螺栓带螺母 2 弹垫 M12×14～75	套	—	4.120	4.120	4.120
	020101005	橡胶板 δ5～10	kg	0.100	0.100	0.100	0.100
	850103006	其他材料费（占材料费）	%	3.000	3.000	3.000	3.000
机械	990401020	载重汽车 5t	台班	—	—	0.011	0.014
	990515010	吊装机械（综合）	台班	—	—	0.144	0.192

工作内容：暖风机吊装、稳固、单机试运转。　　　　**计量单位：**台

编号				10-7-87	10-7-88	10-7-89	10-7-90
项目				暖风机安装			
				重量（kg 以内）			
				500	1000	1500	2000
名称			单位	消耗量			
人工	000203000	综合二类工	工日	3.402	4.810	6.618	7.522
材料	504509001	暖风机	台	（1.000）	（1.000）	（1.000）	（1.000）
	030105179	镀锌六角螺栓带螺母 2 弹垫 M12 × 14～75	套	4.120	—	—	—
	030107005	膨胀螺栓 M16 × 100～160	套	—	6.150	—	—
	031519013	冲击钻头 ϕ18	个	—	0.125	—	—
	030107006	膨胀螺栓 M18 × 100～160	套	—	—	6.150	—
	031519014	冲击钻头 ϕ20	个	—	—	0.131	—
	030107007	膨胀螺栓 M20 × 100～160	套	—	—	—	6.150
	031519015	冲击钻头 ϕ22	个	—	—	—	0.131
	050105001	道木（综合）	m^3	0.006	0.006	0.011	0.011
	020111003	石棉橡胶板 δ3～6	kg	0.100	0.100	0.100	0.100
	341103001	电	kW · h	2.750	7.738	19.012	27.762
	341101001	水	m^3	0.131	0.252	0.378	0.504
	850103006	其他材料费（占材料费）	%	3.000	3.000	3.000	3.000
机械	990401020	载重汽车 5t	台班	0.014	0.023	0.036	0.036
	990515010	吊装机械（综合）	台班	0.225	0.279	0.342	0.477

第八章

燃气器具及其他

说　明

一、本章内容包括燃气开水炉、燃气采暖炉、燃气沸水器、消毒器、燃气快速热水器、燃气表、燃气灶具、气嘴、调压器、调压箱、调压装置、燃气管道调长器、引入口保护罩等安装项目。

二、各种燃气炉（器）具安装项目，均包括本体及随炉（器）具配套附件的安装。

三、膜式燃气表安装项目适用于螺纹连接的民用或公用膜式燃气表，IC 卡膜式燃气表安装，应执行膜式燃气表安装相应项目，其人工乘以系数 1.10。膜式燃气表安装项目中列有 2 个表接头，如随燃气表配套供应表接头时，应扣除所列表接头。膜式燃气表安装项目中不包括表托架制作安装，发生时根据工程要求另行计算。

四、燃气流量计适用于法兰连接的腰轮（罗茨）燃气流量计、涡轮燃气流量计。

五、法兰式燃气流量计、流量计控制器、调压器、燃气管道调长器等安装项目中，均不包括法兰安装，只包括一个垫片和一副法兰用螺栓的安装费，螺栓本身价格应按实际用量加 3%损耗计算，法兰安装应执行第五章法兰安装相应项目。

六、燃气管道调长器安装项目适用于法兰式波纹补偿器和套筒式补偿器的安装。

七、燃气调压箱安装是按壁挂式和落地式分别列项。调压箱安装不包括与进、出口管道连接及支架制作安装、保护台、底座的砌筑，发生时应执行其他相应项目。

八、户内家用可燃气体检测报警器与电磁阀成套安装的，其电磁阀安装应执行第五章管道附件中螺纹电磁阀项目，人工乘以系数 1.30。

工程量计算规则

一、燃气开水炉、采暖炉、沸水器、消毒器、热水器安装，按设计图示数量，分别以“台”为计量单位。

二、膜式燃气表安装，应区分不同规格型号，按设计图示数量，分别以“块”为计量单位。

三、燃气流量计安装，应区分不同管径，按设计图示数量，分别以“台”为计量单位。

四、流量计控制器安装，应区分不同管径，按设计图示数量，分别以“个”为计量单位。

五、燃气灶具区分民用灶具和公用灶具安装，按设计图示数量，分别以“台”为计量单位。

六、气嘴安装，按设计图示数量，以“个”为计量单位。

七、调压器、调压箱（柜）安装，应区分不同进口管径，按设计图示数量，分别以“台”为计量单位。

八、燃气管道调长器安装，应区分不同管径，按设计图示数量，分别以“个”为计量单位。

九、引入口保护罩安装，按设计图示数量，以“个”为计量单位。

一、燃气开水炉安装

工作内容：炉体及附件安装、通气、通水、试火、调试风门等。　　　　计量单位：台

编　　号				10-8-1
项　　目				燃气开水炉
名　　称			单位	消　耗　量
人工	000203000	综合二类工	工日	1.100
材料	520109001	燃气开水炉	台	(1.000)
	020101001	橡胶板（综合）	kg	0.010
	850103006	其他材料费（占材料费）	%	3.000

二、燃气采暖炉安装

工作内容：炉体及附件安装、通气、通水、试火、调试风门等。　　　　计量单位：台

编　　号				10-8-2
项　　目				燃气采暖炉
名　　称			单位	消　耗　量
人工	000203000	综合二类工	工日	0.750
材料	520901001	燃气采暖炉	台	(1.000)
	340203008	聚四氟乙烯生料带 宽 20	m	1.200
	850103006	其他材料费（占材料费）	%	3.000

三、燃气沸水器、消毒器安装

工作内容：器具及附件安装、通气、通水、试火、调试风门等。　　　　计量单位：台

编　　号				10-8-3
项　　目				燃气沸水器、消毒器
名　　称			单位	消　耗　量
人工	000203000	综合二类工	工日	0.560
材料	520307001	容积式沸水器	台	(1.000)
	340203008	聚四氟乙烯生料带 宽 20	m	1.200
	850103006	其他材料费（占材料费）	%	3.000

四、燃气快速热水器安装

工作内容：热水器及附件安装、通气、通水、试火、调试风门等。 **计量单位：**台

编号				10-8-4
项目				燃气快速热水器
名称			单位	消耗量
人工	000203000	综合二类工	工日	0.630
材料	520109002	燃气热水器	台	（1.000）
	340203008	聚四氟乙烯生料带 宽 20	m	2.200
	850103006	其他材料费（占材料费）	%	3.000

五、燃气表安装

1. 膜式燃气表

工作内容：燃气表就位、安装、试压检查等。 **计量单位：**块

编号				10-8-5	10-8-6	10-8-7	10-8-8	10-8-9
项目				型号（m^3/h）				
				1.6、2.5、4	6	10、16	25、40	65、100
名称			单位	消耗量				
人工	000203000	综合二类工	工日	0.390	0.641	0.864	1.285	1.967
材料	860103001	膜式燃气表	块	（1.000）	（1.000）	（1.000）	（1.000）	（1.000）
	181625008	燃气表接头	个	（2.020）	（2.020）	（2.020）	（2.020）	（2.020）
	340203008	聚四氟乙烯生料带 宽 20	m	0.500	1.000	1.000	1.500	2.143
	850103006	其他材料费（占材料费）	%	3.000	3.000	3.000	3.000	3.000

2. 燃气流量计

工作内容： 流量计就位、安装、加垫、紧固螺栓、试压检查等。　　　　**计量单位：** 台

编号				10-8-10	10-8-11	10-8-12	10-8-13
项目				公称直径（mm 以内）			
				25	40	50	80
名称			单位	消耗量			
人工	000203000	综合二类工	工日	1.643	1.829	1.998	2.188
材料	860116008	燃气流量计	台	（1.000）	（1.000）	（1.000）	（1.000）
	203307002	氟丁腈橡胶垫 *DN*25	片	1.030	—	—	—
	203307003	氟丁腈橡胶垫 *DN*40	片	—	1.030	—	—
	203307004	氟丁腈橡胶垫 *DN*50	片	—	—	1.030	—
	203307006	氟丁腈橡胶垫 *DN*80	片	—	—	—	1.030
	140505001	铅油（厚漆）	kg	0.030	0.030	0.040	0.070
	140103002	清油 C01-1	kg	0.010	0.010	0.010	0.020
	092705004	碎布	kg	0.010	0.010	0.020	0.028
	850103006	其他材料费（占材料费）	%	3.000	3.000	3.000	3.000

工作内容： 流量计就位、安装、加垫、紧固螺栓、试压检查等。　　　　**计量单位：** 台

编号				10-8-14	10-8-15	10-8-16	10-8-17
项目				公称直径（mm 以内）			
				100	150	200	250
名称			单位	消耗量			
人工	000203000	综合二类工	工日	2.328	2.636	2.987	3.521
材料	860116008	燃气流量计	台	（1.000）	（1.000）	（1.000）	（1.000）
	203307007	氟丁腈橡胶垫 *DN*100	片	1.030	—	—	—
	203307008	氟丁腈橡胶垫 *DN*150	片	—	1.030	—	—
	203307009	氟丁腈橡胶垫 *DN*200	片	—	—	1.030	—
	203307010	氟丁腈橡胶垫 *DN*250	片	—	—	—	1.030
	140505001	铅油（厚漆）	kg	0.100	0.140	0.170	0.200
	140103002	清油 C01-1	kg	0.025	0.030	0.040	0.040
	092705004	碎布	kg	0.030	0.030	0.040	0.040
	850103006	其他材料费（占材料费）	%	3.000	3.000	3.000	3.000
机械	990401020	载重汽车 5t	台班	—	0.003	0.005	0.006
	990304004	汽车式起重机 8t	台班	—	0.026	0.031	0.040

3. 流量计控制器

工作内容：控制器就位、安装、加垫、紧固螺栓、试压检查等。 **计量单位：**个

编号				10-8-18	10-8-19	10-8-20	10-8-21
项目				公称直径（mm 以内）			
				25	40	50	80
名称			单位	消耗量			
人工	000203000	综合二类工	工日	0.230	0.281	0.366	0.596
材料	860116007	流量计控制器	个	(1.000)	(1.000)	(1.000)	(1.000)
	203307002	氰丁腈橡胶垫 *DN*25	片	1.030	—	—	—
	203307003	氰丁腈橡胶垫 *DN*40	片	—	1.030	—	—
	203307004	氰丁腈橡胶垫 *DN*50	片	—	—	1.030	—
	203307006	氰丁腈橡胶垫 *DN*80	片	—	—	—	1.030
	140505001	铅油（厚漆）	kg	0.030	0.030	0.040	0.070
	140103002	清油 C01-1	kg	0.010	0.010	0.010	0.020
	092705004	碎布	kg	0.010	0.010	0.020	0.028
	850103006	其他材料费（占材料费）	%	3.000	3.000	3.000	3.000

工作内容：控制器就位、安装、加垫、紧固螺栓、试压检查等。 **计量单位：**个

编号				10-8-22	10-8-23	10-8-24	10-8-25
项目				公称直径（mm 以内）			
				100	150	200	250
名称			单位	消耗量			
人工	000203000	综合二类工	工日	0.780	0.992	1.159	1.564
材料	860116007	流量计控制器	个	(1.000)	(1.000)	(1.000)	(1.000)
	203307007	氰丁腈橡胶垫 *DN*100	片	1.030	—	—	—
	203307008	氰丁腈橡胶垫 *DN*150	片	—	1.030	—	—
	203307009	氰丁腈橡胶垫 *DN*200	片	—	—	1.030	—
	203307010	氰丁腈橡胶垫 *DN*250	片	—	—	—	1.030
	140505001	铅油（厚漆）	kg	0.100	0.140	0.170	0.200
	140103002	清油 C01-1	kg	0.025	0.030	0.040	0.040
	092705004	碎布	kg	0.030	0.030	0.040	0.040
	850103006	其他材料费（占材料费）	%	3.000	3.000	3.000	3.000
机械	990401020	载重汽车 5t	台班	—	0.003	0.005	0.006
	990304004	汽车式起重机 8t	台班	—	0.026	0.031	0.040

六、燃气灶具安装

工作内容：灶具就位、安装、通气、试火、调试风门等。 **计量单位：**台

编 号				10-8-26	10-8-27
项 目				民用灶具	公用灶具
名 称			单位	消 耗 量	
人工	000203000	综合二类工	工日	0.180	0.463
材料	542901002	民用燃气灶具	台	（1.000）	—
	542901001	公用燃气灶具	台	—	（1.000）
	340203008	聚四氟乙烯生料带 宽 20	m	—	0.377
	850103006	其他材料费（占材料费）	%	—	3.000

七、气 嘴 安 装

工作内容：气嘴安装。 **计量单位：**个

编 号				10-8-28
项 目				气嘴安装
名 称			单位	消 耗 量
人工	000203000	综合二类工	工日	0.054
材料	215503001	燃气气嘴	个	（1.010）
	340203008	聚四氟乙烯生料带 宽 20	m	0.283
	850103006	其他材料费（占材料费）	%	3.000

八、调压器安装

工作内容：调压器就位、安装、试压检查等。 **计量单位：**台

编号				10-8-29	10-8-30	10-8-31
项目				公称直径（mm 以内）		
				40	50	80
名称			单位	消耗量		
人工	000203000	综合二类工	工日	0.320	0.422	0.820
材料	215301001	燃气调压器	台	（1.000）	（1.000）	（1.000）
	203307003	氟丁腈橡胶垫 *DN*40	片	1.030	—	—
	203307004	氟丁腈橡胶垫 *DN*50	片	—	1.030	—
	203307006	氟丁腈橡胶垫 *DN*80	片	—	—	1.030
	140505001	铅油（厚漆）	kg	0.030	0.040	0.070
	140103002	清油 C01-1	kg	0.010	0.010	0.020
	092705004	碎布	kg	0.010	0.020	0.020
	850103006	其他材料费（占材料费）	%	3.000	3.000	3.000

工作内容：调压器就位、安装、试压检查等。 **计量单位：**台

编号				10-8-32	10-8-33	10-8-34
项目				公称直径（mm 以内）		
				100	150	200
名称			单位	消耗量		
人工	000203000	综合二类工	工日	1.182	1.609	2.221
材料	215301001	燃气调压器	台	（1.000）	（1.000）	（1.000）
	203307007	氟丁腈橡胶垫 *DN*100	片	1.030	—	—
	203307008	氟丁腈橡胶垫 *DN*150	片	—	1.030	—
	203307009	氟丁腈橡胶垫 *DN*200	片	—	—	1.030
	140505001	铅油（厚漆）	kg	0.100	0.140	0.170
	140103002	清油 C01-1	kg	0.020	0.030	0.030
	092705004	碎布	kg	0.030	0.030	0.030
	850103006	其他材料费（占材料费）	%	3.000	3.000	3.000

九、调压箱、调压装置安装

1. 壁挂式调压箱

工作内容：就位、固定、安装、试压检查等。　　**计量单位：**台

编号				10-8-35	10-8-36
项目				进口管公称直径（mm 以内）	
				25	40
名称			单位	消耗量	
人工	000203000	综合二类工	工日	1.069	1.461
材料	215303001	壁挂式燃气调压箱	台	（1.000）	（1.000）
	850103006	其他材料费（占材料费）	%	3.000	3.000

2. 落地式调压箱（柜）

工作内容：就位、固定、安装、试压检查等。　　**计量单位：**台

编号				10-8-37	10-8-38	10-8-39	10-8-40	10-8-41
项目				进口管公称直径（mm 以内）				
				50	80	100	150	200
名称			单位	消耗量				
人工	000203000	综合二类工	工日	2.351	2.821	3.387	4.282	5.294
材料	215303002	落地式燃气调压箱（柜）	台	（1.000）	（1.000）	（1.000）	（1.000）	（1.000）
	050105001	道木（综合）	m^3	0.006	0.006	0.006	0.013	0.013
	850103006	其他材料费（占材料费）	%	3.000	3.000	3.000	3.000	3.000
机械	990401020	载重汽车 5t	台班	0.074	0.092	0.104	0.135	0.165
	990304004	汽车式起重机 8t	台班	0.147	0.183	0.208	0.269	0.330

十、燃气管道调长器安装

工作内容：调长器就位、加垫、紧固螺栓、试压检查等。 **计量单位：**个

编号				10-8-42	10-8-43	10-8-44	10-8-45
项目				公称直径（mm 以内）			
				50	65	80	100
名称			单位	消耗量			
人工	000203000	综合二类工	工日	0.309	0.458	0.461	0.557
材料	215511002	燃气调长器	个	（1.000）	（1.000）	（1.000）	（1.000）
	203307004	氟丁腈橡胶垫 *DN*50	片	1.030	—	—	—
	203307005	氟丁腈橡胶垫 *DN*65	片	—	1.030	—	—
	203307006	氟丁腈橡胶垫 *DN*80	片	—	—	1.030	—
	203307007	氟丁腈橡胶垫 *DN*100	片	—	—	—	1.030
	140505001	铅油（厚漆）	kg	0.040	0.050	0.070	0.100
	140103002	清油 C01-1	kg	0.010	0.015	0.020	0.025
	092705004	碎布	kg	0.020	0.023	0.028	0.030
	850103006	其他材料费（占材料费）	%	3.000	3.000	3.000	3.000

工作内容：调长器就位、加垫、紧固螺栓、试压检查等。 **计量单位：**个

编号				10-8-46	10-8-47	10-8-48	10-8-49
项目				公称直径（mm 以内）			
				150	200	300	400
名称			单位	消耗量			
人工	000203000	综合二类工	工日	0.595	0.756	1.121	1.524
材料	215511002	燃气调长器	个	（1.000）	（1.000）	（1.000）	（1.000）
	203307008	氟丁腈橡胶垫 *DN*150	片	1.030	—	—	—
	203307009	氟丁腈橡胶垫 *DN*200	片	—	1.030	—	—
	203307011	氟丁腈橡胶垫 *DN*300	片	—	—	1.030	—
	203307012	氟丁腈橡胶垫 *DN*400	片	—	—	—	1.030
	140505001	铅油（厚漆）	kg	0.140	0.170	0.250	0.300
	140103002	清油 C01-1	kg	0.030	0.040	0.050	0.060
	092705004	碎布	kg	0.030	0.040	0.050	0.060
	850103006	其他材料费（占材料费）	%	3.000	3.000	3.000	3.000
机械	990401020	载重汽车 5t	台班	0.003	0.005	0.006	0.007
	990304004	汽车式起重机 8t	台班	0.026	0.031	0.040	0.050

十一、引入口保护罩安装

工作内容：安装固定。　　　　**计量单位：**个

编号				10-8-50
项目				引入口保护罩
名称			单位	消耗量
人工	000203000	综合二类工	工日	0.380
材料	292507001	引入口保护罩	个	（1.000）
	850103006	其他材料费（占材料费）	%	3.000

第九章

采暖、给排水设备

说　明

一、本章内容包括给水设备、气压罐、太阳能集热装置、地源（水源、气源）热泵机组、除砂器、水处理器、水箱自洁器、水质净化器、紫外线杀菌设备、热水器、开水炉、消毒器、消毒锅、直饮水设备、组装水箱、塑料检查井等安装项目。

二、本章设备安装项目中均包括设备本体以及与其配套的管道、附件、部件的安装和单机试运转或水压试验、通水调试等内容。均不包括与设备第一个连接点法兰或接口以外的管道安装工程量，应另行计算。

设备安装项目中包括与本体配套的压力表、温度计等附件的安装，如实际未随设备供应附件时，其材料另行计算。

三、给水设备、地源热泵机组均是按整体组成安装编制的。给水设备适用于变频给水设备、稳压给水设备、无负压给水设备。

四、地源热泵系统垂直地埋管成孔项目适用于有效深度 100m 内的垂直地埋管成孔，项目包括泥浆池及排浆沟槽开挖，但不包括施工中产生的污水、冲洗水及其他施工用水排入临时沉淀池的泥浆水沉淀处理和外运。入岩增加按实际入岩深度套用相应项目。

五、本章动力机械设备单机试运转所用的水、电耗用量应另行计算；静置设备水压试验、通水调试所用水耗量已列入相应项目中，不得另行计算。

六、组装水箱的连接材料是按随水箱配套供应考虑的。

七、本章设备安装项目中均未包括减震装置、机械设备的拆装检查、基础灌浆、地脚螺栓的埋设，若发生时执行第一册《机械设备安装工程》相应项目。

八、本章设备安装项目中均未包括设备支架或底座制作安装，如采用型钢支架时，应执行本册第十章设备支架制作安装相应项目，混凝土及砖底座，应执行《陕西省房屋建筑与装饰工程消耗量定额（2025）》相应项目。

九、随设备配备的各种控制箱（柜）、电气接线及电气调试等，应执行第四册《电气设备与线缆安装工程》相应项目。

十、太阳能集热器是按集中成批安装编制的，如发生 4m^2 以下工程量时，人工、机械乘以系数 1.10。

十一、设备底座的安装标高，如超过地面正或负 10m 时，应按相应安装项目人工和机械费乘以下表规定系数计算。

系数表

设备底座正或负标高（m 以内）	15	20	30	40	50	60	70	80	90	90 以上
系数	0.10	0.15	0.20	0.30	0.40	0.50	0.60	0.70	0.80	0.90

工程量计算规则

一、给水设备安装，应按同一底座重量计算，区分设备的不同重量，按设计图示数量，分别以“套”为计量单位。

二、太阳能集热装置，区分平板式、全玻璃真空管型式，按设计图示数量，分别以“m^2”为计量单位。

三、地源热泵机组：

1. 地源热泵机组安装，应区分设备不同重量，按设计图示数量，分别以“台”为计量单位。

2. 地源热泵系统垂直地埋管成孔及回填，应区分地埋管的不同公称外径，按设计图示有效成孔深度，分别以“10m”为计量单位。

3. 地埋塑料管热熔安装，应区分单 U 型、双 U 型按设计图示长度，分别以“10m”为计量单位。

4. 地源热泵用塑料集（分）水器安装，应区分集（分）水器的公称直径，按设计图示数量，分别以“个”为计量单位。

四、除砂器安装，应区分水处理量，按设计图示数量，分别以“台”为计量单位。

五、水处理器安装，应区分进口管径的不同，按设计图示数量，分别以“台”为计量单位。

六、水箱自洁器安装，按设计图示数量，以“台”为计量单位。

七、水质净化器安装，应区分罐体的不同直径，按设计图示数量，分别以“台”为计量单位。

八、紫外线杀菌设备安装，应区分进口管径的不同，按设计图示数量，分别以“台”为计量单位。

九、蒸汽间断式开水炉、容积式热交换器安装应区分型号/容积，按设计图示数量，分别以“台”为计量单位。

十、电热水器安装，应区分挂式、立式及不同型号，按设计图示数量，分别以“台”为计量单位。

十一、消毒器安装，应区分湿式、干式及规格的不同，按设计图示数量，分别以“台”为计量单位。

十二、消毒锅安装，应区分型号的不同，按设计图示数量，分别以“台”为计量单位。

十三、直饮水设备安装，应区分设备供水量的不同，按设计图示数量，分别以“台”为计量单位。

十四、组装水箱、成品水箱安装，应区分水箱总容量的不同，按设计图示数量，分别以“台”为计量单位。

十五、塑料检查井安装，应区分井筒直径的不同，按设计图示数量，分别以“座”为计量单位。

十六、矩形钢板水箱、圆形钢板水箱制作，应区分水箱的不同重量，按设计图示尺寸，分别以“100kg”为计量单位。

十七、水箱冲洗消毒，按水箱容量分别以“m^3”为计量单位。

一、给水设备安装

工作内容：基础定位、开箱检查、基础铲麻面、泵体及其配套的部件、附件安装、单机试运转等。

计量单位：套

编号				10-9-1	10-9-2	10-9-3	10-9-4	10-9-5	10-9-6
项目				设备重量（t以内）					
				0.4	0.6	0.8	1	1.2	1.5
名称			单位	消耗量					
人工	000203000	综合二类工	工日	13.388	18.078	20.475	23.031	27.036	32.325
材料	513900001	给水设备	套	（1.000）	（1.000）	（1.000）	（1.000）	（1.000）	（1.000）
	031509007	平垫铁（综合）	kg	3.450	4.060	5.080	5.080	7.500	7.500
	031509010	斜垫铁（综合）	kg	3.000	4.080	5.100	5.100	8.500	8.500
	012901009	热轧薄钢板 δ1.6～1.9	kg	0.240	0.280	0.480	0.576	0.800	0.960
	031301009	低碳钢焊条 J427（综合）	kg	0.300	0.330	0.410	0.410	0.630	0.630
	142909001	氧气	m^3	0.200	0.240	0.360	0.390	0.660	0.690
	142907002	乙炔气	kg	0.077	0.092	0.138	0.150	0.254	0.265
	050401003	板枋材	m^3	0.002	0.003	0.004	0.007	0.011	0.016
	143505001	丙酮清洗剂	kg	0.300	0.350	0.450	0.540	0.900	1.500
	140307001	煤油	kg	1.050	1.450	3.030	3.650	5.010	6.750
	140303001	机油（综合）	kg	0.630	0.870	1.818	2.190	3.006	4.050
	140901002	黄干油钙基酯	kg	0.252	0.348	0.727	0.876	1.202	1.620
	140505001	铅油（厚漆）	kg	0.151	0.209	0.436	0.526	0.721	0.972
	020112002	无石棉橡胶板 δ3～6	kg	1.450	1.570	3.020	5.244	7.610	12.550
	031507018	镀锌铁丝 ϕ2.8～4.0	kg	0.560	1.860	3.600	5.040	5.800	6.800
	151304001	聚酯乙烯泡沫塑料板	kg	0.340	0.408	0.550	0.590	0.660	0.760
	050105002	道木 250mm×200mm×2500mm	根	—	—	0.003	0.005	0.006	0.007
	850103006	其他材料费（占材料费）	%	3.000	3.000	3.000	3.000	3.000	3.000
机械	990401020	载重汽车 5t	台班	0.370	0.381	0.643	0.768	1.165	1.366
	990515010	吊装机械（综合）	台班	0.250	0.430	1.110	1.850	2.960	3.700
	990900010	电焊机（综合）	台班	0.116	0.128	0.158	0.158	0.243	0.243

二、气压罐安装

工作内容：外观检查、罐体及其配套的部件、附件安装、就位、充水、试压、调试等。　　**计量单位：**台

编号				10-9-7	10-9-8	10-9-9	10-9-10	10-9-11	10-9-12
项目				罐体直径（mm 以内）					
				400	600	800	1000	1200	1400
名称			单位	消耗量					
人工	000203000	综合二类工	工日	4.925	5.540	6.206	6.950	7.784	8.718
材料	520909001	气压罐	台	（1.000）	（1.000）	（1.000）	（1.000）	（1.000）	（1.000）
	031509007	平垫铁（综合）	kg	2.066	2.325	2.830	4.132	5.166	10.330
	031509010	斜垫铁（综合）	kg	1.079	1.214	1.349	2.158	2.698	5.396
	031301009	低碳钢焊条 J427（综合）	kg	0.167	0.188	0.208	0.330	0.417	0.833
	142909001	氧气	m^3	0.183	0.207	0.228	0.366	0.459	0.915
	142907002	乙炔气	kg	0.070	0.080	0.088	0.141	0.177	0.352
	140307001	煤油	kg	0.970	1.120	1.280	1.455	1.685	1.905
	050105002	道木 250mm×200mm×2500mm	根	0.049	0.052	0.056	0.061	0.065	0.075
	341101001	水	m^3	0.690	1.554	2.760	4.320	6.220	8.460
	031507018	镀锌铁丝 ϕ2.8～4.0	kg	1.008	1.108	1.312	1.396	1.426	1.528
	151304001	聚酯乙烯泡沫塑料板	kg	0.990	1.062	1.116	1.344	1.380	1.464
	850103006	其他材料费（占材料费）	%	3.000	3.000	3.000	3.000	3.000	3.000
机械	990515010	吊装机械（综合）	台班	0.369	0.461	0.576	0.650	0.860	1.100
	990401020	载重汽车 5t	台班	0.278	0.336	0.406	0.457	0.578	0.716
	990900010	电焊机（综合）	台班	0.064	0.072	0.080	0.127	0.161	0.321
	990813035	试压泵 30MPa	台班	0.008	0.010	0.012	0.015	0.018	0.024

三、太阳能集热器安装

工作内容：开箱检查、集热板稳固、安装、与进出水管连接、通水试验等。　　**计量单位：**m^2

编　号				10-9-13	10-9-14
项　目				平板式	全玻璃真空管
名　称			单位	消　耗　量	
人工	000203000	综合二类工	工日	1.215	1.722
材料	222513001	太阳能集热器	m^2	（1.000）	（1.000）
	031509022	预埋铁件	kg	2.295	1.755
	031301009	低碳钢焊条 J427（综合）	kg	0.380	0.301
	142909001	氧气	m^3	0.090	0.090
	142907002	乙炔气	kg	0.035	0.035
	802101012	预拌混凝土 C20	m^3	0.017	0.017
	140303001	机油（综合）	kg	0.006	0.011
	341101001	水	m^3	0.030	0.023
	181602018	镀锌活接头 *DN*32	个	0.147	0.295
	340203008	聚四氟乙烯生料带 宽 20	m	0.148	0.296
	143505001	丙酮清洗剂	kg	1.189	1.189
	850103006	其他材料费（占材料费）	%	3.000	3.000
机械	990401020	载重汽车 5t	台班	0.074	0.084
	990900010	电焊机（综合）	台班	0.146	0.116
	990515010	吊装机械（综合）	台班	—	0.083

四、地源（水源、气源）热泵机组安装

1. 地源（水源、气源）热泵机组

工作内容：基础验收、开箱检查、设备及附件就位、固定、垫铁焊接、单机试运转等。　　**计量单位：**组

编　号				10-9-15	10-9-16	10-9-17	10-9-18	10-9-19	10-9-20
项　目				设备重量（t 以内）					
				1	3	5	8	10	15
名　称			单位	消　耗　量					
人工	000203000	综合二类工	工日	9.500	18.380	29.190	42.530	48.030	60.010
材料	500505001	地源（水源、气源）热泵机组	组	（1.000）	（1.000）	（1.000）	（1.000）	（1.000）	（1.000）

续前

编号				10-9-15	10-9-16	10-9-17	10-9-18	10-9-19	10-9-20
项目				设备重量（t 以内）					
				1	3	5	8	10	15
名称			单位	消耗量					
材料	031509007	平垫铁（综合）	kg	5.080	8.130	12.260	15.490	31.500	47.250
	031509010	斜垫铁（综合）	kg	5.100	8.160	12.610	16.050	25.470	45.710
	031301009	低碳钢焊条 J427（综合）	kg	0.410	0.720	0.800	1.050	1.680	2.100
	050401003	板枋材	m^3	0.009	0.016	0.030	0.035	0.038	0.044
	050105001	道木（综合）	m^3	0.010	0.030	0.040	0.062	0.070	0.077
	140307001	煤油	kg	1.730	3.150	4.180	5.880	10.500	15.750
	140303001	机油（综合）	kg	0.980	1.480	1.970	2.803	3.030	3.540
	143505001	丙酮清洗剂	kg	0.153	0.408	0.550	0.920	3.060	4.570
	140901002	黄干油钙基酯	kg	0.410	0.720	1.000	1.870	2.020	2.220
	142909001	氧气	m^3	0.360	0.690	0.810	1.530	6.120	9.180
	142907002	乙炔气	kg	0.138	0.265	0.312	0.589	2.354	3.531
	020112002	无石棉橡胶板 δ3～6	kg	1.860	4.615	6.000	9.000	12.000	15.000
	031507018	镀锌铁丝 ϕ2.8～4.0	kg	1.600	2.000	2.500	4.800	7.500	9.800
	850103006	其他材料费（占材料费）	%	3.000	3.000	3.000	3.000	3.000	3.000
机械	990401020	载重汽车 5t	台班	0.400	0.440	0.500	—	—	—
	990401030	载重汽车 8t	台班	—	—	—	0.600	—	—
	990401035	载重汽车 10t	台班	—	—	—	—	0.830	—
	990401045	载重汽车 15t	台班	—	—	—	—	—	1.080
	990515010	吊装机械（综合）	台班	0.171	0.423	0.550	0.825	1.075	1.425
	990901020	交流弧焊机 32kV·A	台班	0.158	0.278	0.309	0.406	0.649	0.811

2. 地 埋 管

工作内容： 放线定位，竖立钻机，钻机定位，安装钻机头、钻机提升装置和钻头充水（泥浆）等附属装置，钻孔定位，钻孔，泥浆循环排渣，成孔，退出钻杆，清理废土和岩石，机位移动。

计量单位： 10m

编号				10-9-21	10-9-22	10-9-23	10-9-24
项目				垂直地埋管成孔		入岩增加	
				公称外径（mm 以内）			
				160	200	160	200
				有效深度 100m 内			
名称			单位	消耗量			
人工	000203000	综合二类工	工日	0.188	0.216	0.465	0.534
材料	173104001	地埋管	m	（10.150）	（10.150）	（10.150）	（10.150）
机械	990223010	钻孔机 RP-150	台班	0.375	0.500	2.047	2.729

工作内容：划线定位，定标高，热熔接管，水平管敷设，管道试压。 **计量单位：**10m

编号				10-9-25	10-9-26	10-9-27	10-9-28
项目				垂直地埋管管孔回填		垂直地埋塑料管（热熔）	
				公称外径（mm 以内）			
				160	200	32 单 U 管	25 双 U 管
				有效深度 100m 内			
名称			单位	消耗量			
人工	000203000	综合二类工	工日	0.016	0.016	0.424	0.424
材料	173104001	地埋管	m	（10.150）	（10.150）	（10.150）	（10.150）
	172500007	塑料管 *DN*32 以内	m	—	—	（10.200）	—
	180905008	塑料热熔 90°弯头 *DN*32 以内	个	—	—	（0.126）	—
	180905005	塑料管热熔 U 型弯头 *DN*32 以内	个	—	—	（0.063）	—
	172500005	塑料管 *DN*25 以内	m	—	—	—	（10.200）
	180905003	塑料管热熔 U 型弯头 *DN*25 以内	个	—	—	—	（0.063）
	040111001	复合硅酸盐水泥	kg	20.000	30.000	—	—
	040315002	黄砂 毛砂	t	0.005	0.008	—	—
	040901008	膨润土 200 目	kg	5.000	7.500	—	—
	341101001	水	m^3	—	—	0.023	0.023
	182515003	塑料管卡 FCL32	个	—	—	2.100	—
	850103006	其他材料费（占材料费）	%	—	—	3.000	3.000
机械	990806010	泥浆泵 50mm	台班	0.006	0.012	—	—
	990816010	地源热泵下管机	台班	—	—	0.002	0.001
	990813010	试压泵 3MPa	台班	—	—	0.005	0.004

工作内容：划线定位，定标高，热熔接管，水平管敷设，管道试压。 **计量单位：**10m

编号				10-9-29	10-9-30	10-9-31	10-9-32
项目				水平地埋塑料管（热熔）			
				公称外径（mm 以内）			
				32	40	50	63
名称			单位	消耗量			
人工	000203000	综合二类工	工日	0.549	0.605	0.659	0.723
材料	173104001	地埋管	m	（10.150）	（10.150）	（10.150）	（10.150）
	172500002	塑料管（综合）	m	（10.200）	（10.200）	（10.200）	（10.200）
	180999004	塑料管热熔管件	个	（5.460）	（5.390）	（5.810）	（5.780）
	031541002	锯条（综合）	根	0.078	0.093	0.127	0.146
	031102004	铁砂布（综合）	张	0.027	0.038	0.050	0.057
	341103001	电	kW·h	0.563	0.675	0.788	1.122
	012903010	热轧中厚钢板 δ8～15	kg	0.034	0.037	0.039	0.042
	142909001	氧气	m^3	0.003	0.006	0.006	0.006
	142907002	乙炔气	kg	0.001	0.002	0.002	0.002
	031301009	低碳钢焊条 J427（综合）	kg	0.002	0.002	0.002	0.002
	341101001	水	m^3	0.023	0.040	0.053	0.088
	020101002	橡胶板 δ1～3	kg	0.008	0.009	0.010	0.010
	190003004	螺纹阀门 *DN*20	个	0.004	0.005	0.005	0.005
	170101003	焊接钢管 *DN*20	m	0.015	0.016	0.016	0.017
	172707010	橡胶软管 *DN*20	m	0.007	0.007	0.007	0.008
	860113019	弹簧压力表 Y-100 0～1.6MPa	块	0.002	0.002	0.002	0.003
	860113022	压力表表弯 *DN*15	个	0.002	0.002	0.002	0.003
	850103006	其他材料费（占材料费）	%	1.000	1.000	1.000	1.000
机械	990900010	电焊机（综合）	台班	0.001	0.001	0.002	0.002
	990813010	试压泵 3MPa	台班	0.001	0.002	0.002	0.002
	990801020	电动单级离心清水泵 100mm	台班	0.001	0.001	0.001	0.001

工作内容：划线定位，定标高，热熔接管，水平管敷设，管道试压。　　　　**计量单位：**10m

编号				10-9-33	10-9-34	10-9-35	10-9-36
项目				水平地埋塑料管（热熔）			
				公称外径（mm 以内）			
				75	90	110	160
名称			单位	消耗量			
人工	000203000	综合二类工	工日	0.753	0.804	0.905	1.034
材料	173104001	地埋管	m	（10.150）	（10.150）	（10.150）	（10.150）
	172500002	塑料管（综合）	m	（10.150）	（10.150）	（10.150）	（10.150）
	180999004	塑料管热熔管件	个	（3.050）	（2.990）	（2.570）	（0.650）
	031541002	锯条（综合）	根	0.241	0.306	0.583	—
	031102004	铁砂布（综合）	张	0.070	0.075	0.076	0.081
	341103001	电	kW·h	1.254	1.670	1.902	—
	012903010	热轧中厚钢板 δ8～15	kg	0.044	0.047	0.049	0.110
	142909001	氧气	m^3	0.006	0.006	0.006	0.006
	142907002	乙炔气	kg	0.002	0.002	0.002	0.002
	031301009	低碳钢焊条 J427（综合）	kg	0.002	0.003	0.003	0.003
	341101001	水	m^3	0.145	0.204	0.353	0.764
	020101002	橡胶板 δ1～3	kg	0.011	0.011	0.012	0.016
	190003004	螺纹阀门 *DN*20	个	0.005	0.006	0.006	0.006
	170101003	焊接钢管 *DN*20	m	0.019	0.020	0.021	0.023
	172707010	橡胶软管 *DN*20	m	0.008	0.008	0.009	0.010
	860113019	弹簧压力表 Y-100 0～1.6MPa	块	0.003	0.003	0.003	0.003
	860113022	压力表表弯 *DN*15	个	0.003	0.003	0.003	0.003
	850103006	其他材料费（占材料费）	%	1.000	1.000	1.000	1.000
机械	990900010	电焊机（综合）	台班	0.002	0.002	0.002	0.002
	990813010	试压泵 3MPa	台班	0.002	0.002	0.002	0.003
	990801020	电动单级离心清水泵 100mm	台班	0.002	0.002	0.002	0.005
	990401020	载重汽车 5t	台班	—	—	—	0.005
	990304004	汽车式起重机 8t	台班	—	—	—	0.051
	990911010	热熔对接焊机 160mm	台班	—	—	—	0.150
	990706010	木工圆锯机 500mm	台班	—	—	—	0.011

3. 地源热泵用塑料集（分）水器

工作内容：集分水器固定，安装等。 计量单位：个

编号				10-9-37	10-9-38
项目				*DN*200 以内	*DN*325 以内
名称			单位	消耗量	
人工	000203000	综合二类工	工日	0.390	0.527
材料	221903002	塑料集分水器	个	（1.000）	（1.000）
机械	990813005	试压泵 2.5MPa	台班	0.083	0.125

五、除砂器安装

工作内容：基础验收、开箱检查、设备及附件就位、固定、单机试运转等。 计量单位：台

编号				10-9-39	10-9-40	10-9-41	10-9-42	10-9-43
项目				水处理量（m^3/h 以内）				
				50	100	150	200	300
名称			单位	消耗量				
人工	000203000	综合二类工	工日	3.699	4.062	4.608	4.995	5.688
材料	532113001	除砂器	台	（1.000）	（1.000）	（1.000）	（1.000）	（1.000）
	031509007	平垫铁（综合）	kg	0.268	0.536	0.805	1.073	1.341
	031509010	斜垫铁（综合）	kg	0.415	0.830	1.245	1.660	2.075
	012901009	热轧薄钢板 δ1.6～1.9	kg	0.132	0.264	0.396	0.528	0.660
	031301009	低碳钢焊条 J427（综合）	kg	0.220	0.360	0.440	0.660	0.780
	031507018	镀锌铁丝 ϕ2.8～4.0	kg	0.074	0.148	0.222	0.296	0.370
	050301004	木板（综合）	m^3	0.001	0.003	0.004	0.006	0.007
	140303001	机油（综合）	kg	0.017	0.035	0.052	0.069	0.086
	140307001	煤油	kg	0.256	0.513	0.769	1.026	1.282
	140901003	黄油钙基脂	kg	0.011	0.021	0.032	0.043	0.053
	142909001	氧气	m^3	0.009	0.012	0.018	0.060	0.090
	142907002	乙炔气	kg	0.003	0.005	0.007	0.023	0.035
	850103006	其他材料费（占材料费）	%	3.000	3.000	3.000	3.000	3.000
机械	990900010	电焊机（综合）	台班	0.085	0.139	0.169	0.254	0.300
	990401020	载重汽车 5t	台班	—	—	—	0.024	0.031
	990515010	吊装机械（综合）	台班	—	—	—	0.317	0.422

六、水处理器安装

1. 水处理器（螺纹连接）

工作内容：外观检查、设备安装，接管、通水调试等。　　　　计量单位：台

编号				10-9-44	10-9-45	10-9-46	10-9-47	10-9-48	10-9-49
项目				进口管径（mm 以内）					
				15	20	25	32	40	50
名称			单位	消耗量					
人工	000203000	综合二类工	工日	0.282	0.310	0.404	0.494	0.527	0.739
材料	530109001	水处理器	台	（1.000）	（1.000）	（1.000）	（1.000）	（1.000）	（1.000）
	181307001	镀锌丝堵 *DN*15	个	1.010	1.010	1.010	1.010	1.010	1.010
	340203008	聚四氟乙烯生料带宽 20	m	2.118	2.590	3.063	3.720	4.474	5.416
	341101001	水	m^3	0.001	0.002	0.003	0.004	0.007	0.011
	140303001	机油（综合）	kg	0.072	0.079	0.092	0.109	0.139	0.166
	143505001	丙酮清洗剂	kg	0.120	0.130	0.140	0.150	0.160	0.170
	140307001	煤油	kg	0.020	0.020	0.040	0.040	0.040	0.050
	181602015	镀锌活接头 *DN*15	个	1.010	—	—	—	—	—
	181602016	镀锌活接头 *DN*20	个	—	1.010	—	—	—	—
	181602017	镀锌活接头 *DN*25	个	—	—	1.010	—	—	—
	181602018	镀锌活接头 *DN*32	个	—	—	—	1.010	—	—
	181602019	镀锌活接头 *DN*40	个	—	—	—	—	1.010	—
	181602020	镀锌活接头 *DN*50	个	—	—	—	—	—	1.010
	140103001	清油	kg	—	—	—	0.030	0.037	0.045
	850103006	其他材料费（占材料费）	%	3.000	3.000	3.000	3.000	3.000	3.000

2. 水处理器（法兰连接）

工作内容：外观检查、设备安装，接管、通水调试等。 计量单位：台

编号				10-9-50	10-9-51	10-9-52	10-9-53	10-9-54	10-9-55
项目				进口管径（mm 以内）					
				50	70	80	100	125	150
名称			单位	消耗量					
人工	000203000	综合二类工	工日	0.928	1.732	2.343	2.933	3.459	3.779
材料	530109001	水处理器	台	（1.000）	（1.000）	（1.000）	（1.000）	（1.000）	（1.000）
	020112002	无石棉橡胶板 δ3～6	kg	0.140	0.180	0.260	0.350	0.460	0.550
	031301009	低碳钢焊条 J427（综合）	kg	0.133	0.237	0.271	0.363	0.423	0.474
	142909001	氧气	m^3	0.009	0.072	0.090	0.117	0.135	0.174
	142907002	乙炔气	kg	0.003	0.028	0.035	0.045	0.052	0.067
	140303001	机油（综合）	kg	0.050	0.075	0.085	0.120	0.130	0.170
	143505001	丙酮清洗剂	kg	0.042	0.090	0.114	0.118	0.200	0.244
	341101001	水	m^3	0.011	0.021	0.028	0.043	0.068	0.097
	850103006	其他材料费（占材料费）	%	3.000	3.000	3.000	3.000	3.000	3.000
机械	990401020	载重汽车 5t	台班	0.200	0.230	0.260	0.300	0.340	0.380
	990900010	电焊机（综合）	台班	0.051	0.091	0.104	0.140	0.163	0.182

工作内容：外观检查、设备安装，接管、通水调试等。 计量单位：台

编号				10-9-56	10-9-57	10-9-58	10-9-59	10-9-60
项目				进口管径（mm 以内）				
				200	300	400	500	600
名称			单位	消耗量				
人工	000203000	综合二类工	工日	5.343	9.786	14.296	17.869	20.633
材料	530109001	水处理器	台	（1.000）	（1.000）	（1.000）	（1.000）	（1.000）
	020112002	无石棉橡胶板 δ3～6	kg	0.660	0.730	1.380	1.660	1.680
	031301009	低碳钢焊条 J427（综合）	kg	1.192	2.999	5.049	6.959	7.289
	142909001	氧气	m^3	0.459	0.621	0.792	0.834	0.858
	142907002	乙炔气	kg	0.177	0.239	0.305	0.321	0.330
	140303001	机油（综合）	kg	0.241	0.357	0.456	0.565	0.684
	143505001	丙酮清洗剂	kg	0.110	0.208	0.334	0.460	0.506
	341101001	水	m^3	0.173	0.389	0.691	1.079	1.554
	850103006	其他材料费（占材料费）	%	3.000	3.000	3.000	3.000	3.000
机械	990515010	吊装机械（综合）	台班	0.020	0.024	0.038	0.051	0.079
	990401020	载重汽车 5t	台班	0.036	0.065	0.100	0.110	0.121
	990900010	电焊机（综合）	台班	0.459	1.155	1.944	2.679	2.806

七、水箱自洁器安装

工作内容：外观检查、设备就位、设备及附件安装、接管、调试等。　　**计量单位：**台

编　号				10-9-61
项　目				水箱自洁器
名　称			单位	消 耗 量
人工	000203000	综合二类工	工日	1.150
材料	530901001	水箱自洁器	台	（1.000）
	340203008	聚四氟乙烯生料带　宽 20	m	1.884
	020112002	无石棉橡胶板　δ3～6	kg	0.020
	140505001	铅油（厚漆）	kg	0.040
	140103001	清油	kg	0.010
	140303001	机油（综合）	kg	0.012
	850103006	其他材料费（占材料费）	%	3.000

八、水质净化器安装

工作内容：外观检查、设备就位、设备及附件安装、接管、通水调试等。　　**计量单位：**台

编　号				10-9-62	10-9-63	10-9-64	10-9-65	10-9-66	10-9-67
项　目				罐体直径（mm 以内）					
				400	500	600	800	1000	1200
名　称			单位	消 耗 量					
人工	000203000	综合二类工	工日	3.655	4.062	4.609	5.027	5.686	7.311
材料	530107001	水质净化器	台	（1.000）	（1.000）	（1.000）	（1.000）	（1.000）	（1.000）
	012901015	热轧薄钢板　δ3.5～4.0	kg	0.500	0.700	0.950	1.200	1.500	1.850
	031301009	低碳钢焊条　J427（综合）	kg	0.220	0.360	0.440	0.660	0.780	1.600
	142909001	氧气	m^3	0.009	0.012	0.018	0.060	0.090	0.120
	142907002	乙炔气	kg	0.003	0.005	0.007	0.023	0.035	0.046
	143505001	丙酮清洗剂	kg	0.050	0.070	0.100	0.120	0.150	0.200
	020112002	无石棉橡胶板　δ3～6	kg	0.120	0.135	0.160	0.200	0.250	0.350
	341101001	水	m^3	0.691	1.079	1.554	2.763	4.318	6.217
	850103006	其他材料费（占材料费）	%	3.000	3.000	3.000	3.000	3.000	3.000
机械	990515010	吊装机械（综合）	台班	0.310	0.410	0.500	0.620	0.710	0.800
	990900010	电焊机（综合）	台班	0.085	0.139	0.169	0.254	0.300	0.616
	990401020	载重汽车　5t	台班	—	—	0.270	0.277	0.383	0.507

九、紫外线杀菌设备安装

工作内容：外观检查、设备就位、设备及附件安装、接管、调试等。 **计量单位：**台

编号				10-9-68	10-9-69	10-9-70	10-9-71
项目				进口管径（mm 以内）			
				25	40	50	70
名称			单位	消耗量			
人工	000203000	综合二类工	工日	0.690	1.026	1.330	1.608
材料	530905001	紫外线杀菌设备	台	（1.000）	（1.000）	（1.000）	（1.000）
	012901024	热轧薄钢板 δ3.5	kg	0.283	0.420	0.537	0.735
	340203008	聚四氟乙烯生料带 宽 20	m	0.942	1.507	1.884	2.638
	140303001	机油（综合）	kg	0.082	0.133	0.160	0.170
	143505001	丙酮清洗剂	kg	0.010	0.016	0.020	0.023
	341101001	水	m^3	1.391	1.905	2.305	2.381
	020112002	无石棉橡胶板 δ3～6	kg	—	0.165	0.210	0.270
	031301009	低碳钢焊条 J427（综合）	kg	—	—	—	0.140
	142909001	氧气	m^3	—	—	—	0.039
	142907002	乙炔气	kg	—	—	—	0.015
	850103006	其他材料费（占材料费）	%	3.000	3.000	3.000	3.000
机械	990515010	吊装机械（综合）	台班	0.150	0.280	0.380	0.400
	990900010	电焊机（综合）	台班	—	—	—	0.056

工作内容：外观检查、设备就位、设备及附件安装、接管、调试等。 **计量单位：**台

编号				10-9-72	10-9-73	10-9-74	10-9-75
项目				进口管径（mm 以内）			
				80	100	125	150
名称			单位	消耗量			
人工	000203000	综合二类工	工日	2.023	2.289	3.035	3.171
材料	530905001	紫外线杀菌设备	台	（1.000）	（1.000）	（1.000）	（1.000）
	012901024	热轧薄钢板 δ3.5	kg	0.919	1.131	1.555	1.767
	340203008	聚四氟乙烯生料带 宽 20	m	3.014	—	—	—
	140303001	机油（综合）	kg	0.180	0.192	0.210	0.258
	143505001	丙酮清洗剂	kg	0.036	0.044	0.060	0.068
	020112002	无石棉橡胶板 δ3～6	kg	0.390	0.525	0.690	0.875
	031301009	低碳钢焊条 J427（综合）	kg	0.175	0.215	0.296	0.336
	142909001	氧气	m^3	0.069	0.117	0.135	0.174
	142907002	乙炔气	kg	0.027	0.045	0.052	0.067
	341101001	水	m^3	2.981	2.981	3.381	3.481
	850103006	其他材料费（占材料费）	%	3.000	3.000	3.000	3.000
机械	990515010	吊装机械（综合）	台班	0.500	0.200	0.250	0.300
	990900010	电焊机（综合）	台班	0.070	0.086	0.118	0.134

十、热水器、开水炉安装

1. 蒸汽间断式开水炉

工作内容：就位、稳固、附件安装、水压试验等。　　**计量单位：**台

编号				10-9-76	10-9-77	10-9-78
项目				型号/容积（L）		
				1#/60	2#/100	3#/160
名称			单位	消耗量		
人工	000203000	综合二类工	工日	1.598	1.632	1.870
材料	520111001	蒸汽间断式开水炉	台	（1.000）	（1.000）	（1.000）
	023503019	无石棉松绳 ϕ13～19	kg	0.010	0.010	0.010
	140505001	铅油（厚漆）	kg	0.100	0.100	0.100
	140303001	机油（综合）	kg	0.020	0.020	0.020
	340203008	聚四氟乙烯生料带　宽 20	m	0.757	0.757	0.757
	341101001	水	m^3	0.090	0.150	0.180
	850103006	其他材料费（占材料费）	%	3.000	3.000	3.000

2. 电热水器

工作内容：就位、稳固、附件安装、水压试验等。　　**计量单位：**台

编号				10-9-79	10-9-80	10-9-81	10-9-82	10-9-83	10-9-84
项目				挂式			立式		
				RS15 型	RS30 型	RS50 型	RS100 型	RS300 型	
名称			单位	消耗量					
人工	000203000	综合二类工	工日	0.527	0.621	1.003	1.062	1.476	2.421
材料	520101003	电热水器	台	（1.000）	（1.000）	（1.000）	（1.000）	（1.000）	（1.000）
	340203008	聚四氟乙烯生料带　宽 20	m	0.565	0.565	0.942	0.942	0.942	1.507
	341101001	水	m^3	0.022	0.045	0.075	0.075	0.150	0.360
	182519006	镀锌管箍 *DN*15	个	2.020	2.020	—	—	—	—
	182519008	镀锌管箍 *DN*25	个	—	—	2.020	2.020	2.020	—
	182519010	镀锌管箍 *DN*40	个	—	—	—	—	—	2.020
	040100003	水泥 32.5	kg	1.000	1.000	1.000	—	—	—
	040300003	砂子	m^3	0.002	0.002	0.002	—	—	—
	140505001	铅油（厚漆）	kg	0.050	0.050	0.100	—	—	—
	850103006	其他材料费（占材料费）	%	3.000	3.000	3.000	3.000	3.000	3.000

3. 立式电开水炉

工作内容： 就位、稳固、附件安装、水压试验等。 **计量单位：** 台

编号				10-9-85
项目				开水炉
名称			单位	消耗量
人工	000203000	综合二类工	工日	0.808
材料	520101002	电开水炉	台	（1.000）
	182519006	镀锌管箍 *DN*15	个	2.020
	140505001	铅油（厚漆）	kg	0.050
	340203008	聚四氟乙烯生料带 宽 20	m	0.565
	341101001	水	m^3	0.300
	850103006	其他材料费（占材料费）	%	3.000

4. 容积式热交换器

工作内容： 就位、稳固、附件安装、水压试验等。 **计量单位：** 台

编号				10-9-86	10-9-87	10-9-88	10-9-89
项目				型号/容积（L）			
				1#/500	2#/720	3#/1000	4#/1500
名称			单位	消耗量			
人工	000203000	综合二类工	工日	3.519	4.488	4.854	6.188
材料	520101004	容器式水加热器	台	（1.000）	（1.000）	（1.000）	（1.000）
	020101001	橡胶板（综合）	kg	1.620	1.620	1.620	3.620
	140505001	铅油（厚漆）	kg	0.160	0.160	0.160	0.200
	140303001	机油（综合）	kg	0.100	0.100	0.100	0.100
	340203008	聚四氟乙烯生料带 宽 20	m	3.767	3.767	3.767	3.767
	341101001	水	m^3	0.600	0.840	1.200	1.800
	850103006	其他材料费（占材料费）	%	3.000	3.000	3.000	3.000
机械	990401020	载重汽车 5t	台班	0.040	0.045	0.051	0.040
	990515010	吊装机械（综合）	台班	0.080	0.122	0.155	0.100

工作内容：就位、稳固、附件安装、水压试验等。 **计量单位：**台

编号				10-9-90	10-9-91	10-9-92
项目				型号/容积（L）		
				5#/2000	6#/3000	7#/5000
名称			单位	消耗量		
人工	000203000	综合二类工	工日	6.188	8.874	11.505
材料	520101004	容器式水加热器	台	（1.000）	（1.000）	（1.000）
	020101001	橡胶板（综合）	kg	3.620	3.620	3.620
	140505001	铅油（厚漆）	kg	0.200	0.200	0.200
	140303001	机油（综合）	kg	0.100	0.100	0.100
	340203008	聚四氟乙烯生料带 宽 20	m	3.767	3.767	3.767
	341101001	水	m^3	2.400	3.600	6.000
	850103006	其他材料费（占材料费）	%	3.000	3.000	3.000
机械	990401020	载重汽车 5t	台班	0.048	0.050	0.060
	990515010	吊装机械（综合）	台班	0.131	0.150	0.170

十一、消毒器、消毒锅安装

1. 消 毒 器

工作内容：就位、找平找正、附件安装、调试等。 **计量单位：**台

编号				10-9-93	10-9-94	10-9-95
项目				湿式		干式
				250 × 400	900 × 900	700 × 1600
名称			单位	消耗量		
人工	000203000	综合二类工	工日	0.476	0.638	0.952
材料	214307001	湿式消毒器 250 × 400	台	（1.000）	—	—
	214307002	湿式消毒器 900 × 900	台	—	（1.000）	—
	214309001	干式消毒器 700 × 1600	台	—	—	（1.000）
	020101001	橡胶板（综合）	kg	0.150	0.150	0.150
	023503020	油浸无石棉绳	kg	0.100	0.100	0.100
	140505001	铅油（厚漆）	kg	0.300	0.300	0.600
	140303001	机油（综合）	kg	0.100	0.100	0.100
	340203008	聚四氟乙烯生料带 宽 20	m	0.565	0.565	0.565
	142301001	红丹粉	kg	0.010	0.010	0.010
	140103001	清油	kg	0.010	0.010	0.010
	850103006	其他材料费（占材料费）	%	3.000	3.000	3.000

2. 消　毒　锅

工作内容：就位、找平找正、附件安装、调试等。　　计量单位：台

编号				10-9-96	10-9-97	10-9-98	10-9-99
项目				型号			
				1#	2#	3#	4#
名称			单位	消耗量			
人工	000203000	综合二类工	工日	1.020	1.230	1.340	1.580
材料	214305001	消毒锅 1#	台	（1.000）	—	—	—
	214305002	消毒锅 2#	台	—	（1.000）	—	—
	214305003	消毒锅 3#	台	—	—	（1.000）	—
	214305004	消毒锅 4#	台	—	—	—	（1.000）
	023503020	油浸无石棉绳	kg	0.100	0.100	0.180	0.180
	140505001	铅油（厚漆）	kg	0.300	0.300	0.300	0.300
	140303001	机油（综合）	kg	0.100	0.100	0.100	0.100
	340203008	聚四氟乙烯生料带 宽 20	m	0.565	0.565	0.565	0.565
	142301001	红丹粉	kg	0.010	0.010	0.010	0.010
	140103001	清油	kg	0.020	0.020	0.020	0.020
	850103006	其他材料费（占材料费）	%	3.000	3.000	3.000	3.000

十二、直饮水设备安装

工作内容：稳装、找平找正、附件安装、调试等。　　计量单位：台

编号				10-9-100	10-9-101	10-9-102	10-9-103
项目				设备供水量（t/h 以内）			
				1	2	4	6
名称			单位	消耗量			
人工	000203000	综合二类工	工日	2.435	3.776	5.593	6.452
材料	214501001	直饮水设备	台	（1.000）	（1.000）	（1.000）	（1.000）
	340203008	聚四氟乙烯生料带 宽 20	m	1.420	1.770	2.520	2.980
	031509005	垫铁	kg	4.630	7.624	11.525	15.728
	031301009	低碳钢焊条 J427（综合）	kg	0.250	0.420	0.600	0.950
	142909001	氧气	m^3	0.240	0.390	0.570	0.750
	142907002	乙炔气	kg	0.080	0.130	0.190	0.250
	850103006	其他材料费（占材料费）	%	3.000	3.000	3.000	3.000
机械	990401020	载重汽车 5t	台班	0.090	0.090	0.100	0.100
	990515010	吊装机械（综合）	台班	0.160	0.230	0.260	0.310
	990900010	电焊机（综合）	台班	0.400	0.160	0.240	0.400

十三、组装水箱安装

工作内容：开箱检查、分片组装、消毒、清洗、满水试验等。　　　　**计量单位：**台

编　　号				10-9-104	10-9-105	10-9-106	10-9-107	10-9-108
项　　目				水箱总容量（m³ 以内）				
				20	40	60	80	100
名　　称			单位	消　耗　量				
人工	000203000	综合二类工	工日	9.143	10.279	14.450	19.276	24.091
材料	331115001	组装水箱	台	（1.000）	（1.000）	（1.000）	（1.000）	（1.000）
	140303001	机油（综合）	kg	0.006	0.012	0.018	0.024	0.030
	050401003	板枋材	m³	0.080	0.080	0.080	0.080	0.080
	020101012	橡胶板 δ12	kg	16.500	25.400	38.700	57.600	81.100
	031507018	镀锌铁丝 ϕ2.8～4.0	kg	2.850	4.500	6.900	9.720	13.020
	850103006	其他材料费（占材料费）	%	3.000	3.000	3.000	3.000	3.000
机械	990401020	载重汽车 5t	台班	0.100	0.150	0.200	0.240	0.280
	990515010	吊装机械（综合）	台班	0.950	1.500	2.100	2.440	2.770

工作内容：开箱检查、分片组装、消毒、清洗、满水试验等。　　　　**计量单位：**台

编　　号				10-9-109	10-9-110	10-9-111	10-9-112
项　　目				水箱总容量（m³ 以内）			
				140	180	220	360
名　　称			单位	消　耗　量			
人工	000203000	综合二类工	工日	33.487	43.094	53.016	79.415
材料	331115001	组装水箱	台	（1.000）	（1.000）	（1.000）	（1.000）
	140303001	机油（综合）	kg	0.040	0.049	0.055	0.083
	050401003	板枋材	m³	0.100	0.120	0.140	0.210
	020101012	橡胶板 δ12	kg	107.052	131.674	148.792	223.187
	031507018	镀锌铁丝 ϕ2.8～4.0	kg	17.186	21.139	23.887	35.831
	850103006	其他材料费（占材料费）	%	3.000	3.000	3.000	3.000
机械	990401020	载重汽车 5t	台班	0.370	0.455	0.514	0.771
	990515010	吊装机械（综合）	台班	2.980	3.450	4.180	4.760

十四、补 充 项 目

1. 塑料检查井

工作内容：井座、井筒、附加接头，井盖、防护井盖安装。 计量单位：座

编号				10-9-113	10-9-114	10-9-115	10-9-116
项目				塑料检查井安装			
				井筒直径（mm 以内）			
				200	315	450	630
名称			单位	消耗量			
人工	000203000	综合二类工	工日	1.051	1.751	2.280	2.831
材料	360133002	塑料检查井	座	（1.000）	（1.000）	（1.000）	（1.000）
	092705001	破布	kg	0.180	0.200	0.220	0.250
	140700002	润滑油	kg	0.100	0.160	0.190	0.220
	341101001	水	m^3	0.780	1.230	2.360	3.580
	850103006	其他材料费（占材料费）	%	3.000	3.000	3.000	3.000
机械	990706010	木工圆锯机 500mm	台班	0.090	0.110	0.130	0.150
	991299010	其他机械费	元	1.500	2.100	2.600	3.200

工作内容：井座、井筒、附加接头，井盖、防护井盖安装。 计量单位：座

编号				10-9-117	10-9-118	10-9-119	10-9-120
项目				塑料检查井安装			
				井筒直径（mm 以内）			
				700	800	1000	1200
名称			单位	消耗量			
人工	000203000	综合二类工	工日	3.320	3.951	4.360	5.140
材料	360133002	塑料检查井	座	（1.000）	（1.000）	（1.000）	（1.000）
	092705001	破布	kg	0.280	0.310	0.350	0.400
	140700002	润滑油	kg	0.250	0.290	0.350	0.420
	341101001	水	m^3	4.390	5.620	6.940	8.380
	850103006	其他材料费（占材料费）	%	3.000	3.000	3.000	3.000
机械	990706010	木工圆锯机 500mm	台班	0.180	0.210	0.230	0.250
	991299010	其他机械费	元	4.100	14.800	25.900	37.100

2. 成品水箱安装

工作内容：场内搬运、稳固、找平、找正、安装、调距、上零件、满水试验。　　**计量单位：**台

编号				10-9-121	10-9-122	10-9-123	10-9-124
项目				水箱总容量（m³以内）			
				2	4	6.0	15
名称			单位	消耗量			
人工	000203000	综合二类工	工日	2.723	2.786	2.963	5.349
材料	331100002	水箱（成品）	台	（1.000）	（1.000）	（1.000）	（1.000）
	340203008	聚四氟乙烯生料带 宽20	m	1.420	1.420	1.420	1.420
	031509005	垫铁	kg	3.932	3.932	3.932	7.864
	850103006	其他材料费（占材料费）	%	3.000	3.000	3.000	3.000
机械	990503005	电动单筒慢速卷扬机 5kN	台班	1.340	1.520	1.640	2.360
	990401020	载重汽车 5t	台班	—	0.090	0.090	0.090
	991299050	其他机具费（占机械费）	%	3.000	3.000	3.000	3.000

工作内容：场内搬运、稳固、找平、找正、安装、调距、上零件、满水试验。　　**计量单位：**台

编号				10-9-125	10-9-126	10-9-127	10-9-128
项目				水箱总容量（m³以内）			
				25	35	45	55
名称			单位	消耗量			
人工	000203000	综合二类工	工日	6.411	6.736	7.438	8.197
材料	331100002	水箱（成品）	台	（1.000）	（1.000）	（1.000）	（1.000）
	340203008	聚四氟乙烯生料带 宽20	m	1.420	1.420	1.420	1.420
	031509005	垫铁	kg	11.796	15.728	19.660	23.592
	850103006	其他材料费（占材料费）	%	3.000	3.000	3.000	3.000
机械	990401030	载重汽车 8t	台班	—	—	0.100	0.120
	990503005	电动单筒慢速卷扬机 5kN	台班	2.620	3.150	—	—
	990501001	电动单筒快速卷扬机 1kN	台班	—	—	3.280	3.460
	990401020	载重汽车 5t	台班	0.100	0.100	—	—
	991299050	其他机具费（占机械费）	%	3.000	3.000	3.000	3.000

工作内容：场内搬运、稳固、找平、找正、安装、调距、上零件、满水试验。 **计量单位：**台

编号				10-9-129	10-9-130	10-9-131	10-9-132
项目				膨胀水箱容量（m^3 以内）			
				0.5	1	1.5	4
名称			单位	消耗量			
人工	000203000	综合二类工	工日	1.308	2.100	2.633	3.410
材料	331100002	水箱（成品）	台	（1.000）	（1.000）	（1.000）	（1.000）
	340203008	聚四氟乙烯生料带 宽 20	m	1.420	1.420	1.420	1.420
	031509005	垫铁	kg	3.932	3.932	3.932	3.932
	850103006	其他材料费（占材料费）	%	3.000	3.000	3.000	3.000
机械	990503005	电动单筒慢速卷扬机 5kN	台班	0.650	1.050	1.550	2.050
	990401020	载重汽车 5t	台班	—	—	—	0.090
	991299050	其他机具费（占机械费）	%	3.000	3.000	3.000	3.000

3. 矩形钢板水箱制作

工作内容：下料、坡口、平直、开孔、接板组对、装配零部件、焊接、注水试验。 **计量单位：**100kg

编号				10-9-133	10-9-134	10-9-135	10-9-136	10-9-137	10-9-138
项目				每个箱重（kg 以内）					
				500	1000	1500	2000	3000	> 3000
名称			单位	消耗量					
人工	000203000	综合二类工	工日	2.226	1.547	1.393	1.050	0.910	0.875
材料	012900029	普通钢板 $0^{\#}$～$3^{\#}$ $\delta4.5$～7	kg	101.310	86.350	84.180	81.990	92.930	91.770
	012101008	角钢 60	kg	3.690	18.650	20.820	23.010	—	—
	031301008	低碳钢焊条 J422（综合）	kg	7.890	6.610	5.390	4.950	3.900	2.630
	031101013	尼龙砂轮片 $\phi100\times16\times3$	片	1.770	0.880	0.810	0.670	0.930	0.760
	031101012	尼龙砂轮片 $\phi400$	片	0.020	0.060	0.050	0.040	0.020	0.020
	142909001	氧气	m^3	3.010	1.600	1.280	0.520	1.150	0.780
	142907002	乙炔气	kg	0.770	0.530	0.460	0.400	0.380	0.260
	341103001	电	kW · h	0.340	0.590	0.510	0.420	0.760	0.590
	341101001	水	m^3	0.510	0.520	0.600	0.630	0.860	0.890
	050301003	木材（一级红松）	m^3	0.014	0.005	0.003	0.002	0.001	0.001
	011301001	扁钢 59 以内	kg	—	—	—	—	12.070	13.230
	850103006	其他材料费（占材料费）	%	3.000	3.000	3.000	3.000	3.000	3.000
机械	990904030	直流弧焊机 20kV · A	台班	0.210	0.330	0.290	0.260	0.430	0.330
	990919030	电焊条烘干箱 $60\times50\times75cm^3$	台班	0.020	0.030	0.030	0.020	0.040	0.030
	990307050	电动双梁起重机 5t	台班	0.070	0.040	0.040	0.020	0.020	0.020
	990747020	管子切断机 150mm	台班	0.010	0.030	0.030	0.020	0.010	0.010

4. 圆形钢板水箱制作

工作内容： 下料、坡口、压头、卷圆、找圆、组对、焊接、装配、注水试验。 **计量单位：** 100kg

编号				10-9-139	10-9-140	10-9-141	10-9-142	10-9-143	10-9-144
项目				每个箱重（kg 以内）					
				500	1000	1500	2000	3000	> 3000
名称			单位	消耗量					
人工	000203000	综合二类工	工日	1.596	1.330	1.176	0.826	0.693	0.539
材料	012900029	普通钢板 0#～3# δ4.5～7	kg	103.830	102.960	101.560	102.200	100.550	100.930
	012101010	角钢 63	kg	1.170	2.040	3.440	2.800	4.450	4.070
	031301008	低碳钢焊条 J422（综合）	kg	7.890	6.610	5.390	4.950	3.900	2.630
	031101013	尼龙砂轮片 ϕ100 × 16 × 3	片	0.930	0.890	0.840	0.800	0.670	0.630
	031101012	尼龙砂轮片 ϕ400	片	0.010	0.010	0.010	0.010	0.010	0.010
	142909001	氧气	m^3	2.240	1.940	1.730	1.640	1.290	1.090
	142907002	乙炔气	kg	0.750	0.650	0.570	0.540	0.430	0.360
	050301003	木材（一级红松）	m^3	0.006	0.003	0.003	0.002	0.002	0.001
	341103001	电	kW · h	0.510	0.510	0.510	0.760	0.760	0.680
	341101001	水	m^3	0.450	0.640	0.790	0.880	1.010	1.100
	850103006	其他材料费（占材料费）	%	3.000	3.000	3.000	3.000	3.000	3.000
机械	990904030	直流弧焊机 20kV · A	台班	0.280	0.290	0.280	0.470	0.470	0.480
	990919030	电焊条烘干箱 60 × 50 × 75cm³	台班	0.030	0.030	0.030	0.050	0.040	0.040
	990307050	电动双梁起重机 5t	台班	0.080	0.060	0.050	0.050	0.040	0.030
	990734015	卷板机 20 × 2500mm	台班	0.020	0.020	0.020	0.020	0.020	0.020
	990747020	管子切断机 150mm	台班	0.004	0.004	0.004	0.003	0.003	0.003

5. 水箱消毒冲洗

工作内容： 溶解漂白粉、灌水、消毒、冲洗。 **计量单位：** m^3

编号				10-9-145	10-9-146	10-9-147	10-9-148
项目				水箱容量（m^3 以内）			
				20	40	60	80
名称			单位	消耗量			
人工	000203000	综合二类工	工日	0.320	0.300	0.270	0.240
材料	341101001	水	m^3	3.120	3.060	2.940	2.800
	143193001	漂白粉（综合）	kg	0.210	0.195	0.180	0.170
	850103005	其他材料费	元	3.120	2.940	2.860	2.640

工作内容：溶解漂白粉、灌水、消毒、冲洗。　　　　计量单位：m^3

编号				10-9-149	10-9-150	10-9-151	10-9-152	10-9-153
项目				水箱容量（m^3 以内）				
				100	140	180	220	360
名称			单位	消耗量				
人工	000203000	综合二类工	工日	0.200	0.180	0.160	0.145	0.130
材料	341101001	水	m^3	2.650	2.520	2.410	2.280	2.160
	143193001	漂白粉（综合）	kg	0.160	0.152	0.146	0.138	0.130
	850103005	其他材料费	元	2.360	2.180	2.060	1.980	1.880

第十章

支架及其他

说　明

一、本章内容包括管道支架、设备支架和各种套管制作安装，管道水压试验，管道消毒冲洗，成品表箱安装，剔堵、预留槽、沟，机械钻孔，预留孔洞，堵洞等项目。

二、管道支架制作安装项目，适用于室内外管道的管架制作与安装，项目内已包含所需螺栓、螺母本身价格。

三、管道支架采用木垫式、弹簧式管架时，均执行本章管道支架安装项目，支架中的弹簧减震器、滚珠、木垫等成品件重量应计入安装工程量，其材料费用应按实际用量另行计算。

四、成品管卡安装项目，适用于各类管道安装项目中立、支管成品管卡的安装。

五、装配式抗震支架依据《装配式管道支吊架（含抗震支吊架）》18R417-2 编制，如槽钢立柱、通丝杆、槽钢斜撑为厂家定制尺寸，不需现场切割，应扣除机械及材料中尼龙砂轮片，人工乘以系数 0.95。

六、刚性防水套管和柔性防水套管安装项目中，包括了配合预留孔洞及浇筑混凝土工作内容。一般套管制作安装项目，均未包括预留孔洞工作，发生时按本章所列预留孔洞项目另行计算。

七、套管制作安装项目已包含堵洞工作内容。本章所列堵洞项目，适用于管道在穿墙、楼板不安装套管时的洞口封堵。

八、套管内填料按油麻编制，如与设计不同时，可按实际要求调整换算填料。

九、保温管道穿墙、板采用套管时，按保温层外径规格执行套管相应项目。

十、管道保护管是指在管道系统中，为避免外力（荷载）直接作用在介质管道外壁上，造成介质管道受损而影响正常使用，在介质管道外部设置的保护性管段。

十一、管道水压试验适用于管道间、管廊内及隐蔽工程中的管道需要单独做压力试验的项目，而施工完成后按施工验收规范要求的整体试压已包括在管道安装项目内，不得重复计算。

十二、因工程项目实际需要再次发生管道冲洗时，执行本章冲洗相应项目，但应扣除漂白粉的用量。

十三、成品表箱安装适用于水表、热量表、燃气表箱的安装。

十四、机械钻孔项目是按混凝土墙体及混凝土楼板考虑的，厚度系综合取定。如实际墙体厚度超过 300mm，楼板厚度超过 220mm 时，按相应项目乘以系数 1.20。砖墙及砌体墙钻孔按机械钻孔项目乘以系数 0.40。

工程量计算规则

一、管道、设备支架制作安装，应按设计图示单件重量，分别以“100kg”为计量单位。

二、装配式抗震支架安装，应区分单立柱、双立柱，按设计图示数量，分别以“副”为计量单位。

三、成品管卡、阻火圈、成品防火套管、防水接漏器（止水节）等安装，应区分不同规格，按设计图示数量，分别以“个”为计量单位。

四、一般穿墙套管、柔性、刚性防水套管、成品防火套管制作安装，应区分管道的不同公称直径，按设计图示数量，分别以“个”为计量单位。

五、管道保护管制作与安装，分为钢制和塑料两种材质，区分不同规格，按设计图示管道中心线长度，分别以“10m”为计量单位。

六、管道水压试验、消毒冲洗，应区分管道的不同规格，设计图示管道长度，分别以“100m”为计量单位。

七、成品表箱安装，应区分箱体半周长，按设计图示数量，以“个”为计量单位。

八、剔堵槽沟项目，应区分砖结构、混凝土结构及沟槽截面尺寸，按设计图示长度，分别以“10m”为计量单位。

九、预留槽沟项目，应区分沟槽截面尺寸，按设计图示长度，分别以“10m”为计量单位。

十、机械钻孔项目，应区分混凝土楼板钻孔、混凝土墙体钻孔及不同钻孔直径，按设计图示数量，分别以“10个”为计量单位。

十一、预留孔洞项目，应区分混凝土楼板、混凝土墙体及孔洞直径，按设计图示数量，分别以“10个”为计量单位。

十二、堵洞项目，应区分孔洞直径，按设计图示数量，分别以“10个”为计量单位。

一、管道支架制作安装

1. 管道支架制作

工作内容：切断、调直、煨制、钻孔、组对、焊接等。　　计量单位：100kg

编　号				10-10-1	10-10-2	10-10-3
项　目				单件重量（kg 以内）		
				5	10	30
名　称			单位	消　耗　量		
人工	000203000	综合二类工	工日	5.619	4.752	4.106
材料	012300002	型钢（综合）	kg	（105.000）	（105.000）	（105.000）
	142909001	氧气	m^3	2.715	1.833	1.622
	142907002	乙炔气	kg	1.044	0.705	0.639
	031301009	低碳钢焊条 J427（综合）	kg	3.084	2.851	2.570
	031101009	尼龙砂轮片 ϕ100	片	0.092	0.064	0.056
	031101012	尼龙砂轮片 ϕ400	片	1.728	1.152	1.080
	850103006	其他材料费（占材料费）	%	2.000	2.000	2.000
机械	990726010	台式钻床 16mm	台班	1.067	0.225	0.173
	990727010	立式钻床 25mm	台班	0.464	0.958	0.972
	990900010	电焊机（综合）	台班	2.171	1.845	1.537
	990785030	砂轮切割机 ϕ400	台班	1.176	0.784	0.735

工作内容：切断、调直、煨制、钻孔、组对、焊接等。　　计量单位：100kg

编　号				10-10-4	10-10-5	10-10-6
项　目				单件重量（kg 以内）		
				50	100	100 以外
名　称			单位	消　耗　量		
人工	000203000	综合二类工	工日	3.672	3.460	2.905
材料	012300002	型钢（综合）	kg	（105.000）	（105.000）	（105.000）
	142909001	氧气	m^3	1.272	1.104	0.552
	142907002	乙炔气	kg	0.489	0.425	0.211
	031301009	低碳钢焊条 J427（综合）	kg	1.966	1.754	1.169
	031101009	尼龙砂轮片 ϕ100	片	0.048	0.044	0.044
	031101012	尼龙砂轮片 ϕ400	片	0.893	0.835	0.835
	850103006	其他材料费（占材料费）	%	2.000	2.000	2.000
机械	990726010	台式钻床 16mm	台班	0.107	—	—
	990727010	立式钻床 25mm	台班	0.844	0.707	0.584
	990900010	电焊机（综合）	台班	1.176	1.049	0.705
	990785030	砂轮切割机 ϕ400	台班	0.608	0.568	0.568

2. 管道支架安装

工作内容：打、堵洞眼、栽（埋）螺栓、安装等。 **计量单位：**100kg

编号				10-10-7	10-10-8	10-10-9	10-10-10	10-10-11	10-10-12
项目				单件重量（kg 以内）					
				5	10	30	50	100	100 以外
名称			单位	消耗量					
人工	000203000	综合二类工	工日	3.026	2.559	2.210	1.979	1.862	1.564
材料	142909001	氧气	m^3	1.461	0.987	0.894	0.684	0.594	0.352
	142907002	乙炔气	kg	0.562	0.380	0.344	0.263	0.228	0.136
	031301009	低碳钢焊条 J427（综合）	kg	3.629	2.424	2.020	1.544	1.378	0.919
	140303001	机油（综合）	kg	0.603	0.482	0.459	0.360	0.270	0.216
	800100004	水泥砂浆 1∶2.5	m^3	0.075	0.053	0.048	0.038	0.032	0.029
	850103006	其他材料费（占材料费）	%	2.000	2.000	2.000	2.000	2.000	2.000
机械	990900010	电焊机（综合）	台班	1.705	1.450	1.208	0.924	0.824	0.549

3. 装配式抗震支架安装

工作内容：定位、切割、组对、栽（埋）螺栓、安装、校正等。 **计量单位：**副

编号				10-10-13	10-10-14	10-10-15	10-10-16
项目				单立柱（通丝杆）抗震支架		双立柱（通丝杆）抗震支架	
				单向	双向	单向	双向
名称			单位	消耗量			
人工	000203000	综合二类工	工日	0.570	0.660	0.840	1.030
材料	182719001	抗震支架	副	（1.000）	（1.000）	（1.000）	（1.000）
	031101012	尼龙砂轮片 ϕ400	片	0.030	0.031	0.035	0.037
	850103006	其他材料费（占材料费）	%	2.000	2.000	2.000	2.000
机械	990785030	砂轮切割机 ϕ400	台班	0.020	0.030	0.050	0.070

4. 成品管卡安装

工作内容：定位、打眼、固定管卡等。 **计量单位：**个

编号				10-10-17	10-10-18	10-10-19	10-10-20
项目				公称直径（mm 以内）			
				20	32	40	50
名称			单位	消耗量			
人工	000203000	综合二类工	工日	0.011	0.012	0.013	0.015
材料	182500002	管卡（成品）	套	（1.050）	（1.050）	（1.050）	（1.050）
	850103006	其他材料费（占材料费）	%	2.000	2.000	2.000	2.000

工作内容：定位、打眼、固定管卡等。　　　　计量单位：个

编号				10-10-21	10-10-22	10-10-23	10-10-24
项目				公称直径（mm以内）			
				80	100	125	150
名称			单位	消耗量			
人工	000203000	综合二类工	工日	0.017	0.019	0.021	0.024
材料	182500002	管卡（成品）	套	（1.050）	（1.050）	（1.050）	（1.050）
	850103006	其他材料费（占材料费）	%	2.000	2.000	2.000	2.000

二、设备支架

1. 设备支架制作

工作内容：切断、调直、煨制、钻孔、组对、焊接等。　　　　计量单位：100kg

编号				10-10-25	10-10-26	10-10-27
项目				单件重量（kg以内）		
				50	100	100以外
名称			单位	消耗量		
人工	000203000	综合二类工	工日	3.231	3.079	2.585
材料	012300002	型钢（综合）	kg	（105.000）	（105.000）	（105.000）
	142909001	氧气	m^3	0.516	0.486	0.243
	142907002	乙炔气	kg	0.198	0.187	0.093
	031301009	低碳钢焊条 J427（综合）	kg	1.710	1.539	1.026
	031101012	尼龙砂轮片 ϕ400	片	0.500	0.500	0.500
	850103006	其他材料费（占材料费）	%	2.000	2.000	2.000
机械	990727010	立式钻床 25mm	台班	1.087	0.032	—
	990727030	立式钻床 50mm	台班	0.138	0.948	0.784
	990900010	电焊机（综合）	台班	1.023	0.920	0.614
	990785030	砂轮切割机 ϕ400	台班	0.500	0.500	0.500

2. 设备支架安装

工作内容：就位、固定、安装等。 **计量单位：**100kg

编号				10-10-28	10-10-29	10-10-30
项目				单件重量（kg 以内）		
				50	100	100 以外
名称			单位	消耗量		
人工	000203000	综合二类工	工日	1.629	1.319	1.108
材料	142909001	氧气	m^3	0.375	0.162	0.096
	142907002	乙炔气	kg	0.144	0.062	0.037
	031301009	低碳钢焊条 J427（综合）	kg	1.330	1.197	0.798
	140303001	机油（综合）	kg	0.401	0.321	0.257
	850103006	其他材料费（占材料费）	%	2.000	2.000	2.000
机械	990900010	电焊机（综合）	台班	0.795	0.716	0.477

三、套管制作安装

1. 一般钢套管制作安装

工作内容：切管、焊接、除锈刷漆、安装、填塞密封材料、堵洞等。 **计量单位：**个

编号				10-10-31	10-10-32	10-10-33	10-10-34	10-10-35
项目				介质管道公称直径（mm 以内）				
				20	32	50	65	80
名称			单位	消耗量				
人工	000203000	综合二类工	工日	0.085	0.097	0.138	0.186	0.246
材料	170101007	焊接钢管 *DN*32	m	（0.318）	—	—	—	—
	170101010	焊接钢管 *DN*50	m	—	（0.318）	—	—	—
	170101015	焊接钢管 *DN*80	m	—	—	（0.318）	—	—
	170101018	焊接钢管 *DN*100	m	—	—	—	（0.318）	—
	170101022	焊接钢管 *DN*125	m	—	—	—	—	（0.318）
	010901008	圆钢 ϕ10～14	kg	0.158	0.158	0.158	0.158	0.158
	142909001	氧气	m^3	0.018	0.021	0.024	0.036	0.060
	142907002	乙炔气	kg	0.007	0.008	0.009	0.014	0.023
	031301009	低碳钢焊条 J427（综合）	kg	0.016	0.017	0.019	0.022	0.025
	130505009	酚醛防锈漆 各色	kg	0.014	0.017	0.020	0.026	0.035
	140301001	汽油 89#	kg	0.003	0.004	0.005	0.007	0.009

续前

编号				10-10-31	10-10-32	10-10-33	10-10-34	10-10-35
项目				介质管道公称直径（mm 以内）				
				20	32	50	65	80
名称			单位	消耗量				
材料	031101012	尼龙砂轮片 $\phi400$	片	0.012	0.021	0.026	0.038	0.053
	340907006	钢丝刷子	把	0.002	0.002	0.003	0.006	0.006
	092705004	碎布	kg	0.002	0.002	0.003	0.006	0.006
	140105002	油麻	kg	0.090	0.158	0.623	0.957	2.115
	133501008	密封油膏	kg	0.107	0.153	0.163	0.202	0.254
	040100006	水泥 42.5	kg	0.129	0.186	0.245	0.332	0.381
	040300004	砂子	kg	0.386	0.558	0.734	0.997	1.142
	850103006	其他材料费（占材料费）	%	2.000	2.000	2.000	2.000	2.000
机械	990900010	电焊机（综合）	台班	0.008	0.009	0.009	0.009	0.011
	990785030	砂轮切割机 $\phi400$	台班	0.004	0.005	0.007	0.009	0.011

工作内容：切管、焊接、除锈刷漆、安装、填塞密封材料、堵洞等。 **计量单位：**个

编号				10-10-36	10-10-37	10-10-38	10-10-39
项目				介质管道公称直径（mm 以内）			
				100	125	150	200
名称			单位	消耗量			
人工	000203000	综合二类工	工日	0.335	0.457	0.569	0.693
材料	170101025	焊接钢管 *DN*150	m	（0.318）	（0.318）	—	—
	170201041	无缝钢管 $D219 \times 6$	m	—	—	（0.318）	—
	170201047	无缝钢管 $D273 \times 7$	m	—	—	—	（0.318）
	010901008	圆钢 $\phi10$～14	kg	0.158	0.158	0.158	0.316
	142909001	氧气	m^3	0.090	0.150	0.324	0.414
	142907002	乙炔气	kg	0.035	0.058	0.125	0.159
	031301009	低碳钢焊条 J427（综合）	kg	0.029	0.032	0.034	0.035
	130505009	酚醛防锈漆 各色	kg	0.037	0.051	0.051	0.063
	140301001	汽油 89#	kg	0.009	0.013	0.013	0.016
	031101012	尼龙砂轮片 $\phi400$	片	0.057	0.063	—	—
	340907006	钢丝刷子	把	0.006	0.008	0.008	0.010
	092705004	碎布	kg	0.006	0.008	0.008	0.010
	140105002	油麻	kg	2.194	2.849	3.152	3.236
	133501008	密封油膏	kg	0.258	0.273	0.612	0.635
	040100006	水泥 42.5	kg	0.440	0.462	0.800	0.953
	040300004	砂子	kg	1.319	1.387	2.399	2.859
	850103006	其他材料费（占材料费）	%	2.000	2.000	2.000	2.000
机械	990900010	电焊机（综合）	台班	0.013	0.014	0.019	0.022
	990785030	砂轮切割机 $\phi400$	台班	0.013	0.015	—	—

工作内容：切管、焊接、除锈刷漆、安装、填塞密封材料、堵洞等。 计量单位：个

编号				10-10-40	10-10-41	10-10-42	10-10-43
项目				介质管道公称直径（mm 以内）			
				250	300	350	400
名称			单位	消耗量			
人工	000203000	综合二类工	工日	0.736	0.821	0.947	1.124
材料	170201050	无缝钢管 $D325\times8$	m	（0.318）	—	—	—
	170201052	无缝钢管 $D377\times10$	m	—	（0.318）	—	—
	170201054	无缝钢管 $D426\times10$	m	—	—	（0.318）	—
	170201056	无缝钢管 $D480\times10$	m	—	—	—	（0.318）
	010901008	圆钢 ϕ10～14	kg	0.316	0.316	0.316	0.474
	142909001	氧气	m^3	0.429	0.486	0.619	0.825
	142907002	乙炔气	kg	0.165	0.187	0.246	0.317
	031301009	低碳钢焊条 J427（综合）	kg	0.038	0.040	0.042	0.042
	130505009	酚醛防锈漆 各色	kg	0.075	0.087	0.099	0.122
	140301001	汽油 89#	kg	0.019	0.022	0.025	0.031
	340907006	钢丝刷子	把	0.012	0.014	0.016	0.020
	092705004	碎布	kg	0.012	0.014	0.016	0.020
	140105002	油麻	kg	3.443	3.755	3.977	4.679
	133501008	密封油膏	kg	0.661	0.763	0.865	0.966
	040100006	水泥 42.5	kg	1.087	1.233	1.368	1.553
	040300004	砂子	kg	3.262	3.698	4.105	4.660
	850103006	其他材料费（占材料费）	%	2.000	2.000	2.000	2.000
机械	990900010	电焊机（综合）	台班	0.024	0.002	0.002	0.002

2. 一般塑料套管制作安装

工作内容：切管、安装、填塞密封材料、堵洞等。 计量单位：个

编号				10-10-44	10-10-45	10-10-46	10-10-47
项目				介质管道公称直径（mm 以内）			
				32	50	65	100
名称			单位	消耗量			
人工	000203000	综合二类工	工日	0.088	0.117	0.120	0.126
材料	172500014	塑料管 *DN*63	m	（0.318）	—	—	—
	172500016	塑料管 *DN*75	m	—	（0.318）	—	—
	172500020	塑料管 *DN*110	m	—	—	（0.318）	—
	172500022	塑料管 *DN*160	m	—	—	—	（0.318）
	140105002	油麻	kg	0.158	0.623	2.115	2.194
	133501008	密封油膏	kg	0.153	0.163	0.254	0.258
	040100006	水泥 42.5	kg	0.186	0.245	0.332	0.440
	040300004	砂子	kg	0.558	0.734	0.997	1.319
	850103006	其他材料费（占材料费）	%	2.000	2.000	2.000	2.000

工作内容：切管、安装、填塞密封材料、堵洞等。 **计量单位：**个

编号				10-10-48	10-10-49	10-10-50
项目				介质管道公称直径（mm 以内）		
				150	200	250
		名称	单位	消耗量		
人工	000203000	综合二类工	工日	0.143	0.153	0.169
材料	172500024	塑料管 *DN*200	m	（0.318）	—	—
	172500026	塑料管 *DN*250	m	—	（0.318）	—
	172500028	塑料管 *DN*315	m	—	—	（0.318）
	031541002	锯条（综合）	根	0.705	1.009	1.411
	140105002	油麻	kg	3.152	3.236	3.443
	133501008	密封油膏	kg	0.612	0.635	0.661
	040100006	水泥 42.5	kg	0.800	0.953	1.087
	040300004	砂子	kg	2.399	2.859	3.262
	850103006	其他材料费（占材料费）	%	2.000	2.000	2.000

3. 柔性防水套管制作

工作内容：放样、下料、切割、组对、焊接、刷防锈漆等。 **计量单位：**个

编号				10-10-51	10-10-52	10-10-53	10-10-54
项目				介质管道公称直径（mm 以内）			
				50	80	100	125
		名称	单位	消耗量			
人工	000203000	综合二类工	工日	1.259	1.502	1.964	2.012
材料	170201024	无缝钢管 *D*89×4	m	（0.424）	—	—	—
	170201033	无缝钢管 *D*133×4	m	—	（0.424）	—	—
	170201036	无缝钢管 *D*159×4.5	m	—	—	（0.424）	（0.424）
	012903013	热轧中厚钢板 δ10～20	kg	15.400	22.860	25.760	30.860
	142909001	氧气	m^3	2.124	2.958	3.750	3.999
	142907002	乙炔气	kg	0.817	1.138	1.443	1.538
	031301009	低碳钢焊条 J427（综合）	kg	0.965	1.247	1.450	1.750
	130505009	酚醛防锈漆 各色	kg	0.252	0.380	0.425	0.500
	143505001	丙酮清洗剂	kg	0.075	0.113	0.126	0.148
	031101009	尼龙砂轮片 ϕ100	片	0.050	0.084	0.100	0.125
	340907006	钢丝刷子	把	0.153	0.229	0.257	0.306
	092705004	碎布	kg	0.020	0.032	0.035	0.040
	850103006	其他材料费（占材料费）	%	2.000	2.000	2.000	2.000
机械	990900010	电焊机（综合）	台班	0.348	0.483	0.613	0.720
	990727010	立式钻床 25mm	台班	0.010	0.020	0.030	0.030
	990718040	普通车床 630×2000mm	台班	0.028	0.040	0.050	0.061

工作内容：放样、下料、切割、组对、焊接、刷防锈漆等。 **计量单位：**个

编号				10-10-55	10-10-56	10-10-57	10-10-58
项目				介质管道公称直径（mm 以内）			
				150	200	250	300
名称			单位	消耗量			
人工	000203000	综合二类工	工日	2.488	2.837	3.214	3.430
材料	170201041	无缝钢管 $D219\times6$	m	（0.424）	—	—	—
	170201047	无缝钢管 $D273\times7$	m	—	（0.424）	—	—
	170201050	无缝钢管 $D325\times8$	m	—	—	（0.424）	—
	170201052	无缝钢管 $D377\times10$	m	—	—	—	（0.424）
	012903013	热轧中厚钢板 δ10～20	kg	35.120	43.980	53.880	83.030
	142909001	氧气	m^3	4.083	4.815	5.064	5.919
	142907002	乙炔气	kg	1.571	1.852	1.948	2.277
	031301009	低碳钢焊条 J427（综合）	kg	1.950	3.750	6.250	8.417
	130505009	酚醛防锈漆 各色	kg	0.581	0.727	0.887	1.329
	143505001	丙酮清洗剂	kg	0.172	0.215	0.263	0.392
	031101009	尼龙砂轮片 ϕ100	片	0.150	0.206	0.257	0.306
	340907006	钢丝刷子	把	0.351	0.439	0.538	0.821
	092705004	碎布	kg	0.047	0.059	0.072	0.103
	850103006	其他材料费（占材料费）	%	2.000	2.000	2.000	2.000
机械	990900010	电焊机（综合）	台班	0.733	1.090	1.298	1.557
	990727010	立式钻床 25mm	台班	0.040	0.040	0.050	0.060
	990718040	普通车床 630×2000mm	台班	0.062	0.062	0.116	0.120

工作内容：放样、下料、切割、组对、焊接、刷防锈漆等。 **计量单位：**个

编号				10-10-59	10-10-60	10-10-61	10-10-62
项目				介质管道公称直径（mm 以内）			
				350	400	450	500
名称			单位	消耗量			
人工	000203000	综合二类工	工日	3.920	4.256	4.794	5.193
材料	170201054	无缝钢管 $D426\times10$	m	（0.424）	—	—	—
	170201056	无缝钢管 $D480\times10$	m	—	（0.424）	—	—
	170201058	无缝钢管 $D530\times10$	m	—	—	（0.424）	—
	170201060	无缝钢管 $D630\times10$	m	—	—	—	（0.424）
	012903013	热轧中厚钢板 δ10～20	kg	94.860	108.560	121.560	135.630
	142909001	氧气	m^3	5.976	5.979	6.306	9.750
	142907002	乙炔气	kg	2.299	2.300	2.426	3.751
	031301009	低碳钢焊条 J427（综合）	kg	9.450	10.575	14.075	15.925
	130505009	酚醛防锈漆 各色	kg	1.517	1.749	1.932	2.175
	143505001	丙酮清洗剂	kg	0.448	0.517	0.572	0.642
	031101009	尼龙砂轮片 ϕ100	片	0.355	0.401	0.451	0.499
	340907006	钢丝刷子	把	0.937	1.075	1.200	1.342
	092705004	碎布	kg	0.118	0.137	0.149	0.170
	850103006	其他材料费（占材料费）	%	2.000	2.000	2.000	2.000
机械	990900010	电焊机（综合）	台班	1.747	1.990	2.195	2.292
	990727010	立式钻床 25mm	台班	0.070	0.070	0.080	0.090
	990718040	普通车床 630×2000mm	台班	0.161	0.182	0.218	0.220

4. 柔性防水套管安装

工作内容：配合预留孔洞及混凝土浇筑、套管就位、安装、填塞密封材料、紧螺栓等。　　　**计量单位：**个

编　　号				10-10-63	10-10-64	10-10-65	10-10-66
项　　目				介质管道公称直径（mm 以内）			
				50	80	100	125
名　　称			单位	消　耗　量			
人工	000203000	综合二类工	工日	0.282	0.326	0.349	0.358
材料	182903004	柔性防水套管	个	（1.000）	（1.000）	（1.000）	（1.000）
	340205003	橡胶密封圈 *DN*50	个	2.000	—	—	—
	340205004	橡胶密封圈 *DN*80	个	—	2.000	—	—
	340205005	橡胶密封圈 *DN*100	个	—	—	2.000	—
	340205006	橡胶密封圈 *DN*125	个	—	—	—	2.000
	140303001	机油（综合）	kg	0.010	0.040	0.040	0.070
	140113001	黄干油	kg	0.070	0.070	0.080	0.100
	133501008	密封油膏	kg	0.136	0.206	0.242	0.370
	140105002	油麻	kg	0.115	0.174	0.205	0.312
	850103006	其他材料费（占材料费）	%	2.000	2.000	2.000	2.000

工作内容：配合预留孔洞及混凝土浇筑、套管就位、安装、填塞密封材料、紧螺栓等。　　　**计量单位：**个

编　　号				10-10-67	10-10-68	10-10-69	10-10-70
项　　目				介质管道公称直径（mm 以内）			
				150	200	250	300
名　　称			单位	消　耗　量			
人工	000203000	综合二类工	工日	0.391	0.562	0.589	0.604
材料	182903004	柔性防水套管	个	（1.000）	（1.000）	（1.000）	（1.000）
	340205007	橡胶密封圈 *DN*150	个	2.000	—	—	—
	340205008	橡胶密封圈 *DN*200	个	—	2.000	—	—
	340205009	橡胶密封圈 *DN*250	个	—	—	2.000	—
	340205010	橡胶密封圈 *DN*300	个	—	—	—	2.000
	140303001	机油（综合）	kg	0.070	0.070	0.070	0.160
	140113001	黄干油	kg	0.120	0.120	0.140	0.160
	133501008	密封油膏	kg	0.400	0.559	0.781	0.917
	140105002	油麻	kg	0.338	0.472	0.659	0.774
	850103006	其他材料费（占材料费）	%	2.000	2.000	2.000	2.000

工作内容：配合预留孔洞及混凝土浇筑、套管就位、安装、填塞密封材料、紧螺栓等。 **计量单位：**个

编号				10-10-71	10-10-72	10-10-73	10-10-74
项目				介质管道公称直径（mm 以内）			
				350	400	450	500
名称			单位	消耗量			
人工	000203000	综合二类工	工日	0.659	0.707	0.824	0.867
材料	182903004	柔性防水套管	个	（1.000）	（1.000）	（1.000）	（1.000）
	340205011	橡胶密封圈 *DN*350	个	2.000	—	—	—
	340205012	橡胶密封圈 *DN*400	个	—	2.000	—	—
	340205013	橡胶密封圈 *DN*450	个	—	—	2.000	—
	340205014	橡胶密封圈 *DN*500	个	—	—	—	2.000
	140303001	机油（综合）	kg	0.160	0.160	0.160	0.210
	140113001	黄干油	kg	0.170	0.200	0.220	0.230
	133501008	密封油膏	kg	0.988	1.229	1.269	1.540
	140105002	油麻	kg	0.834	1.037	1.070	1.300
	850103006	其他材料费（占材料费）	%	2.000	2.000	2.000	2.000

5. 刚性防水套管制作

工作内容：放样、下料、切割、组对、焊接、刷防锈漆等。 **计量单位：**个

编号				10-10-75	10-10-76	10-10-77	10-10-78
项目				介质管道公称直径（mm 以内）			
				50	80	100	125
名称			单位	消耗量			
人工	000203000	综合二类工	工日	0.578	0.697	0.896	1.109
材料	170201024	无缝钢管 *D*89×4	m	（0.424）	—	—	—
	170201033	无缝钢管 *D*133×4	m	—	（0.424）	—	—
	170201036	无缝钢管 *D*159×4.5	m	—	—	（0.424）	（0.424）
	012903013	热轧中厚钢板 δ10～20	kg	3.929	4.558	5.673	7.273
	011301001	扁钢 59 以内	kg	0.900	1.050	1.250	1.400
	142909001	氧气	m^3	1.062	1.479	1.875	2.001
	142907002	乙炔气	kg	0.409	0.569	0.721	0.770
	031301009	低碳钢焊条 J427（综合）	kg	0.386	0.499	0.580	0.720
	130505009	酚醛防锈漆 各色	kg	0.047	0.059	0.064	0.080
	140301001	汽油 89#	kg	0.020	0.027	0.032	0.038
	031101009	尼龙砂轮片 ϕ100	片	0.040	0.059	0.068	0.084
	340907006	钢丝刷子	把	0.593	1.005	1.054	1.069
	092705004	碎布	kg	0.559	0.966	1.005	1.006
	850103006	其他材料费（占材料费）	%	2.000	2.000	2.000	2.000
机械	990900010	电焊机（综合）	台班	0.139	0.193	0.245	0.288
	990718040	普通车床 630×2000mm	台班	0.014	0.020	0.025	0.030

工作内容：放样、下料、切割、组对、焊接、刷防锈漆等。 **计量单位：**个

编号				10-10-79	10-10-80	10-10-81	10-10-82
项目				介质管道公称直径（mm 以内）			
				150	200	250	300
名称			单位	消耗量			
人工	000203000	综合二类工	工日	1.156	1.424	1.788	2.232
材料	170201041	无缝钢管 $D219\times6$	m	（0.424）	—	—	—
	170201047	无缝钢管 $D273\times7$	m	—	（0.424）	—	—
	170201050	无缝钢管 $D325\times8$	m	—	—	（0.424）	—
	170201052	无缝钢管 $D377\times10$	m	—	—	—	（0.424）
	012903013	热轧中厚钢板 δ10～20	kg	8.606	12.161	17.084	26.892
	011301001	扁钢 59 以内	kg	1.600	2.000	2.400	2.700
	142909001	氧气	m^3	2.040	2.406	2.532	2.958
	142907002	乙炔气	kg	0.785	0.926	0.974	1.138
	031301009	低碳钢焊条 J427（综合）	kg	0.780	1.536	2.500	3.367
	130505009	酚醛防锈漆 各色	kg	0.085	0.114	0.138	0.187
	140301001	汽油 89#	kg	0.047	0.063	0.085	0.125
	031101009	尼龙砂轮片 ϕ100	片	0.100	0.138	0.172	0.204
	340907006	钢丝刷子	把	1.459	1.832	2.204	2.626
	092705004	碎布	kg	1.384	1.727	2.056	2.393
	850103006	其他材料费（占材料费）	%	2.000	2.000	2.000	2.000
机械	990900010	电焊机（综合）	台班	0.293	0.437	0.519	0.623
	990718040	普通车床 630×2000mm	台班	0.030	0.031	0.058	0.062

工作内容：放样、下料、切割、组对、焊接、刷防锈漆等。 **计量单位：**个

编号				10-10-83	10-10-84	10-10-85	10-10-86
项目				介质管道公称直径（mm 以内）			
				350	400	450	500
名称			单位	消耗量			
人工	000203000	综合二类工	工日	2.763	3.124	3.542	3.879
材料	012903013	热轧中厚钢板 δ10～20	kg	30.104	44.391	48.756	67.906
	011301001	扁钢 59 以内	kg	3.100	3.400	3.800	4.100
	142909001	氧气	m^3	2.988	2.994	3.153	4.320
	142907002	乙炔气	kg	1.149	1.152	1.213	1.662
	031301009	低碳钢焊条 J427（综合）	kg	3.780	4.230	5.630	6.370
	130505009	酚醛防锈漆 各色	kg	0.210	0.277	0.321	0.412
	140301001	汽油 89#	kg	0.140	0.200	0.216	0.294
	031101009	尼龙砂轮片 ϕ100	片	0.237	0.268	0.300	0.333
	340907006	钢丝刷子	把	2.964	3.750	3.790	4.600
	092705004	碎布	kg	2.700	3.366	3.370	4.019
	170201054	无缝钢管 $D426\times10$	m	（0.424）	—	—	—
	170201056	无缝钢管 $D480\times10$	m	—	（0.424）	—	—
	170201058	无缝钢管 $D530\times10$	m	—	—	（0.424）	—
	170201060	无缝钢管 $D630\times10$	m	—	—	—	（0.424）
	850103006	其他材料费（占材料费）	%	2.000	2.000	2.000	2.000
机械	990900010	电焊机（综合）	台班	0.699	0.796	0.878	0.917
	990718040	普通车床 630×2000mm	台班	0.083	0.090	0.111	0.112

6. 刚性防水套管安装

工作内容：配合预留孔洞及混凝土浇筑、套管就位、安装、填塞密封材料等。 **计量单位：**个

编号				10-10-87	10-10-88	10-10-89	10-10-90
项目				介质管道公称直径（mm 以内）			
				50	80	100	125
名称			单位	消耗量			
人工	000203000	综合二类工	工日	0.465	0.484	0.516	0.589
材料	182903002	刚性防水套管	个	（1.000）	（1.000）	（1.000）	（1.000）
	133501008	密封油膏	kg	0.216	0.266	0.307	0.316
	140105002	油麻	kg	0.811	0.982	1.089	1.120
	023503022	物流无石棉绒	kg	0.388	0.469	0.520	0.535
	040100006	水泥 42.5	kg	0.905	1.095	1.214	1.249
	850103006	其他材料费（占材料费）	%	2.000	2.000	2.000	2.000

工作内容：配合预留孔洞及混凝土浇筑、套管就位、安装、填塞密封材料等。 **计量单位：**个

编号				10-10-91	10-10-92	10-10-93	10-10-94
项目				介质管道公称直径（mm 以内）			
				150	200	250	300
名称			单位	消耗量			
人工	000203000	综合二类工	工日	0.677	0.756	0.852	0.914
材料	182903002	刚性防水套管	个	（1.000）	（1.000）	（1.000）	（1.000）
	133501008	密封油膏	kg	0.505	0.559	0.652	0.730
	140105002	油麻	kg	1.816	1.870	2.166	2.256
	023503022	物流无石棉绒	kg	0.868	0.894	1.035	1.078
	040100006	水泥 42.5	kg	2.025	2.085	2.415	2.516
	850103006	其他材料费（占材料费）	%	2.000	2.000	2.000	2.000

工作内容：配合预留孔洞及混凝土浇筑、套管就位、安装、填塞密封材料等。 **计量单位：**个

编号				10-10-95	10-10-96	10-10-97	10-10-98
项目				介质管道公称直径（mm 以内）			
				350	400	450	500
名称			单位	消耗量			
人工	000203000	综合二类工	工日	1.060	1.214	1.386	1.525
材料	182903002	刚性防水套管	个	（1.000）	（1.000）	（1.000）	（1.000）
	133501008	密封油膏	kg	0.777	0.990	1.005	1.394
	140105002	油麻	kg	2.347	3.070	3.114	4.548
	023503022	物流无石棉绒	kg	1.122	1.467	1.488	2.174
	040100006	水泥 42.5	kg	2.618	3.424	3.473	5.072
	850103006	其他材料费（占材料费）	%	2.000	2.000	2.000	2.000

7. 成品防火套管安装

工作内容：就位、固定，堵洞等。　　**计量单位：**个

编　号				10-10-99	10-10-100	10-10-101
项　目				公称直径（mm 以内）		
				50	75	100
名　称			单位	消　耗　量		
人工	000203000	综合二类工	工日	0.125	0.189	0.245
材料	182904002	防火套管（成品）	个	（1.000）	（1.000）	（1.000）
	800100004	水泥砂浆 1∶2.5	m^3	0.002	0.002	0.004
	802101012	预拌混凝土 C20	m^3	0.006	0.007	0.009
	850103006	其他材料费（占材料费）	%	2.000	2.000	2.000

工作内容：就位、固定，堵洞等。　　**计量单位：**个

编　号				10-10-102	10-10-103	10-10-104
项　目				公称直径（mm 以内）		
				150	200	250
名　称			单位	消　耗　量		
人工	000203000	综合二类工	工日	0.277	0.362	0.402
材料	182904002	防火套管（成品）	个	（1.000）	（1.000）	（1.000）
	800100004	水泥砂浆 1∶2.5	m^3	0.006	0.007	0.008
	802101012	预拌混凝土 C20	m^3	0.013	0.016	0.018
	850103006	其他材料费（占材料费）	%	2.000	2.000	2.000

8. 碳钢管道保护管制作安装

工作内容：切管连接、除锈刷漆、就位固定、管端处理等。　　**计量单位：**10m

编　号				10-10-105	10-10-106	10-10-107	10-10-108
项　目				公称直径（mm 以内）			
				50	80	100	150
名　称			单位	消　耗　量			
人工	000203000	综合二类工	工日	0.678	1.022	1.232	1.641
材料	170500002	碳钢管（综合）	m	（10.300）	（10.300）	（10.300）	（10.300）
	142909001	氧气	m^3	0.069	0.096	0.120	0.252
	142907002	乙炔气	kg	0.027	0.037	0.046	0.097
	031301009	低碳钢焊条 J427（综合）	kg	0.011	0.022	0.038	0.073
	010301007	钢丝 ϕ4.0	kg	0.065	0.065	0.065	0.065
	130505009	酚醛防锈漆 各色	kg	0.440	0.685	0.879	1.228
	143505001	丙酮清洗剂	kg	0.128	0.199	0.256	0.357
	031101009	尼龙砂轮片 ϕ100	片	0.005	0.009	0.011	0.018
	031101012	尼龙砂轮片 ϕ400	片	0.028	0.041	0.047	—
	340907006	钢丝刷子	把	0.181	0.282	0.362	0.505
	031102004	铁砂布（综合）	张	0.269	0.419	0.537	0.750
	092705004	碎布	kg	0.249	0.311	0.370	0.440
	850103006	其他材料费（占材料费）	%	2.000	2.000	2.000	2.000
机械	990401020	载重汽车 5t	台班	0.001	0.002	0.003	0.004
	990401030	载重汽车 8t	台班	0.001	0.002	0.003	0.004
	990900010	电焊机（综合）	台班	0.007	0.012	0.052	0.063
	990785030	砂轮切割机 ϕ400	台班	0.007	0.008	0.024	—

工作内容：切管连接、除锈刷漆、就位固定、管端处理等。　　　　**计量单位：**10m

编号				10-10-109	10-10-110	10-10-111	10-10-112
项目				公称直径（mm 以内）			
				200	300	400	500
名称			单位	消耗量			
人工	000203000	综合二类工	工日	1.987	2.672	3.563	4.453
材料	170500002	碳钢管（综合）	m	（10.300）	（10.300）	（10.300）	（10.300）
	142909001	氧气	m^3	0.378	0.510	1.017	1.527
	142907002	乙炔气	kg	0.145	0.196	0.391	0.587
	031301009	低碳钢焊条 J427（综合）	kg	0.101	0.324	0.432	0.540
	010301007	钢丝 ϕ4.0	kg	0.065	0.065	0.087	0.108
	130505009	酚醛防锈漆 各色	kg	1.695	2.505	3.340	4.175
	143505001	丙酮清洗剂	kg	0.493	0.728	0.971	1.213
	031101009	尼龙砂轮片 ϕ100	片	0.025	0.041	0.055	0.068
	340907006	钢丝刷子	把	0.697	1.030	1.373	1.717
	031102004	铁砂布（综合）	张	1.035	1.530	2.040	2.550
	092705004	碎布	kg	0.546	0.672	0.896	1.120
	850103006	其他材料费（占材料费）	%	2.000	2.000	2.000	2.000
机械	990401020	载重汽车 5t	台班	0.006	0.076	0.101	0.127
	990401030	载重汽车 8t	台班	0.006	0.076	0.101	0.127
	990900010	电焊机（综合）	台班	0.065	0.070	0.093	0.117

9. 塑料管道保护管制作安装

工作内容：切管连接、就位固定、管端处理等。　　　　**计量单位：**10m

编号				10-10-113	10-10-114	10-10-115
项目				外径（mm 以内）		
				50	90	110
名称			单位	消耗量		
人工	000203000	综合二类工	工日	0.229	0.410	0.540
材料	172500014	塑料管 *DN*63	m	（10.300）	—	—
	172500018	塑料管 *DN*90	m	—	（10.300）	—
	172500020	塑料管 *DN*110	m	—	—	（10.300）
	031541002	锯条（综合）	根	0.131	0.209	0.313
	144135024	粘接剂	kg	0.001	0.002	0.003
	143315001	丙酮	kg	0.002	0.004	0.007
	850103006	其他材料费（占材料费）	%	2.000	2.000	2.000

工作内容：切管连接、就位固定、管端处理等。　　　　计量单位：10m

编号				10-10-116	10-10-117	10-10-118
项目				外径（mm 以内）		
				160	200	315
名称			单位	消耗量		
人工	000203000	综合二类工	工日	0.723	0.905	1.077
材料	172500022	塑料管 *DN*160	m	（10.300）	—	—
	172500024	塑料管 *DN*200	m	—	（10.300）	—
	172500028	塑料管 *DN*315	m	—	—	（10.300）
	031541002	锯条（综合）	根	0.413	0.814	2.481
	144135024	粘接剂	kg	0.003	0.005	0.006
	143315001	丙酮	kg	0.008	0.009	0.011
	850103006	其他材料费（占材料费）	%	2.000	2.000	2.000

四、管道消毒冲洗

工作内容：溶解漂白粉、灌水、消毒冲洗等。　　　　计量单位：100m

编号				10-10-119	10-10-120	10-10-121	10-10-122	10-10-123
项目				公称直径（mm 以内）				
				15	20	25	32	40
名称			单位	消耗量				
人工	000203000	综合二类工	工日	0.368	0.397	0.428	0.460	0.491
材料	341101001	水	m^3	0.098	0.178	0.286	0.503	0.660
	143193001	漂白粉（综合）	kg	0.014	0.023	0.035	0.059	0.081
	850103006	其他材料费（占材料费）	%	2.000	2.000	2.000	2.000	2.000

工作内容：溶解漂白粉、灌水、消毒冲洗等。　　　　计量单位：100m

编号				10-10-124	10-10-125	10-10-126	10-10-127	10-10-128
项目				公称直径（mm 以内）				
				50	65	80	100	125
名称			单位	消耗量				
人工	000203000	综合二类工	工日	0.520	0.613	0.645	0.680	0.734
材料	341101001	水	m^3	1.103	1.815	2.547	4.410	6.839
	143193001	漂白粉（综合）	kg	0.090	0.127	0.132	0.140	0.176
	850103006	其他材料费（占材料费）	%	2.000	2.000	2.000	2.000	2.000

工作内容：溶解漂白粉、灌水、消毒冲洗等。 计量单位：100m

编号				10-10-129	10-10-130	10-10-131	10-10-132	10-10-133
项目				公称直径（mm 以内）				
				150	200	250	300	350
名称			单位	消耗量				
人工	000203000	综合二类工	工日	0.773	0.850	0.910	0.970	1.020
材料	341101001	水	m^3	9.552	16.818	26.737	37.963	50.586
	143193001	漂白粉（综合）	kg	0.243	0.380	0.573	0.730	1.138
	850103006	其他材料费（占材料费）	%	2.000	2.000	2.000	2.000	2.000

工作内容：溶解漂白粉、灌水、消毒冲洗等。 计量单位：100m

编号				10-10-134	10-10-135	10-10-136
项目				公称直径（mm 以内）		
				400	450	500
名称			单位	消耗量		
人工	000203000	综合二类工	工日	1.070	1.152	1.210
材料	341101001	水	m^3	65.337	85.053	100.097
	143193001	漂白粉（综合）	kg	1.300	1.597	2.020
	850103006	其他材料费（占材料费）	%	2.000	2.000	2.000

五、管道水压试验

工作内容：准备工作、制堵盲板、装拆临时泵、临时管线、灌水、加压、停压检查等。 计量单位：100m

编号				10-10-137	10-10-138	10-10-139
项目				公称直径（mm 以内）		
				15	20	25
名称			单位	消耗量		
人工	000203000	综合二类工	工日	1.491	1.610	1.736
材料	341101001	水	m^3	0.024	0.043	0.069
	012903010	热轧中厚钢板 δ8～15	kg	0.295	0.318	0.343
	170101003	焊接钢管 *DN*20	m	0.130	0.139	0.147
	031301009	低碳钢焊条 J427（综合）	kg	0.016	0.017	0.018
	142909001	氧气	m^3	0.036	0.039	0.042
	142907002	乙炔气	kg	0.014	0.015	0.016
	020101002	橡胶板 δ1～3	kg	0.072	0.078	0.084
	190003004	螺纹阀门 *DN*20	个	0.040	0.042	0.044
	172707010	橡胶软管 *DN*20	m	0.061	0.064	0.067
	860113019	弹簧压力表 Y-100 0～1.6MPa	块	0.020	0.021	0.022
	860113022	压力表表弯 *DN*15	个	0.020	0.021	0.022
	850103006	其他材料费（占材料费）	%	2.000	2.000	2.000
机械	990900010	电焊机（综合）	台班	0.012	0.012	0.013
	990813010	试压泵 3MPa	台班	0.012	0.013	0.014
	990801020	电动单级离心清水泵 100mm	台班	0.003	0.003	0.004

工作内容：准备工作、制堵盲板、装拆临时泵、临时管线、灌水、加压、停压检查等。　　**计量单位：**100m

编　号				10-10-140	10-10-141	10-10-142
项　目				公称直径（mm 以内）		
				32	40	50
名　称			单位	消　耗　量		
人工	000203000	综合二类工	工日	1.862	1.988	2.107
材料	341101001	水	m^3	0.121	0.158	0.265
	012903010	热轧中厚钢板 δ8～15	kg	0.368	0.393	0.417
	170101003	焊接钢管 *DN*20	m	0.156	0.163	0.174
	031301009	低碳钢焊条 J427（综合）	kg	0.020	0.021	0.022
	142909001	氧气	m^3	0.045	0.048	0.051
	142907002	乙炔气	kg	0.017	0.018	0.020
	020101002	橡胶板 δ1～3	kg	0.090	0.096	0.102
	190003004	螺纹阀门 *DN*20	个	0.046	0.048	0.050
	172707010	橡胶软管 *DN*20	m	0.070	0.073	0.076
	860113019	弹簧压力表 Y-100 0～1.6MPa	块	0.023	0.024	0.025
	860113022	压力表表弯 *DN*15	个	0.023	0.024	0.025
	850103006	其他材料费（占材料费）	%	2.000	2.000	2.000
机械	990900010	电焊机（综合）	台班	0.014	0.015	0.015
	990813010	试压泵 3MPa	台班	0.015	0.016	0.018
	990801020	电动单级离心清水泵 100mm	台班	0.004	0.004	0.005

工作内容：准备工作、制堵盲板、装拆临时泵、临时管线、灌水、加压、停压检查等。　　**计量单位：**100m

编　号				10-10-143	10-10-144	10-10-145
项　目				公称直径（mm 以内）		
				65	80	100
名　称			单位	消　耗　量		
人工	000203000	综合二类工	工日	2.233	2.352	2.478
材料	341101001	水	m^3	0.436	0.611	1.058
	012903010	热轧中厚钢板 δ8～15	kg	0.442	0.465	0.490
	170101003	焊接钢管 *DN*20	m	0.185	0.203	0.210
	031301009	低碳钢焊条 J427（综合）	kg	0.024	0.025	0.026
	142909001	氧气	m^3	0.054	0.057	0.060
	142907002	乙炔气	kg	0.021	0.022	0.023
	020101002	橡胶板 δ1～3	kg	0.108	0.114	0.120
	190003004	螺纹阀门 *DN*20	个	0.052	0.055	0.057
	172707010	橡胶软管 *DN*20	m	0.080	0.084	0.087
	860113019	弹簧压力表 Y-100 0～1.6MPa	块	0.026	0.027	0.029
	860113022	压力表表弯 *DN*15	个	0.026	0.027	0.029
	850103006	其他材料费（占材料费）	%	2.000	2.000	2.000
机械	990900010	电焊机（综合）	台班	0.016	0.017	0.017
	990813010	试压泵 3MPa	台班	0.019	0.021	0.023
	990801020	电动单级离心清水泵 100mm	台班	0.006	0.008	0.010

工作内容： 准备工作、制堵盲板、装拆临时泵、临时管线、灌水、加压、停压检查等。 **计量单位：** 100m

编号				10-10-146	10-10-147	10-10-148
项目				公称直径（mm 以内）		
				125	150	200
名称			单位	消耗量		
人工	000203000	综合二类工	工日	2.618	2.758	3.031
材料	341101001	水	m^3	1.641	2.292	4.036
	012903010	热轧中厚钢板 δ8～15	kg	0.727	1.103	1.476
	170101003	焊接钢管 *DN*20	m	0.218	0.228	0.239
	031301009	低碳钢焊条 J427（综合）	kg	0.028	0.030	0.032
	142909001	氧气	m^3	0.063	0.069	0.075
	142907002	乙炔气	kg	0.024	0.027	0.029
	020101002	橡胶板 δ1～3	kg	0.140	0.160	0.180
	190003004	螺纹阀门 *DN*20	个	0.060	0.063	0.066
	172707010	橡胶软管 *DN*20	m	0.091	0.096	0.100
	860113019	弹簧压力表 Y-100 0～1.6MPa	块	0.030	0.031	0.033
	860113022	压力表表弯 *DN*15	个	0.030	0.031	0.033
	850103006	其他材料费（占材料费）	%	2.000	2.000	2.000
机械	990900010	电焊机（综合）	台班	0.018	0.018	0.019
	990813010	试压泵 3MPa	台班	0.025	0.028	0.032
	990801020	电动单级离心清水泵 100mm	台班	0.016	0.025	0.034

工作内容： 准备工作、制堵盲板、装拆临时泵、临时管线、灌水、加压、停压检查等。 **计量单位：** 100m

编号				10-10-149	10-10-150	10-10-151
项目				公称直径（mm 以内）		
				250	300	350
名称			单位	消耗量		
人工	000203000	综合二类工	工日	3.570	4.095	4.494
材料	341101001	水	m^3	6.417	9.111	12.141
	012903010	热轧中厚钢板 δ8～15	kg	2.306	3.328	3.796
	170101003	焊接钢管 *DN*20	m	0.250	0.261	0.272
	031301009	低碳钢焊条 J427（综合）	kg	0.035	0.037	0.040
	142909001	氧气	m^3	0.084	0.090	0.108
	142907002	乙炔气	kg	0.032	0.035	0.042
	020101002	橡胶板 δ1～3	kg	0.210	0.240	0.330
	190003004	螺纹阀门 *DN*20	个	0.069	0.072	0.075
	172707010	橡胶软管 *DN*20	m	0.105	0.109	0.114
	860113019	弹簧压力表 Y-100 0～1.6MPa	块	0.034	0.036	0.038
	860113022	压力表表弯 *DN*15	个	0.034	0.036	0.038
	850103006	其他材料费（占材料费）	%	2.000	2.000	2.000
机械	990900010	电焊机（综合）	台班	0.019	0.019	0.020
	990813010	试压泵 3MPa	台班	0.036	0.040	0.048
	990801020	电动单级离心清水泵 100mm	台班	0.047	0.060	0.070

工作内容：准备工作、制堵盲板、装拆临时泵、临时管线、灌水、加压、停压检查等。　　**计量单位**：100m

编号				10-10-152	10-10-153	10-10-154
项目				公称直径（mm 以内）		
				400	450	500
名称			单位	消耗量		
人工	000203000	综合二类工	工日	4.879	4.944	5.368
材料	341101001	水	m^3	15.681	19.933	24.023
	012903010	热轧中厚钢板 δ8～15	kg	4.264	4.403	4.946
	170101003	焊接钢管 *DN*20	m	0.282	0.289	0.297
	031301009	低碳钢焊条 J427（综合）	kg	0.042	0.044	0.047
	142909001	氧气	m^3	0.120	0.138	0.156
	142907002	乙炔气	kg	0.046	0.053	0.060
	020101002	橡胶板 δ1～3	kg	0.420	0.508	0.535
	190003004	螺纹阀门 *DN*20	个	0.080	0.080	0.085
	172707010	橡胶软管 *DN*20	m	0.120	0.123	0.126
	860113019	弹簧压力表 Y-100 0～1.6MPa	块	0.040	0.040	0.043
	860113022	压力表表弯 *DN*15	个	0.040	0.040	0.043
	850103006	其他材料费（占材料费）	%	2.000	2.000	2.000
机械	990900010	电焊机（综合）	台班	0.020	0.020	0.021
	990813010	试压泵 3MPa	台班	0.060	0.063	0.075
	990801020	电动单级离心清水泵 100mm	台班	0.080	0.087	0.091

六、阻火圈、防水接漏器（止水节）安装

1. 阻　火　圈

工作内容：就位、固定等。　　**计量单位**：个

编号				10-10-155	10-10-156	10-10-157	10-10-158	10-10-159
项目				公称直径（mm 以内）				
				75	100	150	200	250
名称			单位	消耗量				
人工	000203000	综合二类工	工日	0.090	0.100	0.120	0.150	0.200
材料	155901002	阻火圈	个	（1.000）	（1.000）	（1.000）	（1.000）	（1.000）
	850103006	其他材料费（占材料费）	%	2.000	2.000	2.000	2.000	2.000

2. 防水接漏器（止水节）

工作内容：检查、定位、安装等。 **计量单位：**个

编号				10-10-160	10-10-161	10-10-162
项目				公称直径（mm 以内）		
				50	75	100
名称			单位	消耗量		
人工	000203000	综合二类工	工日	0.089	0.098	0.110
材料	133707001	止水节	个	（1.000）	（1.000）	（1.000）
	031501007	圆钉	kg	0.007	0.007	0.007
	144303001	胶带	卷	0.053	0.061	0.093
	031101009	尼龙砂轮片 ϕ100	片	0.010	0.010	0.010
	850103006	其他材料费（占材料费）	%	2.000	2.000	2.000

七、其　他

1. 成品表箱安装

工作内容：就位、固定等。 **计量单位：**个

编号				10-10-163	10-10-164	10-10-165
项目				半周长（mm）		
				500	1000	1000 以上
名称			单位	消耗量		
人工	000203000	综合二类工	工日	0.390	0.500	0.830
材料	860116005	计量表箱	台	（1.000）	（1.000）	（1.000）
	010901008	圆钢 ϕ10～14	kg	0.316	0.316	0.316
	142909001	氧气	m^3	0.045	0.048	0.075
	142907002	乙炔气	kg	0.017	0.021	0.029
	031301009	低碳钢焊条 J427（综合）	kg	0.015	0.022	0.036
	040100006	水泥 42.5	kg	1.231	1.893	3.400
	040300004	砂子	kg	3.692	5.680	10.200
	850103006	其他材料费（占材料费）	%	2.000	2.000	2.000
机械	990900010	电焊机（综合）	台班	0.006	0.009	0.014

2. 剔堵、预留槽、沟

（1）砖结构剔堵槽、沟

工作内容： 划线、剔槽、堵抹、调运砂浆、清理等。　　**计量单位：** 10m

编　　号				10-10-166	10-10-167
项　　目				宽 mm × 深 mm	
				40 × 40	70 × 40
名　　称			单位	消　耗　量	
人工	000203000	综合二类工	工日	0.320	0.400
材料	800100004	水泥砂浆　1：2.5	m^3	0.010	0.010
	800100006	水泥砂浆　1：3	m^3	0.030	0.040
	341101001	水	m^3	0.028	0.035
	031527007	合金钢切割片 ϕ300	片	0.370	0.370
	850103006	其他材料费（占材料费）	%	2.000	2.000

（2）混凝土结构剔堵槽、沟

工作内容： 划线、剔槽、堵抹、调运砂浆、清理等。　　**计量单位：** 10m

编　　号				10-10-168	10-10-169
项　　目				宽 mm × 深 mm	
				40 × 40	70 × 40
名　　称			单位	消　耗　量	
人工	000203000	综合二类工	工日	0.920	1.200
材料	800100004	水泥砂浆　1：2.5	m^3	0.010	0.010
	800100006	水泥砂浆　1：3	m^3	0.030	0.040
	341101001	水	m^3	0.028	0.035
	031527007	合金钢切割片 ϕ300	片	0.550	0.550
	850103006	其他材料费（占材料费）	%	2.000	2.000

（3）预留槽、沟

工作内容： 制作模具、定位、固定、配合浇筑、拆模、清理、堵抹、调匀砂浆、清理等。　　**计量单位：** 10m

编　　号				10-10-170	10-10-171
项　　目				宽 mm × 深 mm	
				40 × 40	70 × 40
名　　称			单位	消　耗　量	
人工	000203000	综合二类工	工日	0.238	0.260
材料	800100004	水泥砂浆　1：2.5	m^3	0.050	0.070
	800100006	水泥砂浆　1：3	m^3	0.024	0.039
	341101001	水	m^3	0.025	0.030
	151301003	聚苯乙烯泡沫板（综合）	m^3	0.013	0.022
	144303020	塑料粘胶带 20mm × 50m	卷	0.162	0.216
	031507011	镀锌铁丝 ϕ1.2～1.6	kg	0.279	0.279
	850103006	其他材料费（占材料费）	%	2.000	2.000

3. 机 械 钻 孔

（1）混凝土楼板钻孔

工作内容：定位、划线、固定设备、钻孔、检查、整理、清场等。 **计量单位：**10 个

编 号				10-10-172	10-10-173	10-10-174	10-10-175	10-10-176
项 目				钻孔直径（mm 以内）				
				63	83	108	132	200
名 称			单位	消 耗 量				
人工	000203000	综合二类工	工日	1.377	1.926	2.520	2.898	3.510
材料	341101001	水	m^3	0.060	0.060	0.060	0.070	0.080
	140303004	机油 15#	kg	0.120	0.120	0.120	0.120	0.120
	850103006	其他材料费（占材料费）	%	2.000	2.000	2.000	2.000	2.000

（2）混凝土墙体钻孔

工作内容：定位、划线、固定设备、钻孔、检查、整理、清场等。 **计量单位：**10 个

编 号				10-10-177	10-10-178	10-10-179	10-10-180	10-10-181
项 目				钻孔直径（mm 以内）				
				63	83	108	132	200
名 称			单位	消 耗 量				
人工	000203000	综合二类工	工日	2.110	2.860	3.420	4.140	4.780
材料	341101001	水	m^3	0.100	0.100	0.100	0.120	0.140
	140303004	机油 15#	kg	0.200	0.200	0.200	0.200	0.200
	850103006	其他材料费（占材料费）	%	2.000	2.000	2.000	2.000	2.000

4. 预 留 孔 洞

工作内容：制作模具、定位、固定、配合浇筑、拆模、清理等。 **计量单位：**10 个

编 号				10-10-182	10-10-183	10-10-184
项 目				混凝土楼板		
				孔洞直径（mm 以内）		
				50	65	80
名 称			单位	消 耗 量		
人工	000203000	综合二类工	工日	0.430	0.510	0.550
材料	170100017	焊接钢管（综合）	kg	1.221	1.792	1.800
	010901008	圆钢 ϕ10～14	kg	0.942	1.000	1.030
	142909001	氧气	m^3	0.108	0.153	0.192
	142907002	乙炔气	kg	0.042	0.059	0.074
	031301009	低碳钢焊条 J427（综合）	kg	0.020	0.028	0.028
	143531001	隔离剂	kg	0.070	0.141	0.141
	850103006	其他材料费（占材料费）	%	2.000	2.000	2.000
机械	990900010	电焊机（综合）	台班	0.008	0.011	0.012

工作内容： 制作模具、定位、固定、配合浇筑、折模、清理等。　　　　**计量单位：** 10 个

编　号				10-10-185	10-10-186	10-10-187
项　目				混凝土楼板		
				孔洞直径（mm 以内）		
				100	125	150
名　称			单位	消　耗　量		
人工	000203000	综合二类工	工日	0.590	0.630	0.670
材料	170100017	焊接钢管（综合）	kg	2.432	2.884	5.267
	010901008	圆钢 ϕ10～14	kg	1.130	1.160	1.256
	142909001	氧气	m^3	0.759	0.984	1.293
	142907002	乙炔气	kg	0.292	0.379	0.497
	031301009	低碳钢焊条 J427（综合）	kg	0.034	0.038	0.058
	143531001	隔离剂	kg	0.170	0.188	0.294
	850103006	其他材料费（占材料费）	%	2.000	2.000	2.000
机械	990900010	电焊机（综合）	台班	0.014	0.015	0.022

工作内容： 制作模具、定位、固定、配合浇筑、折模、清理等。　　　　**计量单位：** 10 个

编　号				10-10-188	10-10-189	10-10-190	10-10-191	10-10-192
项　目				混凝土楼板				
				孔洞直径（mm 以内）				
				200	250	300	350	400
名　称			单位	消　耗　量				
人工	000203000	综合二类工	工日	0.720	0.780	0.840	0.924	1.008
材料	143531001	隔离剂	kg	0.353	0.396	0.400	0.440	0.480
	170100017	焊接钢管（综合）	kg	8.338	9.706	10.995	15.454	17.427
	010901008	圆钢 ϕ10～14	kg	1.896	1.896	1.896	1.896	2.844
	142909001	氧气	m^3	1.653	1.716	1.944	2.475	3.291
	142907002	乙炔气	kg	0.636	0.660	0.748	0.952	1.266
	031301009	低碳钢焊条 J427（综合）	kg	0.059	0.069	0.070	0.077	0.084
	850103006	其他材料费（占材料费）	%	2.000	2.000	2.000	2.000	2.000
机械	990900010	电焊机（综合）	台班	0.023	0.027	0.027	0.030	0.032

工作内容：制作模具、定位、固定、配合浇筑、拆模、清理等。 计量单位：10 个

编号				10-10-193	10-10-194	10-10-195
项目				混凝土墙体		
				孔洞直径（mm 以内）		
				50	65	80
名称			单位	消耗量		
人工	000203000	综合二类工	工日	0.550	0.650	0.700
材料	350101001	木模板	m^3	0.014	0.018	0.020
	031501007	圆钉	kg	0.300	0.565	0.656
	143531001	隔离剂	kg	0.070	0.141	0.153
	850103006	其他材料费（占材料费）	%	2.000	2.000	2.000

工作内容：制作模具、定位、固定、配合浇筑、拆模、清理等。 计量单位：10 个

编号				10-10-196	10-10-197	10-10-198
项目				混凝土墙体		
				孔洞直径（mm 以内）		
				100	125	150
名称			单位	消耗量		
人工	000203000	综合二类工	工日	0.750	0.800	0.860
材料	350101001	木模板	m^3	0.022	0.024	0.037
	031501007	圆钉	kg	0.678	0.754	1.427
	143531001	隔离剂	kg	0.170	0.188	0.294
	850103006	其他材料费（占材料费）	%	2.000	2.000	2.000

工作内容：制作模具、定位、固定、配合浇筑、拆模、清理等。 计量单位：10 个

编号				10-10-199	10-10-200	10-10-201	10-10-202	10-10-203
项目				混凝土墙体				
				孔洞直径（mm 以内）				
				200	250	300	350	400
名称			单位	消耗量				
人工	000203000	综合二类工	工日	0.930	0.990	1.070	1.177	1.284
材料	350101001	木模板	m^3	0.038	0.054	0.056	0.059	0.065
	031501007	圆钉	kg	1.448	1.832	1.850	2.035	2.220
	143531001	隔离剂	kg	0.353	0.436	0.440	0.484	0.528
	850103006	其他材料费（占材料费）	%	2.000	2.000	2.000	2.000	2.000

5. 堵　　洞

工作内容：制作模具、清理、调制、填塞砂浆、找平、养护等。　　　　**计量单位：**10 个

编　号				10-10-204	10-10-205	10-10-206
项　目				孔洞直径（mm 以内）		
				50	65	80
名　称			单位	消　耗　量		
人工	000203000	综合二类工	工日	0.250	0.271	0.310
材料	031507031	镀锌铁丝 ϕ4.0	kg	0.001	0.001	0.001
	800100004	水泥砂浆 1：2.5	m^3	0.005	0.006	0.007
	802101012	预拌混凝土 C20	m^3	0.010	0.014	0.016
	350101001	木模板	m^3	0.040	0.054	0.062
	341101001	水	m^3	0.009	0.012	0.014
	850103006	其他材料费（占材料费）	%	2.000	2.000	2.000

工作内容：制作模具、清理、调制、填塞砂浆、找平、养护等。　　　　**计量单位：**10 个

编　号				10-10-207	10-10-208	10-10-209
项　目				孔洞直径（mm 以内）		
				100	125	150
名　称			单位	消　耗　量		
人工	000203000	综合二类工	工日	0.358	0.376	0.451
材料	031507031	镀锌铁丝 ϕ4.0	kg	0.001	0.001	0.002
	800100004	水泥砂浆 1：2.5	m^3	0.008	0.008	0.015
	802101012	预拌混凝土 C20	m^3	0.019	0.020	0.034
	350101001	木模板	m^3	0.072	0.076	0.131
	341101001	水	m^3	0.016	0.017	0.029
	850103006	其他材料费（占材料费）	%	2.000	2.000	2.000

工作内容：制作模具、清理、调制、填塞砂浆、找平、养护等。　　　　**计量单位：**10 个

编　号				10-10-210	10-10-211	10-10-212	10-10-213	10-10-214
项　目				孔洞直径（mm 以内）				
				200	250	300	350	400
名　称			单位	消　耗　量				
人工	000203000	综合二类工	工日	0.575	0.685	0.803	0.913	1.064
材料	031507031	镀锌铁丝 ϕ4.0	kg	0.002	0.002	0.003	0.003	0.003
	800100004	水泥砂浆 1：2.5	m^3	0.017	0.020	0.022	0.025	0.028
	802101012	预拌混凝土 C20	m^3	0.040	0.046	0.052	0.058	0.065
	350101001	木模板	m^3	0.156	0.178	0.202	0.224	0.254
	341101001	水	m^3	0.035	0.040	0.045	0.050	0.057
	850103006	其他材料费（占材料费）	%	2.000	2.000	2.000	2.000	2.000

附　　录

一、主要材料损耗率表

序号	名称	损耗率（%）	序号	名称	损耗率（%）
1	室外各类管道	3	32	锁紧螺母	6
2	室内碳钢管（雨水管除外）、不锈钢管、铜管	3.6	33	脸盆架、存水弯	1
3	室内塑料管（除排水管、雨水管外）、复合管	3.6	34	小便槽冲洗管	2
4	室内铸铁管（雨水管除外）	4	35	冲洗管配件	1
5	室内塑料排水管	4	36	水箱进水嘴	1
6	室内雨水管（碳钢、铸铁、塑料）	3	37	胶皮碗	5
7	塑料管（用于套管）	6	38	锯条	5
8	钢管（用于套管）	6	39	氧气	10
9	各类管道管件	1	40	乙炔气	10
10	铸铁散热器	1	41	铅油	2.5
11	卫生器具（搪瓷、陶瓷）	1	42	清油	2
12	卫生器具配件	1	43	机油	3
13	螺纹阀门	1	44	粘接剂	4
14	燃气表接头	1	45	橡胶石棉板	15
15	燃气气嘴	1	46	橡胶板	15
16	法兰压盖	1	47	组合聚醚	20
17	支撑圈	1	48	异氰酸酯	20
18	橡胶圈	1	49	丙酮	4.76
19	示踪线	5	50	氟丁腈橡胶垫	3
20	警示带	5	51	石棉绳	4
21	医疗设备带	1	52	石棉绒	4
22	型钢	5	53	铜丝	1
23	成品管卡	5	54	焦炭	5
24	散热器卡子及托钩	5	55	木柴	5
25	散热器对丝、补芯、丝堵	4	56	青铅	8
26	散热器胶垫	10	57	油麻	5
27	反射膜	3	58	线麻	5
28	铁丝网	5	59	漂白粉	5
29	带帽螺栓、膨胀螺栓	3	60	油灰	4
30	木螺钉、塑料胀塞	4	61	镀锌铁丝	1
31	地脚螺栓	5			

二、塑料管、铜管公称直径与外径对照表

公称直径DN（mm）	外径DN（mm）	
	塑料管	铜管
15	20	15（18）
20	25	22
25	32	28
32	40	35
40	50	42
50	63	54
65	75	67（76）
80	90	89
100	110	108
125	125（140）	
150	160	
200	200	
250	250	
300	315	
400	400	

三、管道管件数量取定表

1. 给排水管道

（1）给水室外镀锌钢管（螺纹连接）管件

计量单位：个/10m

材料名称	公称直径（mm）										
	15	20	25	32	40	50	65	80	100	125	150
三通		0.14	0.14	0.20	0.20	0.18	0.18	0.14	0.14	0.14	0.14
弯头	1.35	1.35	1.30	0.75	0.75	0.75	0.75	0.72	0.70	0.70	0.70
管箍	1.45	1.43	1.35	1.15	1.13	1.08	1.06	1.03	0.95	0.95	0.95
异径管		0.04	0.04	0.04	0.04	0.04	0.04	0.03	0.03	0.03	0.03
合计	2.80	2.96	2.83	2.14	2.12	2.05	2.03	1.92	1.82	1.82	1.82

（2）给水室内镀锌钢管（螺纹连接）管件

计量单位：个/10m

材料名称	公称直径（mm）										
	15	20	25	32	40	50	65	80	100	125	150
三通	0.69	4.45	3.73	3.02	2.55	1.86	1.48	1.36	1.35	0.97	0.93
四通			0.21	0.11	0.07	0.02	0.03	0.03	0.03	0.04	0.04
弯头	11.65	5.12	4.65	4.34	2.98	2.91	2.24	1.83	1.46	1.18	1.15
管箍	1.07	1.09	1.02	1.03	1.28	1.15	1.26	1.24	1.16	1.12	1.08
异径管		0.50	1.14	0.87	0.64	0.39	0.25	0.17	0.15	0.21	0.21
对丝	1.08	0.94	0.65	0.46	0.34	0.28					
合计	14.49	12.1	11.4	9.83	7.86	6.61	5.26	4.63	4.15	3.52	3.41

（3）给水室外钢管（焊接）管件

计量单位：个/10m

材料名称	公称直径（mm）														
	32	40	50	65	80	100	125	150	200	250	300	350	400	450	500
成品弯头	0.27	0.26	0.38	0.38	0.32	0.32	0.61	0.61	0.61	0.57	0.57	0.57	0.52	0.52	0.52
成品异径管	0.02	0.02	0.03	0.03	0.03	0.03	0.06	0.06	0.06	0.06	0.06	0.06	0.06	0.06	0.06
成品管件合计	0.29	0.28	0.41	0.41	0.35	0.35	0.67	0.67	0.67	0.63	0.63	0.63	0.58	0.58	0.58
煨制弯头	0.55	0.52	0.38	0.38	0.32	0.32									
挖眼三通	0.22	0.22	0.21	0.21	0.21	0.20	0.20	0.19	0.19	0.19	0.18	0.18	0.17	0.16	0.16
制作异径管	0.05	0.05	0.03	0.03	0.03	0.03									
制作管件合计	0.82	0.79	0.62	0.62	0.56	0.55	0.20	0.19	0.19	0.19	0.18	0.18	0.17	0.16	0.16

（4）给水室内钢管（焊接）管件

计量单位：个/10m

材料名称	公称直径（mm）												
	32	40	50	65	80	100	125	150	200	250	300	350	400
成品弯头	0.62	0.62	1.23	0.88	0.85	0.83	1.22	0.96	0.88	0.85	0.85	0.84	0.84
成品异径管	0.43	0.45	0.33	0.29	0.26	0.19	0.19	0.16	0.15	0.15	0.15	0.13	0.13
成品管件合计	1.05	1.07	1.56	1.17	1.11	1.02	1.41	1.12	1.03	1.00	1.00	0.97	0.97
煨制弯头	1.23	1.25	1.23	0.88	0.85	0.83							
挖眼三通	1.91	1.86	1.85	1.92	1.92	1.56	1.00	0.76	0.64	0.63	0.62	0.62	0.62
制作异径管	0.85	0.89	0.33	0.29	0.26	0.19							
制作管件合计	3.99	4.00	3.41	3.09	3.03	2.58	1.00	0.76	0.64	0.63	0.62	0.62	0.62

（5）给水室内钢管（沟槽连接）管件

计量单位：个/10m

材料名称	公称直径（mm）									
	65	80	100	125	150	200	250	300	350	400
沟槽三通	1.28	1.28	1.04	0.62	0.38	0.36	0.36	0.36	0.36	0.36
机械三通	0.64	0.64	0.52	0.31	0.19	0.18	0.18	0.18	0.18	0.18
弯头	1.76	1.70	1.66	1.22	1.06	0.88	0.82	0.82	0.82	0.82
异径管	0.58	0.52	0.38	0.25	0.25	0.25	0.25	0.25	0.25	0.25
合计	4.26	4.14	3.60	2.40	1.88	1.67	1.61	1.61	1.61	1.61

（6）雨水室内钢管（焊接）管件

计量单位：个/10m

材料名称	公称直径（mm）						
	80	100	125	150	200	250	300
成品弯头	0.49	0.49	0.85	1.33	0.89	0.89	0.89
成品异径管		0.21	0.21	0.21	0.11	0.11	0.11
立检口	0.25	0.25	0.32	0.51	0.23	0.23	0.23
成品管件合计	0.74	0.95	1.38	2.05	1.23	1.23	1.23
煨制弯头	0.49	0.49					
挖眼三通		0.16	0.68	0.60	1.38	1.30	1.30
制作管件合计	0.49	0.65	0.68	0.60	1.38	1.30	1.30

（7）雨水室内钢管（沟槽连接）管件

计量单位：个/10m

材料名称	公称直径（mm）						
	80	100	125	150	200	250	300
沟槽三通		0.11	0.46	0.40	0.92	0.87	0.87
机械三通		0.05	0.22	0.20	0.46	0.43	0.43
弯头	0.98	0.98	0.85	1.33	0.89	0.89	0.89
异径管		0.21	0.21	0.21	0.11	0.11	0.11
立检口	0.25	0.25	0.32	0.51	0.23	0.23	0.23
合计	1.23	1.60	2.06	2.65	2.61	2.53	2.53

（8）给水室内薄壁不锈钢管（卡压、卡套、承插氩弧焊）管件

计量单位：个/10m

材料名称	公称直径（mm）								
	15	20	25	32	40	50	65	80	100
三通	0.69	4.45	3.73	3.02	2.55	1.86	1.48	1.36	1.35
四通			0.21	0.11	0.07	0.02	0.03	0.03	0.03
弯头	11.65	5.12	4.65	4.34	2.98	2.91	2.24	1.83	1.46
等径直通	1.07	1.09	1.02	1.03	1.28	1.15	1.26	1.24	1.16
异径直通		0.50	1.14	0.87	0.64	0.39	0.25	0.17	0.15
合计	13.41	11.16	10.75	9.37	7.52	6.33	5.26	4.63	4.15

（9）给水室内铜管（卡压、钎焊）管件

计量单位：个/10m

材料名称	外径（mm）								
	15（18）	22	28	35	42	54	67（76）	89	108
三通	0.69	4.45	3.73	3.02	2.55	1.86	1.48	1.36	1.35
四通			0.21	0.11	0.07	0.02	0.03	0.03	0.03
弯头	11.65	5.12	4.65	4.34	2.98	2.91	2.24	1.83	1.46
管箍	1.07	1.09	1.02	1.03	1.28	1.15	1.26	1.24	1.16
异径直通		0.50	1.14	0.87	0.64	0.39	0.25	0.17	0.15
合计	13.41	11.16	10.75	9.37	7.52	6.33	5.26	4.63	4.15

（10）给水室内铜管（氧乙炔焊）管件

计量单位：个/10m

材料名称	外径（mm）								
	15（18）	22	28	35	42	54	67（76）	89	108
三通	0.69	4.45	3.73	3.02	2.55	1.86	1.48	1.36	1.35
四通			0.21	0.11	0.07	0.02	0.03	0.03	0.03
弯头	11.65	5.12	4.65	4.34	2.98	2.91	2.24	1.83	1.46
异径直通		0.50	1.14	0.87	0.64	0.39	0.25	0.17	0.15
合计	12.34	10.07	9.73	8.34	6.24	5.18	4.00	3.39	2.99

（11）室外铸铁给水管（胶圈接口）管件

计量单位：个/10m

材料名称	公称直径（mm）									
	75	100	150	200	250	300	350	400	450	500
三通	0.32	0.32	0.30	0.30	0.30	0.29	0.28	0.28	0.28	0.27
弯头	0.44	0.44	0.42	0.40	0.36	0.34	0.32	0.30	0.28	0.28
接轮	0.20	0.20	0.18	0.18	0.16	0.16	0.14	0.14	0.12	0.12
异径管	0.11	0.11	0.11	0.10	0.10	0.09	0.09	0.09	0.09	0.09
合计	1.07	1.07	1.01	0.98	0.92	0.88	0.83	0.81	0.77	0.76

（12）室内铸铁排水管（机械接口）管件

计量单位：个/10m

材料名称	公称直径（mm）					
	50	75	100	150	200	250
三通	1.09	2.85	4.27	2.36	2.04	0.5
四通		0.13	0.24	0.17	0.05	0.02
弯头	5.28	1.52	3.93	1.27	1.71	1.60
异径管		0.16	0.30	0.34	0.22	0.18
接轮（套袖）	0.07	0.16	0.13	0.11	0.08	0.05
立检口	0.20	1.96	0.77	0.21	0.09	
合计	6.64	6.78	9.64	4.46	4.19	2.35

（13）室内无承口柔性铸铁排水管（卡箍连接）管件

计量单位：个/10m

材料名称	公称直径（mm）					
	50	75	100	150	200	250
三通	1.09	2.85	4.27	2.36	2.04	0.50
四通		0.13	0.24	0.17	0.05	0.02
弯头	5.28	1.52	3.93	1.27	1.71	1.60
异径管		0.16	0.30	0.34	0.22	0.18
立检口	0.20	1.96	0.77	0.21	0.09	
合计	6.57	6.62	9.51	4.35	4.11	2.30

（14）室内铸铁雨水管（机械接口）管件

计量单位：个/10m

材料名称	公称直径（mm）					
	75	100	150	200	250	300
三通		0.16	0.60	1.38	1.30	1.30
弯头	0.97	0.97	1.33	0.89	0.89	0.89
检查口	0.25	0.25	0.51	0.23	0.23	0.23
异径管		0.21	0.21	0.11	0.11	0.11
接轮（套袖）	0.08	0.08	0.08	0.08	0.08	0.08
合计	1.30	1.67	2.73	2.69	2.61	2.61

（15）室外塑料给水管（热熔）管件

计量单位：个/10m

材料名称	外径（mm）											
	32	40	50	63	75	90	110	125	160	200	250	315
三通		0.20	0.20	0.18	0.18	0.16	0.16	0.15	0.14	0.13	0.12	0.12
弯头	1.05	0.85	0.75	0.71	0.71	0.68	0.68	0.59	0.59	0.55	0.55	0.55
直接头	1.73	1.77	1.77	1.80	1.80	1.80	1.80					
异径直接		0.09	0.09	0.08	0.08	0.07	0.07	0.07	0.06	0.06	0.05	0.05
转换件	0.05	0.05	0.05	0.04	0.04	0.02	0.02					
合计	2.83	2.96	2.86	2.81	2.81	2.73	2.73	0.81	0.79	0.74	0.72	0.72

（16）室外塑料给水管（电熔、粘接）管件

计量单位：个/10m

材料名称	外径（mm）											
	32	40	50	63	75	90	110	125	160	200	250	315
三通		0.20	0.20	0.18	0.18	0.16	0.16	0.15	0.14	0.13	0.12	0.12
弯头	1.05	0.85	0.75	0.71	0.71	0.68	0.68	0.59	0.59	0.55	0.55	0.55
直接头	1.73	1.77	1.77	1.80	1.80	1.80	1.80	1.05	0.95	0.97	0.97	0.97
异径直接		0.09	0.09	0.08	0.08	0.07	0.07	0.07	0.06	0.06	0.05	0.05
转换件	0.05	0.05	0.05	0.04	0.04	0.02	0.02					
合计	2.83	2.96	2.86	2.81	2.81	2.73	2.73	1.86	1.74	1.71	1.69	1.69

（17）室内塑料给水管（热熔）管件

计量单位：个/10m

材料名称	外径（mm）										
	20	25	32	40	50	63	75	90	110	125	160
三通	0.69	4.45	3.73	3.02	2.55	2.32	1.96	0.96	1.54	0.67	0.43
四通			0.01	0.01	0.02	0.02	0.02	0.03	0.03	0.04	0.04
弯头	8.69	2.14	2.87	2.9	2.31	2.37	2.61	1.43	0.6	0.75	0.75
直接头	2.07	3.99	2.72	2.13	1.60	1.07	1.05	1.36	0.76		
异径直接		0.30	0.30	0.37	0.57	0.46	0.39	0.17	0.15	0.12	0.12
抱弯	0.49										
转换件	3.26	1.37	1.18	0.44	0.37	0.35					
合计	15.2	12.25	10.81	8.87	7.42	6.59	6.03	3.95	3.08	1.58	1.34

（18）室内直埋塑料给水管（热熔）管件

计量单位：个/10m

材料名称	外径（mm）		
	20	25	32
三通	0.34	3.38	2.45
弯头	5.06	3.87	3.61
直接头	2.07	1.32	1.04
异径直接		1.36	1.60
抱弯	0.95	0.49	
转换件	2.47	1.34	1.12
合计	10.89	11.76	9.82

（19）室内塑料给水管（电熔、粘接）管件

计量单位：个/10m

材料名称	外径（mm）										
	20	25	32	40	50	63	75	90	110	125	160
三通	0.69	4.45	3.73	3.02	2.55	2.32	1.96	0.96	1.54	0.67	0.43
四通			0.01	0.01	0.02	0.02	0.02	0.03	0.03	0.04	0.04
弯头	8.69	2.14	2.87	2.9	2.31	2.37	2.61	1.43	0.60	0.75	0.75
直接头	2.07	3.99	2.72	2.13	1.60	1.07	1.05	1.36	0.76	1.10	0.98
异径直接		0.30	0.3	0.37	0.57	0.46	0.39	0.17	0.15	0.12	0.12
抱弯	0.49										
转换件	3.26	1.37	1.18	0.44	0.37	0.35					
合计	15.2	12.25	10.81	8.87	7.42	6.59	6.03	3.95	3.08	2.68	2.32

（20）给水室内铝塑复合管（卡套连接）管件

计量单位：个/10m

材料名称	公称直径（mm）					
	20	25	32	40	50	63
三通	0.69	4.45	3.73	3.02	2.55	2.32
四通			0.01	0.01	0.02	0.02
弯头	11.95	3.51	4.05	3.34	2.68	2.72
等径直通	2.07	3.99	2.72	2.13	1.6	1.07
异径直通		0.30	0.30	0.37	0.57	0.46
合计	14.71	12.25	10.81	8.87	7.42	6.59

（21）室内塑料排水管（热熔连接）管件

计量单位：个/10m

材料名称	外径（mm）					
	50	75	110	160	200	250
三通	1.09	2.85	4.27	2.36	2.04	0.50
四通		0.13	0.24	0.17	0.05	0.02
弯头	5.28	1.52	3.93	1.27	1.71	1.60
管箍	0.07	0.16	0.13			
异径管		0.16	0.30	0.34	0.22	0.18
立检口	0.20	1.96	0.77	0.21	0.09	
伸缩节	0.26	2.07	1.92	1.49	0.92	
合计	6.90	8.85	11.56	5.84	5.03	2.30

（22）室内塑料排水管（粘接、沟槽连接）管件

计量单位：个/10m

材料名称	外径（mm）					
	50	75	110	160	200	250
三通	1.09	2.85	4.27	2.36	2.04	0.50
四通		0.13	0.24	0.17	0.05	0.02
弯头	5.28	1.52	3.93	1.27	1.71	1.60
管箍	0.07	0.16	0.13	0.11	0.08	0.05
异径管		0.16	0.30	0.34	0.22	0.18
立检口	0.20	1.96	0.77	0.21	0.09	
伸缩节	0.26	2.07	1.92	1.49	0.92	
合计	6.90	8.85	11.56	5.95	5.11	2.35

（23）室内塑料排水管（法兰式连接、螺母密封圈）管件

计量单位：个/10m

材料名称	外径（mm）					
	50	75	110	160	200	250
三通	1.09	2.85	4.27	2.36	2.04	0.50
四通		0.13	0.24	0.17	0.05	0.02
弯头	5.28	1.52	3.93	1.27	1.71	1.60
管箍	0.07	0.16	0.13	0.11	0.08	0.05
异径管		0.16	0.30	0.34	0.22	0.18
立检口	0.20	1.96	0.77	0.21	0.09	
合计	6.64	6.78	9.64	4.46	4.19	2.35

（24）室内塑料雨水管（粘接）管件

计量单位：个/10m

材料名称	外径（mm）				
	75	110	160	200	250
三通		0.16	0.60	1.38	1.30
弯头	0.97	0.97	1.33	0.89	0.89
管箍	0.98	0.99	0.83	0.44	0.50
异径管		0.21	0.21	0.11	0.10
立检口	0.25	0.25	0.51	0.23	0.23
伸缩节	1.59	1.58	1.37	1.26	1.16
合计	3.79	4.16	4.85	4.31	4.18

（25）室内塑料雨水管（热熔）管件

计量单位：个/10m

材料名称	外径（mm）				
	75	110	160	200	250
三通		0.16	0.60	1.38	1.30
弯头	0.97	0.97	1.33	0.89	0.89
管箍	0.98	0.99			
异径管		0.21	0.21	0.11	0.10
立检口	0.25	0.25	0.51	0.23	0.23
伸缩节	1.59	1.58	1.37	1.26	1.16
合计	3.79	4.16	4.02	3.87	3.68

（26）给水室外塑铝稳态管（热熔）管件

计量单位：个/10m

材料名称	外径（mm）								
	32	40	50	63	75	90	110	125	160
三通		0.20	0.20	0.18	0.18	0.16	0.16	0.15	0.14
弯头	1.05	0.85	0.75	0.71	0.71	0.68	0.68	0.59	0.59
直接头	1.73	1.77	1.77	1.80	1.80	1.80	1.80		
异径直接		0.09	0.09	0.08	0.08	0.07	0.07	0.07	0.06
转换件	0.05	0.05	0.05	0.04	0.04	0.02	0.02		
合计	2.83	2.96	2.86	2.81	2.81	2.73	2.73	0.81	0.79

2. 采 暖 管 道

（1）采暖室外镀锌钢管（螺纹连接）管件

计量单位：个/10m

材料名称	公称直径（mm）										
	15	20	25	32	40	50	65	80	100	125	150
三通			0.13	0.08	0.08	0.16	0.19	0.14	0.14	0.13	0.13
弯头	1.28	1.28	1.28	0.78	0.84	0.73	0.73	0.54	0.62	0.61	0.61
管箍	1.51	1.62	1.37	1.09	1.07	0.99	0.91	1.02	0.91	0.90	0.90
异径				0.03	0.06	0.06	0.10	0.05	0.05	0.04	0.04
对丝				0.03	0.03	0.04	0.04	0.03	0.03	0.02	0.02
合计	2.79	2.90	2.78	2.01	2.08	1.98	1.97	1.78	1.75	1.70	1.70

（2）采暖室内镀锌钢管（螺纹连接）管件

计量单位：个/10m

材料名称	公称直径（mm）										
	15	20	25	32	40	50	65	80	100	125	150
三通	0.83	1.14	2.25	2.05	2.08	1.96	1.57	1.54	1.07	1.05	1.04
四通		0.03	0.51	0.73							
弯头	8.54	5.31	3.68	2.91	2.77	1.87	1.51	1.21	1.19	1.17	1.15
管箍	1.51	2.04	1.84	1.28	0.76	1.07	1.37	1.21	0.95	0.94	0.93
异径管		0.43	1.14	1.77	0.46	0.45	0.44	0.41	0.36	0.35	0.32
补芯		0.02	0.10	0.10	0.08	0.02					
对丝	1.83	1.72	0.91	0.68	0.32	0.23	0.04				
活接	0.14	1.41	0.62	0.46	0.20	0.08					
抱弯		0.38	1.19	0.92							
管堵	0.03	0.06	0.07	0.03							
合计	12.88	12.54	12.31	10.93	6.67	5.68	4.93	4.37	3.57	3.51	3.44

（3）采暖室外钢管（焊接）管件

计量单位：个/10m

材料名称	公称直径（mm）												
	32	40	50	65	80	100	125	150	200	250	300	350	400
成品弯头	0.26	0.28	0.37	0.36	0.27	0.31	0.53	0.52	0.49	0.47	0.43	0.41	0.39
成品异径管	0.01	0.02	0.03	0.04	0.03	0.03	0.08	0.08	0.09	0.1	0.08	0.08	0.08
成品管件合计	0.27	0.30	0.40	0.40	0.30	0.34	0.61	0.60	0.58	0.57	0.51	0.49	0.47
煨制弯头	0.52	0.56	0.37	0.36	0.27	0.31							
挖眼三通	0.08	0.08	0.16	0.19	0.14	0.14	0.16	0.16	0.18	0.18	0.22	0.24	0.24
制作异径管	0.02	0.04	0.03	0.04	0.03	0.03							
制作管件合计	0.62	0.68	0.56	0.59	0.44	0.48	0.16	0.16	0.18	0.18	0.22	0.24	0.24

（4）采暖室内钢管（焊接）管件

计量单位：个/10m

材料名称	公称直径（mm）										
	32	40	50	65	80	100	125	150	200	250	300
成品弯头	0.61	0.61	0.99	0.84	0.85	0.80	1.17	1.02	0.86	0.82	0.82
成品异径管	0.23	0.24	0.31	0.27	0.25	0.18	0.24	0.23	0.23	0.21	0.21
成品管件合计	0.84	0.85	1.30	1.11	1.10	0.98	1.41	1.25	1.09	1.03	1.03
煨制弯头	1.21	1.22	0.99	0.84	0.85	0.80					
挖眼三通	1.73	1.90	2.02	2.05	1.80	1.32	0.96	0.54	0.54	0.52	0.52
制作异径管	0.45	0.48	0.31	0.27	0.25	0.18					
制作管件合计	3.39	3.60	3.32	3.16	2.90	2.30	0.96	0.54	0.54	0.52	0.52

（5）采暖室内塑料管道（热熔、电熔）管件

计量单位：个/10m

材料名称	外径（mm）								
	20	25	32	40	50	63	75	90	110
三通	0.18	1.26	1.42	1.78	2.37	3.19	2.61	2.14	1.07
弯头	5.06	4.87	4.76	4.63	3.97	2.68	1.47	1.44	1.19
直接头	1.07	0.40	0.38	0.31	0.25	0.40	0.88	0.93	0.95
异径直接		0.10	0.12	0.35	0.46	0.57	0.41	0.33	0.36
抱弯	0.42	0.46							
转换件	1.44	1.26	1.05						
合计	8.17	8.35	7.73	7.07	7.05	6.84	5.37	4.84	3.57

（6）采暖室内直埋塑料管道（热熔）管件

计量单位：个/10m

材料名称	外径（mm）		
	20	25	32
三通	0.26	1.18	0.92
弯头	5.23	5.65	5.86
直接头	1.10	0.40	0.78
异径直接		0.12	0.15
抱弯	0.54	0.63	
转换件	1.99	1.80	1.58
合计	9.12	9.78	9.29

（7）室外采暖预制直埋保温管（焊接）管件

计量单位：个/10m

材料名称	公称直径（mm）												
	32	40	50	65	80	100	125	150	200	250	300	350	400
弯头	0.78	0.84	0.74	0.72	0.54	0.62	0.53	0.52	0.49	0.47	0.43	0.41	0.39
三通	0.08	0.08	0.16	0.19	0.14	0.14	0.16	0.16	0.18	0.18	0.22	0.24	0.24
异径管	0.03	0.06	0.06	0.08	0.06	0.06	0.08	0.08	0.09	0.10	0.08	0.08	0.08
合计	0.89	0.98	0.96	0.99	0.74	0.82	0.77	0.76	0.76	0.75	0.73	0.73	0.71

3. 空调水管道

（1）空调冷热水室内镀锌钢管（螺纹连接）管件

计量单位：个/10m

材料名称	公称直径（mm）										
	15	20	25	32	40	50	65	80	100	125	150
三通	0.05	2.00	2.32	2.58	2.58	2.41	2.37	2.35	2.23	1.06	0.75
弯头	5.10	3.53	3.43	2.71	1.98	1.76	1.42	1.29	1.16	1.12	1.07
管箍	2.90	2.69	2.20	1.98	1.02	0.95	0.92	0.87	0.84	0.79	0.75
异径管		0.60	0.68	0.70	0.70	0.72	0.58	0.56	0.52	0.24	0.23
对丝	0.05	0.38	0.51	0.62	0.56	0.48	0.36	0.33	0.31		
活接		0.16	0.23	0.28	0.25	0.20					
管堵	0.03	0.03	0.22	0.22	0.07						
合计	8.13	9.39	9.59	9.09	7.16	6.52	5.65	5.40	5.06	3.21	2.80

（2）空调冷热水室内钢管（焊接）管件

计量单位：个/10m

材料名称	公称直径（mm）												
	32	40	50	65	80	100	125	150	200	250	300	350	400
成品弯头	0.90	0.66	0.88	0.71	0.65	0.58	1.12	1.07	0.97	0.95	0.84	0.84	0.73
成品异径管	0.23	0.23	0.36	0.29	0.28	0.26	0.24	0.23	0.21	0.17	0.16	0.16	0.16
成品管件合计	1.13	0.89	1.24	1.00	0.93	0.84	1.36	1.30	1.18	1.12	1.00	1.00	0.89
煨制弯头	1.81	1.32	0.88	0.71	0.64	0.58							
挖眼三通	2.58	2.58	2.41	2.37	2.35	2.23	1.06	0.75	0.64	0.50	0.34	0.34	0.34
摔制异径管	0.47	0.47	0.36	0.29	0.28	0.26							
制作管件合计	4.86	4.37	3.65	3.37	3.27	3.07	1.06	0.75	0.64	0.50	0.34	0.34	0.34

（3）空调凝结水室内镀锌钢管（螺纹连接）管件

计量单位： 个/10m

材料名称	公称直径（mm）					
	15	20	25	32	40	50
三通	1.20	1.35	2.42	2.58	1.97	1.56
弯头	4.42	3.27	3.15	1.84	1.45	1.16
管箍	0.90	0.95	0.89	0.78	1.02	0.95
异径		0.23	0.34	0.33	0.38	0.35
对丝		0.02	0.05	0.04	0.04	0.03
活接		0.08	0.26	0.23	0.22	0.19
合计	6.52	5.90	7.11	5.80	5.08	4.24

（4）空调冷热水室内钢管（沟槽连接）管件

计量单位： 个/10m

材料名称	公称直径（mm）							
	65	80	100	125	150	200	250	300
沟槽三通	1.58	1.57	1.49	0.71	0.50	0.43	0.33	0.23
机械三通	0.79	0.78	0.74	0.35	0.25	0.21	0.17	0.11
弯头	1.42	1.29	1.16	1.12	1.07	0.97	0.95	0.84
异径管	0.58	0.56	0.52	0.24	0.23	0.21	0.17	0.16
合计	4.37	4.20	3.91	2.42	2.05	1.82	1.62	1.34

（5）空调冷热水室内塑料管道（热熔、电熔）管件

计量单位： 个/10m

材料名称	外径（mm）								
	20	25	32	40	50	63	75	90	110
三通	0.05	2.00	2.32	2.58	2.58	2.41	2.17	1.75	1.34
弯头	5.13	3.56	3.46	2.73	1.98	1.76	1.43	1.04	0.76
直接头	2.90	2.69	2.20	1.98	1.02	0.95	0.82	0.68	0.57
异径直接		0.60	0.68	0.70	0.70	0.72	0.65	0.53	0.51
转换件	1.44	1.26	1.05	0.38	0.35	0.32			
合计	9.52	10.11	9.71	8.37	6.63	6.16	5.07	4.00	3.18

（6）空调凝结水室内塑料管道（热熔、粘接）管件

计量单位： 个/10m

材料名称	外径（mm）					
	20	25	32	40	50	63
三通	1.20	1.35	2.42	2.58	1.97	1.56
弯头	4.42	3.27	3.15	1.84	1.45	1.16
直接头	0.90	0.95	0.89	0.78	1.02	0.95
异径直接		0.23	0.34	0.33	0.38	0.35
合计	6.52	5.80	6.80	5.53	4.82	4.02

4. 燃 气 管 道

（1）燃气室外镀锌钢管（螺纹连接）管件

计量单位：个/10m

材料名称	公称直径（mm）			
	25	32	40	50
三通	0.42	0.42	0.45	0.48
弯头	2.47	2.02	1.42	1.07
管箍	1.12	1.12	0.89	0.89
补芯	0.21	0.21	0.15	0.15
活接	1.12	1.12	0.59	0.59
合计	5.34	4.89	3.50	3.18

（2）燃气室内镀锌钢管（螺纹连接）管件

计量单位：个/10m

材料名称	公称直径（mm）								
	15	20	25	32	40	50	65	80	100
三通	0.12	1.44	3.42	3.57	3.48	3.24	3.12	2.26	1.40
四通				0.26	0.26	0.26	0.26	0.18	0.18
弯头	10.50	6.32	2.88	1.80	1.68	2.49	2.07	2.07	2.07
管箍	0.99	0.80	0.30	0.30	0.30	0.30	0.09	0.09	0.09
补芯			0.45	1.03	1.09	0.81	0.02	0.02	0.02
对丝	1.26	0.80	0.60	0.60	0.59	0.39	0.30	0.30	0.30
活接		0.48	1.21	1.21	1.16	0.48	0.10	0.10	0.10
丝堵	0.12	0.22	0.60	0.60	0.42	0.40	0.38	0.38	0.38
合计	12.99	10.06	9.46	9.37	8.98	8.37	6.34	5.40	4.54

（3）燃气室外钢管（焊接）管件

计量单位：个/10m

材料名称	公称直径（mm）													
	25	32	40	50	65	80	100	125	150	200	250	300	350	400
三通	0.42	0.42	0.45	0.48	0.45	0.42	0.40	0.38	0.38	0.36	0.35	0.33	0.30	0.30
弯头	2.47	2.02	1.42	1.07	1.02	0.97	0.93	0.76	0.76	0.56	0.35	0.35	0.34	0.34
异径管	0.21	0.21	0.15	0.15	0.15	0.14	0.14	0.13	0.13	0.12	0.11	0.11	0.10	0.10
合计	3.10	2.65	2.02	1.70	1.62	1.53	1.47	1.27	1.27	1.04	0.81	0.79	0.74	0.74

（4）燃气室内钢管（焊接）管件

计量单位：个/10m

材料名称	公称直径（mm）											
	25	32	40	50	65	80	100	125	150	200	250	300
三通	2.25	2.09	1.94	1.85	1.83	1.43	0.97	0.82	0.60	0.60	0.50	0.50
弯头	1.64	1.76	2.07	2.39	2.39	1.77	1.24	1.06	0.85	0.85	0.67	0.67
异径管	0.72	0.69	0.65	0.62	0.45	0.36	0.29	0.25	0.21	0.15	0.13	0.13
合计	4.61	4.54	4.66	4.86	4.67	3.56	2.50	2.13	1.66	1.60	1.30	1.30

（5）燃气室内不锈钢管（承插氩弧焊）管件

计量单位：个/10m

材料名称	公称直径（mm）						
	25	32	40	50	65	80	100
三通	2.84	2.83	2.71	1.85	1.83	1.43	0.97
四通		0.13	0.13				
弯头	2.26	1.78	1.88	2.39	2.39	1.77	1.24
等径直通	0.30	0.30	0.30	0.30	0.09	0.09	0.09
异径直通	0.36	0.35	0.32	0.62	0.45	0.36	0.29
合计	5.76	5.39	5.34	5.16	4.76	3.65	2.59

（6）燃气室内不锈钢管（卡套、卡压连接）管件

计量单位：个/10m

材料名称	公称直径（mm）					
	15	20	25	32	40	50
三通	0.12	1.44	3.42	3.83	3.74	3.5
弯头	10.50	6.32	2.88	1.80	1.68	2.49
直通	0.99	0.80	0.30	0.30	0.30	0.30
堵头	0.12	0.22	0.60	0.60	0.42	0.40
活接		0.48	1.21	1.21	1.16	0.48
合计	11.73	9.26	8.41	7.74	7.30	7.17

（7）燃气室内铜管（钎焊）管件

计量单位：个/10m

材料名称	外径（mm）					
	18	22	28	35	42	54
三通	0.12	1.44	2.84	2.83	2.71	1.85
四通				0.13	0.13	
弯头	10.50	6.32	2.26	1.78	1.88	2.39
等径直通	0.99	0.80	0.30	0.30	0.30	0.30
异径直通			0.36	0.35	0.32	0.62
合计	11.61	8.56	5.76	5.39	5.34	5.16

（8）燃气室外铸铁管（柔性机械接口）管件

计量单位：个/10m

材料名称	公称直径（mm）				
	100	150	200	300	400
三通	0.40	0.38	0.36	0.33	0.30
弯头	0.93	0.76	0.56	0.35	0.34
接轮	0.20	0.20	0.20	0.20	0.20
异径管	0.14	0.13	0.12	0.11	0.10
合计	1.67	1.47	1.24	0.99	0.94

（9）燃气室外塑料管（热熔）管件

计量单位：个/10m

材料名称	外径（mm）									
	50	63	75	90	110	160	200	250	315	400
三通	0.45	0.48	0.45	0.42	0.40	0.38	0.36	0.33	0.33	0.3
弯头	1.42	1.07	1.02	0.97	0.93	0.76	0.56	0.35	0.35	0.34
电熔套筒	0.12	0.12	0.11	0.11	0.10	0.10	0.07	0.05	0.03	0.03
异径管	0.15	0.15	0.15	0.14	0.14	0.13	0.12	0.11	0.11	0.10
堵头	0.14	0.12	0.10	0.08	0.08	0.06	0.06	0.05	0.04	0.03
转换件	1.64	1.36	1.10	1.00	0.80	0.60	0.50	0.50	0.40	0.30
合计	3.92	3.30	2.93	2.72	2.45	2.03	1.67	1.39	1.26	1.10

（10）燃气室外塑料管（电熔）管件

计量单位：个/10m

材料名称	外径（mm）						
	32	40	50	63	75	90	110
三通	0.42	0.42	0.45	0.48	0.45	0.42	0.4
弯头	2.47	2.02	1.42	1.07	1.02	0.97	0.93
电熔套筒	1.21	1.05	0.96	0.77	0.71	0.63	0.63
异径管	0.21	0.21	0.15	0.15	0.15	0.14	0.14
堵头	0.03	0.05	0.10	0.12	0.10	0.08	0.08
转换件	1.64	1.64	0.80	0.75	0.64	0.50	0.50
合计	5.98	5.39	3.88	3.34	3.07	2.74	2.68

（11）燃气室内铝塑复合管（卡套连接）管件

计量单位：个/10m

材料名称	外径（mm）					
	16	20	25	32	40	50
三通	0.12	1.44	3.42	3.83	3.74	3.50
弯头	10.50	6.32	2.88	1.80	1.68	2.79
等径直通	0.99	0.80	0.30	0.30	0.30	0.30
异径直通			0.45	1.03	1.09	0.81
合计	11.61	8.56	7.05	6.96	6.81	7.40

四、室内钢管、铸铁管道支架用量参考表

单位：kg/m

序号	公称直径（mm 以内）	钢 管			铸铁管	
		给水、采暖、空调水		燃气		
		保温	不保温		给水、排水	雨水
1	15	0.58	0.34	0.34		
2	20	0.47	0.30	0.30		
3	25	0.50	0.27	0.27		
4	32	0.53	0.24	0.24		
5	40	0.47	0.22	0.22		
6	50	0.60	0.41	0.41	0.47	
7	65	0.59	0.42	0.42		
8	80	0.62	0.45	0.45	0.65	0.32
9	100	0.75	0.54	0.50	0.81	0.62
10	125	0.75	0.58	0.54		
11	150	1.06	0.64	0.59	1.29	0.86
12	200	1.66	1.33	1.22	1.41	0.97
13	250	1.76	1.42	1.30	1.60	1.09
14	300	1.81	1.48	1.35	2.03	1.20
15	350	2.96	2.22	2.03	3.12	
16	400	3.07	2.36	2.16	3.15	

五、成品管卡用量参考表

1. 给水、采暖、空调水管道与排水管道

单位：个/10m

序号	公称直径（mm 以内）	给水、采暖、空调水管道									排水管道	
		钢管		铜管		不锈钢管		塑料管及复合管			塑料管	
		保温管	不保温管	垂直管	水平管	垂直管	水平管	立管	水平管		立管	横管
									冷水管	热水管		
1	15	5.00	4.00	5.56	8.33	6.67	10.00	11.11	16.67	33.33	—	—
2	20	4.00	3.33	4.17	5.56	5.00	6.67	10.00	14.29	28.57	—	—
3	25	4.00	2.86	4.17	5.56	5.00	6.67	9.09	12.50	25.00	—	—
4	32	4.00	2.50	3.33	4.17	4.00	5.00	7.69	11.11	20.00	—	—
5	40	3.33	2.22	3.33	4.17	4.00	5.00	6.25	10.00	16.67	8.33	25.00
6	50	3.33	2.00	3.33	4.17	3.33	4.00	5.56	9.09	14.29	8.33	20.00
7	65	2.50	1.67	2.86	3.33	3.33	4.00	5.00	8.33	12.50	6.67	13.33
8	80	2.50	1.67	2.86	3.33	2.86	3.33	4.55	7.41	—	5.88	11.11
9	100	2.22	1.54	2.86	3.33	2.86	3.33	4.17	6.45	—	5.00	9.09
10	125	1.67	1.43	2.86	3.33	2.86	3.33	—	—	—	5.00	7.69
11	150	1.43	1.25	2.50	2.86	2.50	2.86	—	—	—	5.00	6.25

2. 燃 气 管 道

单位：个/10m

序号	公称直径（mm 以内）	燃气管道							
		钢管		铜管		不锈钢管		铝塑复合管	
		垂直管	水平管	垂直管	水平管	垂直管	水平管	垂直管	水平管
1	15	4.00	4.00	5.56	8.33	5.00	5.56	6.67	8.33
2	20	3.33	3.33	4.17	5.56	5.00	5.00	4.00	5.56
3	25	2.86	2.86	4.17	5.56	4.00	4.00	4.00	5.56
4	32	2.50	2.50	3.33	4.17	4.00	4.00	3.33	5.00
5	40	2.22	2.22	3.33	4.17	3.33	3.33	3.33	4.17
6	50	2.00	2.00	3.33	4.17	3.33	3.33	2.86	4.17
7	65	1.67	1.67			3.33	3.33		
8	80	1.54	1.54			3.33	3.33		
9	100	1.43	1.43			2.86	2.86		
10	125	1.25	1.25						
11	150	1.00	1.00						

六、综合机械组成表

1. 电焊机（综合）

机械名称	交流弧焊机（容量 kV·A）		直流弧焊机（kW）	
	21	32	20	32
比例（%）	30	30	20	20

2. 吊装机械（综合）

机械名称	卷扬机 单筒快速 5kN	汽车式起重机提升质量		施工电梯提升质量 1t、提升高度 75m
		8t	16t	
比例（%）	20	20	10	50